无线光正交频分复用原理及应用

柯熙政 著

科学出版社
北京

内 容 简 介

正交频分复用是多载波通信的一种，可以提高光通信的频谱效率，抑制信道干扰。本书论述无线光通信中的正交频分复用理论及应用，系统介绍无线光通信中的正交频分复用传输体系，对光正交频分复用涉及的高峰均比、时间同步、信道估计及信道分配进行深入系统分析；对大气湍流及大气环境对正交频分复用信号的影响进行详细分析，对比分析光正交频分复用抑制大气湍流的特性。通过数值仿真及实验验证相关理论，触及本领域的最新进展。

本书可以作为电子信息、计算机及通信工程专业高年级本科生、研究生以及相关领域的科学技术工作者的参考用书。

图书在版编目（CIP）数据

无线光正交频分复用原理及应用/柯熙政著. 北京：科学出版社，2018．4

ISBN 978-7-03-055088-0

Ⅰ. ①无… Ⅱ. ①柯… Ⅲ. ①光通信–无线电通信 Ⅳ. ①TN92

中国版本图书馆 CIP 数据核字（2017）第 267627 号

责任编辑：孙伯元 魏英杰 / 责任校对：郭瑞芝

责任印制：张 伟 / 封面设计：陈 敬

科学出版社出版

北京东黄城根北街 16 号

邮政编码：100717

http://www.sciencep.com

北京凌奇印刷有限责任公司印刷

科学出版社发行 各地新华书店经销

*

2018 年 4 月第 一 版 开本：720×1000 B5

2020 年 1 月第三次印刷 印张：24 1/2

字数：480 000

定价：138.00 元

前　言

交通、能源与通信被称为现代社会发展的三大基础结构。射频通信在现代社会中已经获得了重要的应用，而光通信涉及的应用领域也越来越广泛。光通信包括光纤通信与无线光通信。光纤通信与传统的电缆通信相对应，是一种有线通信；无线光通信与微波及射频通信相对应，无线光通信既具有光纤通信的带宽，又具有微波通信的灵活性，更重要的是无线光通信无频谱管制，具有保密性好、通信容量大、成本较低、安装方便、组网灵活、抗电磁干扰能力强等优点。无线光通信包括无线激光通信、紫外光通信以及可见光通信，可用于卫星之间、星地之间以及室内可见光通信。大气湍流以及大气信道干扰是无线光通信不得不面对的问题。抑制大气湍流及大气环境对无线光通信的影响，是人们亟待解决的难题。为了最大限度地逼近无线光信道的容量，人们在无线光通信中引入光正交频分复用（orthogonal frequency division multiplexing，OFDM）传输，以期提高光传输的频谱效率并抑制大气湍流与大气环境干扰。本书阐述无线光正交频分复用（free space optical OFDM，FSO-OFDM）的原理及若干应用，并通过数值分析与通信实验验证了相关理论。

从2002年起，作者先后承担了两项国家自然科学基金面上项目（60977054、61377080）、两项陕西省重大科技项目、陕西省科技厅自然科学基金项目、西安市科技局项目以及国家科技创新基金项目等。作者对无线光通信领域涉及的问题进行了系统深入的研究，先后获得20多项无线光通信领域的发明专利，获得省部级科技奖励10项，其中一等奖1项，二等奖4项。

全书共8章，首先对无线光通信的研究进展进行系统深入的分析，阐明开展无线光OFDM传输的重要性以及益处；接着对信源编码进行讨论，随之阐明无线光OFDM体系，通过数值仿真说明无线光OFDM的特点；对无线OFDM存在的高峰均比、时间同步、信道估计与信道分配进行理论分析与数值仿真。书中通过数值仿真与通信实验验证无线光OFDM系统的性能及相关算法的可行性。

本书是西安理工大学光电工程技术研究中心的研究人员十几年工作的结晶。赵黎副教授、陈丹副教授等参加了课题的研究工作，博士研究生解梦其、王姣、陈锦妮参与了部分研究工作，硕士研究生张宏伟、吴瑞、王武、段中熊、李梦帆、李蓓蕾、刘娟、张拓参与了相应的课题研究工作，在此一并致谢。感谢众多师生在十几年的时间里为了本书的研究所付出的青春与热情，作者对他们在科学研究中所表现出来的孜孜不倦的求索精神深表敬意。

感谢国家自然科学基金（60977054、61377080）、陕西省“13115”科技统筹计划（2011KTCQ01-31）、陕西省教育厅产业化培育基金（2010JC17）、西安市科技成果转换基金（CX12165）、陕西省重点产业创新链“大气环境中超远距离无线激光通信关键技术研究”（2017ZDCXL-GY-06-01）等的资助。

感谢本书众多参考文献的作者，是他们开创性的研究工作使作者理清了本书发展的方向。本书涉及的知识比较繁杂，限于作者的学识水平，书中难免存在不足之处，敬请有识之士不吝指教。

作 者

2017 年仲夏于西安

目　　录

前言
第1章　绪论 1
1.1　无线光通信技术的发展 1
1.2　光波在大气湍流中的传输研究进展 3
1.3　脉冲调制、副载波调制与无线光正交频分复用 5
1.3.1　脉冲调制的国内外研究现状 5
1.3.2　副载波调制的国内外研究现状 9
1.3.3　FSO-OFDM 的提出 9
1.4　FSO-OFDM 的特点 12
1.4.1　OFDM 的优点 12
1.4.2　FSO-OFDM 的特点 13
1.4.3　RF OFDM 与 FSO-OFDM 的区别 14
1.4.4　FSO-OFDM 亟待解决的问题 14
1.5　FSO-OFDM 中的关键技术 15
参考文献 17
第2章　副载波调制技术 26
2.1　副载波调制 26
2.1.1　副载波调制信号的产生与检测 26
2.1.2　BPSK 副载波调制的差错率 27
2.1.3　FSK 副载波调制的差错率 30
2.1.4　MPSK 与 MQAM 副载波调制的差错率 31
2.1.5　副载波调制性能分析 32
2.2　NC 类正弦 QPSK 调制 35
2.2.1　NC 类正弦 QPSK 调制原理 35
2.2.2　NC 类正弦类 QPSK 调制性能分析 38
2.3　16PSK 调制原理及仿真 49
2.3.1　MPSK 信号的矢量表示 50
2.3.2　16PSK 信号的调制方式 51
2.3.3　16PSK 调制解调性能分析 53

2.3.4 16PSK 副载波调制实验结果分析 …… 59
2.4 64QAM 调制与解调 …… 66
2.4.1 64QAM 系统的基本原理 …… 66
2.4.2 64QAM 信号调制解调仿真分析 …… 71
2.4.3 仿真及实验结果分析 …… 74
2.4.4 64QAM 副载波调制实验结果分析 …… 84
2.5 小结 …… 87
参考文献 …… 88
第 3 章 半导体激光器的非线性特性及其修正 …… 91
3.1 半导体激光器 …… 91
3.1.1 半导体激光器的工作原理 …… 92
3.1.2 半导体激光器的分类 …… 93
3.1.3 半导体激光器的基本特性 …… 93
3.2 半导体激光器的非线性特性 …… 97
3.2.1 动态非线性 …… 97
3.2.2 静态非线性 …… 102
3.2.3 半导体激光器的静态模型 …… 103
3.2.4 半导体激光器的线性化 …… 108
3.3 副载波调制中的激光器非线性互调失真 …… 116
3.3.1 激光器的非线性互调失真 …… 116
3.3.2 副载波调制的非线性互调失真特性 …… 121
3.4 半导体激光器功率控制 …… 131
3.4.1 温度对半导体激光器的影响 …… 131
3.4.2 功率控制系统 …… 133
3.5 小结 …… 139
参考文献 …… 139
第 4 章 FSO-OFDM 系统 …… 143
4.1 OFDM 系统原理 …… 143
4.1.1 OFDM 信号的数学模型 …… 144
4.1.2 由 DFT 实现 OFDM …… 145
4.2 OFDM 频率漂移与相位噪声 …… 147
4.2.1 频率漂移对 OFDM 的影响 …… 148
4.2.2 OFDM 系统的相位噪声 …… 149
4.3 FSO-OFDM 系统结构 …… 151

4.3.1 直流偏置 OFDM 系统 …… 153
4.3.2 限幅 OFDM 系统 …… 154
4.3.3 非限幅 OFDM 系统 …… 154
4.3.4 FSO-OFDM 信号的解调 …… 155
4.4 OFDM 的信号结构 …… 155
4.4.1 保护间隔和循环前缀 …… 155
4.4.2 过采样 …… 158
4.4.3 加窗 …… 159
4.5 FSO-OFDM 信号的噪声特性 …… 159
4.5.1 乘性噪声 …… 160
4.5.2 混合噪声 …… 160
4.5.3 FSO-OFDM 实验研究 …… 167
4.6 小结 …… 169
参考文献 …… 169
第 5 章　大气信道 …… 171
5.1 激光传输中的大气散射与大气衰减 …… 171
5.1.1 大气散射 …… 171
5.1.2 大气衰减 …… 172
5.2 激光在大气湍流中的传输 …… 174
5.2.1 大气湍流的统计特性 …… 174
5.2.2 大气湍流对激光传输的影响 …… 178
5.3 大气湍流模型 …… 179
5.3.1 log-normal 湍流模型 …… 180
5.3.2 Gamma-Gamma 湍流模型 …… 183
5.3.3 负指数分布湍流模型 …… 187
5.3.4 湍流信道性能分析 …… 188
5.4 大气色散及其对光信号传输的影响 …… 193
5.4.1 大气中光的色散 …… 193
5.4.2 光脉冲在大气湍流中的传播 …… 197
5.4.3 连续波在大气湍流中的传播 …… 201
5.5 大气色散对 OFDM 信号的影响 …… 203
5.5.1 对 FSO-OFDM 系统误码率的理论分析 …… 203
5.5.2 脉冲时延对系统速率的限制 …… 205
5.5.3 Gamma-Gamma 信道对信号传输的影响 …… 211

5.6 雨对光信号传输的影响 217
5.6.1 接收光强均值 218
5.6.2 相干场和非相干场的统计特性 221
5.6.3 非相干场的频谱特性和方差 223
5.7 小结 226
参考文献 227
第 6 章 OFDM 系统的同步技术 231
6.1 OFDM 中的时间同步 231
6.2 同步偏差对 OFDM 系统性能的影响 232
6.2.1 符号定时偏差对系统性能的影响 232
6.2.2 载波频率偏差对系统性能的影响 234
6.2.3 抽样时钟偏差对系统性能的影响 236
6.2.4 OFDM 的同步算法原理 236
6.3 FSO-OFDM 系统符号同步 239
6.3.1 传统的符号同步算法 240
6.3.2 改进的同步算法 244
6.4 频率同步算法 250
6.4.1 载波频率偏差估计算法 250
6.4.2 基于循环前缀的最大似然同步算法 251
6.4.3 ML 算法改进 258
6.5 小结 262
参考文献 263
第 7 章 FSO-OFDM 调制系统中的峰均比 265
7.1 峰均比的定义及统计特性 265
7.1.1 峰均比的定义 265
7.1.2 峰均比的统计特性 266
7.1.3 高峰均比产生的原因及后果 267
7.2 降低峰均比的方法 267
7.2.1 限幅类技术 267
7.2.2 编码类技术 269
7.2.3 概率类技术 270
7.3 降低 OFDM 系统中峰均比的概率类方法 271
7.3.1 部分传输序列方法 271
7.3.2 选择性映射方法 279

7.3.3 信道仿真分析 281
7.3.4 实验结果分析 294
7.4 降低峰均比的编码类技术 296
7.4.1 几种分组编码方法 297
7.4.2 基于 Golay 互补序列和 RM 码的编译码算法 302
7.5 小结 309
参考文献 309
第 8 章 信道估计与信道分配 312
8.1 无线光 OFDM 信道估计 312
8.1.1 信道估计的分类 313
8.1.2 基于 LS 准则的信道估计算法 313
8.1.3 基于 MMSE 准则的信道估计算法 314
8.2 粒子滤波算法 317
8.2.1 贝叶斯估计方法 317
8.2.2 蒙特卡罗方法 321
8.2.3 粒子滤波算法原理 322
8.2.4 粒子滤波算法存在的主要问题 325
8.2.5 基于粒子滤波的大气激光 OFDM 系统信道估计 329
8.3 基于导频辅助信道估计算法 335
8.3.1 衰落信道对 OFDM 信号的影响 336
8.3.2 基于频域导频的信道估计算法 338
8.3.3 基于时域训练序列的信道估计算法 347
8.4 单用户 FSO-OFDM 信道分配 353
8.4.1 注水算法 354
8.4.2 自适应比特功率分配算法 355
8.4.3 改进的自适应比特功率分配算法 359
8.4.4 仿真结果分析 363
8.5 多用户 FSO-OFDM 自适应信道分配 364
8.5.1 多用户自适应 FSO-OFDM 系统原理 364
8.5.2 几种多用户自适应算法 365
8.5.3 改进算法 371
8.6 小结 376
参考文献 376

第 1 章 绪　　论

无线光通信是利用光波作为载波传输信息的一种技术，与光纤通信对应，由于不需要传输线缆等介质，因此称为无线光通信。本章介绍无线光通信发展的历史及其存在的问题。

1.1 无线光通信技术的发展

1880 年，贝尔利用太阳光作为光源成功地进行了光电话实验，这标志着现代无线光通信的开端[1]。后来诸多光源技术发展水平的不足限制了无线光通信技术的进步，使其一度发展迟缓。爱因斯坦(Albert Einstein, 1879—1955)提出的受激辐射理论是激光器技术的理论基础。这一理论指出：激光是处于激发态的发光原子在外来辐射场的作用下，向低能态或基态跃迁时，辐射光子的现象。此时，外来辐射的能量必须恰好是原子两能级的能量差。受激辐射发出的光子和外来光子的频率、相位、传播方向以及偏振状态完全相同。1964 年，钱学森(1911－2009)建议将 "light amplification by stimulated emission of radiation" (光受激辐射)改称"激光"。这种辐射输出使光得到放大，而且是相干光，即多个光子的发射方向、频率、相位、偏振完全相同。量子力学的建立和发展使人们对物质的微观结构及运动规律有了更深入的认识，微观粒子的能级分布、跃迁和光子辐射等问题也得到了更有力的证明，客观上完善了爱因斯坦的受激辐射理论，为激光器的产生奠定了理论基础。1951 年，珀塞尔(Edward Mills Purcell, 1912—1997)等在实验中成功地实现了粒子数反转，并获得了 50kHz 的受激辐射。汤斯(Charles Hard Townes, 1915—2015)以及苏联物理学家巴索夫(Nikolai Gennadievich Basov, 1922—2001)和普罗霍罗夫(Aleksandr Mikhailovich Prokhorov, 1916—2002)先后提出了利用原子和分子的受激辐射理论来产生和放大微波的设计。1960 年，梅曼(Theodore Maiman, 1927—2007)用一个高强闪光灯管来刺激在红宝石水晶里的铬原子，产生一条相当集中的纤细红色光柱，红宝石激光器的出现为改善无线光通信系统的传输稳定性提供了契机。随着光电子技术的进步和用户对无线光通信的迫切要求，无线光通信再次成为人们关注的焦点。

1981 年，美国在新墨西哥州导弹靶场进行了飞机与地面站之间的无线光通信演示实验，采用倍频 YAG 激光器(波长 532nm)，通信速率最高为 1Gbit/s，通信距离最高达 100km[2]。从 20 世纪 80 年代中期到 1994 年，美国空军支持麻省理工学院林肯实验室建起高速星间无线光通信实验装置，该装置采用外差式接收方式，目的是验证相干无线激光通信的可行性。该实验采用 30mW 半导体激光器，8in (1in≈2.54cm)口径的望远镜系统，通信速率为 220Mbit/s，通信距离为 40000km[2]。1998 年，喷气推进实验室承担了光通信演示(optical communication demonstrator, OCD)计划并进行终端系统级装配与性能测试，用无线激光通信终端测定站(lasercom test and evaluation station, LTES)测得终端的装配与实验结果[3]。1998 年 2 月，Lucent 公司制造了一套通信速率为 10Gbit/s 的大气激光通信实验系统，相当于空间激光通信中的地-地间链路。该实验系统的激光信号通过大气传输，通信性能受到通信距离、波特率、气候条件等因素的限制。Astro Terra 公司在该无线光通信实验系统中加入自动跟踪系统以修正建筑物晃动对光束准直性的影响。该自动跟踪系统采用内置相机获得激光光束传输方向的变化量，反馈给电子执行单元，以保持光束的准直性。1998 年 8 月，Lucent 公司和 Astro Terra 公司对无线光通信系统的原型机进行了测试并获得成功，通信链路距离为 2.5km，通信速率为 2.5Gbit/s[4]。

2013 年 12 月，美国国家航空航天局(National Aeronautics and Space Administration, NASA)成功完成月球激光通信演示(lunar laser communication demonstration, LLCD)实验。LLCD 实验是为了验证深空宽带通信的实用性，传回地球的下行数据能够达到 622Mbit/s 的通信速率、上行数据也能够达到 20Mbit/s 的通信速率[5]。2014 年 6 月，NASA 利用激光束把一段高清视频从国际空间站传送回地面只用了 3.5s，相当于通信速率达到 50Mbit/s，速率比现有的射频通信方式提高了 10～1000 倍。实验中，地面站首先瞄准空间站发送一个激光光标，然后被空间站上的光学并行阵列逻辑系统(optical parallel array logic system, OPALS)锁定，继而开始传输视频。

欧洲太空局从 20 世纪 70 年代起，在空间无线激光通信方面制订了一系列研究计划，对空间无线光通信的有关技术进行了研究[6]。例如，进行基础技术研究的 TRP(telecommunications research project)和星间激光通信系统及技术研究的 ASTP(advanced system technology project)。从 1989 年起开始实施半导体激光星间链路实验(semiconductor laser inter satellite link experiment, SILEX)计划[7]。该计划中还包括与日本合作进行空间激光通信实验，日本用 OICETS(optical inter-orbit communications engineering test satellite)上的无线激光通信终端 LUCE 与 SILEX 终端进行通信实验。1994 年，欧洲太空局通过了 SILEX 设备级的方案评审，1996 年进行了子系统的性能测试，该项计划的目的是发展星间无线激光通信系统的全部单元技术及元器件，建立和测试星间无线激光通信系统。

日本从 20 世纪 80 年代中期就开始进行星间无线激光通信的研究工作，主要有邮政省的通信研究实验室(Communication Research Laboratory, CRL)、宇宙开发事业团(National Space Development Agency, NASDA)和高级长途通信研究所(Advanced Telecommunications Research Institute International, ATR)的光学及无线电研究室，它们进行此方面的研究工作。ATR主要对光束控制、调制等关键技术进行研究和论证，并进行自由空间光通信地面模拟实验[8]。

1.2　光波在大气湍流中的传输研究进展

光波在大气湍流传输理论模型的建立直接依赖大气湍流折射率起伏谱。1948年，von Karman[9-11]研究了用于描述圆管内产生湍流规律的von Karman谱，该谱被广泛应用于描述湍流能量输入区域规律的模型。为了便于理论分析，俄罗斯科学家Tatarskii引入Kolmogorov和Obukhov发展的湍流理论，提出了指数谱模型[12-16]。1974年，Greenwood等[17]在不光滑下垫面地形环境中进行了湍流谱的测量研究，并由获得的测量数据归纳出Greenwood-Tarazano谱。指数谱与Greenwood-Tarazano谱十分接近，在许多理论分析场合，指数谱、Greenwood-Tarazano谱是通用的，但有实验研究表明von Karman谱比指数谱更接近实验数据。为了把内、外尺度的影响都包含进湍流谱，人们提出了修正的von Karman湍流谱。

对于湍流效应的研究，较多研究的是光束扩展和光强闪烁特性，目前已有许多理论和实验结果[18-20]。1970年，Whitman等[21]根据波动标量方程推导了激光在随机介质中传输的扩展公式，并应用Kolmogorov谱给出了具体分析，结果表明，传输距离越大，光束扩展半径越大。1972年，Poirier[22]应用Born近似方法讨论了湍流中聚焦波束的展宽效应。1975年，Fante[23]利用修正von Karman谱得到长期光束扩展公式，并用互相干函数导出短期光束扩展公式。1999年，范承玉[24]研究了用Kolmogorov和Mellin变换求得高斯准直光束的光强分布和光束扩展，在von Karman谱下得到了平均光强和长期光束半径，利用昆明地区实测的近地大气湍流强度的高度分布，计算了多种靶标高度下的光束扩展状况。1999年，Andrews等[25-29]研究了湍流内、外尺度对长期光束半径大小的影响，并用数值模拟的方法得到长期光束定标；韦宏艳等[30]给出了斜程传输路径激光波束的扩展半径。2002年后，郭立新等[31,32]运用修正Rytov方法将经典的Rytov方法扩展到中、强湍流区，并根据国际电信联盟无线通信委员会(International Telecommunications Union-Radio Communications Sector, ITU-R)湍流大气结构常数模型将水平传播扩展到斜程传播中，得到了零内、外尺度平面波、球面波闪烁指数随修正Rytov方差的变化规律。Yang等[33]和韦宏艳[34]在斜程路径上球面波和平面波的闪烁模型基础上进一步讨论了斜程高斯波束的闪烁指数特性。2007年，张逸新等[35]在修正von Karman湍流谱下，得到了包含湍流尺度因素的湍流大气中传输高斯光束的平均光强关系、包含湍流外尺度影响的光束短期扩展因子和高斯光束等效半径与传输距离、初始光束半径和光波波长间的关系。由于激光在近地层传输的过程中，光斑受到大气湍流的影响，会“破碎”成若干碎片，张飞舟等[36]为了研究碎斑对光束扩展的影响，在发射光束取不同形状和不同质量情况下，对不同湍流强度下的传输进行了计算，并对碎斑特征进行统计分析，表明随着光束质量变差和湍流强度的增强，总光斑扩大、碎斑数目增多、占空比减小，而碎斑半径变化不大，约为真空衍射包含总能量63.2%的光束半径。2008年，钱仙妹等[37]采用多层相位屏的模拟方法，分析了激光在大气中斜程传输时光束的有效半径、光斑质心漂移均方根以及功率密度等统计参量随天顶角、激光波长和初始半径的变化规律；同年，Chu等[38]研究了多高斯光束在大气湍流中斜程传输时的平均光强及扩展，得到了光强与扩展随海拔、光束相干长度以及光束束腰宽度等参数的变化关系。2009年，钱仙妹等[39]对光束沿非均匀的湍流路径传输进行了数值模拟，对均匀分布相位屏、等Rytov指数间隔相位屏以及等Fried参数间隔相位屏三种不同的相位屏分布方案进行了对比，结果表明，当光束沿非均匀湍流路径传输时，等Fried参数间隔相位屏为最佳方案。2010年，Chu等[40]推导出部分相干高斯-谢尔光束在大气湍流中斜程传输时光强分布的表达式，对中继传输和直接传输这两种情况进行了研究，得出中继传输时的光强分布要优于直接传输，同时研究了光束峰值光强随目标高度的变化情况。2012年，张晓欣等[41]以部分相干平顶光束为例分析了光束在斜程传输时光束阶数、空间相干度、天顶角等参数对光束束宽的影响。2013年，Duan等[42]对GSM(Gaussian-Schell model)光束在大气湍流中以上行、下行以及水平三种不同路径传输时的平均强度以及均方束宽进行了研究，并发现在大气湍流中以下行链路传输时光束所受影响较小。2014年，Zhang等[43]对非傍轴多色部分相干拉盖尔-高斯光束在自由空间中传输时强度分布的变化情况进行了研究，发现光束的强度分布特性由光束的初始参数决定，同时发现该光束在自由空间中传输时，其光谱位移同光束初始参数和传输距离相关。

1995年，美国空军Phillips实验室开展了机载激光大气传输特性测量实验。激光收发端机安装于两架在平流层中飞行的飞机上，在实验中测量了激光波前斜坡结构函数，测量结果与理论结果基本相符[44]。2000年，喷气推进实验室(Jet Propulsion Laboratory, JPL)开展了距离为48.5km的光传输实验，在实验中同时使用了多个光束，发现随着光束数目的增加，接收到的光闪烁指数也随之减小[45]。2005年10月，德国宇航中心(Dcutshes Zentrum für Luft-und Raumfahrt, DLR)进行了传输距离为142km的激光大气传输测量实验，激光波长为1064nm。实验结果显示，大气湍流条件变化的动态范围很大，测得的Fried参数(大气相干长度)为1.2～28cm，大多数时间内Fried参数小于6.5cm[46]。2006年，中佛罗里达大学的Phillips等[47]对大气湍流导致的光束扩展和漂移进行了实验测量，其使用了两个1.06μm的激光器(一个单模激光器、一个多模激光器),分别在1km、2km、5km长的水平路径上传输。实验结果表明，当发射孔径尺寸相同时，多模激光器和单模激光器发射光束的漂移均方差基本相同。

目前，世界发达国家都在努力发展各自的无线激光通信系统。在某些特殊条件下，可采用无线激光通信作为射频通信的补充。但随着大功率集成激光器件的出现，激光在大气中的传输衰减问题必将被克服，而无线光通信将会成为人类今后的主要通信手段之一。

1.3 脉冲调制、副载波调制与无线光正交频分复用

无线激光通信系统的检测技术主要有直接检测(intensity detection)和相干检测(coherent detection)两种。从系统结构及成本等方面考虑，现有的大气激光通信系统普遍采用的是强度调制。强度调制主要包括脉冲调制(pulse modulation, PM)和副载波调制(sub-carrier modulation)。

1.3.1 脉冲调制的国内外研究现状

脉冲调制是利用光脉冲在数据帧中的位置、宽度或者幅度来表示不同的信息，可以分为模拟调制和数字调制两类[48]。常见的脉冲调制方式多为类脉冲位置调制，即用脉冲在数据帧中的不同位置、不同幅度来表示不同信息的调制方式，如开关键控(on off keying, OOK)、脉冲位置调制(pulse position modulation, PPM)、多脉冲位置调制(multiple pulse position modulation, MPPM)、差分脉冲位置调制(differential pulse position modulation, DPPM)、差分脉冲间隔调制(differential pulse interval modulation, DPIM)、双头脉冲间隔调制(dual-header PIM，DHPIM)、双幅度脉冲间隔调制(dual-amplitude PIM, DAPIM)和重叠脉冲位置调制(overlapping PPM, OPPM)等。

无线激光通信系统中主要有两种调制解调系统：相干调制/外差检测(coherent modulation/optical heterodyne detection)和强度调制/直接检测(intensity modulation/direct detection, IM/DD)，相干调制/外差检测有很好的灵敏度但实现复杂，所以一般都采用强度调制/直接检测系统。强度调制/直接检测系统的调制方式有多种，应用最广泛的是Kahn等在文献[49]中提到的OOK调制，该调制方式的编码结构简单，但容易受到外界干扰，在距离较远的情况下无法保证通信系统的可靠性。1978年，Pierce[50]提出了PPM并将其应用于空间光通信，与OOK调制相比，PPM抗干扰能力强、功率效率高。由于PPM是利用脉冲在由多个等时间间隔组成的时间段上的位置来传递信息的，因此在解调时需要帧同步与时隙同步[51]。2005年，丁德强等[52]采用DSP设计出了PPM调制解调系统，解调时的时隙同步与帧同步分别采用锁相环技术和Gold码来实现，软件仿真表明该系统有较强的抗干扰能

力。2007 年，柯熙政等[53]采用 FPGA 和 DSP 设计了一种实现大气激光通信中帧同步和时隙同步的硬件电路，此方法简单且能保证信息的正确解调。2009 年，殷致云等[54]将 PPM 调制和基于 GF(3)域上的 BCH 纠错码结合起来，论述了 GF(3)域上的 Hamming 码和 BCH 码的编译码方法，证明基于 GF(3)域上的 BCH 纠错码能够纠正两位随机错误。近年来，随着大气激光通信理论研究的深入，将 PPM 应用于大气激光通信中的研究取得了一系列的成果[55]。1989 年，Sugiyama 等[56]提出了 MPPM，并指出该调制方式减少了 PPM 中所需的传输带宽，进一步提高了带宽效率，多脉冲位置调制通过这些脉冲在时隙中的位置来传递信息，相对于 PPM 提高了信道容量，但是也增加了系统实现的复杂度。1993 年，Sato 等[57]分析了(m, 2)MPPM 的性能，包括符号结构、符号错误概率和比特错误概率，指出在(8, 2) MPPM 下，脉冲连续的符号错误概率要比脉冲分离的小，在相同的传输带宽和传输速率下，(m, 2)MPPM 的比特错误概率性能要优于 PPM。2007 年，秦岭等[58]提出了一种新的(m, 2)MPPM 编码映射方法，并与列表法和星座图法进行了比较，该方法改变了(m, 2)MPPM 符号数量增长的形式，相比于前两种方法，减少了随输入的比特流位数增大而增加的符号数量，提高了编码效率。同年，秦岭等[59]对无背景噪声下 MPPM 的信道容量进行了分析，用 Q 元离散无记忆的擦除信道来模拟 MPPM 信道，并根据此模型推导出了 MPPM 信道容量，在此基础上推导出了 MPPM 的信息传输速率(每秒的信道容量)和容量能量效率(每接收一个光子的信道容量)的表达式，并与 PPM 进行了比较，并推导出当符号时间和时隙数给定时，MPPM 的信道容量明显优于 PPM。随着时隙宽度的增加，MPPM 的信息传输速率高于 PPM；当单个光脉冲的光子数大于 5 时，MPPM 的容量能量效率优于 PPM。1988 年，Zwillinger[60]提出了 DPPM，并指出在带宽和平均功率一定的情况下，DPPM 比 PPM 有更高的吞吐量。1999 年，Shiu 等[61]对 DPPM 方式的码组字结构、误包率和功率谱密度进行了详细的介绍分析。2007 年，赵黎等[62]提出了无线光通信中基于 FPGA 的 DPPM 调制解调系统的设计方案，结果表明该方案能正确解调出信号，且系统性能稳定。Sethakaset 等[63]提出了一种新的级联码，就是用标记码字和 RS 码分别作为内码和外码来进行纠错与检错，并提出了硬判决解码算法，分析了在扩散信道和非扩散信道上的性能。1967 年，Das 等[64]提出了脉冲间隔调制(pulse interval modulation, PIM)，该调制方式是利用相邻脉冲间的时隙数来表示传递的信息，所以其符号长度不固定，会造成解调困难，相对于 PPM 来说它不需要符号同步。2000 年，Cariolaro 等[65]分析了 PIM 调制方式的频谱，推导出了频谱的闭合表达式。1996 年，Kaluarachi 等[66]提出了 DPIM，分析了其符号结构、传输容量、编码特性、频谱模型，并进行了仿真。1998 年，Ghassemlooy 等[67]分析了 DPIM 调制方式的差错性能。2000 年，Ghassemlooy 等[68]将 DPIM 与 OOK、PPM 调制方式在功率效率、带宽需求、信道容量方面的性能进行了比较。2001 年，Cariolaro

等[69]分析了 DPIM 调制方式的频谱特性。1999 年, Aldibbiat 等[70]提出了 DHPIM, 与 PPM、DPIM 等调制方式相比, 该调制方式的符号结构比较复杂, 实现难度较大, 但其数据传输速率高, 带宽需求小, 内置符号同步能力。2001 年, Aldibbiat 等[71-73]分析了 DHPIM 调制方式的误时隙率、平均发射功率、带宽需求和功率谱密度, 并与 OOK、PIM 和 PPM 等调制方式进行了比较, 得出 DHPIM 的符号长度要低于 PPM, 带宽需求要高于 PIM 而低于 PPM, 误时隙率低于 OOK 高于 PPM, 且脉宽参数为 2 时的 DHPIM 性能优于脉宽参数为 1 时的 DHPIM。2009 年, Ghassemlooy 等[74]对一种卷积码双头脉冲间隔调制(convolutional coded dual header pulse interval modulation, CC-DH-PIM)进行了性能分析, 比较了不同调制方式之间的时隙错误概率, 该调制方式与 DHPIM 相比, 误码性能得到了改善, 但同时它的信息传输速率减小了。2003 年, 张凯等[75]讨论了 DAPIM, 给出了该调制方式的编码结构, 分析了带宽、功率谱和误时隙率等方面的性能并与 OOK、PPM 和 PIM 方式进行比较, 表明 DAPIM 方式具有较好的带宽和功率综合特性。2004 年, Sethakaset 等[76]为室内无线光通信提出了差分幅度脉冲位置调制(differential amplitude pulse position modulation, DAP-PM), 该调制方式的符号长度和幅度都在变化, 解调时不需符号同步, 带宽需求比 PPM 和 DPPM 要低, 在相同的符号长度条件下传输容量比 PPM 和 DPPM 要高。2007 年, 柯熙政等[77]基于雨、雪、雾对大气激光通信的通信质量和可靠性的影响提出了一种光 PPM 偏振调制方式, 介绍了此种调制方式的调制原理和调制/解调时的关键技术问题。2008 年, 杨利红等[78]对偏振激光在浓雾和薄雾中不同雾气粒子半径下传输的退偏特性进行了研究, 并比较了在不同传输距离时, 偏振激光偏振角的变化情况。2010 年, 杨利红等[79]对偏振 PPM 的误比特率(bit error rate, BER)进行了分析研究, 分别分析了门限判决法和角度解调对误比特率的影响, 计算结果表明偏振 PPM 的误比特率是随阈值系数的增大而先减小后增大, 阈值系数为 1/2 时的误比特率最低; 在同一偏振角度下, 光电检测后引入的噪声功率越小, 系统误比特率越小; 在相同的探测器噪声功率下, 偏振角越小误比特率越大, 偏振角为 0° 时误比特率最高, 偏振角为 90° 时误比特率最低。2007 年, 张铁英等[80]针对 PPM 需要符号同步、DPIM 符号长度不固定等问题提出了定长数字脉冲间隔调制(fixed-length digital pulse interval modulation, FDPIM), 给出了编码结构, 分析了平均发射功率和带宽需求, 推导了在大气湍流模型下的误包率, 并与 OOK、PPM 和 DPIM 方式进行比较, 结果表明 FDPIM 的误包率劣于 PPM 和 DPIM, 原因在于 OOK 的带宽需求高, 不需符号同步, 不存在缓存溢出问题。同年, 张铁英等[81]针对现有调制方式的带宽需求和功率利用率的平衡问题提出了双幅度脉冲位置调制(dual-amplitude pulse position modulation, DAPPM), 该调制方式的符号长度固定为 PPM 的一半, 带宽需求小于 PPM 和 DPIM，差错性能优于 OOK 和 DAPIM。2008 年, 程刚等[82]针对 PPM 和 DPIM 等存在的问题提出了双宽脉冲位置调制(dual-duration pulse position modulation, DDPPM)，分析了其带宽需求、平均发射功率、传输容量以及弱湍流信道下的误包率并与OOK、PPM和DPIM等方式进行比较，结果表明DDPPM比OOK具有更高的功率利用率和差错性能，比PPM具有更高的带宽利用率和传输容量，与DPIM相比，符号长度固定，接收端不会出现缓存溢出等问题，工程上更易实现。2009年，Sui等[83]根据传统的PPM，提出了改进型的PPM称为shorten PPM(SPPM)，这种调制方式与PPM相比有更好的带宽利用率，信息传输更可靠，降低了实现复杂度。同年，黄爱萍等[84]针对PPM和DPIM存在的问题提出了定长双幅度脉冲间隔调制(fixed length dual-amplitude pulse interval modulation, FDAPIM)，它的误包率劣于PPM和DPIM，接近FDPIM，明显优于OOK。同年，徐智勇等[85]在脉冲数为2的MPPM基础上提出了分离双脉冲位置调制(separated double pulse position modulation, SDPPM)，该调制方式是将(m, 2)MPPM的脉冲组合中出现连续脉冲的组合去掉，这样就能减少码间串扰的影响，降低了接收判决的难度，仿真结果表明SDPPM的误码率要低于脉冲数为2的MPPM，带宽需求高于MPPM。2010年，程刚等[86]提出了双脉冲间隔调制(dual-pulse interval modulation, DPIM)，其符号结构中包含一个起始脉冲和一个标示脉冲，两个脉冲之间的时隙数就表示传递的信息。它不仅具有内置符号同步的能力，且符号长度固定，不会出现缓存冗位和溢出现象，较PPM和FDPIM而言显著缩短了符号长度。2002年，庞志勇等[87]对上述调制方式中的OOK、PPM、DPPM和DPIM这四种调制方式进行了综合的分析比较，比较的内容包括功率效率、带宽需求、传输容量以及抗码间干扰等。结果表明，当符号长度大于4时，PPM、DPIM和DPPM的功率利用率都高于OOK；带宽需求是PPM最高，OOK最低，DPIM高于DPPM；OOK与PPM具有相同的传输容量，DPPM的传输容量高于DPIM。陈君洪等[88]基于庞志勇等的工作在调制方式的种类上增加了DHPIM，内容上增加了对误时隙率的分析，结果表明这几种调制方式各有优势，在带宽利用率和误时隙率方面DPIM和DHPIM更具优势。2006年，Mahdiraji等[48]做了与庞志勇等类似的工作，调制方式上少了DPPM，内容上还分析了它们的功率谱密度，在误包率性能上，OOK最大，PPM最小。2009年，Azzam等[89]对OOK、PPM、MPPM、OPPM和DAPPM(差分)几种调制方式在带宽需求和功率效率性能上各自进行了分析。2012年，柯熙政等[90]对OOK、PPM、DPIM、DAPPM、DHPIM等几种调制方式的一些性能如平均符号长度、平均发射功率、带宽需求、单位传信率、功率谱密度、信道容量、峰值功率和误时隙率、误包率进行了分析比较，提出了类脉冲位置调制的概念。结果表明，在这几种调制方式中，OOK的优点是结构简单，需要带宽小；PPM的缺点是需要符号同步和帧同步；DPIM的优点是不需要符号同步，带宽效率高，缺点是结构相对复杂，符号长度不固定；DHPIM与DPIM一样不需符号同步，DHPIM的带宽效率和传输容量有所提高，符号结构也更复杂。

上述这些调制方式之间都相互有联系，每一种调制方式的提出都是基于已有调制方式存在的缺点，同时这种调制方式本身也会有一些缺点。到目前为止，类脉冲位置调制共有近20种，这些调制方式都还存在着一些亟待解决的问题。

1.3.2 副载波调制的国内外研究现状

1993年，Huang等[91]提出了用于无线激光通信的副载波相移键控(phase shift keying, PSK)调制，通过实验验证得到，OOK系统要达到相同的误码率性能所需要的信噪比要比副载波PSK强度调制系统高6dB。随后，Lu等[92]对二进制相移键控(binary phase shift keying, BPSK) 副载波调制和OOK在大气湍流情况下的误码率进行了仿真分析。前者的判决阈值为“0”，后者要根据湍流的强度和加性噪声的变化选择合适的阈值，即使信噪比很高，OOK方式的误码率也不可能无限小。在相同的闪烁水平下，要达到相同的误码率，OOK方式需要的信噪比要比副载波BPSK强度调制需要的信噪比高3dB。为了减小光强闪烁引起的高误码率问题，差错控制编码被用于副载波强度调制系统中。2006年，Sharma等[93]研究了低密度奇偶校验(low density parity check, LDPC)码多路副载波BPSK和四进制相移键控(quadrature phase shift keying, QPSK)强度调制系统的性能，得到了在光强闪烁存在的大气光信道中采用最大似然解调的LDPC编码系统的误码率上界，并且验证了采用LDPC编码的大气光通信系统的误码率性能要比Turbo码系统高，且在信息长度和编码速率相同的条件下，LDPC码系统的编码增益比Turbo码系统高5dB。2008年，Popoola等[94]将副载波差分相移键控(differential phase shift keying, DPSK)强度调制与空间分集技术结合，研究了在负指数大气湍流环境中系统的误码率性能，当接收端采用4个光电探测器，误码率为10^{-6}时系统接收光功率的增益理论上可以达到38dB。2010年，Naila等[95]研究了基于平均孔径技术的副载波BPSK强度调制系统的性能。当大气信道中的湍流由弱变强时，基于平均孔径调制系统的性能相比单独的副载波BPSK强度调制系统有很大的提高，在接收孔径与载噪比和误码率之间存在一个折中。

1.3.3 FSO-OFDM的提出

为了增强无线激光通信系统对大气湍流的抑制能力，王勇等[96]于2011年提出了非对称限幅光正交频分复用调制技术。该调制方案具有很高的功率利用率，适合光功率受限的无线激光通信系统，性能也完全优于传统OOK及直流偏置光OFDM方案，但完全恢复出非对称削减信号依赖于载波频率的选择，若出现频率偏移将不利于信号的恢复。同年，Chatzidiamantis等[97]将自适应传输技术应用于副载波PSK强度调制的无线光通信系统。该方法利用副载波PSK包络恒定的特点，根据湍流和衰落的瞬间状态以及预先要求的误码率自适应地改变副载波 PSK 的调制阶数，提高了无线光通信的信道容量，不需要以增大发送功率和牺牲误码率为代价来提高频谱效率。

为了提高频带利用率，大气激光通信系统可采用高阶调制的方式。正交振幅调制(quadrature amplitude modulation, QAM)是一种振幅和相位的联合键控。在星座点间的最小距离相等的情况下，星座图中可以容纳更多的星座点，即高阶调制可以在限定的频带内传输更高速率的数据。1994 年，Goff 等[98]将 Turbo 码与 QAM 结合提高了传输的频谱效率，并且在高斯信道和瑞利信道下，该系统的性能要比网格编码调制系统好。2005 年，Kim 等[99]将高阶调制和多码格式用于蜂窝宽带码分多址网络，解决了该网络中前向链路数据以动态速率传输和功率自适应的问题。2011 年，Zhang 等[100]研究了多个边缘型参数的 LDPC 码高阶调制系统的信道容量。通过数值梯度对动态系统的固定点进行估计实现了解码，该嵌套的编码结构对于单一的解码器可以提供灵活的速率选择。

1966 年，Chang[101]提出了 OFDM 的概念。随着宽带数字化的应用需求及 20 世纪 90 年代超大规模集成电路(very large scale integration, VLSI) CMOS 芯片的到来，OFDM 技术得到了人们的普遍关注。1955 年，OFDM 被定为欧洲的数字广播标准，奠定了 OFDM 作为一种重要调制技术的地位，这预示着 OFDM 被广泛应用时代的到来[102]。在随后出现的一系列标准中，采用 OFDM 技术的有欧洲数字视频广播、无线局域网(Wi-Fi; IEEE802.11a/g)、无线城域网(WiMAX; 802.16e)、非对称数字用户线路(AD-SL; ITU G.992.1)以及第四代移动通信技术[103]。1971 年，贝尔实验室的 Weinstein 等[104]提出可以利用离散傅里叶逆变换(inverse discrete Fourier transform, IDFT)和离散傅里叶变换(discrete Fourier transform, DFT)来实现 OFDM 系统中的调制与解调。1981 年，Hirosaki[105]首个成功地完成了 OFDM 系统中的快速傅里叶变换(fast Fourier transform, FFT)的实现。1990 年，Bingham[106]对 OFDM 系统进行了详细的分析介绍，同时指出 OFDM 将会获得更加蓬勃快速的发展。2001 年，思科公司第一个设计出以 OFDM 为基础的商业通信协议，这便是 VOFDM 协议[107]，在此之后，OFDM 便成为通信标准的重要发展方向之一。

OFDM 技术在光通信中的应用要比其在射频领域中的应用晚。1996 年，Pan 等[108]发表了无线光 OFDM 的论文，随后陆续对无线光 OFDM 开展了相关研究[109-111]。2001 年，Dixon 等[112]指出可使用 OFDM 技术抑制多模光纤中的模式色散，这是因为多模光纤通道呈现出类似于无线信道的多径衰落特性。因此，关于无线光 OFDM 的早期研究主要侧重于 OFDM 在多模光纤中的应用[113-115]。无线光 OFDM 引起人们进一步关注的原因是，远程长距离通信中出现了包括直接检波光 OFDM(direct detection OFDM, DDO-OFDM)和相干光 OFDM(coherent optical OFDM, CO-OFDM)[116]等两个各具特色的技术方案建议标准[117,118]。

2001年，Sun[119]设计出了一种OFDM系统的模型，并将该模型用到了FSO系统中，这是首次将OFDM技术应用在FSO通信系统中的报道。同年，You等[110]提出了两种降低OFDM系统中峰值平均功率比(peak to average power ratio, PAPR)的方法，也将其应用到了FSO-OFDM系统中。2003年，Ohtsuki[120]提出了将多载波调制应用到无线激光通信中的概念，同时介绍了FSO-OFDM的原理和特性。2006年，Gonzalez等[121]提出了一种将无线光自适应OFDM系统应用到室内环境的方案，这种方案的数据速率高，且不需要进行信道均衡。同年，Shieh等[122]提出了基于相干检测的OFDM系统。2007年，Djordjevic等[123]提出了两种FSO-OFDM系统的模型。2008年，Cvijetic等[124]第一次在室内进行了通信速率为10Gbit/s，传输距离为2.5km的FSO通信实验。2009年，Cvijetic等[125]介绍了他们所做的短距离FSO传输实验，他们采用偏振复用(polarization multiplexing, POLMUX)QPSK调制和相干检测技术，还使用了MIMO方式来提高FSO的通信速率，在1.5km距离上传输单通道速率达到112Gbit/s。2009年，Stotts等[126]阐述了光学/射频混合无线网络，这种混合通信网络可以同时兼顾射频链路的可靠性和光学链路的廉价性，为用户提供高速率和长距离的移动网络服务。美国空军研究实验室已经提交了集成射频/光学战术瞄准网络技术规划(IRON-T2)，以期在未来得以实施。

FSO系统能够大规模用于电信网络中，但是传统FSO系统存在速率不高、码间干扰大、链路不可靠等问题，这也限制了FSO系统的进一步应用。随着OFDM技术在FSO中应用的日益成熟，上述不利因素已被一一克服。2010年，Bekkali等[127]阐述了FSO-OFDM系统在下一代通信中的地位和作用。

到今天，许多研究机构已通过光OFDM实验来验证可以达到100Gbit/s甚至更高的传输速率，2bit/s/Hz的高光谱效率在单模光纤上能够传输1000km的相干波。

自2008年以来，西安理工大学对FSO-OFDM系统也做了大量的相关理论及实验研究。2008年，张宏伟[9]提出了基于Golay互补序列和Reed-Muller码相结合概率类算法来降低PAPR，简称峰均比，并用FPGA进行了硬件实现。2009年，赵黎[128]在其博士论文中将OFDM技术与FSO技术进行结合，并对FSO-OFDM系统中一些急需解决的理论和技术问题展开研究。2009年，赵黎等[129]根据传统基带FSO-OFDM系统模型存在的缺陷，提出了对其改进的基带模型，该模型利用对信号进行一定的编码来减少光上/下变频的模块复杂度，同时此编码方法还能够用于系统的同步。2012年，解孟其[130]研究了大气色散对FSO-OFDM系统的影响。2014年，张拓[131]搭建了基于副载波16PSK调制的无线光通信系统，实验验证了所设计系统实现点对点通信的可行性。2015年，李蓓蕾[132]搭建了FSO-OFDM的系统模型，通过100m通信距离和1km通信距离的实验对比，得出无线激光信道中的大气衰减和大气湍流会对光 OFDM 信号的传输带来影响，并且随着通信距离的增加，这种影响越来越明显。2016 年，刘娟[133]对无线光通信中的峰均比进行了实验研究，对理论问题进行了实验验证。2007 年，段中熊[134]对无线光 OFDM 中的信道分配技术进行了研究。2008 年，王武[135]研究了将粒子滤波用于无线光信道估计。近年来，高速率通信系统发展很快，可以看到很多不同的通信系统采用多载波调制的技术方案。

1.4 FSO-OFDM 的特点

1.4.1 OFDM 的优点

OFDM 的基本思想是采用相互正交的多路并行信号在相互重叠的子带中传输，以提高带宽利用率。多载波传输通过把数据流分解为若干个子比特流，这样，每个数据将具有低得多的比特率，用这样的低比特率形成的低速率多状态符号再去调制相应的子载波，从而构成多个低速率符号并行发送的传输系统。于是，使用多载波技术可以把高速数据流通过串/并转换，使得每个子载波上的数据符号持续长度相对增加，从而可以减少由信道的时间弥散带来的符号间干扰(intersymbol interference, ISI)；同时，在多载波系统中，一般不需要均衡。在一般衰落环境下，多载波系统中的均衡不是有效改善系统性能的方法。因为均衡的实质是补偿多径信道引起的码间干扰，而 OFDM 技术本身已经利用了多径信道的分集特性，所以一般就不必再进行均衡。在单载波系统中，一次衰落或者干扰就可以导致整个链路失效，但是在多载波系统中，某一时刻只会有很少部分的子信道受到深衰落的影响。多载波系统既能有效抑制干扰，又能提高频谱利用率。光通信最大的特点之一就是通信容量大、码速率高，把多载波调制技术引入自由空间激光通信技术中，可以在同样的带宽条件下提高码率或降低器件速度要求，有利于降低通信系统的相对成本和系统的复杂度，将这两项技术融合，发挥各自的优势并避免各自的劣势是本技术的一个亮点，它已经成为目前无线通信研究的热点技术之一。与其他调制方式相比，OFDM 技术具有以下优点。

(1) 频带利用率高。由于 FFT 处理可以使各子载波部分重叠，理论上可以接近 Nyquist 极限。重叠正交子载波有效地避免了信道间干扰，改善了传统的利用保护频带分离子信道的方式，提高了频率利用率。

(2) 抗脉冲型噪声干扰能力强。OFDM 系统把一个高速串行传输的数字流转化为多个在子信道上并行传输的低速数据流，使符号周期增长很多倍，即把脉冲干扰的影响分散到多个并行传输的符号上，使其相对强度减弱，因此对脉冲噪声具有很强的抑制力。

(3) 抗窄带干扰能力强。因为窄带干扰只影响少数的子信道，绝大多数的子信道仍然可以进行正常的信息传输，而且可以通过自适应调制或采用子信道联合编码，使窄带干扰对整个系统的影响大幅度减小。

(4) 抗多径衰落能力强。由于 OFDM 系统把整个可利用带宽划分成许多个窄带子信道，对于每一子信道而言，符号周期大大变长，单个子信道上的频率响应变得相对平坦了许多，这使频率选择性衰落平坦化，从而使多径效应引起的符号间串扰大大减小。

(5) 适合高速数据传输。OFDM 自适应调制机制可以根据信道和背景噪声的变化为每个子载波自适应地选择不同的调制方式，这样，系统可以将更多的数据集中放在条件好的信道上，以高速率进行传送。因此, OFDM 技术非常适合高速数据传输。

尽管 OFDM 拥有大量的优点，成为当今最具发展前景的一种调制技术，但其也存在缺点，主要表现在以下几个方面。

(1) PAPR 较高。由于 OFDM 符号是由多个独立经过调制的子载波信号叠加而成的，当各个子载波相位相同或者相近时，叠加信号便会受到相同初始相位信号的调制，从而产生较大的瞬时功率峰值，由此进一步带来较高的 PAPR。当某个时刻多个子载波呈现同极性的峰值时，即要求传输的信息具有长的相位一致性时，其瞬时峰值功率就会很高，造成其 PAPR 也很高，这就要求系统内的一些部件具有很大的线性动态范围，如果其动态范围不能满足信号变化的要求而出现非线性，就会产生严重的多载波互调噪声干扰。由于一般功率放大器的动态范围都是有限的，因此 PAPR 较高的信号极易进入功率放大器的非线性区域，这导致信号产生非线性失真，造成明显的频谱扩展干扰以及带内信号畸变，导致整个系统性能严重下降。高 PAPR 已成为 OFDM 的一个主要技术阻碍。

(2) 对频偏比较敏感。在对 OFDM 信号进行解调时，要求各路信号的载波频率与标称值相符才能保证各路信号之间的正交性。原理上只要存在 1%的相对频偏就会产生约-40dB 的子信道间的信号泄漏。因此，要求采取措施有效地消除或减小频率偏差，以避免子信道之间的相互串扰。

1.4.2 FSO-OFDM 的特点

多载波技术既能有效抑制大气湍流、大气散射效应干扰，又能提高频谱利用率，因此把多载波调制技术引入自由空间光通信系统中，可以在相同的带宽条件下提高码速率，降低对器件速度的要求，有利于降低通信系统相对成本和系统复杂度，从而突破光通信的瓶颈。将 FSO 与 OFDM 进行有效的结合，形成 FSO-OFDM 系统。该系统与传统单载波 FSO 系统相比具有如下优点。

(1) 系统中大多数信号处理过程都是在射频(radio frequency,RF)域进行的。RF

设备比相应的光设备要成熟很多，微波滤波器的频率选择性和微波振荡器的频率稳定性也都比相应的光器件好得多。微波振荡器的相位噪声比分布反馈激光二极管小得多，射频检测比光域检测容易实现。

(2) 容易加载前向纠错编码。如果单载波将信号带宽调制到 2.5Gbit/s，由于光脉冲变窄，易受大气信道的影响，这时如果加入前向纠错则难度比较大，如果采用多载波调制，各个子载波的码速率相对较低，容易实现前向纠错。

(3) FSO-OFDM 系统将高速数据流分解为多路低速数据流，用它们分别去调制 N 路子载波后并行传输，可以以较为简单的方式实现宽带、大容量的通信。它所构成的灵活方便的多路光信号传输系统，可以为多个用户提供语音、数据和图像等多种业务。

(4) 抗多径干扰与频谱选择性衰落能力强。由于 OFDM 系统把数据分散到多个子载波上，大大降低了各子载波的符号速率，从而减弱了多径传输的影响。若再增加循环前缀作为保护间隔，甚至可以完全消除大气散射引起的时延扩展影响。

1.4.3 RF OFDM 与 FSO-OFDM 的区别

虽然射频通信和无线激光通信具有某些相似性，但二者也存在很大的差异，主要表现如下。①信号格式不同：OFDM 符号是复数形式的信号，在射频通信系统中，接收端可同时描述出该信号的强度和相位信息，而在 IM/DD 光通信系统中，接收端只能描述出光信号的强度，不能描述出光信号的相位信息。②系统结构不同：在光通信系统中发射端和接收端分别需要电光转换和光电转换模块，而在射频通信中就不需要。③信道不同：大气激光通信的信道为大气信道，大气对激光信号的衰减比射频要大得多。④对抑制 PAPR 要求更高：FSO-OFDM 系统中采用马赫-曾德尔调制器(Mach-Zehnder modulator, MZM)进行电光转换，该调制器的转移特性曲线为余弦函数，存在很大的非线性问题，因此 FSO-OFDM 系统比射频 OFDM 系统对 PAPR 更加敏感。

1.4.4 FSO-OFDM 亟待解决的问题

虽然 FSO-OFDM 与传统单载波系统相比有很多优势，但由于射频 OFDM 与 FSO-OFDM 的区别，以及 OFDM 技术和 FSO 技术自身存在的缺点，将其结合势必会存在很多问题需要解决，具体如下。

(1) 系统建模。虽然射频通信系统中的 OFDM 调制技术和无线激光通信系统中的 OFDM 调制技术的原理相同，但由于两种系统本身存在很大的差异，因此不能简单地将射频中的 OFDM 系统模型应用于 FSO 系统中，而需要根据 FSO 通信系统的特点及原理，合理构建 FSO-OFDM 系统模型。

(2) 信源编码及信道编码。由于大气的散射和湍流特性，在系统设计时需要采取一些措施来保证在各种天气情况下的正常通信。信道编码和信源编码可显著地提高通信系统的抗干扰能力。在 OFDM 系统中可以使用如 RS 码、卷积码、Turbo 码等传统的信道编码方式。

(3) 同步技术。由于 OFDM 信号是由多个相互正交的子载波信号叠加构成的，确保这种正交性对于 OFDM 系统是至关重要的，因此对同步的要求就比较严格。FSO-OFDM 系统存在三种同步需求，即载波同步、符号同步和样值同步。

(4) 信道估计。信道估计是指接收机获知信道状态信息的方法和过程。由于 FSO-OFDM 系统的信道为大气信道，会受到灰尘、雨滴、雾等粒子的散射影响，虽然在 OFDM 中引入了循环保护间隔，在接收端可以采用简单的频域均衡消除大气散射引起的多径干扰，但在频域均衡前必须知道每个子载波上准确的信道频率响应。因此在 OFDM 均衡之前，必须先进行信道估计，信道估计的准确度将直接决定接收机的工作性能。

1.5 FSO-OFDM 中的关键技术

目前, FSO-OFDM 技术的关键问题如下。

1. 同步技术

同步技术是任何一个通信系统都应解决的实际问题，没有准确的同步算法，就不可能进行可靠的数据传输，它是信息传输的前提。同步性能的好坏，对 OFDM 系统的性能影响很大。OFDM 将可用的通信带宽划分为若干个正交的子带，子带之间相互重叠，但仍能保持正交。OFDM 信号波形由多个子载波信号叠加构成，各个子载波之间利用正交性来区分，确保这种正交性对于 OFDM 系统是至关重要的，因此对同步的要求也就相对较严格。OFDM 系统的同步主要包括载波同步、符号同步和样值同步。载波同步是为了信号解调，接收点的信号频率要求与发送端的载波同频同相；符号同步是为了区分各个符号的边界，使快速傅里叶逆变换(inverse fast Fourier transform, IFFT)和 FFT 的起止时刻一致；样值同步是为了使接收端的取样时刻与发送端完全一致。

2. 信道估计

如果不考虑信道干扰，N 个子信道上的接收信号等于各自信道上发送信号与信道的频谱特性瞬时值之积。当大气状况发生变化时，可以在固定的时间间隔发送一个导频信号，对信道的频谱特性进行估计，将各子信道上的接收信号与信道的频谱特性相除，这样就可以实现信号的正确解调。宏观上，信道估计可以分为非盲估计和盲估计以及在此基础上产生的半盲估计。非盲估计是指在估计阶段首先利用导频来获得导频位置的信道信息，然后为后面获得整个数据传输阶段的信道信息做好准备。盲估计是指不使用导频信息，通过使用相应信息处理技术获得信道的估计值。与传统的非盲估计技术相比，盲估计技术使系统的传输效率大大提高，然而盲估计技术的收敛速度一般较慢，这阻碍了其在实际系统中的应用。正是如此才出现了半盲估计，它在数据传输效率和收敛速度之间做一个折中，即采用较少的训练序列来获得信道的信息。如何在估计效果和实现复杂性之间取得合理的折中是值得研究的问题，但可以通过迭代次数的选择在估计效果和实现复杂度之间取得折中。

3. RAPR[9]

由于 OFDM 技术不仅可以提高频谱利用率，而且可以有效抑制多径效应，它已经被多种有线和无线接入标准采纳。但 OFDM 信号是由多个独立的经过调制的子载波信号合成的，根据中心极限定理，它的时域信号近似服从高斯分布，合成信号就可能产生比较大的峰值功率，因此会带来较高的 PAPR。较高的 RAPR 自然就要求系统中的 A/D、D/A 以及高功率放大器具有较大的线性范围，否则就会造成传输信号的频谱扩散以及带内失真而引起误码率的增加，致使系统的复杂度增加。因此，降低 PAPR 一直是 OFDM 系统的关键技术之一。

4. 信源编码及信道编码

由于大气的衰落和湍流特性，在系统设计时需要采取一些相应的措施来保证通信在各种天气情况下能正常进行，并通过信道编码技术降低系统的误码率，提高系统的性能。

OFDM 的基本原则是将高速数据流分解成多路低速数据流，然后在多个子载波上同时进行数据传输。OFDM 中数据信号对各并行副载波的调制可采用 QPSK、OQPSK、QAM 以及 MSK 等。由于数据被分解到多个低速的子载波上进行并行传输，因此符号持续时间变长，降低了 ISI。OFDM 系统中插入循环前缀后可以避免 ISI 并减小码间干扰，但经过信道衰落，某些子信道可能会完全被湮没。因此，即使在大多数子载波上都能做到无差错检测，但整个系统的误码率却会由于接收信号幅度很小的个别子信道的影响而升高。为了避免这种现象，需要引入前向纠错 (forward error correction, FEC) 编码。

5. 自适应调制技术

大气信道具有衰减性、多径性和时变性，这需要实时地对信道状况进行监测，更加有效地利用资源。采用 OFDM 技术的好处是可以根据信道的频率选择性衰落情况动态地调整每个子载波上的信息比特数和发送功率，从而优化系统性能。

6. 激光器及探测器的选择

激光器是激光通信的关键部件，其中半导体激光器应用最多，它结构简单、抗振动、体积小、寿命长、调制方便。无线光通信对半导体激光器的选择要同时兼顾以下几个方面的标准：①光线在大气中传输时，有些波长较容易被吸收，波长必须避开这些大气吸收窗口；②需要考虑与光纤通信系统的继承和互通性；③大气损耗和几何损耗的存在，需要较大的激光发射功率，同时，也要考虑人眼安全的标准；④需要采用具有较好稳定性和较好光束特性的激光器。

探测器的选择：光接收是把接收到的已被调制的光信号通过光学接收透镜汇聚、滤波器滤波、光电探测器进行光电转换的过程。探测器的光敏感范围应该与激光器一致。

FSO 具有成本低、组网灵活、不需要频率许可等优点，已成为近年通信技术领域的一大热点。但由于光色散以及电子器件速率的限制，系统传输速率受限，误码性能不理想。为了充分发挥 FSO 的潜力，支持更高的信息传输速率并改善系统的误码特性，必须采用频谱效率高、抗大气效应能力强的新型传输技术。在各种能提供高速率传输的无线解决方案中，OFDM 技术最能代表 FSO 的发展方向。本书将 OFDM 与 FSO 这两项较成熟的技术进行结合，并对 FSO-OFDM 系统亟待解决的理论和技术问题展开研究。

参 考 文 献

[1] 王海先. 大气中激光通信技术. 红外与激光工程, 2001, 30(2): 123－127.

[2] Fenner W R. Future trends in crosslink communications. SPIE, 1993, 1866:1－8.

[3] Jeganathan M, Monacos S，Biswas A.Lessons learnt from the optical communications demonstrator. SPIE, 1999, 3615:23－30.

[4] Pease R.Optical laser-communications systems carve niche in metro markets. Lightwave, 1999, (9): 23－27.

[5] 潘文, 胡渝. 美国空间激光通信研究发展概况及现状. 电子科技大学学报, 1998, 27(5): 541－545.

[6] 刘华, 胡渝. 欧洲卫星间光通信发展现状. 电子科技大学学报, 1998, 27(5): 552－556.

[7] Lutz H E.Optical communications in space-twenty years of ESA effort.ESA Bulletin Nr. 91, 1997, 01:25－31.

[8] 尹道素, 皮德惠. 日本空间光通信技术的发展状况. 电子科技大学学报, 1998, 27(5): 546－551.

[9] von Karman T. Progress in the statistical theory of turbulence.Proceedings of the National Academy of Science, 1948, 34:530－539.

[10] 韩美苗. 部分相干光在大气湍流中的光束漂移[硕士学位论文]. 西安: 西安理工大学, 2015.

[11] 王婉婷. 部分相干光在大气湍流中的光强分布与光束扩展[硕士学位论文]. 西安: 西安理工大学, 2015.

[12] Tatarskii V I. Wave Propagation in A Turbulent Medium. New York: McGraw-Hill, 1961.

[13] Tatarskii V I. The Effects of the Turbulent Atmosphere on Wave Propagation. Springfield: US Department of Commerce, 1971.

[14] Cherno V L A. Wave Propagation in Random Medium. New York: McGraw-Hill, 1960.

[15] 饶瑞中. 光在湍流大气中的传播. 合肥: 安徽科学技术出版社, 2005.

[16] Lukin V P, Pokasov V V. Optical wave phase fluctuations. Applied Optics, 1981, 20 (1): 421－435.

[17] Greenwood D P,Tarazano D O. A proposed form for the atmospheric microtemperature spatial spectrum in the input range. USAF Rome Air Development Center, New York, 1974.

[18] 李晓庆, 季小玲, 朱建华. 大气湍流中光束的高阶强度矩. 物理学报, 2013, 4:249－255.

[19] Wang S C H, Plonus M A.Optical beam propagation for a partially coherent source in the turbulent atmosphere. Journal of the Optical Society of America, 1979, 69(9): 1297－1304.

[20] 易修雄. 湍流大气中高斯波束的传播特性研究[硕士学位论文]. 西安: 西安电子科技大学, 2005.

[21] Whitman A M, Beran M J.Beam spread of laser light propagating in a random medium. Journal of the Optical Society of America A, 1970, 60(12): 1595－1602.

[22] Poirier J L.Beam spreading in a turbulent medium. Journal of the Optical Society of America A, 1972, 62 (7): 893－898.

[23] Fante R L. Electromagnetic beam propagation in turbulent media. Proceedings of the IEEE, 1975, 63(12): 1669－1688.

[24] 范承玉. 高斯束状波斜程传输的大气湍流效应. 量子电子学报, 1999, 16(6): 519－525.

[25] Andrews L C.Single-pass and double-pass propagation through complex paraxial optical systems. Journal of the Optical Society of America A, 1995, 12(1): 137－150.

[26] Andrews L C,Miller W B.The mutual coherence function and the backscatter amplification effect for a reflected Gaussian-beam wave in atmospheric turbulence.Wave in Random Media, 1995, 5(2): 167－182.

[27] Andrews L C,Philips R L, Al-Halash M A.Theory of optical scintillation. Journal of the Optical Society of America A, 1999, 16(6): 1417－1429.

[28] Andrews L C,Phillips R L,Hopen C Y,et al.Theory of optical scintillation: Gaussian-beam

wave model. Wave Random Media, 2001, 11(2): 271－291.

[29] Andrews L C, Phillips R L, Miller W B. Mutual coherence function for a double-passage retroreflected atmospheric turbulence. Applied Optics, 1997, 36(3): 698－708.

[30] 韦宏艳, 吴振森. 大气湍流中激光波束斜程传输的展宽、漂移特性. 电波传播学报, 2008, 23(4): 611－615.

[31] 易修雄, 郭立新, 吴振森. 高斯波束在湍流大气斜程传输中的闪烁问题研究. 光学学报, 2005, 25(4): 433－438.

[32] 骆志敏, 吴振森, 郭立新. 考虑内尺度效应时光波闪烁的斜程传输研究. 西安电子科技大学学报, 2002, 29(4): 455－459.

[33] Yang R K, Wu Z S.Study of scintillation for a Gaussian beam propagating in atmospheric turbulence on earth-space paths. Radio Science Conference, Qingdao, 2004.

[34] 韦宏艳. 斜程湍流大气中激光波束传输及目标回波特性[博士学位论文]. 西安: 西安电子科技大学, 2009.

[35] 张逸新, 王高刚. 斜程大气传输激光束的平均光强与短期光束扩展. 红外与激光工程, 2007, 36(2): 167－170.

[36] 张飞舟, 李有宽. 破碎光斑特征统计分析. 光学学报, 2007, 27(4): 567－573.

[37] 钱仙妹, 朱文越, 饶瑞中. 地空激光大气斜程传输湍流效应的数值模拟分析. 红外与激光工程, 2008, 37(5): 787－792.

[38] Chu X X, Liu Z J, Wu Y. Propagation of a general multi-Gaussian beam in turbulent atmosphere in a slant path . Journal of the Optical Society of America A, 2008, 25(1): 74－79.

[39] 钱仙妹, 朱文越, 饶瑞中. 非均匀湍流路径上光传播数值模拟的相位屏分布. 物理学报, 2009, 58(9): 6633－6639.

[40] Chu X X, Liu Z J, Wu Y. Comparison between relay propagation and direct propagation of Gaussian-Schell-model beam in turbulent atmosphere along a slant path.Chinese Physics B, 2010, 19(9): 094201-1－094201-6.

[41] 张晓欣, 但有权, 张彬. 湍流大气中斜程传输部分相干光的光束扩展. 光学学报, 2012, 32(12), 1201001.

[42] Duan M L, Li J H, Wei J L. Influence of different propagation paths on the propagation of laser in atmospheric turbulence. Optoelectronics Letters, 2013, 9(6): 0477－0480.

[43] Zhang Y T, Liu L, Wang F, et al. Average intensity and spectral shifts of a partially coherent standard or elegant Laguerre-Gaussian beam beyond paraxial approximation.Optical and Quantam Electronics, 2014, 46:365－379.

[44] Silbaugh E E, Welsh B M, Roggemann M C. Characterization of atmospheric turbulence phase statistics using wavefront slope measurements Ⅲ. Journal of the Optical Society of America A, 1996, 13(12): 2453－2460.

[45] Biswas A, Wright M W.Mountain-top-to-mountain-top optical link demonstration: Part Ⅱ. Interplanetary Network Progress Report, 2002, 151:42－149.

[46] Perlot N, Giggenbach D, Henniger H, et al.Measurements of the beam-wave fluctuations over a 142km atmospheric path. Free-Space Laser Communications, San Diego, 2006.

[47] Phillips R L, Andrews L C, Stryjewski J ,et al. Beam wander experiments: Terrestrial path. Atomspheric Optical Modeling, Measurement, and Simulation Ⅱ, San Diego, 2006.

[48] Mahdiraji G A, Zahedi E. Comparison of selected digital modulation schemes (OOK, PPM and DPIM) for wireless optical communications. The 4th Student Conference on Research and Development, Selangor, 2006.

[49] Kahn J M, Barry J R.Wireless infrared communication.IEEE Proceedings, 1997,85(2):265－298.

[50] Pierce J R.Optical channels:Practical limits with photon counting.IEEE Transactions on Communications,1978,26(12):1819－1821.

[51] Vilnrotter V A, Rodemich E R.A synchronization technique for optical PPM signals. IEEE Proceedings, 1986, 45(2): 1－6.

[52] 丁德强, 柯熙政. 大气激光通信 PPM 调制解调系统设计与仿真研究. 光通信技术, 2005, 01:50－52.

[53] 柯熙政, 赵黎, 丁德强. 一种大气激光通信中时隙同步和帧同步的实现. 半导体光电, 2007, 25(5): 721－724.

[54] 殷致云, 柯熙政, 张波. 无线激光通信中 GF(3)域上的纠错编码研究. 电子测量与仪器学报, 2009, 23(7): 23－28.

[55] 李一兵, 雷洪玉, 殷潜. 基于 CPLD 的 PPM 调制与解调系统设计. 信息技术, 2004, 28(1): 67.

[56] Sugiyama H, Nosu K. MPPM: A method for improving the band-utilization efficiency in optical PPM. IEEE Lightwave Technology, 1989,7(3):465－472.

[57] Sato K, Ohtsuki T, Sasase I. Performance analysis of (m,2) MPPM with imperfect slot synchronization. IEEE Pacific Rim Conference on Communications, Computers and Signal Processing, 1993, 2:765－768.

[58] 秦岭, 柯熙政. 一种二脉冲的 MPPM 编码映射方法研究. 西安理工大学学报, 2007, 23(3): 269－272.

[59] 秦岭, 柯熙政. 无背景噪声下的光 MPPM 信道容量分析. 光电工程, 2007, 34(7): 107－110.

[60] Zwillinger D. Differential PPM has a higher throughput than PPM for the band-limited and average-power-limited optical channel.IEEE Transactions on Information Theory, 1988, 34(5): 1269－1273.

[61] Shiu D, Kahn J M.Differential pulse-position modulation for power-efficient optical communication.IEEE Transactions on Communications,1999,47(8): 1201－1210.

[62] 赵黎, 柯熙政, 刘健. OWC 中 DPPM 调制解调技术研究.激光杂志, 2007, 28(2): 63, 64.

[63] Sethakaset U, Gulliver T A.Performance of differential pulse-position modulation with concat-enated coding over optical wireless communications. IET Optical Wireless Communications, 2008, 2(1): 45－52.

[64] Das J, Sharma P D.Pulse-interval modulation. Electronics Letters, 1967, 3(6): 288, 289.

[65] Cariolaro G, Erseghe T, Vangelista L. Stationary model of pulse interval modulation and exact spectral evaluation. IEEE International Conference on Communications, New Orleans, 2000.

[66] Kaluarachi E D, Ghassemlooy Z, Wilson B. Digital pulse interval modulation for optical free space communication links. Optical Free Space Communication Links, IEE Colloguium, 1996, (32): 95－99.

[67] Ghassemlooy Z, Hayes A R, Seed N L. Digital pulse interval modulation for optical communication. IEEE Communications Magazine, 1998, 12: 95－99.

[68] Ghassemlooy Z, Hashemi S K, Amiri M.Spectral analysis of convolutional coded DPIM for indoor optical wireless communications. IEEE Proceedings,Graz, 2008.

[69] Cariolaro G, Erseghe T, Vangelista L.Exact spectral evaluation of the family of digital pulse interval modulated signals. IEEE Transactions on Information Theory, 2001, 47(7): 2983－2992.

[70] Aldibbiat N, Ghassemlooy Z, Saatchi R. Pulse interval modulation-dual header (PIM-DH). The 2nd International Conference on Information, Communications & Signal Processing, Singapore, 1999.

[71] Aldibbiat N M, Ghassemlooy Z, McLaughlin R.Error performance of dual header pulse interval modulation(DH-PIM) in optical wireless communications. IEE Proceedings, 2001, 148(2): 91－96.

[72] Aldibbiat N M, Ghassemlooy Z, McLaughlin R.Dual header pulse interval modulation for dispersive in door optical wire1ess communication systems.IEE Proceedings Circuits Devices System, 2002, 149(3): 187－192.

[73] Aldibbiat N M, Ghassemlooy Z, Mcbughlin R.Spectral characteristics of dual header pulse interval modulation (DH-PIM). IEE Proceedings Communications, 2001, 148(5): 280－286.

[74] Ghassemlooy Z, Rajbhandari S.Convolutional coded dual header pulse interval modulation for line of sight photonic wireless links.IET Optoelectronics, 2009, 3(3):142－148.

[75] 张凯, 张海涛, 巩马理, 等. 红外双幅度脉冲间隔调制通信系统性能分析. 红外与毫米波学报, 2003, 22(6): 411－414.

[76] Sethakaset U, Gulliver T A. Differential amplitude pulse-position modulation for indoor

wireless optical channels. IEEE Global Telecommunications Conference, Dallas, 2004.

[77] 柯熙政, 殷致云, 杨利红. 大气激光通信中光 PPM 偏振调制方案及其关键技术. 半导体光电, 2007, 28(4): 553－555, 560.

[78] 杨利红, 柯熙政, 马冬冬. 偏振激光在大气传输中的退偏研究. 光电工程, 2008, 35(11): 62－67.

[79] 杨利红, 柯熙政. 基于大气光通信偏振 PPM 的误码率研究. 仪器仪表学报, 2010, 31(7): 1664－1668.

[80] 张铁英, 程刚, 苏艳琴, 等. 无线光通信中的定长数字脉冲间隔调制. 中国激光, 2007, 34(12): 1655－1659.

[81] 张铁英, 王红星, 朱银兵, 等. 无线光通信双幅度脉冲位置调制. 激光杂志, 2007, 28(6): 71－73.

[82] 程刚, 王红星, 孙晓明, 等. 一种新型的无线光通信调制方法. 中国激光, 2008, 35(12): 1914－1918.

[83] Sui M H, Yu X S, Zhou Z G.The modified PPM modulation for underwater wireless optical communication. IEEE International Conference on Communication Software and Networks, Macau, 2009.

[84] 黄爱萍, 樊养余, 李伟, 等. 无线光通信中的定长双幅度脉冲间隔调制. 中国激光, 2009, 36(3):602－606.

[85] 徐智勇, 沈连丰, 汪井源, 等. 分离双脉冲位置调制及其性能研究. 通信学报, 2009, 30(11): 113－119.

[86] 程刚, 王红星, 张铁英, 等. 无线光通信双脉冲间隔调制方法. 中国激光, 2010, 37(7): 1750－1755.

[87] 庞志勇, 朴大志, 邹传云. 光通信中几种调制方式的性能比较. 桂林电子工业学院学报, 2002, 22(5): 1－4.

[88] 陈君洪, 杨小丽. 无线激光通信几种调制方式比较研究. 江西光学学会, 十三省市光学联合年会, 南昌, 2008.

[89] Azzam N, Aly M H, AbouiSeoud A K. Bandwidth and power efficiency of various PPM schemes for indoor wireless optical communications. The 26th National Radio Science Conference, New Cairo, 2009.

[90] 柯熙政, 陈锦妮. 无线激光通信类脉冲位置调制性能比较. 激光技术, 2012, 36(1): 67－76.

[91] Huang W, Takayanagi J, Sakanaka T. Atmospheric optical communication system using subcarrier PSK modulation.IEEE International Conference on Communications, Geneva, 1993.

[92] Lu Q, Liu Q C, Mitchell G S. Performance analysis for optical wireless communication syste-

ms using subcarrier PSK intensity modulation through turbulent atmospheric channel.Global Telecommunications Conference, Dallas, 2004.

[93] Sharma M, Chadha D. Maximum likelihood decoding of low density parity check coded subcarrier modulation in optical wireless systems. India Conference, New Delhi, 2006.

[94] Popoola W O, Ghassemlooy Z, Leitgeb E. BER Performance of DPSK subcarrier modulated free space optics in fully developed speckle. The 6th International Symposium on Communication Systems, Networks and Digital Signal Processing, Graz, 2008.

[95] Naila B C, Bekkali A, Kazaura K. BPSK intensity modulated free-space optical communications using aperture averaging. International Conference on Photonics, Langkawi, 2010.

[96] 王勇，曹家年. 大气激光通信非对称限幅光正交频分复用技术. 光子学报，2011，40 (1): 36－40.

[97] Chatzidiamantis N D, Lioumpas A S. Adaptive subcarrier PSK intensity modulation in free space optical systems. IEEE Transactions on Communications, 2011, 59 (5): 1368－1377.

[98] Goff S L, Glavieux A. Turbo-codes and high spectral efficiency modulation. International Conference on Communication,New Orleans, 1994.

[99] Kim D I, Hossain E. Dynamic rate and power adaptation for forward link transmission using high-order modulation and multicode formats in cellular WCDMA networks.IEEE Transactions on Wireless Communication, 2005, 4 (5):2361－2372.

[100] Zhang L, Kschischang F R. Design of multi-edge-type LDPC codes for high-order coded modulation. The 12th Canadian Workshop on Information Theory, Kelowna, 2011.

[101] Chang R W. Synthesis of band-limited orthogonal signals for multichannel date transmission. Bell System Technical Journal, 1966, 45(6): 1775—1796.

[102] 李喆. OFDM 关键技术的研究及仿真[硕士学位论文]. 北京：北京交通大学, 2006.

[103] Shieh W, Djordjevic I. OFDM for optical communication. Publish House of Electronics Industry, 2001, 32(3): 21, 22.

[104] Weinstein S B, Ebert P M. Data transmission by frequency division multiplexing using the discrete Fourier transform. IEEE Transaction on Communication, 1971, 19(5): 628－634.

[105] Hirosaki B. An orthogonally multiplexed QAM system using the discrete Fourier transform. IEEE Transactions on Communication, 1981, 29(7): 982－989.

[106] Bingham J A C. Multicarrier modulation for data transmission: An idea whose time has come. IEEE Communications Magazine, 1990, 28(5): 5－14.

[107] Ayanoglu E, Jones V K, Raleigh G G, et al. VOFDM broadband wireless transmission and its advantages over single carrier modulation. Proceedings of ICC 2001 Conference, Helsinki, 2001.

[108] Pan Q, Green R J. Bit-error-rate performance of lightwave hybrid AM/OFDM systems with

comparison with AM/QAM systems in the presence of clipping impulse noise. IEEE Photonics Technology Letters, 1996, 32(8): 278－280.

[109] Shi Q. Error performance of OFDM-QAM in subcarrier multiplexed fiber-optical transmission. IEEE Photonics Technology Letters, 1997, 32(9): 845－847.

[110] You R, Kahn J M. Average power reduction techniques for multiple-subcarrier intensity-modulated optical signals. IEEE Transactions on Communication, 2001, 49(6): 2164－2171.

[111] Ma C P, Kuo J W. Orthogonal frequency division multiplex with multi-level technology in optical storage application. Japanese Journal of Applied Physics Part 1-Regular Papers Short Notes & Review Papers, 2004, 43(2): 4876－4878.

[112] Dixon B J, Pollard R D, Iezekeil S. Orthogonal frequency-division multiplexing in wireless communication systems with multimode fiber feeds. IEEE Transactions on Microwave Theory Techniques, 2001, 49(3): 1404－1409.

[113] Jolley N E, Kee H, Rickard R, et al. Generation and propagation of a 1550nm 10Gb/s optical orthogonal frequency division multiplexed signal over 1000m of multimode fibre using a directly modulated DFB. Optical Fiber Communication Conference, Anaheim, 2005.

[114] Tang J M, Lane P M, Shore K A. High-speed transmission of adaptively modulated optical OFDM signals over multimode fibers using directly modulated DFS. Lightwave Technology, 2006, 24(3): 429－441.

[115] Lowery A, Armstrong J. 10Gbit/s multimode fiber link using power-efficient orthogonal-frequency-devision multiplexing. Optics Express, 2005, 13(3): 3－9.

[116] Shieh W, Athaudage C. Coherent optical Orthogonal frequency division multiplexing. Electronics Letters, 2006,42(10):587－589.

[117] Lowery A J, Du L, Armstrong J. Orthogonal frequency division multiplexing for adaptive dispersion compensation in long haul WDM systems. Optical Fiber Communication Conference, Anaheim, 2006.

[118] Djordjevic I, Vasic B. Orthogonal frequency division multiplexing for high-speed optical transmission. Optics Express, 2006, 14(5): 3767－3775.

[119] Sun Y. Bandwidth-efficient wireless OFDM. IEEE Journal on Selected in Communications, 2001, 19(11): 2267－2278.

[120] Ohtsuki T. Multiple-subcarrier modulation in optical wireless communications. IEEE Communications Magazine, 2003, 41(3): 74－79.

[121] Gonzalez O, Pérez-JIménez R, Rodríguez S, et al. Adaptive OFDM system for communication over the indoor wireless optical channel.IEEE Proceedings Optoelectronics, 2006, 153(4): 139－144.

[122] Shieh W, Athaudage C. Coherent optical orthogonal frequency division multiplexing.

Electronics Letters, 2006, 42(10): 587－589.

[123] Djordjevic I B, Vasic B, Neifeld M A. LDPC-coded OFDM for optical communication system with direct detection.IEEE Journal of Selected Topics in Quantum Electronics, 2007, 13(5): 1446－1454.

[124] Cvijetic N, Qian D Y, Wang T. 10Gbit/s free-space optical transmission using OFDM. Conference on Optical Fiber Communication/National Fiber Optic Engineers Conference, San Diego, 2008.

[125] Cvijetic N, Qian D Y, Yu J J, et al. 100Gbit/s per-channel free-space optical transmission with coherent detection and MIMO processing. The 35th European Conference Optical Communication, Vienna, 2009.

[126] Stotts L B, Andrews L C, Cherry P C, et al. Hybrid optical RF airborne communications. Proceedings of The IEEE, 2009, 97(6): 1109.

[127] Bekkali A, Naila C B, Kazaura K. Transmission analysis of OFDM-based wireless services over turbulent radio-on-FSO links modeled by Gamma-Gamma distribution. Photonics Journal, 2010, 2(3): 510.

[128] 赵黎. FSO-OFDM 系统关键技术研究[博士学位论文]. 西安: 西安理工大学, 2009.

[129] 赵黎, 柯熙政, 刘健. 一种改进的 FSO-OFDM 基带模型. 半导体光电, 2009, 30(2): 277－280.

[130] 解孟其. 大气色散对FSO-OFDM系统的影响研究[硕士学位论文]. 西安: 西安理工大学, 2012.

[131] 张拓. 副载波 16PSK 调制的无线光通信系统实验[硕士学位论文]. 西安: 西安理工大学, 2014.

[132] 李蓓蕾. FSO-OFDM 系统的实验研究[硕士学位论文]. 西安: 西安理工大学, 2015.

[133] 刘娟. FSO-OFDM 系统中峰均比控制方法的实验研究[硕士学位论文]. 西安: 西安理工大学, 2016.

[134] 段中雄. FSO-OFDM 系统信道分配技术研究[硕士学位论文]. 西安: 西安理工大学, 2007.

[135] 王武. 基于粒子滤波方法的大气激光 OFDM 信道估计[硕士学位论文]. 西安: 西安理工大学, 2008.

第 2 章　副载波调制技术

载波就是载着数据的特定频率无线电波。副载波(subcarrier)是一种电子通信信号载波，它携带在另一载波的上端，能够使两个信号同时有效传播。为了区别光载波，把受模拟基带信号预调制的电载波称为副载波。无线光通信系统的调制方案主要有两种，一种是强度调制/直接检测，另一种是相干调制/外差检测。适用于强度调制/直接检测大气无线光通信系统的调制方式主要有三种：开关键控调制方式[1-5]、脉冲调制方式[6-12]和副载波强度调制方式。本章介绍无线光副载波调制技术。

2.1　副载波调制

副载波调制是先将二进制比特信息调制到某一载波上，再利用这个已调副载波对光载波进行调制，使光载波的某个参量与调制信号呈相对应关系。经过光强调制后的信号由发射光学系统发送并由大气信道进行传输。光电探测器利用光电效应探测，将聚集于光敏面上的光能转化为与入射光子数或入射光功率成正比的电流信号，由副载波电解调器解调出信息数据。

2.1.1　副载波调制信号的产生与检测

图 2-1 给出了具有 N 路副载波信号的无线光副载波强度调制(subcarrier intensity modulation-FSO, SIM-FSO)系统。在副载波调制系统中，设 $m(t)$是对信源 $d(t)$进行预调制后的射频副载波信号，采用 $m(t)$对激光器所发射的光载波进行强度调制。经过串/并转换，MPSK 副载波调制每次将一码元转换为同相支路数据 I 和正交支路数据 Q，其幅度为 $\{a_{ic}, a_{is}\}_{i=1}^{N}$。根据 I 路和 Q 路数据，可将其映射到相应的相位；因为副载波信号 $m(t)$是正弦信号，有正有负，所以需要给 $m(t)$加直流偏置 b_0 后作为驱动电流注入激光器中。在 N 路 SIM-FSO 系统中:

$$m(t) = \sum^{N} m_i(t) \tag{2.1}$$

在某一码元持续时间内，射频副载波调制信号一般可表示为

$$m_i(t)=g(t)a_{ic}\cos(\omega_{ci}t+\varphi_i)+g(t)a_{is}\sin(\omega_{ci}t+\varphi_i) \tag{2.2}$$

式中，$g(t)$为脉冲成形函数；载波频率与相位为 $\{\omega_{ci}, \varphi_i\}_{i=1}^{N}$。当接收机采用直接检测时，光强度信号经光电转换为电流信号

$$I(t)=RA(t)[1+\xi m(t)]+n(t) \tag{2.3}$$

式中，R 为光电转换常数；$n(t)$是高斯分布但非 0 均值的白噪声；光调制指数$\xi=\left|\dfrac{m(t)}{i_B-i_{th}}\right|$。激光调制特性曲线如图 2-2 所示。

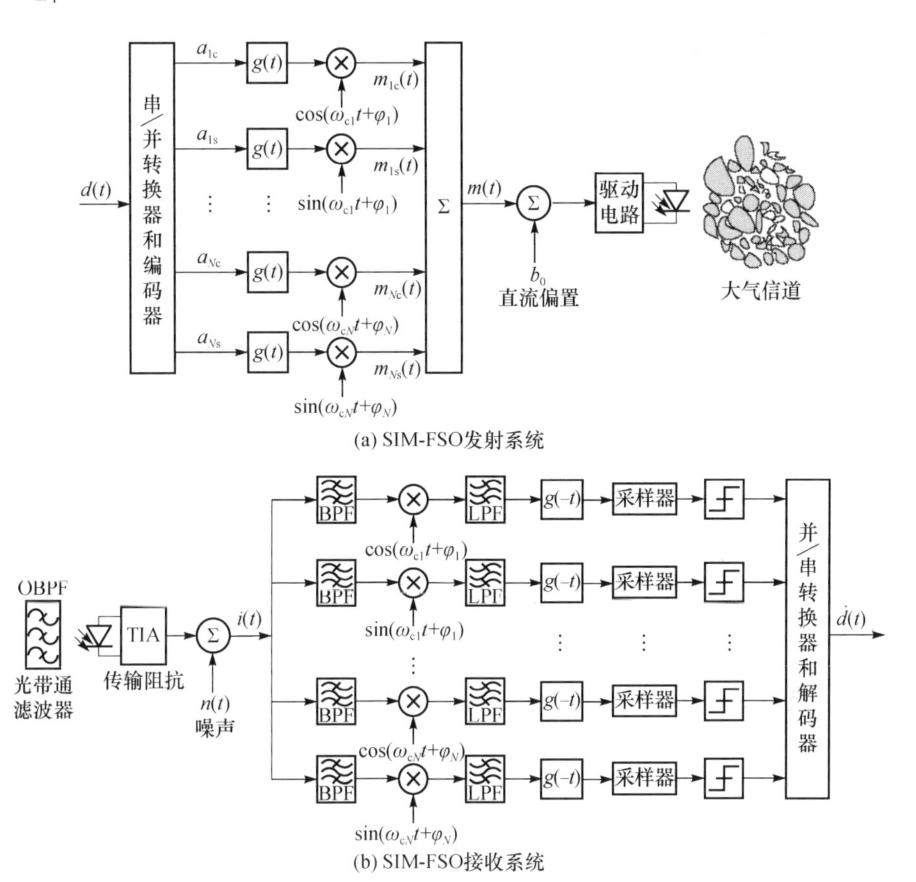

图 2-1 N 路副载波信号的 SIM-FSO 系统

2.1.2 BPSK 副载波调制的差错率

BPSK 副载波调制的无线光通信系统原理如图 2-3 所示。对于强度调制/直接检测通信系统，接收机接收到的光强 $P(t)$可以表示为

$$P(t)=A(t)P_s(t)+n(t) \tag{2.4}$$

对于副载波 BPSK 调制系统，光发射机发出的光强为

$$s(t)=1+\xi[s_i(t)\cos(\omega_c t)-s_q(t)\sin(\omega_c t)] \tag{2.5}$$

式中，$s_i(t)=\sum_j g(t-jT_s)\cos\Phi_j$ 为同相信号；$s_q(t)=\sum_j g(t-jT_s)\sin\Phi_j$ 为正交信号，Φ_j 为第 j 位相位，$g(t)$为门脉冲，T_s 为符号时间；ξ为调制指数，且 $0<m(t)\leqslant 1$。

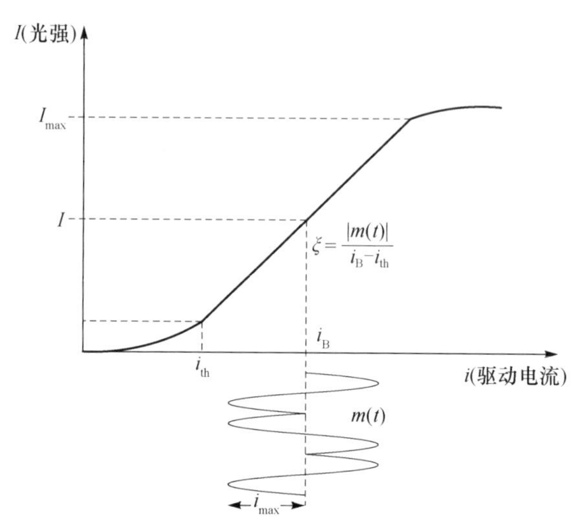

图 2-2　副载波激光模拟调制特性曲线

接收机接收到的光强为

$$P(t)=\frac{P_{\max}}{2}A(t)\left\{1+\xi\left[s_i(t)\cos(\omega_c t)-s_q(t)\sin(\omega_c t)\right]\right\} \tag{2.6}$$

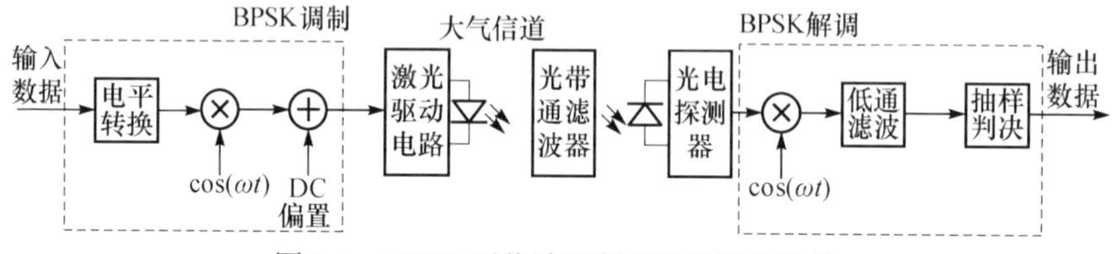

图 2-3　BPSK 副载波调制无线光通信系统

经过光电探测器后，输出的电信号为

$$I(t)=\frac{P_{\max}R}{2}A(t)\left\{1+\xi\left[s_i(t)\cos(\omega_c t)-s_q(t)\sin(\omega_c t)\right]\right\}+n_i(t)\cos(\omega_c t)-n_q(t)\sin(\omega_c t) \tag{2.7}$$

式中，R 为光电转换常数；$n_i(t)$与 $n_q(t)$是方差为σ_g^2 的非 0 均值的高斯白噪声。

在副载波调制系统中，如果要求与 OOK 系统传输相同的光功率，则接收机接收信号的功率谱密度为

$$I(f)=A(f)+\frac{B(f-f_c)+B(f+f_c)}{2}+\frac{N(f-f_c)+N(f+f_c)}{2} \tag{2.8}$$

式中，$B(f)=A(f)*Z(f)$。信道慢衰落依赖直流分量 $A(f)$，若载频 f_c 足够高，假定 $f_c>B_A+B_B$，f_c 是中频(intermediate frequency, IF)，B_A 为 $A(f)$ 单边带带宽。B_B 为 $B(f)$ 单边带带宽。式(2.7)中的第一项 $\frac{P_{\max}R}{2}A(t)$ 可以通过接收机带通滤波器滤除。将滤波后的信号通过相干解调进行载波相位恢复，再经过低通滤波器滤除高频分量后，得到输出信号的同相信号：

$$r_i(t)=\frac{P_{\max}R}{2}\xi A(t)s_i(t)+n_i(t) \tag{2.9}$$

和正交信号：

$$r_q(t)=\frac{P_{\max}R}{2}\xi A(t)s_q(t)+n_q(t) \tag{2.10}$$

当所采用副载波调制方式为 BPSK，且不考虑大气衰落效应而信道特性为高斯分布时，系统误码率可表示为

$$P_e=Q\sqrt{2\mathrm{SNR}} \tag{2.11}$$

式中，$\mathrm{SNR}=\frac{(P_{\max}/2)^2R^2\xi^2}{2\sigma_g^2}$。考虑到大气衰落效应，解调信号为

$$r(t)=\frac{P_{\max}R}{2}\frac{\xi A(t)s(t)+n(t)}{2} \tag{2.12}$$

设等概率发送“0”码和“1”码，即 $p(1)=p(0)=0.5$，则 BPSK 无线光通信系统的误码率为

$$P_e=p(1)p(r|1)+p(0)p(r|0) \tag{2.13}$$

(1) 在弱湍流情况下，光强起伏 $A(t)$ 服从对数正态(log-normal)分布。对于 BPSK 副载波调制，接收信号的条件概率密度函数 $p(r|x)$ 为

$$p(r|x)=\begin{cases}\dfrac{\exp\left(-\sigma_l^2/2\right)}{2\pi\sigma_l\sigma_g}\displaystyle\int_0^{\infty}\frac{1}{t^2}\exp\left\{-\left[\frac{\ln^2 x}{2\sigma_l^2}+\frac{(\xi r-t)^2}{2\sigma_g^2}\right]\right\}\mathrm{d}t, & x=+1\\ \dfrac{\exp\left(-\sigma_l^2/2\right)}{2\pi\sigma_l\sigma_g}\displaystyle\int_{-\infty}^{0}\frac{1}{t^2}\exp\left\{-\left[\frac{\ln^2 x}{2\sigma_l^2}+\frac{(\xi r+t)^2}{2\sigma_g^2}\right]\right\}\mathrm{d}t, & x=0\end{cases} \tag{2.14}$$

对于 BPSK 调制，判决门限值设为 0，将式(2.14)代入式(2.13)可得

$$P_e=\frac{\exp\left(-\sigma_l^2/2\right)}{\sqrt{2\pi}\sigma_l}\int_0^{\infty}\frac{1}{t^2}\exp\left(-\frac{\ln^2 x}{2\sigma_l^2}\right)Q\left(\frac{x}{\sigma_g}\right)\mathrm{d}x \tag{2.15}$$

(2) 当光强起伏 $A(t)$ 服从 Gamma-Gamma 分布时，对于 BPSK 副载波调制，接收信号的条件概率密度函数 $p(r|x)$ 为[13]

$$p(r|x)=\begin{cases}\dfrac{2}{\sqrt{2}\pi\sigma_g\Gamma(\alpha)\Gamma(\beta)}\left(\dfrac{\alpha\beta}{\xi}\right)\displaystyle\int_0^{\infty}t^{\frac{\alpha+\beta}{2}}K_{\alpha-\beta}\left(2\sqrt{\dfrac{\alpha\beta t}{\xi}}\right)\exp\left\{-\left[\dfrac{(r-t)^2}{2\sigma_g^2}\right]\right\}\mathrm{d}t, & x=+1\\ \dfrac{2}{\sqrt{2}\pi\sigma_g\Gamma(\alpha)\Gamma(\beta)}\left(\dfrac{\alpha\beta}{\xi}\right)\displaystyle\int_0^{\infty}t^{\frac{\alpha+\beta}{2}}K_{\alpha-\beta}\left(2\sqrt{\dfrac{\alpha\beta t}{\xi}}\right)\exp\left\{-\left[\dfrac{(r+t)^2}{2\sigma_g^2}\right]\right\}\mathrm{d}t, & x=0\end{cases} \tag{2.16}$$

将式(2.16)代入式(2.15)中可得

$$P_{\mathrm{e}}=\frac{(\alpha\beta)^{\frac{\alpha+\beta}{2}}}{\Gamma(\alpha)\Gamma(\beta)}\int_0^{\infty}x^{\frac{\alpha+\beta}{2}-1}K_{\alpha-\beta}\left(2\sqrt{\alpha\beta x}\right)\mathrm{erfc}\left(\frac{\xi x}{\sqrt{2}\sigma_g}\right)\mathrm{d}x \tag{2.17}$$

2.1.3 FSK 副载波调制的差错率

二进制频移键控(frequency shift keying, FSK)调制的时域表达式为[14]

$$e_{2\mathrm{FSK}}(t)=b(t)\cos(\omega_1 t+\varphi_1)+\overline{b(t)}\cos(\omega_2 t+\varphi_2) \tag{2.18}$$

式中, $b(t)$为基带信号, 可表示为

$$b(t)=\sum_{n=-\infty}^{\infty}a_n g(t-nT_{\mathrm{s}}),\quad a_n=\begin{cases}0, & \text{概率}P\\ 1, & \text{概率}1-P\end{cases} \tag{2.19}$$

发射光的强度为

$$s(t)=1+\sum_{n=-\infty}^{\infty}a_n g(t-nT_{\mathrm{s}})\cos(\omega_1 t+\varphi_1)+\sum_{n=-\infty}^{\infty}\overline{a_n}g(t-nT_{\mathrm{s}})\cos(\omega_2 t+\varphi_2) \tag{2.20}$$

不失一般性, 发射光可以表示为

$$s(t)=1+\sum_{n=-\infty}^{\infty}a_n g(t-nT_{\mathrm{s}})\cos(\omega_1 t)+\sum_{n=-\infty}^{\infty}\overline{a_n}g(t-nT_{\mathrm{s}})\cos(\omega_2 t) \tag{2.21}$$

接收信号表示为

$$\begin{aligned}r(t)=A(t)&+\sum_{n=-\infty}^{\infty}a_n g(t-nT_{\mathrm{s}})A(u,t)\cos(\omega_1 t)\\ &+\sum_{n=-\infty}^{\infty}\overline{a_n}g(t-nT_{\mathrm{s}})A(u,t)\cos(\omega_2 t)+n(t)\end{aligned} \tag{2.22}$$

式(2.22)的 $A(t)$可以通过一个带通滤波器滤掉, 得到的接收信号为

$$r(t)=\sum_{n=-\infty}^{\infty}a_n g(t-nT_{\mathrm{s}})A(u,t)\cos(\omega_1 t)+\sum_{n=-\infty}^{\infty}\overline{a_n}g(t-nT_{\mathrm{s}})A(u,t)\cos(\omega_2 t)+n(t) \tag{2.23}$$

采用同步检测法, 假定在(0, T_{s})时间内所发送的码元为 “1”, 则这时送入抽样

判决器进行比较的两路信号的波形分别为

$$\begin{cases} x_1(t) = A(t) + n_1(t) \\ x_2(t) = n_2(t) \end{cases} \tag{2.24}$$

$n_1(t)$、$n_2(t)$是方差为σ_g^2的正态随机变量；抽样值 $x_1(t)=A(t)+n_1(t)$是均值为 $A(t)$、方差为σ_g^2 的正态随机变量；抽样值 $x_2(t)=n_2(t)$也是均值非 0、方差为σ_g^2 的正态随机变量。由于此时 $x_1<x_2$,"1" 码被错误判决为 "0" 码，此时的错误概率 P_{e1} 为(这里用 a 代替 $A(t)$)

$$P_{e1} = p(x_1 < x_2) = p\left[(a + n_1) < n_2\right] = p(a + n_1 - n_2 < 0) \tag{2.25}$$

令 $z=a+n_1+n_2$，则 z 也是正态随机变量，且均值为 a，方差为σ_z^2，$\sigma_z^2=2\sigma_g^2$，因此 z 的概率密度函数 $p(z)$为

$$p(z) = \frac{1}{\sqrt{2\pi}} \exp\left[-\frac{(z-a)^2}{2\sigma_z^2}\right] = \frac{1}{2\sqrt{\pi}\sigma_g} \exp\left[-\frac{(z-a)^2}{4\sigma_g^2}\right] \tag{2.26}$$

又由前面可知 $A(t)$的概率密度函数为

$$p(A) = \frac{1}{\sqrt{2\pi}\sigma_l A} \mathrm{e}^{-\frac{\left(\ln A + \sigma_l^2/2\right)^2}{2\sigma_l^2}} \tag{2.27}$$

由式(2.27)和式(2.26)可知联合概率密度函数为

$$p(r \mid s_1) = \frac{\exp(-\sigma_l^2/2)}{4\pi\sigma_l\sigma_g} \int_0^\infty \frac{1}{x^2} \exp\left\{-\left[\frac{\ln^2 x}{2\sigma_l^2} + \frac{(r-x)^2}{2\sigma_g^2}\right]\right\} \mathrm{d}x \tag{2.28}$$

由于发送 "0" 而被误判为 "1" 和发送 "1" 而被误判为 "0" 的概率相等，因此两种情况下的误码率相同，令 $P(0)=0.5$ 可以得到总的误码率为

$$P_e = \frac{1}{\sqrt{2\pi}\sigma_l} \exp\left(-\frac{\sigma_l^2}{2}\right) \int_0^\infty \frac{1}{x^2} \exp\left(-\frac{\ln^2 x}{2\sigma_l^2}\right) Q\left(\frac{x}{\sqrt{2}\sigma_g}\right) \mathrm{d}x \tag{2.29}$$

2.1.4　MPSK 与 MQAM 副载波调制的差错率

对于 QPSK 副载波调制系统，不考虑大气衰落效应，信道为高斯分布时，根据式(2.11)，其中，$\mathrm{SNR} = \dfrac{(P_{\max}/2)^2 R^2 \xi^2}{2\sigma_g^2}$，就可以得到系统的误码率[15]。考虑到大气衰落效应，其解调信号可表示为

$$r_i(t)=\left[\frac{P_{\max}R}{2}\xi A(t)s_i(t)+n_i(t)\right]/2 \tag{2.30}$$

$$r_q(t)=\left[\frac{P_{\max}R}{2}\xi A(t)s_q(t)+n_q(t)\right]/2 \tag{2.31}$$

基于 log-normal 信道的 QPSK 系统误码率为[12,16]

$$P_{\mathrm{e}}=\frac{\exp\left(-\sigma_l^2/2\right)}{2\sqrt{\pi}\sigma_l}\int_0^{\infty}\frac{1}{x^2}\exp\left(-\frac{\ln^2 x}{2\sigma_l^2}\right)Q\left(\frac{x}{\sigma_g}\right)\mathrm{d}x \tag{2.32}$$

对于多进制数字相位调制(multiple phase shift keying, MPSK)副载波调制，假定信道为高斯分布且不考虑大气衰落效应，系统误码率可表示为

$$P_{\mathrm{e}}=\frac{2}{\log_2^M}Q\left[\sqrt{\log_2^M \mathrm{SNR}}\sin\left(\frac{\pi}{M}\right)\right],\quad M\geqslant 4 \tag{2.33}$$

基于 log-normal 大气信道模型的 MPSK 系统误码率为[17]

$$\begin{aligned}P_{\mathrm{e}}=1-&\int_{\frac{-\pi}{M}}^{\frac{\pi}{M}}\frac{1}{2\pi\sigma_l}\int_0^{\infty}\exp\left[-\frac{r^2}{2\sigma_l^2}-\frac{\left(\ln r+\sigma_l^2\right)^2}{2\sigma_l^2}\right]\\&\times\left\{\frac{1}{\sqrt{2\pi}}+\frac{r\cos\theta}{\sigma_g}\left[1-Q\left(\frac{r\cos\theta}{\sigma_g}\right)\right]\times\exp\left(\frac{r^2\cos^2\theta}{2\sigma_g^2}\right)\right\}\mathrm{d}r\mathrm{d}\theta\end{aligned} \tag{2.34}$$

对于方形多进制正交幅度调制(multiple quadrature amplitude modulation, MQAM) ($M\geqslant 8$)副载波调制，若不考虑大气衰落效应，则采用相干解调的系统误码率为

$$\mathrm{BER}=k_1 f\left(\sqrt{k_2\gamma}\right) \tag{2.35}$$

式中，$k_1=2\left(1-1/\sqrt{M}\right)$；$k_2=3/(M-1)$。弱湍流信道 MQAM($M\geqslant 8$)调制光通信系统误码率[18]为

$$\mathrm{BER}=\frac{k_1}{\sqrt{\pi}}\int_{-\infty}^{\infty}f\left[\sqrt{\frac{k_2\gamma}{4}}\exp\left(\sqrt{2}\sigma_l x-\frac{\sigma_l^2}{2}\right)\right]\exp(-x^2)\mathrm{d}x \tag{2.36}$$

2.1.5 副载波调制性能分析

如图 2-4 所示，根据式(2.14)，在光强闪烁指数σ_l=0.1、σ_l=0.2、σ_l=0.3 下，分别对采用 OOK 调制和 BPSK 调制的 FSO 系统进行误码率性能仿真。其中 OOK 检测为固定阈值检测，且取阈值$T=\mathrm{e}^{-\frac{\sigma_l^2}{2}}$。

由图 2-4 可以看出：当闪烁指数σ_l=0.1, SNR=10dB 时，采用 OOK 调制系统的误码率为 1.5×10^{-4}，而 BPSK 副载波调制系统误码率达到 1.9×10^{-5}；当σ_l=0.2, SNR=10dB 时, OOK 调制误码率约为 4×10^{-3}，而 BPSK 调制系统的误码率约达到 2.1×10^{-4}。当闪烁指数σ_l=0.3, SNR=20dB 时, BPSK 调制系统误码率达到 9.9×10^{-9}，但对于 OOK 调制，随着信噪比的不断增大，系统误码率的减小很缓慢，约为 1×10^{-2}。

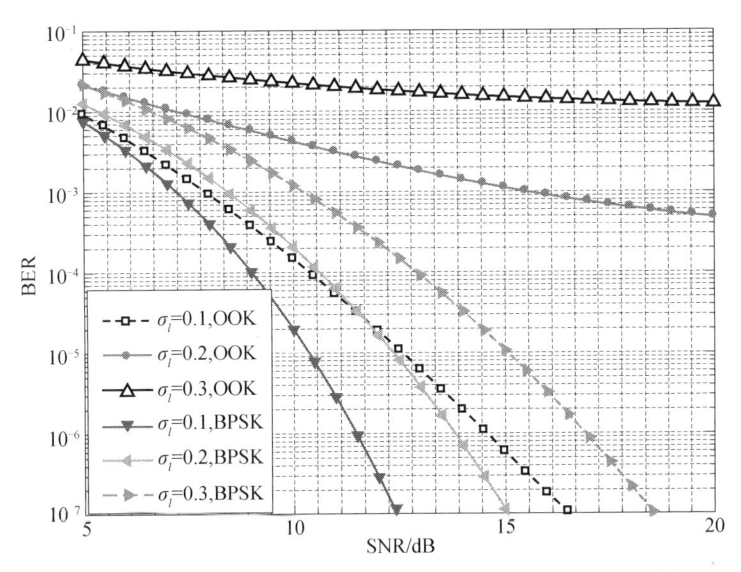

图 2-4　采用 OOK 和 BPSK 调制在不同σ_l下系统的误码率[17]

由图 2-5 可以看出：当闪烁指数σ_l=0.1, SNR=10dB 时, 2FSK 调制系统的误码率为 1.3×10^{-3}，而 BPSK 副载波调制系统的误码率达到 1.9×10^{-5}；当σ_l=0.2, SNR=10dB 时, 2FSK 调制系统的误码率约为 3.4×10^{-3}，而 BPSK 调制系统的误码率达到 2.1×10^{-4}；当σ_l=0.3, SNR=20dB 时, 2FSK 调制系统的误码率约为 8.9×10^{-7}, BPSK 调制系统的误码率达到 9.9×10^{-9}。仿真结果表明采用 BPSK 强度调制比采用载波 2FSK 强度调制可以更有效地抑制大气湍流引起的光强闪烁效应。

图 2-6(a)和图 2-6(b)为不同光强闪烁指数下的误码率性能仿真。随着闪烁指数的增大，各种副载波调制差错性能均劣化。在闪烁指数σ_l=0.1, BER=10^{-3} 下, BPSK 相对于 QPSK、8PSK 分别具有 9dB 和 13dB 的信噪比增益裕量。在闪烁指数σ_l=0.2, SNR=10dB 下, BPSK 误码率约为 6×10^{-3}, QPSK、8PSK、16PSK 以及 16QAM 误码率依次约为 7×10^{-2}、1.7×10^{-2}、4×10^{-1} 以及 2×10^{-1}。由图 2-6 还可以看出：在几种副载波调制系统中, BPSK 的差错性能最好，其次为 2FSK、QPSK、8PSK、16PSK，差错性能最差的调制方式为 16QAM。

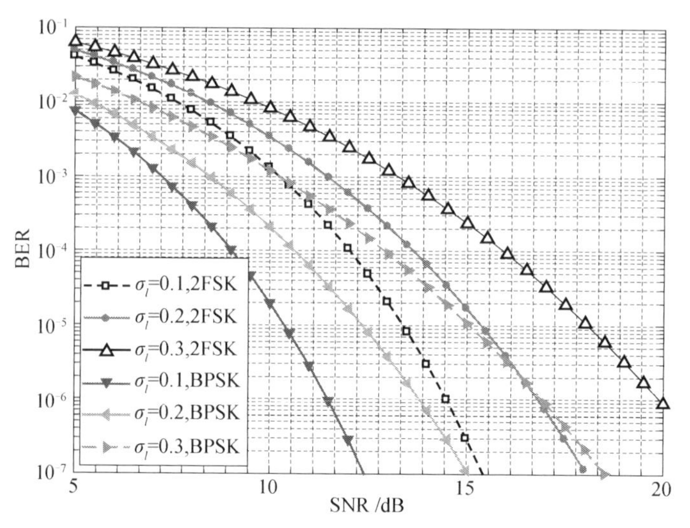

图 2-5　采用 2FSK 和 BPSK 调制在不同σ_l 下系统的误码率[17]

在常见的几种副载波调制方式中，BPSK 的误码性能最好，其次为 2FSK、QPSK、8PSK、16PSK，而 16QAM 的性能最差。随着副载波调制阶数的增大，在相同信噪比和闪烁指数条件下，虽然误码率特性劣化，但增大了信息传输速率，可以在相同的频带中传输更多的信息，提高了频带利用率。因此，应根据系统的带宽要求选择合适的调制方式，在传输带宽与误码特性之间做出合理的抉择。

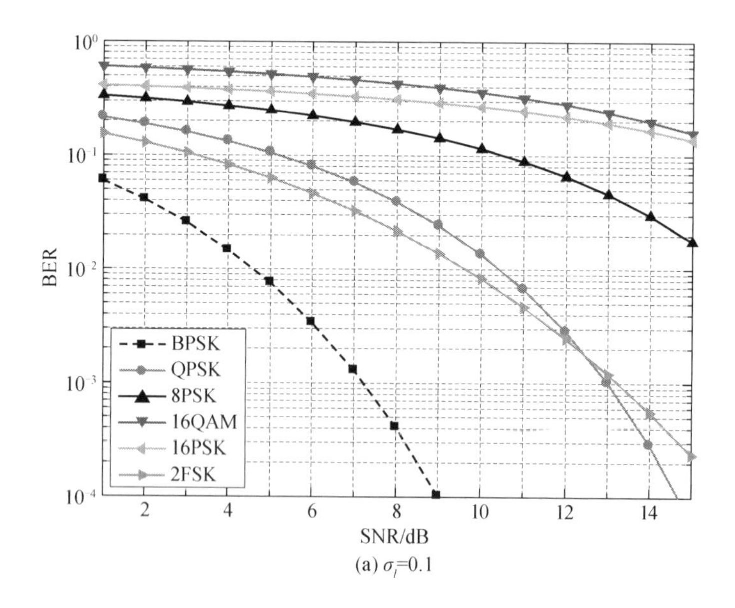

(a) σ_l=0.1

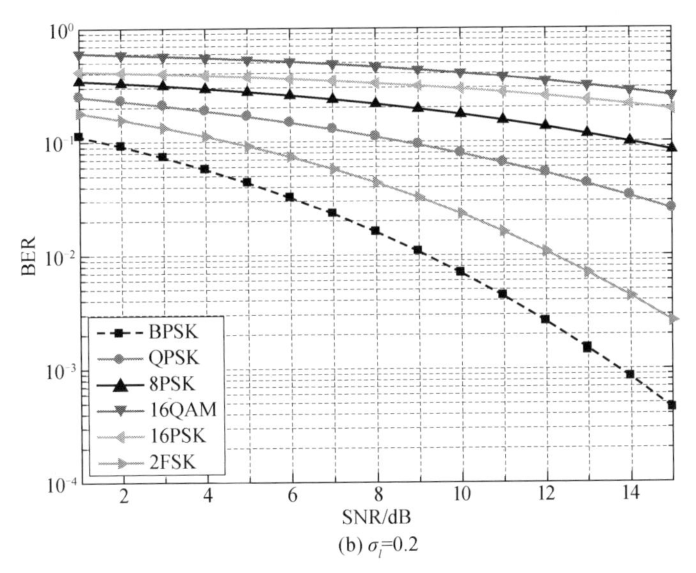

(b) $\sigma_l=0.2$

图 2-6　采用不同副载波调制方式的系统误码率[17]

2.2　NC 类正弦 QPSK 调制

非限幅(non-chipping, NC) 类正弦 QPSK 调制是在 QPSK 调制的基础上进行半波整流变换后再对激光器进行强度调制。不是通过限制电信号的负半轴, 而是对电信号进行半波整流变换, 并且不会影响信号中加载的信息的传输, 不需要再加直流偏置便可直接对激光器进行强度调制, 将这种调制称为非限幅。

2.2.1　NC 类正弦 QPSK 调制原理

如图 2-7 所示的 NC 类正弦 QPSK 调制过程如下。首先通过调相法产生 QPSK 信号, 对应的星座图如图 2-8 所示, 其相位逻辑关系如表 2-1 所示, 具体过程如下:

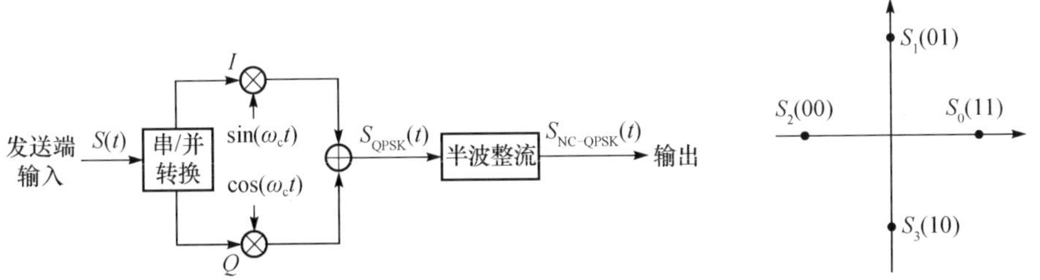

图 2-7　NC 类正弦 QPSK 信号调制过程

图 2-8　NC 类正弦 QPSK 调制星座图

二进制数字基带信号 $S(t)$经过串/并转换后分为两路双极性信号(即 I 路同相信号和

Q 路正交信号，且有 $I^2+Q^2=1$)。然后分别和两路相互正交的载波相乘后再合并得到 QPSK 信号。最后，对已调的 QPSK 信号进行半波整流变换后得到 NC-QPSK 信号。

表 2-1　NC 类正弦 QPSK 调制相位编码逻辑关系

I	0	0	1	1
Q	0	1	0	1
I 路成形	0	1	−1	0
Q 路成形	−1	0	0	1
I 路调制	无	0°	180°	无
Q 路调制	180°	无	无	0°
合成相位/(°)	180	90	270	0

NC 类正弦 QPSK 调制信号的解调过程如图 2-9 所示。这里所采用的是一种类似于非相干解调的方法。假设接收端的输入信号为 $S'_{\text{NC-QPSK}}(t)$，长度为 M，带通滤波器具有理想矩形传输特性，恰好使信号无失真通过。从带通滤波器输出的信号 $S''_{\text{NC-QPSK}}(t)$必须经过低通滤波器进一步滤除噪声。滤波器的选取与参数的设定在很大程度上决定了该系统的性能。因此，这里的低通滤波器设置为一个长度为 N，具有低通特性的传输函数 xrc，可表示为

$$\text{xrc} = 0.5 + 0.5\cos(\pi f t) \tag{2.37}$$

其频谱如图 2-10 所示，图中的幅值是经过归一化处理后的结果。

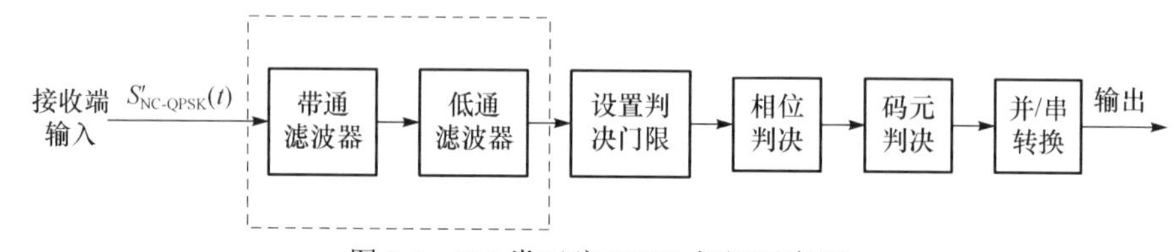

图 2-9　NC 类正弦 QPSK 解调示意图

在频域内，信号与传输函数 xrc 相乘后能够较好地滤除高频和边带噪声，则时域内需要将信号 $S''_{\text{NC-QPSK}}$ 与 xrc 进行卷积运算，并去除两端的$(N-1)/2$ 群延迟后输出。滤波后，需要合理设置阈值门限才能进行抽样判决。为了能够更好地找到判决门限的最佳值，分别在弱湍流信道(闪烁指数 $0.1\leqslant\sigma_I\leqslant0.5$)和高斯混合信道条件下进行多次仿真验证并求取均值，所得到的实验结果如图 2-11 和图 2-12 所示。可以看出，门限值并不是越大越好，门限值越大，误判的概率增大；门限值越小，误判的概率也会变大。高斯信道下的最佳判决门限根据经验值[19]并结合仿真实验结果可知为 0.5，弱湍流信道和混合信道下的最佳判决门限均为 0.3 左右。

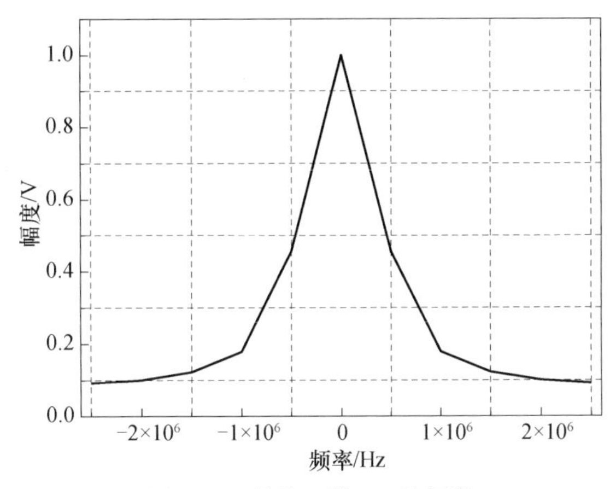

图 2-10　传输函数 xrc 的频谱

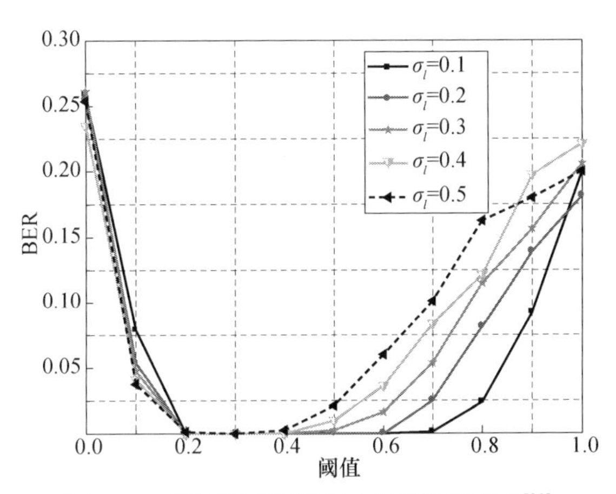

图 2-11　弱湍流下不同判决门限的误码率[20]

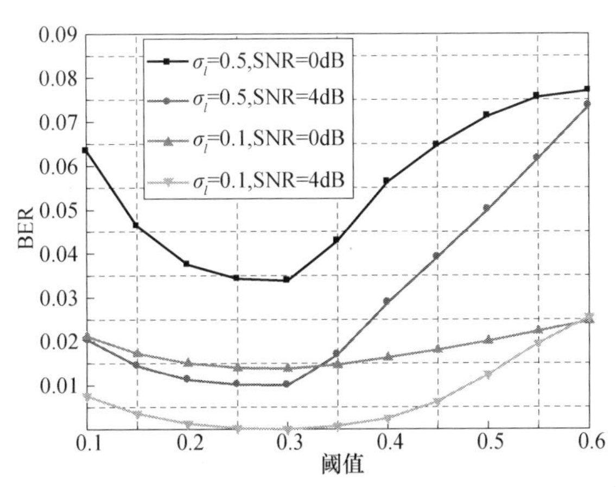

图 2-12　弱湍流与高斯混合信道下不同判决门限的误码率[20]

如图 2-13 所示，通过适当地调整判决门限，在一个信号周期内完成对信号幅值的抽样判决，以信号的四分之一周期、二分之一周期、四分之三周期处的幅值作为基准值与最佳门限值进行比较判决。

若 $A_{1/4}\leqslant A_{\text{th}}, A_{1/2}\leqslant A_{\text{th}}, A_{3/4}\leqslant A_{\text{th}}$，则代表此波形对应的相位是 0°；若 $A_{1/4}\geqslant A_{\text{th}}, A_{1/2}\leqslant A_{\text{th}}, A_{3/4}\leqslant A_{\text{th}}$，则代表此波形对应的相位是 90°；若 $A_{1/4}\leqslant A_{\text{th}}, A_{1/2}\geqslant A_{\text{th}}, A_{3/4}\leqslant A_{\text{th}}$，则代表此波形对应的相位是 180°；若 $A_{1/4}\leqslant A_{\text{th}}, A_{1/2}\leqslant A_{\text{th}}, A_{3/4}\geqslant A_{\text{th}}$，则代表此波形对应的相位是 270°；其中，$A_{\text{th}}$ 为最佳门限值，$A_{1/4}$、$A_{1/2}$、$A_{3/4}$ 分别代表信号的四分之一周期、二分之一周期、四分之三周期处的幅值。根据判决出的相位进行码元逆映射(逆映射规则参照表 2-1)，最终将码元通过并/串输出后恢复出原始基带信号。

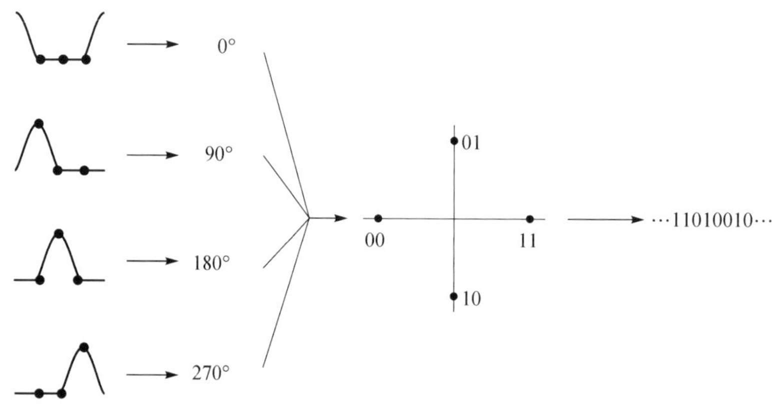

图 2-13　相位判决与码元判决示意图

2.2.2　NC 类正弦 QPSK 调制性能分析

大气湍流采用对数正态光强闪烁分布模型，对 NC 类正弦 QPSK 调制与直流偏置副载波强度调制大气激光通信系统的功率利用率(power efficiency)、误码率、中断概率(outage probability)和信道容量(channel capacity)分别进行仿真分析。

1. 功率利用率

直流偏置越大，用于传输有用信号的功率就越低。除此之外，激光在大气信道中传输将会受到各种因素的影响，存在着较大的功率损耗。为了保证接收功率达到一定的要求，需要不断增加发射功率来满足这一需求。无线光通信系统的传输方程可以表示为[21]

$$P_{\text{r}} = P_{\text{t}}\eta_{\text{t}}\eta_{\text{s}}\eta(L,\beta)\eta_{\text{A}}\tau(L) \tag{2.38}$$

式中，P_{r} 为传输距离 L 处的接收光功率；P_{t} 为平均发射功率；η_{t} 和 η_{s} 分别为发射和接收天线的效率；η_{A} 为瞄准误差产生的接收效率变化量；$\tau(L)=10^{-\alpha L/10}$ 为大气透射率，与大气衰减系数 α(dB/km)和传输距离 L(km)有关；$\eta(L,\beta)$为由光束扩展导致的

接收效率，与传输距离 L(km)、光束发散角β(mrad)和激光器口径 D(mm)有关，其表达式可以化简为

$$\eta(L,\beta)=\left(\mathrm{e}^{-\frac{2D^2}{L^2\beta^2}}-1\right)/\left(\mathrm{e}^{-2}-1\right) \tag{2.39}$$

假设η_t和η_s分别为 40%，瞄准误差η_A为 50%，激光器口径 D 为 80mm，根据式(2.39)和$\tau(L)$的表达式可以得到

$$P_r=8\times10^{-2}P_t\eta(L,\beta)\times10^{-\frac{\alpha L}{10}} \tag{2.40}$$

根据$\eta(L,\beta)$的表达式，式(2.40)又可以简化为

$$P_r=0.09P_t\left(1-\mathrm{e}^{-\frac{0.0128}{L^2\beta^2}}\right)\times10^{-\frac{\alpha L}{10}} \tag{2.41}$$

假设探测灵敏度为 $P_{min}=P_r=0.1\mu W$，大气衰减系数α为 5dB/km，β为 0.2mrad。图 2-14 给出了 NC 类正弦 QPSK 调制与直流偏置调制大气激光通信系统中激光器所需发射功率与通信距离的关系曲线。从图 2-14 中可以看到：通信距离 L 相同时，所需的发射功率从大到小依次为直流偏置 4ASK、直流偏置 4QAM、直流偏置 4FSK、直流偏置 QPSK、NC 类正弦 QPSK，即 NC 类正弦 QPSK 调制所需要的发射功率最小。在 L=5km 时，NC 类正弦 QPSK 调制所需要的发射功率仅为直流偏置 4ASK 的 1.2%、直流偏置 QPSK 的 16.8%。当通信距离 L 变大时，要求激光器的发射功率 P_t 也变大，但与直流偏置调制相比，NC 类正弦 QPSK 调制所需的发射功率随传输距离的变化比较缓慢。当通信距离达到一定值后，如直流偏置 4ASK 通信距离达到 3km，直流偏置 4QAM 通信距离达到 4km 时，激光器的发射功率随距离的增

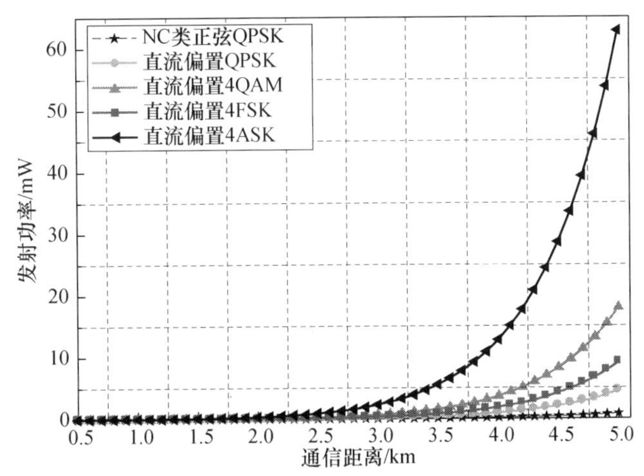

图 2-14　NC 类正弦 QPSK 调制与直流偏置调制在不同通信距离所需的发射功率[20]

加急剧上升，所以采用 NC 类正弦 QPSK 调制可以提高大气激光通信系统的功率利用率。

2. 误码率

图 2-15 给出了 NC 类正弦 QPSK 调制系统与直流偏置 QPSK 调制系统的误码率曲线。当大气信道中无湍流时，采用直流偏置 QPSK 调制的大气激光通信系统要达到 10^{-3} 的误码率要求的信噪比为 6dB，而 NC 类正弦 QPSK 调制系统要达到相同的误码率需要的信噪比为 7dB，前者比后者的性能高了 1dB。无湍流信噪比为 9dB 时 NC 类正弦 QPSK 调制与直流偏置 QPSK 调制的误码率大致相当。在闪烁指数σ_l=0.2 时，系统要达到 10^{-2} 的误码率，采用 NC 类正弦 QPSK 调制的大气激光通信系统需要的信噪比比采用直流偏置 QPSK 调制系统所需要的信噪比低 2dB。当闪烁指数σ_l=0.1 和σ_l=0.3 时，系统的性能也有 1dB 的提高。

图 2-16 对比了闪烁指数σ_l=0.2 时 NC 类正弦 QPSK 调制系统与直流偏置调制(4QAM、4FSK、4ASK)系统的误码率。系统要达到 10^{-2} 的误码率，采用 NC 类正弦 QPSK 调制和采用直流偏置 4QAM 的大气激光通信系统需要的信噪比分别为 7dB 和 9dB，而直流偏置 4ASK 和直流偏置 4FSK 要达到相同的误码率所需要的信噪比超过了 12dB。当信噪比大于 10dB 时，直流偏置 4FSK 与直流偏置 4ASK 的误码率接近。

通过对图 2-15 和图 2-16 可以看到：在无湍流的高斯信道下，NC 类正弦 QPSK

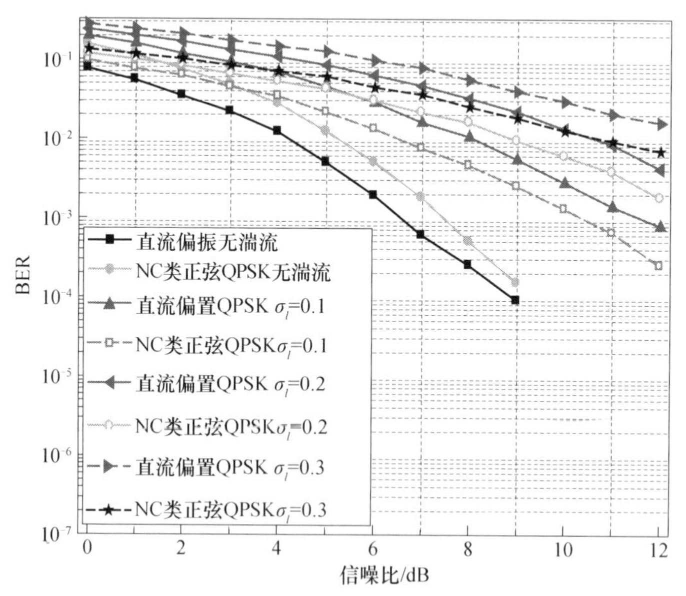

图 2-15　NC 类正弦 QPSK 调制与直流偏置 QPSK 调制系统的误码率[20]

调制采用的类非相干解调法与直流偏置QPSK调制采用的相干解调法在小信噪比时误码性能时前者低于后者，在信噪比比较大时相差不大；而在弱湍流信道下，由于NC类正弦QPSK调制系统在不损失传输信息的条件下，其零幅值处不受乘性噪声的影响，因此大大改善了误码性能。

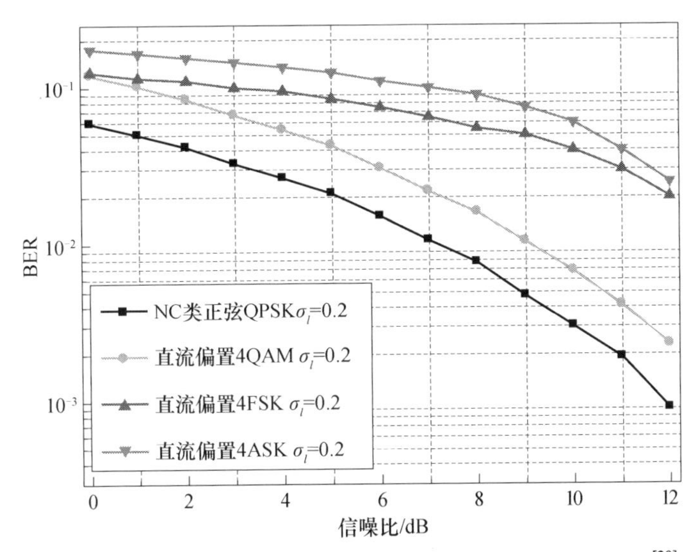

图2-16　NC类正弦QPSK调制与直流偏置调制系统的误码率[20]

3. 中断概率

中断概率其实是信道容量的另一种表达方式。当信道容量不能满足所要求的用户速率时，就会产生中断事件，这个事件呈某种概率分布，取决于信道的平均信噪比及信道衰落的分布模型。当瞬时信噪比高于目标信噪比门限时表明信道质量良好，能够保证正常通信，即调制方式的功率利用率高，则经过大气随机信道时瞬时信噪比低于目标信噪比门限的概率就越小，中断概率就越低。其表达式为[22]

$$P_{\text{out}} = P_{\text{r}}\left(\mu \leqslant \mu_{\text{th}}\right) = P_{\text{r}}\left[\frac{(\eta h)^2}{N_0} \leqslant \mu_{\text{th}}\right] = P_{\text{r}}\left(h \leqslant \frac{\sqrt{\mu N_0}}{\eta}\right) = \int_0^{\frac{\sqrt{\mu N_0}}{\eta}} f(h)\mathrm{d}h \qquad (2.42)$$

式中，μ_{th}为系统信噪比门限值；信噪比$\mu=(\eta h)^2/N_0$；η为光电转换效率；h为光强；N_0为加性高斯白噪声的方差。

在弱湍流情况下，光强起伏$f(h)$服从对数正态分布，将对数正态分布的概率密度函数代入式(2.42)，可以看出中断概率P_{out}是对数正态分布概率密度函数的积分，即此时的P_{out}表示为累积分布函数：

$$P_{\text{out}}=\int_0^{\frac{\sqrt{\mu N_0}}{\eta}}\frac{1}{h\sqrt{2\pi\sigma_0^2}}\exp\left[-\frac{\left(\ln h+\frac{\sigma_0^2}{2}\right)^2}{2\sigma_0^2}\right]\mathrm{d}h \tag{2.43}$$

同时定义 $\bar{\mu}=\left(\eta E[h]\right)^2/N_0$ 为不受大气湍流影响的信道平均信噪比，则瞬时电信噪比的概率密度函数可以变换为

$$P\left(\sqrt{\frac{\mu}{\bar{\mu}}}\right)=\frac{1}{\sqrt{2\pi}\sigma_0\sqrt{\frac{\mu}{\bar{\mu}}}}\exp\left[-\frac{\left(\ln\sqrt{\frac{\mu}{\bar{\mu}}}+\frac{\sigma_0^2}{2}\right)^2}{2\sigma_0^2}\right] \tag{2.44}$$

通过变换后中断概率又可以表示为

$$P_{\text{out}}=P_{\text{r}}\left(\mu\leqslant\mu_{\text{th}}\right)=P_{\text{r}}\left(\frac{\mu}{\bar{\mu}}\leqslant\frac{\mu_{\text{th}}}{\bar{\mu}}\right) \tag{2.45}$$

根据式(2.43)～式(2.45)可以将中断概率表示为

$$P_{\text{out}}=1-\frac{1}{2}\operatorname{erfc}\left[\frac{-0.5\times\ln\left(\frac{\bar{\mu}}{\mu_{\text{th}}}\right)+\frac{\sigma_0^2}{2}}{\sqrt{2\sigma_0^2}}\right]=1-\frac{1}{2}\operatorname{erfc}\left\{\frac{-\frac{1}{2}\times\left[\ln\left(\frac{\bar{\mu}}{\mu_{\text{th}}}\right)-\ln\left(\sigma_l^2+1\right)\right]}{\sqrt{\ln\left(\sigma_l^2+1\right)^2}}\right\} \tag{2.46}$$

式中，$\operatorname{erfc}(y)=\frac{2}{\sqrt{\pi}}\int_y^{\infty}\exp(-t^2)\mathrm{d}t$ 是误差补偿函数。接收光功率与光强之间的关系为

$$P_{\text{r}}=A_{\text{r}}h \tag{2.47}$$

式中，A_{r} 为接收天线面积。根据式(2.45)，并结合式(2.46)和式(2.47)，在弱湍流下，中断概率 P_{out} 的表达式为

$$\begin{aligned}P_{\text{out}}&=1-\frac{1}{2}\operatorname{erfc}\left\{\frac{-\frac{1}{2}\times\left[\ln\left(\frac{\bar{\mu}}{\mu_{\text{th}}}\right)-\ln\left(\sigma_l^2+1\right)\right]}{\sqrt{\ln\left(\sigma_l^2+1\right)^2}}\right\}\\&=1-\frac{1}{2}\operatorname{erfc}\left[\frac{-\frac{1}{2}\times\left(\ln\left\{\frac{\left[0.09P_{\text{t}}\left(1-\mathrm{e}^{-\frac{0.0128}{L^2\beta^2}}\right)\times10^{-\frac{\alpha L}{10}}\right]^2\eta^2}{A_{\text{r}}^2N_0\mu_{\text{th}}}\right\}-\ln\left(\sigma_l^2+1\right)\right)}{\sqrt{2\ln\left(\sigma_l^2+1\right)}}\right]\end{aligned} \tag{2.48}$$

将式中$\left[0.09\mathrm{Pt}\times\left(1-\mathrm{e}^{-\frac{0.0128}{L^2\beta^2}}\right)\times10^{-\frac{\alpha L}{10}}\right]^2\eta^2/\left(A_\mathrm{r}^2N_0\mu_\mathrm{th}\right)$归一化处理后，中断概率仅与发送功率和归一化阈值有关。当发送功率相同时，图 2-17 给出了在不同闪烁指数下，NC 类正弦 QPSK 调制系统的中断概率随信噪比归一化阈值的变化曲线。结果表明：当闪烁指数从σ_l=0.1 增加到σ_l=0.3 时，系统的性能下降。图 2-18 是

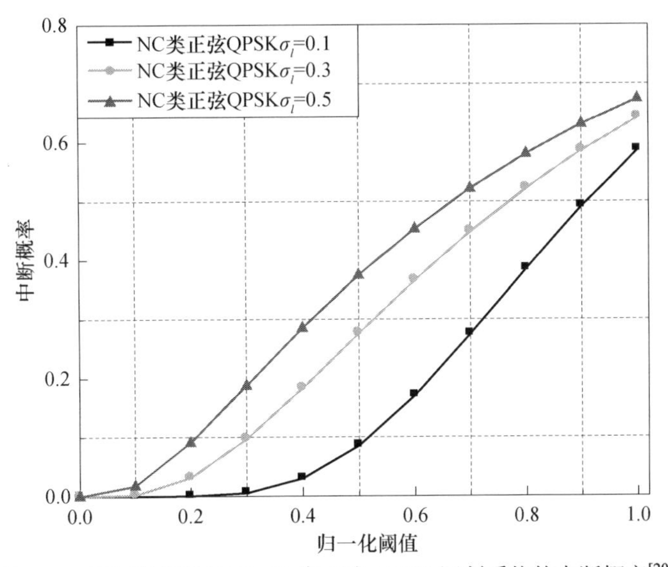

图 2-17　不同闪烁指数下 NC 类正弦 QPSK 调制系统的中断概率[20]

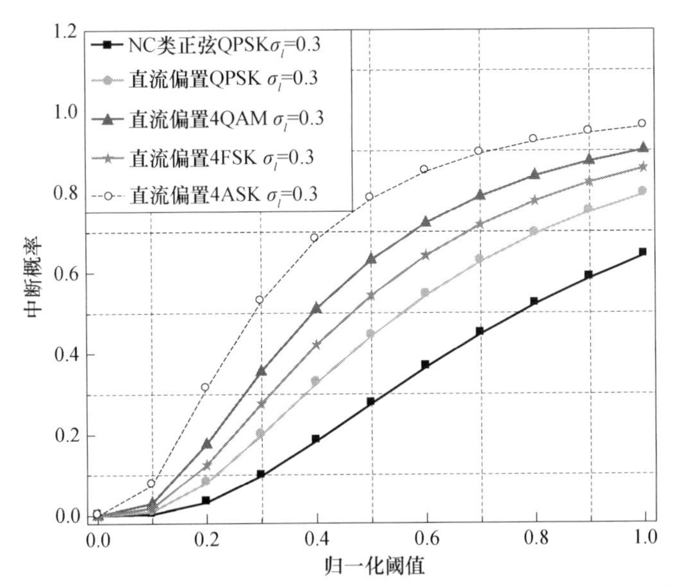

图 2-18　NC 类正弦 QPSK 调制与直流偏置调制系统的中断概率[20]

NC 类正弦 QPSK 调制系统与直流偏置调制系统在闪烁指数σ_l=0.3 时中断概率随信噪比归一化阈值的变化曲线，当信噪比归一化阈值为 0.5 时，NC 类正弦 QPSK 调制系统的中断概率为 0.3，而直流偏置 QPSK 和直流偏置 4FSK 的中断概率约为 0.5，直流偏置 4QAM 的中断概率约为 0.63，直流偏置 4ASK 的中断概率约为 0.78。可以看出，NC 类正弦 QPSK 调制系统与直流偏置调制(4QAM、4FSK、4ASK)系统相比性能有了很大的提高。

4. 信道容量

信道容量是信道能无错误传送的最大信息率。对于只有一个信源和一个信宿的单用户信道，它是一个数，单位是 bit/s 或 bit/symbol。它代表每秒或每个信道符号能传送的最大信息量，或者说小于这个数的信息率必能在此信道中无错误地传送。下面主要分析考虑湍流信道下不同调制方式的平均信道容量。

1) 无湍流信道

对于离散输入，连续输出的离散无记忆加性高斯白噪声(additive white Gaussian noise, AWGN)信道，其信道容量可定义为平均互信息关于信源概率密度函数的极大值[23]:

$$C=\max_{\{P(x)\}} I\left(X;Y\right) \tag{2.49}$$

考虑 M 进制的信号，$\{X_m(t), m=1,2,\cdots,M\}$是等信号间隔的有限能量波形，每个波形可在一组标准正交基上展开:

$$X_m(t)=x_m\varphi(t),\qquad m=1,2,\cdots,M \tag{2.50}$$

每个信号波形 $X_m(t)$和它的坐标矢量 $\bar{x}_m=(x_1,x_2,\cdots,x_i,x_m)$ 之间建立起一一对应关系。由式(2.49)可得信号的信道容量为

$$C=\max_{P(x_m,m=1,2,\cdots,M)}\sum_{m=1}^{M}\int_{-\infty}^{\infty}P(x)P(y\mid x)\left[\log_2\frac{P(y\mid x_m)}{P(y)}\right]\mathrm{d}y \tag{2.51}$$

由式(2.51)可推导得到一维调制与二维调制的信道容量分别为[24]

$$C_1=\log_2 M-\frac{1}{M\sqrt{\pi}}\sum_{m=1}^{M}\int_{-\infty}^{\infty}\exp(-t^2)\log_2\left\{\sum_{j=1}^{M}\exp\left[-\frac{2t\left(y-x_i\right)}{\sqrt{N_0}}-\frac{\left(y-x_m\right)^2}{N_0}\right]\right\}\mathrm{d}t \tag{2.52}$$

$$C_2=\log_2 M-\frac{1}{M\pi}\sum_{m=1}^{M}\int_{-\infty}^{\infty}\exp\left(-|t|^2\right)\log_2\left(\sum_{j=1}^{M}\exp\left\{-\frac{2\mathrm{Re}\left[t\left(y-x_i\right)^*\right]}{\sqrt{N_0}}-\frac{\left|y-x_m\right|^2}{N_0}\right\}\right)\mathrm{d}t \tag{2.53}$$

式中, M 为调制阶数, 每维噪声方差为 $N_0/2$。

一维调制与二维调制的平均信噪比γ分别由式(2.54)和式(2.55)表示[25]:

$$\gamma_1 = \frac{2}{MN_0}\sum_{i=1}^{M} x_i^2 \tag{2.54}$$

$$\gamma_2 = \frac{1}{MN_0}\sum_{i=1}^{M} \left|x_i\right|^2 \tag{2.55}$$

2) 大气湍流信道

在大气湍流信道中, 假设信道是无记忆、平稳和各态历经的, 则接收端的信号可表示为

$$y=sx+n=\eta hx+n \tag{2.56}$$

式中, y 为接收端的信号; x 为已调信号; h 为接收信号瞬时的光强; η为接收端的光电转换效率; n 为接收端器件的噪声, 设 n～□ $(0.5, N_0/2)$的高斯白噪声。η又可以表示为

$$\eta = \frac{ve\lambda}{h_p c} \tag{2.57}$$

式中, v 为量子效率; e 为电子电荷; λ为信号波长; h_p 为普朗克常量; c 为光速。

无线光信道是一个随机的时变信道, 接收端接收到的瞬时电信号的信噪比也是一个随机变量, 表示为[26]

$$\gamma = \frac{s^2}{N_0} = \frac{\eta^2 h^2}{N_0} \tag{2.58}$$

湍流信道下平均信道容量关于信噪比的表达式为[27]

$$\langle C\rangle = \int_0^{\infty} B\log_2\left(1+\bar{\gamma}\right)p_{\gamma}\left(\gamma\right)\mathrm{d}\gamma \tag{2.59}$$

式中, $p_{\gamma}(\gamma)$为信噪比γ的概率密度函数, 因光强 h 服从的分布的不同而不同; $\bar{\gamma} = \dfrac{\left(\eta E\left[h\right]\right)^2}{N_0} = \dfrac{\eta^2}{N_0}$ 为光强归一化后的平均信噪比。在弱湍流信道下, 光强 h 服从对数正态分布, 可求得弱湍流情况下信噪比的概率密度函数为

$$p_{\gamma}\left(\gamma\right) = \frac{1}{2\gamma\sigma_0\sqrt{2\pi}}\exp\left\{-\frac{\left[\ln\left(\dfrac{\gamma}{\bar{\gamma}}\right)+\sigma_0^2\right]^2}{8\sigma_0^2}\right\} \tag{2.60}$$

将式(2.60)代入式(2.59)可得平均信道容量关于信噪比的表达式为

$$\langle C\rangle = \frac{B}{2\ln 2\sigma_0\sqrt{2\pi}}\int_0^{\infty}\frac{\ln(1+\gamma)}{\gamma}\exp\left[-\frac{\left(\ln\gamma-\ln\bar{\gamma}+\sigma_0^2\right)^2}{8\sigma_0^2}\right]\mathrm{d}\gamma \tag{2.61}$$

令 $u=\ln\gamma, \xi=\ln\bar{\gamma}-\sigma_0^2$，则式(2.61)可以表示为

$$\langle C\rangle=\frac{B}{2\ln 2\sigma_0\sqrt{2\pi}}\left[\int_0^{\infty}\ln\left(1+\mathrm{e}^{-u}\right)\mathrm{e}^{-\frac{(u+\xi)^2}{8\sigma_0^2}}\mathrm{d}u+\int_0^{\infty}\ln\left(1+\mathrm{e}^{u}\right)\mathrm{e}^{-\frac{(u-\xi)^2}{8\sigma_0^2}}\mathrm{d}u\right] \tag{2.62}$$

因为 $\ln(1+\mathrm{e}^u)=u+\ln(1+\mathrm{e}^{-u})$，将其代入式(2.62)可以得到

$$\langle C\rangle=\frac{B}{2\ln 2\sigma_0\sqrt{2\pi}}\left[\int_0^{\infty}\ln\left(1+\mathrm{e}^{-u}\right)\mathrm{e}^{-\frac{(u+\xi)^2}{8\sigma_0^2}}\mathrm{d}u+\int_0^{\infty}\left[\ln\left(1+\mathrm{e}^{-u}\right)+u\right]\mathrm{e}^{-\frac{(u-\xi)^2}{8\sigma_0^2}}\mathrm{d}u\right] \tag{2.63}$$

由于 $\mathrm{d}\left[\mathrm{e}^{-\frac{(u+\xi)^2}{8\sigma_0^2}}\right]=-\frac{1}{4\sigma_0^2}u\mathrm{e}^{-\frac{(u-\xi)^2}{8\sigma_0^2}}+\frac{\xi}{4\sigma_0^2}\mathrm{e}^{-\frac{(u-\xi)^2}{8\sigma_0^2}}$，因此可以得到

$$\int_0^{\infty}u\mathrm{e}^{-\frac{(u-\xi)^2}{8\sigma_0^2}}\mathrm{d}u=4\sigma_0^2\mathrm{e}^{-\frac{\xi^2}{8\sigma_0^2}}+\xi\sqrt{2\pi}\sigma_0\operatorname{erfc}\left(-\frac{\xi}{2\sqrt{2}\sigma_0}\right) \tag{2.64}$$

对于 $0\leqslant x\leqslant 1$，有

$$\ln\left(1+\mathrm{e}^{-u}\right)=\sum_{k=1}^{\infty}\frac{(-1)^{k+1}}{k}x^k \tag{2.65}$$

对于 $0\leqslant \mathrm{e}^{-u}\leqslant 1, u\geqslant 0$ 有

$$\ln\left(1+\mathrm{e}^{-u}\right)=\sum_{k=1}^{\infty}\frac{(-1)^{k+1}}{k}\mathrm{e}^{-ku} \tag{2.66}$$

则弱湍流信道下的平均信道容量可以表示为[27]

$$\begin{aligned}\langle C\rangle=&\frac{B}{2\ln 2\sigma_0\sqrt{2\pi}}\sum_{k=1}^{\infty}\frac{(-1)^{k+1}}{k}\left[\int_0^{\infty}\mathrm{e}^{-ku}\mathrm{e}^{-\frac{(u+\xi)^2}{8\sigma_0^2}}\mathrm{d}u+\int_0^{\infty}\mathrm{e}^{-ku}\mathrm{e}^{-\frac{(u-\xi)^2}{8\sigma_0^2}}\mathrm{d}u\right]\\&+\frac{2\sigma_0 B}{\ln 2\sqrt{2\pi}}\mathrm{e}^{-\frac{\xi^2}{8\sigma_0^2}}+\frac{\xi B}{2\ln 2}\operatorname{erfc}\left(-\frac{\xi}{2\sqrt{2}\sigma_0}\right)\end{aligned} \tag{2.67}$$

又因为 $\int_0^{\infty}\mathrm{e}^{-ku}\mathrm{e}^{-\frac{(u\pm\xi)^2}{8\sigma_0^2}}\mathrm{d}u=\mathrm{e}^{-\frac{\xi^2}{8\sigma_0^2}}\sqrt{2\pi}\sigma_0\operatorname{erfcx}\left(\sqrt{2}\sigma_0 k\pm\frac{\xi}{2\sqrt{2}\sigma_0}\right)$，所以可得平均信道容量关于平均信噪比的闭合表达式为

$$\begin{aligned}\langle C\rangle=&\frac{B}{2\ln 2}\mathrm{e}^{-\frac{\xi^2}{8\sigma_0^2}}\sum_{k=1}^{\infty}\frac{(-1)^{k+1}}{k}\left[\operatorname{erfcx}\left(\sqrt{2}\sigma_0 k+\frac{\xi}{2\sqrt{2}\sigma_0}\right)+\operatorname{erfcx}\left(\sqrt{2}\sigma_0 k-\frac{\xi}{2\sqrt{2}\sigma_0}\right)\right]\\&+\frac{2\sigma_0 B}{\ln 2\sqrt{2\pi}}\mathrm{e}^{-\frac{\xi^2}{8\sigma_0^2}}+\frac{\xi B}{2\ln 2}\operatorname{erfc}\left(-\frac{\xi}{2\sqrt{2}\sigma_0}\right)\end{aligned} \tag{2.68}$$

无线光通信系统中的每一种调制方式的信道容量都不尽相同。从平均信道容量的数学表达式可以看出：要区分不同调制方式的平均信道容量，关键在于信噪比，信噪比的表示方式并不能将不同的调制方式区分开来，因此要适当地改变它的表示方式。将式(2.38)中的光强度改为光功率来表示激光的变化，接收端信号的平均光功率表示为[28]

$$P_{\mathrm{r}}(h)=P_{\mathrm{t}}\left(\frac{\eta A}{\lambda L}\right)h \tag{2.69}$$

式中，h 为信道状态；P_{t} 为发射端信号的平均功率；η 为发射机和接收机的光子效率；A 为望远镜面积，$A=\pi D^2/4$，D 为望远镜的直径；λ 为工作波长；L 为发射机与接收机之间的距离。

接收端探测器上检测到的光电流为 $I=\eta_z P_{\mathrm{r}}$，η_z 为光电转换效率，所以接收端的电信号功率为 $P_{\mathrm{E}}=I^2R=(\eta_z P_{\mathrm{r}})^2R$，接收端的电信噪比为

$$\gamma(h)=\frac{P_{\mathrm{E}}}{2\sigma_n^2}=\frac{\eta_z^2P_{\mathrm{t}}^2R}{2\sigma_n^2}\left(\frac{\eta A}{\lambda L}\right)^4h^2 \tag{2.70}$$

当其他参数一定时,平均信道容量只与发射端的平均功率有关，可以通过这种关系来表示不同调制方式的平均信道容量。平均信道容量可表示为

$$\langle C\rangle=\int_0^{\infty}B\log_2[1+\gamma(h)]f_h(h)\mathrm{d}h \tag{2.71}$$

式中，电信噪比如式(2.70)所示。

在弱湍流情况下，信道状态 h 服从对数正态分布，将接收端电信噪比表示成与发射端平均功率有关的表达式，结合式(2.69)～式(2.71)，可以得到不同调制方式的平均信道容量关于发射功率 P_{t} 的表示式为

$$\langle C\rangle=\frac{B}{\ln2\times\sqrt{2\pi\ln\left(\sigma_l^2+1\right)}}\int_0^{\infty}\ln\left[1+\frac{{\eta_z}^2P_{\mathrm{t}}^2R}{2\sigma_n^2}\left(\frac{\pi D^2\eta}{4\lambda L}\right)^4h^2\right]\times h^{-1}\exp\left\{-\frac{\left[\ln\left(h\sqrt{\sigma_l^2+1}\right)\right]^2}{2\ln\left(\sigma_l^2+1\right)}\right\}\mathrm{d}h \tag{2.72}$$

根据式(2.72)进行数值仿真，其中，光电转换效率η_z取为 0.5，光子效率η取为 0.8，接收端孔径 D 取为 8cm，波长取为 850nm，噪声方差取为 2.5×10^{-5}A。

图 2-19(a)是 NC 类正弦 QPSK 调制系统与直流偏置调制(QPSK、4QAM、4FSK、4ASK)系统在无湍流情况下的平均信道容量对比曲线。从图中可以清楚地看到，随着信噪比的增加，系统的平均信道容量在不断增加。当信噪比高于 8dB 时，直流偏置 4QAM 调制系统的平均信道容量随着信噪比的增加变化已经不明显，而 NC 类正弦 QPSK 调制和直流偏置 QPSK 系统的平均信道容量还在不断增加。从图 2-19 中还可以看到，在相同的信噪比条件下，NC 类正弦 QPSK 调制和直流偏置

QPSK 比直流偏置 4QAM 的平均信道容量稍大些。直流偏置 4FSK 与直流偏置 4ASK 调制系统的平均信道容量接近，并且逼近一维香农限[29]。

图 2-19 (b)给出了 NC 类正弦 QPSK 调制系统与直流偏置 QPSK 调制系统在闪烁指数分别为σ_l=0.1 与σ_l=0.3 时的平均信道容量曲线。可以看到，平均信道容量随着发射功率的增大而增大，但随着闪烁指数的增强，系统的平均信道容量在下降。

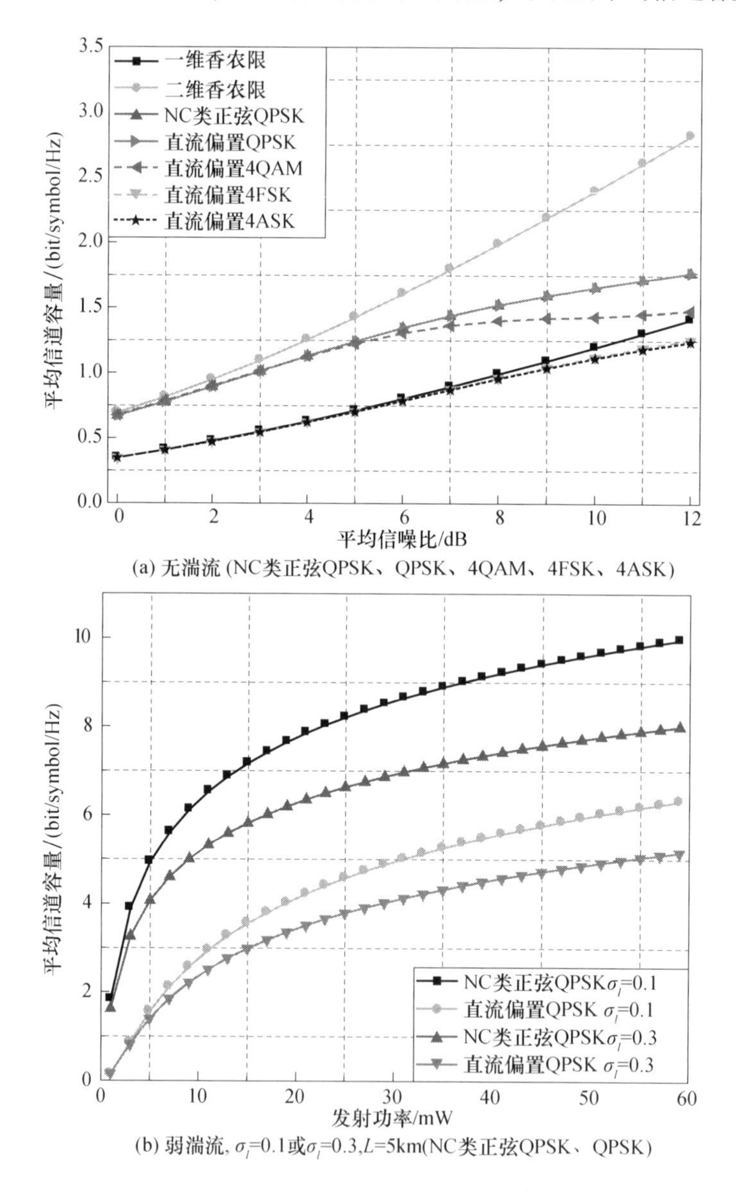

(a) 无湍流 (NC类正弦QPSK、QPSK、4QAM、4FSK、4ASK)

(b) 弱湍流，σ_l=0.1或σ_l=0.3，L=5km(NC类正弦QPSK、QPSK)

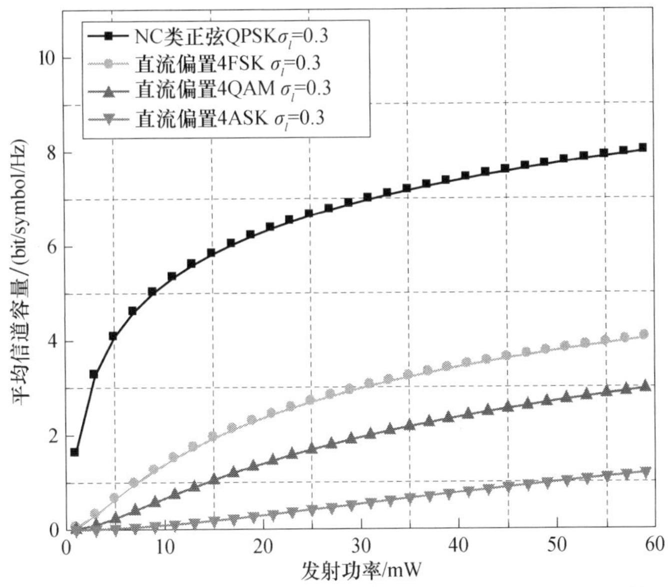

(c) 弱湍流, σ_l=0.3, L=5km(NC类正弦QPSK、4QAM、4FSK、4ASK)

图 2-19　NC 类正弦 QPSK 调制与直流偏置调制系统的信道容量[29]

NC 类正弦 QPSK 调制系统的平均信道容量在闪烁指数为σ_l=0.1 的曲线比闪烁指数为σ_l=0.3 的曲线最大高出约 2bit/symbol/Hz。当闪烁指数为σ_l=0.3 时, NC 类正弦 QPSK 调制系统比直流偏置 QPSK 调制系统的平均信道容量高出(2～3) bit/symbol/Hz。

图 2-19(c)为 NC 类正弦 QPSK 调制系统与直流偏置调制(4QAM、4FSK、4ASK)系统在闪烁指数为σ_l=0.3 时的平均信道容量对比曲线。从图中可以看到, 随着发射功率的增加, 系统的平均信道容量在不断增加。各种调制方式的平均信道容量由大到小顺序依次为: NC 类正弦 QPSK 调制、直流偏置 4FSK、直流偏置 4QAM、直流偏置 4ASK。相同条件下, NC 类正弦 QPSK 调制系统的平均信道容量比直流偏置 4ASK 调制系统高出(2～7)bit/symbol/Hz。

2.3　16PSK 调制原理及仿真

在 MPSK 调制方式中, 有 M 个不同的码元, 其中每个码元由 K 个二进制比特($M=2^K$)构成, 在一个码元间隔 T_s 内, 载波相位对应 M 个离散相位中的一个, 正弦载波的相位随着输入码元的变化规律而变化。多进制数字相位调制又称多相制, 是二相制的推广。它是利用载波的多种不同相位状态来表征数字信息的调制方式。

2.3.1 MPSK 信号的矢量表示

1. MPSK 信号的表示式

在数字相位调制中[12], M 个不同相位的信号波形可以表示为

$$\begin{aligned} s_m(t) &= [g_T(t)\mathrm{e}^{\frac{\mathrm{j}2\pi(m-1)}{M}}\mathrm{e}^{\mathrm{j}2\pi f_c t}] \\ &= g_T(t)\cos\left[2\pi f_c t + \frac{2\pi}{M}(m-1)\right], \quad m=1,2,3,\cdots,M; 0 \leqslant t \leqslant T_s \end{aligned} \tag{2.73}$$

式中, T_s 为 M 进制移相键控的一个码元周期, $T_s=(\log_2 M)T_b=KT_b$, T_b 为二进制符号间隔; $g_T(t)$ 为基带发送滤波器冲激响应; f_c 为正弦载波频率。将式(2.73)展开可得

$$\begin{aligned} s_m(t) &= g_T(t)\left(\left\{\cos\left[\frac{2\pi}{M}(m-1)\right]\right\}\cos(2\pi f_c t) - \left\{\sin\left[\frac{2\pi}{M}(m-1)\right]\right\}\sin(2\pi f_c t)\right) \\ &= g_T(t)\left[a_{m_c}\cos(2\pi f_c t) - a_{m_s}\sin(2\pi f_c t)\right] \end{aligned} \tag{2.74}$$

式中

$$a_{m_c} = \cos\left[\frac{2\pi}{M}(m-1)\right], \quad a_{m_s} = \sin\left[\frac{2\pi}{M}(m-1)\right], \quad m=1,2,3,\cdots,M; 0 \leqslant t \leqslant T_s \tag{2.75}$$

$\{a_{m_c}\}$ 和 $\{a_{m_s}\}$ 为一组多电平幅度序列, 在一个码元周期 T_s 内, 要确保

$$a_{m_c}^2 + a_{m_s}^2 = 1, \quad 0 \leqslant t \leqslant T_s \tag{2.76}$$

在每个 M 进制码元周期 T_s 内, MPSK 各个信号的波形所具有的能量是相等的:

$$E_s = \int_0^{T_s} s_m^2(t)\mathrm{d}t = \frac{1}{2}\int_0^{T_s} g_T^2(t)\mathrm{d}t = \frac{1}{2}E_g, \quad m=1,2,3,\cdots,M \tag{2.77}$$

式中, E_g 为脉冲 $g_T(t)$ 的能量。若 $g_T(t)$ 为矩形脉冲, 设

$$g_T(t) = \sqrt{\frac{2E_s}{T_s}}, \quad 0 \leqslant t \leqslant T_s \tag{2.78}$$

将式(2.78)代入式(2.74)中, 得到

$$s_m(t) = \sqrt{\frac{2E_s}{T_s}}[a_{m_c}\cos(2\pi f_c t) - a_{m_s}\sin(2\pi f_c t)], \quad 0 \leqslant t \leqslant T \tag{2.79}$$

由式(2.79)可以看出, 两个正交载波的多电平振幅键控信号进行相互叠加即构成 MPSK 信号。

2. MPSK 信号的二维矢量表示

MPSK 的每一个信号波形均可以由完备的两个归一化的正交函数 $f_1(t)$ 和 $f_2(t)$ 的线性组合来构成:

$$f_1(t)=\sqrt{\frac{2}{T_s}}\cos(2\pi f_c t),\quad 0\leqslant t\leqslant T_s \tag{2.80}$$

$$f_2(t)=\sqrt{\frac{2}{T_s}}\sin(2\pi f\, t),\quad 0\leqslant t\leqslant T_s \tag{2.81}$$

MPSK 的正交展开式为

$$s_m(t)=s_{m1}f_1(t)+s_{m2}f_2(t),\quad 0\leqslant t\leqslant T_s \tag{2.82}$$

式中

$$s_{m1}=\int_0^{T_s}s_m(t)f_1(t)\mathrm{d}t=\sqrt{E_s}\cos\left[\frac{2\pi}{M}(m-1)\right]=\sqrt{E_s}a_{m_c},\quad m=1,2,3,\cdots,M \tag{2.83}$$

$$s_{m2}=\int_0^{T_s}s_m(t)f_2(t)\mathrm{d}t=\sqrt{E_s}\sin\left[\frac{2\pi}{M}(m-1)\right]=\sqrt{E_s}a_{m_s},\quad m=1,2,3,\cdots,M \tag{2.84}$$

$$s_m(t)=\sqrt{E_s}[a_{m_c}f_1(t)+a_{m_s}f_2(t)],\quad m=1,2,3,\cdots,M \tag{2.85}$$

MPSK 信号可由二维矢量表示为

$$s_m=[s_{m1},s_{m2}]=\left[\sqrt{E_s}a_{m_c},\sqrt{E_s}a_{m_s}\right],\quad m=1,2,3,\cdots,M \tag{2.86}$$

2.3.2　16PSK 信号的调制方式

在式(2.86)中，当 M=16 时就是 16PSK 调制。16PSK 的正弦载波的相位有 16 种不同的取值，每种不同的取值代表了一组码元。在 16PSK 中，这 16 种相位的取值中相邻相位的间隔是相等的，并且每一个相位值唯一对应着一组码元信息。16PSK 信号的数学表达式表示为

$$s_{16\mathrm{PSK}}(t)=\sqrt{\frac{2E_s}{T_s}}\left\{\cos\left[\frac{2\pi}{M}(m-1)\right]\cos(2\pi f_c t)-\sin\left[\frac{2\pi}{M}(m-1)\right]\sin(2\pi f_c t)\right\} \tag{2.87}$$

式中，T_s 为 16PSK 的一个码元周期；f_c 为正弦载波频率。16PSK 有 16 种不同的相位，如π/16、3π/16、5π/16、7π/16、9π/16、11π/16、13π/16、15π/16、17π/16、19π/16、21π/16、23π/16、25π/16、27π/16、29π/16、31π/16。图 2-20 所示为 16PSK 调制信号的星座图[1]。

由图 2-20 可以看出，在 16PSK 的 16 种不同 4bit 码元之中，相邻码元信息之间仅存在一个二进制比特信息的不同，即 16PSK 的 4bit 码元信息与正弦载波的相位取值之间符合格雷码的相位逻辑关系。

在 16PSK 调制解调系统中使用格雷码的相位逻辑关系，可以降低系统的误码

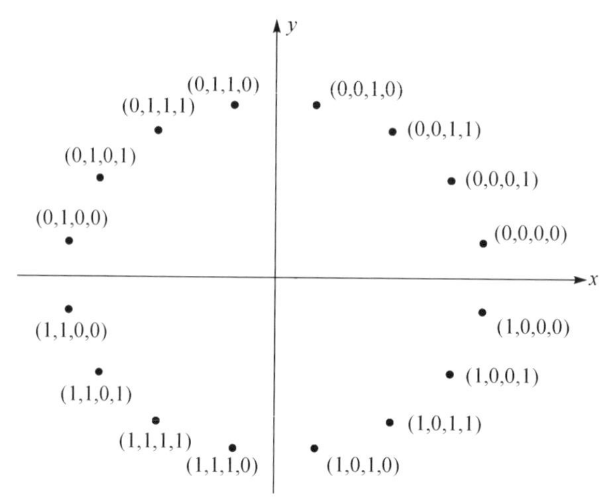

图 2-20　16PSK 调制信号的星座图

率。16PSK 信号在传输的过程中不可避免地受到信道噪声的影响，接收到的受到噪声“污染”的 16PSK 正弦载波相位信号，有可能与相邻的正弦载波相位接近而难以区分，在解调处理时会误判为相邻的码元。对于 16PSK 调制信号的产生分为调相法和相位选择法两种方法。

1. 调相法

将式(2.87)进一步展开

$$
\begin{aligned}
s_{16\text{PSK}}(t) &= I(t)\cos(\omega_c t) - Q(t)\sin(\omega_c t) \\
&= A_0\cos[\omega_c t + \varphi(t)], \quad m = 1,2,3,\cdots,16;\ 0 \leqslant t \leqslant T_s
\end{aligned}
\tag{2.88}
$$

式中，$A_0 = \sqrt{I^2(t) + Q^2(t)}$；$I(t) = \sqrt{\frac{2E_s}{T_s}}\cos\left[\frac{2\pi}{M}(m-1)\right]$；$Q(t) = \sqrt{\frac{2E_s}{T_s}}\sin\left[\frac{2\pi}{M}(m-1)\right]$分别称为同相分量和正交分量，$\frac{2\pi}{M}(m-1) = \varphi(t) = \arctan\frac{I(t)}{Q(t)}$。

根据式(2.88)得到 16PSK 调相法调制原理框图如图 2-21 所示。

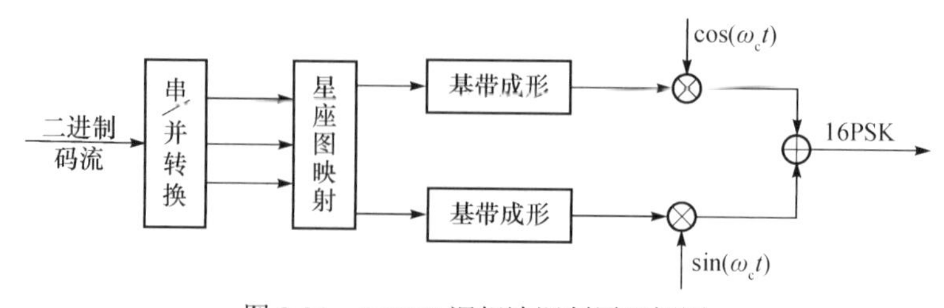

图 2-21　16PSK 调相法调制原理框图

由图 2-21 可以看出：串/并转换模块将输入的二进制码流转换为同相支路数据和正交支路数据，在星座映射模块中根据输入的同相支路数据和正交支路数据将其映射到相应的相位，计算出相应的同相支路输出 $A_0\cos\varphi_m$ 和正交支路输出 $A_0\sin\varphi_m$；再使用基带成形来减少码间干扰，使调制信号适合在信道中传输；在乘法器模块中完成滤波后的同相支路数据和正交支路数据分别与同频率的正交载波 $\cos(\omega_c t)$及 $\sin(\omega_c t)$相乘；最后将两支路的数据在加法器中叠加，进而完成 16PSK 信号的调制。

2. 相位选择法

16PSK 调制信号的调制原理框图如图 2-22 所示，相位选择法的调制原理为：串/并转换模块将输入的二进制码流序列转化为 4bit 一组的码元输出；逻辑选择电路依据输入的不同码元，控制 16 相载波发生器从 16 种不同相位的载波中输出相应相位的载波，再经过带通滤波器最终产生所需的 16PSK 调制信号。例如，4bit 码元为 0000 时，输出相位为π/16 的载波；为 0001 时，输出相位为 3π/16 的载波；为 0011 时，输出相位为 5π/16 的载波；为 1011 时，输出相位为 27π/16 的载波；为 1001 时，输出相位为 29π/16 的载波；为 1000 时，输出相位为 31π/16 的载波等。

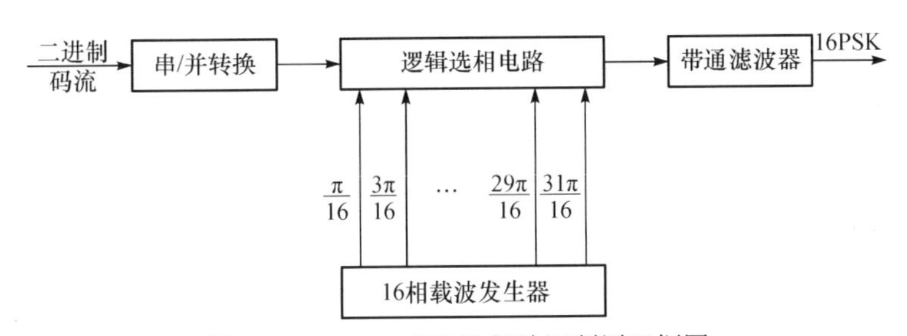

图 2-22　16PSK 相位选择法调制原理框图

2.3.3　16PSK 调制解调性能分析

下面分析 16PSK 调制解调系统的功率谱密度、带宽效率以及误码率。

1. 功率谱密度和带宽效率

对于 16PSK 信号的 16 种不同的码元，每一个码元均由 4bit(b_{4i}, b_{4i+1}, b_{4i+2}, b_{4i+3})组成，因此一个码元持续的时间为

$$T=T_b\log_2 16=4T_b \tag{2.89}$$

式中，T_b 为 1bit 所持续的时间。16PSK 信号的基带功率谱密度表示为

$$S_B(f)=2E\sin[c^2(Tf)]=2E_b\log_2 16\sin[c^2(T_b f\log_2 16)]=8E_b\sin[c^2(4T_b f)] \tag{2.90}$$

式中，$\sin[c^2(4T_b f)]=\dfrac{\sin^2(4\pi T_b f)}{(4\pi T_b f)^2}$。图 2-23 为 16PSK 的功率谱，即归一化功率谱密度 $S_B(f)/(2E_b)$ 相对于归一化频率 fT_b 的变化趋势。

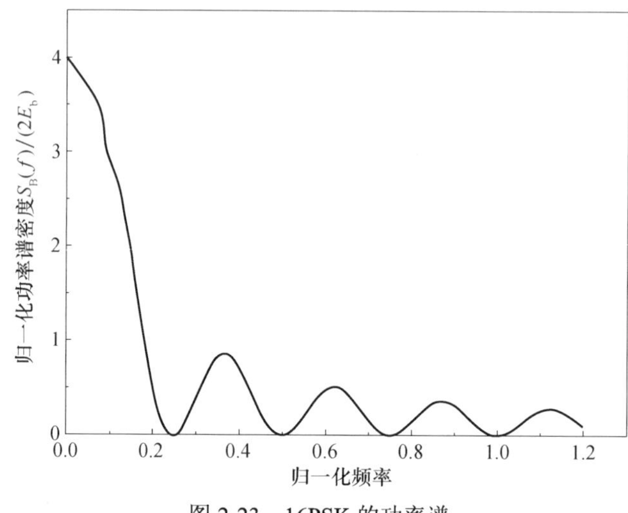

图 2-23　16PSK 的功率谱

由图 2-23 可以看出：对于 16PSK 信号的功率谱，主瓣由功率谱密度为零的频率点界定。对于 16PSK 信号带宽常采用主瓣频谱宽度衡量，可以清楚地看出在零-零带宽内包含了大部分的 16PSK 信号功率。16PSK 信号的功率谱的主瓣是由明确的频谱零点(功率谱密度为零的频率点)界定。当零-零带宽包含了 16PSK 信号功率谱的主瓣时，也就包含了大部分的信号功率。因此，用主瓣频谱宽度来衡量 16PSK 信号带宽是一个简单而常用的方法。传输 16PSK 信号所需的信道带宽为

$$B=\frac{2}{T} \tag{2.91}$$

式中，T 为 16PSK 信号中的 16 种不同码元中的一个码元所持续的时间，T 由式(2.91)可计算得到。比特速率 $R_b=1/T_b$，则 16PSK 信号所需的信道带宽与比特速率 R_b 之间的关系可以表示为

$$B=\frac{2R_b}{\log_2 16}=\frac{R_b}{2} \tag{2.92}$$

在此基础上，可得 16PSK 信号的带宽效率为

$$\rho=\frac{R_b}{B}=\frac{\log_2 16}{2}=2 \tag{2.93}$$

表 2-2 给出了在二、四、八、十六进制下的 PSK 的带宽效率。

表 2-2　*M* 进制 PSK 信号的带宽效率

进制	二	四	八	十六
ρ/(bit/s/Hz)	0.5	1	1.5	2

由表 2-2 可以看出：在 MPSK(M 进制移相键控)调制方式中，随着进制数 M 的增大，带宽效率ρ也随之提高；同时相邻星座之间的欧氏距离也会减小，使误码率增加, 可通过提高系统信噪比来降低由于 M 增大引起的系统误码率。

2. 高斯白噪声对 16PSK 系统相位识别的影响

在 MPSK 调制解调通信系统中，载波的频率远大于信号的带宽，信号的传输过程可等效为一个窄带随机过程。高斯白噪声 $n(t)$经过该系统后变为窄带高斯白噪声 $n'(t)$[26]:

$$n'(t)=n_I'(t)\cos(\omega_c t)-n_Q'(t)\sin(\omega_c t) \tag{2.94}$$

式中, $n_I'(t)$和 $n_Q'(t)$为正交分量。已知 16PSK 信号的数学表达式如式(2.87)所示，由式(2.87)和式(2.94)可得接收信号为

$$\begin{aligned}s'_{16\text{PSK}}(t) &= s_{16\text{PSK}}(t)+n'(t)\\ &=[I(t)+n_I'(t)]\cos(\omega_c t)-[Q(t)+n_Q'(t)]\sin(\omega_c t)\\ &=a(t)\cos(\omega_c t)-b(t)\sin(\omega_c t)\\ &=A'(t)\cos[\omega_c t+\theta(t)]\end{aligned} \tag{2.95}$$

式中，$A'(t)=\sqrt{[I(t)+n_I'(t)]^2+[Q(t)+n_Q'(t)]^2}=\sqrt{a^2(t)+b^2(t)}$；$\theta(t)=\arctan\dfrac{Q(t)+n_Q'(t)}{I(t)+n_I'(t)}=\arctan\dfrac{a(t)}{b(t)}$。

因此，由高斯白噪声引起的相位差$\Delta\theta$为

$$\Delta\theta=\theta(t)-\varphi(t)=\arctan\frac{Q(t)+n_Q'(t)}{I(t)+n_I'(t)}-\arctan\frac{Q(t)}{I(t)} \tag{2.96}$$

将式(2.96)进一步化简可得

$$\begin{aligned}\tan\Delta\theta &= \tan\left[\arctan\frac{Q(t)+n_Q'(t)}{I(t)+n_I'(t)}-\arctan\frac{Q(t)}{I(t)}\right]\\ &=\frac{I(t)n_Q'(t)-Q(t)n_I'(t)}{I^2(t)+Q^2(t)+I(t)n_I'(t)+Q(t)n_Q'(t)}\end{aligned} \tag{2.97}$$

由式(2.96)可得由高斯白噪声引起的相位差$\Delta\theta$可转化为

$$\Delta\theta=\arctan\left[\frac{I(t)n_Q'(t)-Q(t)n_I'(t)}{I^2(t)+Q^2(t)+I(t)n_I'(t)+Q(t)n_Q'(t)}\right] \tag{2.98}$$

3. 噪声和衰落对 16PSK 系统误码率的影响

由噪声引起的信号点上的相位变化范围为 $\pm\frac{\pi}{16}$ 时，该信号点在接收端可以被正确地解调，因此误码率为

$$P_{\mathrm{e,6PSK}}=1-\int_{-\frac{\pi}{16}}^{\frac{\pi}{16}}f(\theta)\mathrm{d}\theta \tag{2.99}$$

式中，$f(\theta)$为θ的概率密度函数。为了求$f(\theta)$，先求条件概率密度$f_{A\theta/\phi}(A_t,\theta_t/\phi)$，其中，$A_t$为在噪声影响下信号的幅度，$\theta_t$为输入信号的相位。根据二维联合正态分布可得

$$f_{A\theta/\phi}(A_t,\theta_t/\phi)=\frac{A_t}{2\pi\sigma^2}\exp\left\{-\frac{1}{2\sigma^2}[A_t^2+A_0^2-2A_0A_t\cos(\phi-\theta_t)]\right\} \tag{2.100}$$

应用求随机变量函数分布的方法，由式(2.100)可求出

$$f_{A\theta/\phi}(A_t,\theta_t/\phi)=\frac{A_t}{2\pi\sigma^2}\exp\left\{-\frac{1}{2\sigma^2}[A_t^2+A_0^2-2A_0A_t\cos(\phi-\theta_t)]\right\} \tag{2.101}$$

由式(2.101)可得

$$\begin{aligned}f(\theta/\phi)&=\int_0^\infty f(A_t,\theta/\phi)\mathrm{d}A_t=\int_0^\infty\frac{A_t}{2\pi\sigma^2}\exp\left\{-\frac{1}{2\sigma^2}[A_t^2+A_0^2-2A_0A_t\cos(\phi-\theta_t)]\right\}\mathrm{d}A_t=\int_0^\infty\frac{A_t}{2\pi\sigma^2}\\&\exp\left\{-\frac{1}{2\sigma^2}[A_t^2-2A_0A_t\cdot\cos(\phi-\theta_t)+A_0^2\cos^2(\phi-\theta_t)-A_0^2\cos^2(\phi-\theta_t)+A_0^2]\right\}\mathrm{d}A_t\\&=\frac{1}{2\pi}\exp\left[-\frac{A_0^2-A_0^2\cos^2(\phi-\theta_t)}{2\sigma^2}\right]\int_0^\infty\frac{A_t}{\sigma^2}\exp\left[-\frac{[A_t-A_0\cos(\phi-\theta_t)]^2}{2\sigma^2}\right]\mathrm{d}A_t\\&=\frac{1}{2\pi}\exp\left[-\frac{A_0^2\sin^2(\phi-\theta_t)}{2\sigma^2}\right]\int_0^\infty\frac{A_t}{\sigma^2}\exp\left\{-\frac{[A_t-A_0\cos(\phi-\theta_t)]^2}{2\sigma^2}\right\}\mathrm{d}A_t\end{aligned} \tag{2.102}$$

令 $a=A_0\cos(\phi-\theta_t)$，则式(2.102)可转化为

$$\begin{aligned}f(\theta/\phi)&=\frac{1}{2\pi}\exp\left[-\frac{A_0^2\sin^2(\phi-\theta_t)}{2\sigma^2}\right]\left\{\int_0^\infty\frac{A_t-a+a}{\sigma^2}\exp\left[\frac{(A_t-a)^2}{2\sigma^2}\right]\right\}\mathrm{d}A_t\\&=\frac{1}{2\pi}\exp\left[-\frac{A_0^2\sin^2(\phi-\theta_t)}{2\sigma^2}\right]\left\{\frac{1}{\sigma^2}\int_0^\infty(A_t-a)\exp\left[\frac{(A_t-a)^2}{2\sigma^2}\right]\mathrm{d}A_t\right.\\&\quad\left.+\frac{a}{\sigma^2}\int_0^\infty\exp\left[\frac{(A_t-a)^2}{2\sigma^2}\right]\mathrm{d}A_t\right\}\end{aligned} \tag{2.103}$$

式中，对于第一个积分:

$$\frac{1}{\sigma^2}\int_0^{\infty}(A_t-a)\exp\left[\frac{(A_t-a)^2}{2\sigma^2}\right]\mathrm{d}A_t \tag{2.104}$$

令 $z=A_t-a$，则 $\mathrm{d}z=\mathrm{d}A_t$, A_t:0→∞, z:−a→∞。因此式(2.104)可进一步简化为

$$\frac{1}{\sigma^2}\int_{-a}^{\infty}z\exp\left(-\frac{z^2}{2\sigma^2}\right)\mathrm{d}z=\exp\left[-\frac{A_0{}^2\cos^2(\phi-\theta_t)}{2\sigma^2}\right] \tag{2.105}$$

式(2.104)中的第二个积分:

$$\frac{a}{\sigma^2}\int_0^{\infty}\exp\left[\frac{(A_t-a)^2}{2\sigma^2}\right]\mathrm{d}A_t \tag{2.106}$$

令 $z=\dfrac{A_t-a}{\sqrt{2}\sigma}$，则 $\mathrm{d}z=\dfrac{1}{\sqrt{2}\sigma}\mathrm{d}A_t, A_t:0\to\infty, z:-\dfrac{a}{\sqrt{2}\sigma}\to\infty$ 。

$$\begin{aligned}\frac{a}{\sigma^2}\int_{-\frac{a}{\sqrt{2}\sigma}}^{\infty}\exp(-z^2)\sqrt{2}\sigma\mathrm{d}z&=\frac{a}{\sigma}\frac{\sqrt{\pi}}{\sqrt{2}}\left[2-\mathrm{erfc}\left(\frac{a}{\sqrt{2}\sigma}\right)\right]\\&=\frac{\sqrt{\pi}A_0\cos(\phi-\theta_t)}{\sqrt{2}\sigma}\left[1+\mathrm{erf}\left(\frac{a}{\sqrt{2}\sigma}\right)\right]\end{aligned} \tag{2.107}$$

式中，$\mathrm{erf}(x)=\dfrac{2}{\sqrt{\pi}}\int_0^x\exp(-z^2)\mathrm{d}z$，称为误差函数；$\mathrm{erfc}(x)=1-\mathrm{erf}(x)=\dfrac{2}{\sqrt{\pi}}\int_x^{\infty}\exp(-z^2)\mathrm{d}z$，称为补误差函数。

$$\begin{aligned}f(\theta/\phi)&=\frac{1}{2\pi}\exp\left[-\frac{A_0^2\sin^2(\phi-\theta_t)}{2\sigma^2}\right]\left\{\exp\left[-\frac{A_0^2\sin^2(\phi-\theta_t)}{2\sigma^2}\right]\right.\\&\quad\left.+\frac{\sqrt{\pi}A_0\cos(\phi-\theta_t)}{\sqrt{2}\sigma}\left[1+\mathrm{erf}\left(\frac{a}{\sqrt{2}\sigma}\right)\right]\right\}\\&=\frac{1}{2\pi}\exp\left(\frac{A_0^2}{2\sigma^2}\right)+\frac{A_0\cos(\phi-\theta_t)}{2\sqrt{2\pi}\sigma}\exp\left[-\frac{A_0^2\sin^2(\phi-\theta_t)}{2\sigma^2}\right]\\&\quad\left\{1+\mathrm{erf}\left[\frac{A_0\cos(\phi-\theta_t)}{\sqrt{2}\sigma}\right]\right\}\end{aligned} \tag{2.108}$$

令 $r=\dfrac{A_0^2}{2\sigma^2}$ 为信噪比，则

$$\begin{aligned}f(\theta/\phi)&=\frac{1}{2\pi}\exp(-r)+\frac{\sqrt{r}}{2\sqrt{\pi}}\cos(\phi-\theta_t)\\&\quad\cdot\exp[-r\sin^2(\phi-\theta_t)]\left\{1+\mathrm{erf}\left[\sqrt{r}\cos(\phi-\theta_t)\right]\right\}\end{aligned} \tag{2.109}$$

若ϕ=0，则

$$f(\theta)=\frac{1}{2\pi}\exp(-r)+\frac{\sqrt{r}}{2\sqrt{\pi}}\cos\theta_t\exp(-r\sin^2\theta_t)\left\{1+\operatorname{erf}\left[\sqrt{r}\cos\theta_t\right]\right\} \tag{2.110}$$

所以在 AWGN 信道影响下，16PSK 系统的误码率为

$$\begin{aligned}P_{16\mathrm{PSK}}&=1-\int_{-\frac{\pi}{16}}^{\frac{\pi}{16}}f(\theta)\mathrm{d}\theta\\&=1-\left[\frac{1}{16}\mathrm{e}^{-r}+\frac{1}{2}\operatorname{erf}\left(\sqrt{r}\sin\frac{\pi}{16}\right)+\int_0^{\sqrt{r}\sin\frac{\pi}{16}}\frac{1}{\sqrt{\pi}}\mathrm{e}^{-x^2}\operatorname{erf}\left(\sqrt{r-x^2}\right)\mathrm{d}x\right]\end{aligned} \tag{2.111}$$

当$r\gg1$时:

$$P_{16\mathrm{PSK}}=1-\int_{-\frac{\pi}{16}}^{\frac{\pi}{16}}f(\theta)\mathrm{d}\theta=\operatorname{erfc}\left(\sqrt{r}\sin\frac{\pi}{16}\right) \tag{2.112}$$

图 2-24 为 16PSK 信号经过 AWGN 信道后的误码率曲线。

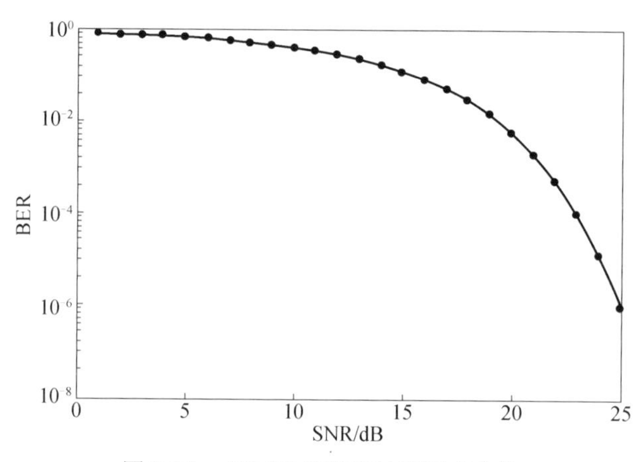

图 2-24　AWGN 信道下的误码率曲线

当 AWGN 信道和瑞利衰落影响同时存在时，信号的幅值和相位出现了显著的畸变，使得误码率急剧增加，16PSK 系统的误码率为[30]

$$\begin{aligned}P_{16\mathrm{PSK}}&=\int_0^{\infty}P_{\mathrm{e}}(r)f(r)\mathrm{d}\gamma\\&=1-\frac{1}{16(1+r_0)}-\frac{1}{2r_0}\int_0^{\infty}\operatorname{erf}\left(\sqrt{r}\sin\frac{\pi}{16}\right)\mathrm{e}^{-\frac{r}{r_0}}\mathrm{d}r\\&\quad-\frac{1}{r_0\sqrt{\pi}}\int_0^{\infty}\operatorname{erf}\left(\sqrt{r-x^2}\right)\int_0^{\sqrt{r}\sin\frac{\pi}{16}}\mathrm{e}^{-\left(x^2+\frac{r}{r_0}\right)}\mathrm{d}r\mathrm{d}x\end{aligned} \tag{2.113}$$

式中，$P_e(r)$由式(2.113)可得；$r=\dfrac{\alpha^2 E_b}{N_0}$表示信道衰减为$\alpha$条件下，信号能量与噪声功率谱密度之间的比值；$f(r)=\dfrac{1}{r_0}\mathrm{e}^{-\frac{r}{r_0}}, r\geqslant 0$；$r_0=\dfrac{E_b}{N_0}E[\alpha^2]$。

当r>>1 时，式(2.113)可转化为

$$P_{16\mathrm{PSK}}=\int_0^\infty P_e(r)f(r)\mathrm{d}r=\frac{1}{r_0}\int_0^\infty \mathrm{erfc}\left(\sqrt{r}\sin\frac{\pi}{16}\right)\mathrm{e}^{-\frac{r}{r_0}}\mathrm{d}r \tag{2.114}$$

16PSK 信号经过 AWGN 信道和瑞利衰减后的误码率曲线如图 2-25 所示。通过对 16PSK 经过 AWGN 和 AWGN 与瑞利衰减并存信道误码率曲线图的对比可以发现，当 SNR=20dB 时，在 AWGN 信道下的 BER=5.798×10^{-3}，而在 AWGN 与瑞利衰减并存信道下的 BER=2.39×10^{-2}。随着 SNR 的增加，在 AWGN 信道下的通信质量明显好于在 AWGN 与瑞利衰减并存信道下。

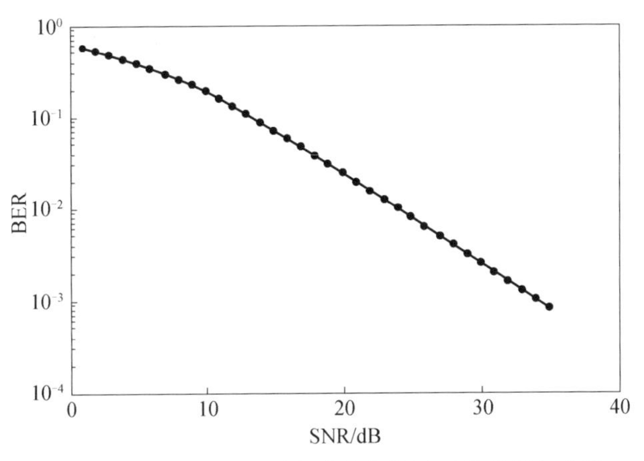

图 2-25　AWGN 与瑞利衰减并存信通下的误码率曲线

2.3.4　16PSK 副载波调制实验结果分析

对无线光通信系统进行实验中，测量大量不同典型天气下的实验数据。通过对大量数据进行分析，可发现不同天气条件对无线通信系统性能的影响差异。

1. 16PSK 调制信号功率谱密度

对实验数据采用 Welch 法进行功率谱估计分析。Welch 法采用信号分段重叠、加窗函数和 FFT 等算法计算一个信号序列的自功率谱估计[31]:

$$P(f)=\frac{1}{ML}\sum_{i=1}^{L}\left|\sum_{n=0}^{M-1}x_i(n)d(n)\mathrm{e}^{-\mathrm{j}2\pi fn}\right|^2 \tag{2.115}$$

把实验数据 $x(n)$分为 L 段数据。在程序中，从分段长度的一半再进行分段重叠，这样就可以将$x(n)$总共划分为 $2L-1$ 段数据，然后对每段数据在时域上乘以窗函数，进行 FFT，最后对每段数据的频谱幅值平方加和平均便得到实验数据 $x(n)$的功率谱密度估计。图 2-26～图 2-29 为不同气象条件下采集数据的单边功率谱密度估计图。由图可以看出：阴天、雨天、下雪时的功率谱最高分量都是在载波频率 1.5625MHz 附近，这也表征了光能量的分布。雪天时信号功率谱与阴天、雨天时相比，信号的功率谱主峰值处发生了展宽现象，而且由于多普勒效应影响，雪天时频谱峰值向右移动了 20000Hz，这主要是介质运动产生的结果。

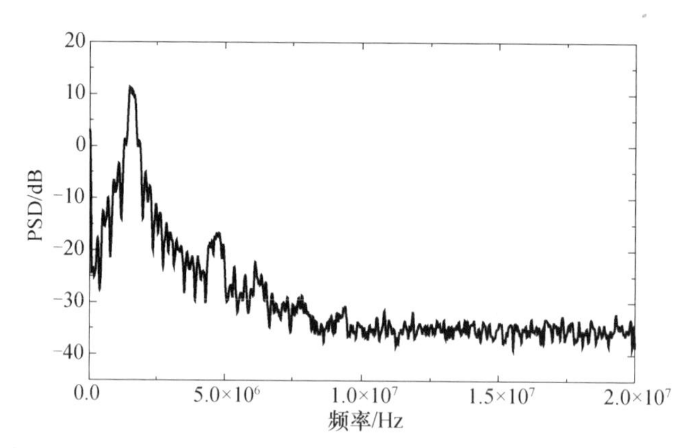

图 2-26　阴天天气数据功率谱估计(2013.07.18, 8:10 am)[30, 32, 33]

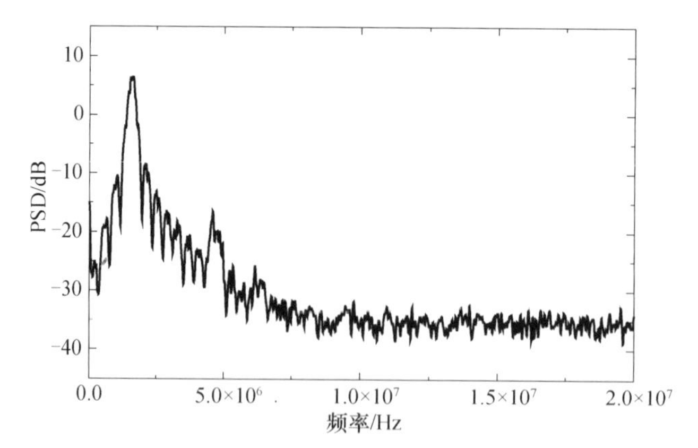

图 2-27　小雨天气数据功率谱估计(2013.07.13, 3:20 pm)[30, 32, 33]

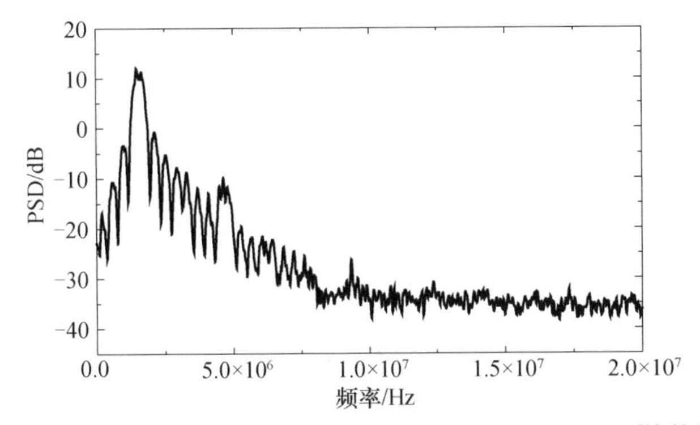

图 2-28　中雨天气数据功率谱估计(2013.07.18, 11:00 am)[30, 32, 33]

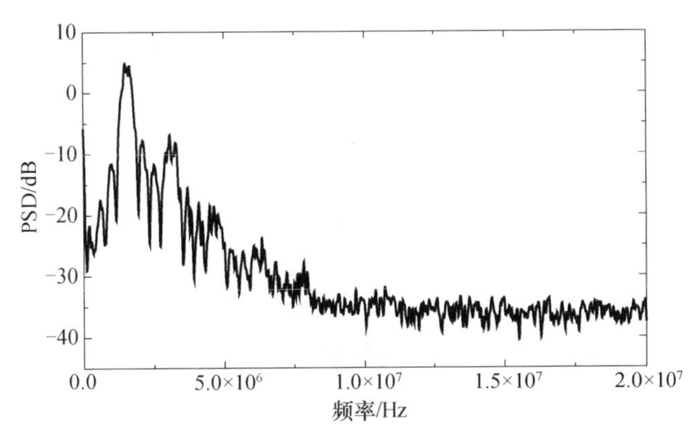

图 2-29　雪天天气数据功率谱估计(2014.02.16, 12:00 pm)[30, 32, 33]

2. 16PSK 调制不同天气下眼图分析

眼图(eye diagram)是一系列数字信号在示波器上累积而形成的图形，包含了丰富的信息。从眼图上可以观察到码间串扰和噪声的影响，体现了数字信号整体的特征，从而估计通信系统的优劣程度。眼图和系统性能的关系如图 2-30 所示。

眼图中“眼睛”张开的大小反映了码间串扰的强弱。“眼睛”张开越大，且眼图越端正，表示码间串扰越小；反之表示码间串扰越大。当存在噪声时，噪声将叠加在信号上，观察到眼图的线迹会变得模糊不清。若同时存在码间串扰，“眼睛”将张开得较小。与无码间串扰时的眼图相比，原来清晰端正的细线迹变成了比较模糊的带状线，而且不是非常端正。噪声越大，线迹越宽，越模糊，码间串扰越大，眼图越不端正。

通过观察不同天气条件下的眼图，可以研究分析出天气因素对无线通信系统性能的影响。图 2-31～图 2-34 为系统在不同天气条件下的眼图。

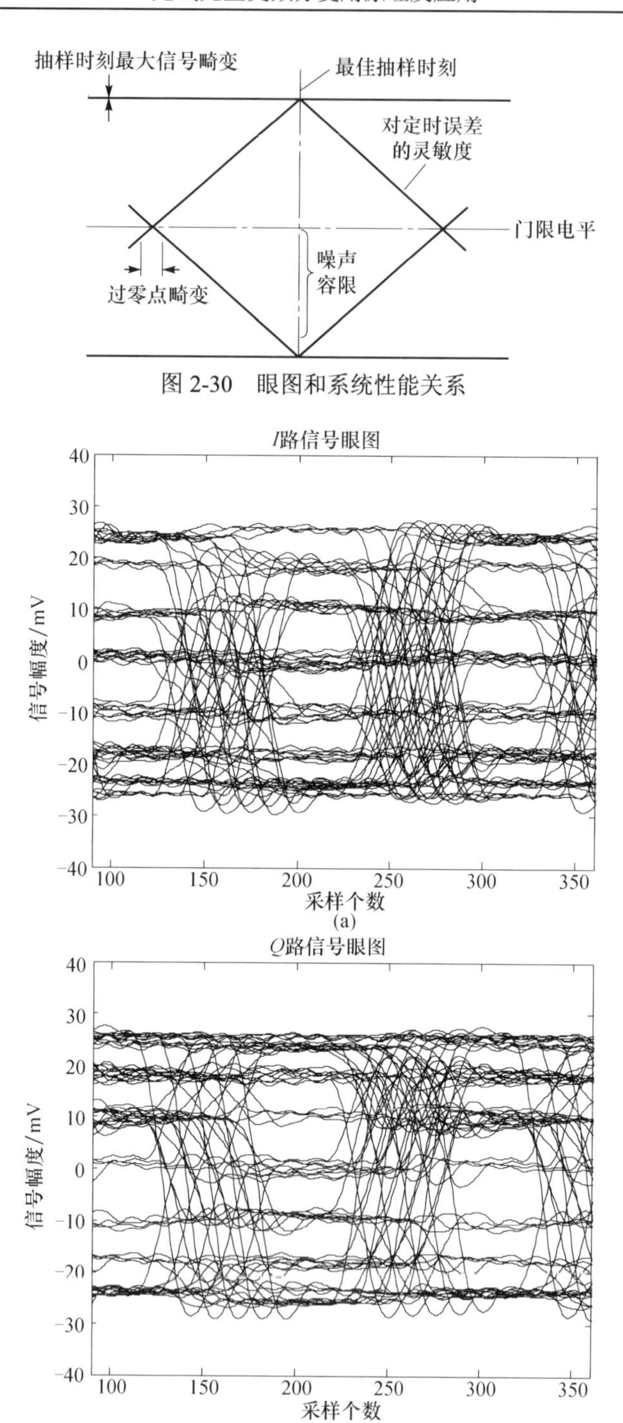

图 2-30　眼图和系统性能关系

图 2-31　阴天天气数据眼图（2013.07.18, 8:10 am）[30, 32, 33]

眼图张开的大小可以表示码间串扰的强弱，线迹可以显示噪声的强弱。噪声越大，线迹就越宽、越模糊。由图 2-31～图 2-34 可以看出：①阴天时眼图“眼睛”开启最大，且眼图的线迹比较清晰，此时系统受到码间串扰的影响是最小的；②系统受到雨滴散射的影响，且中雨时的散射强度大于小雨时的散射强度，所以小雨、中雨时眼图的“眼睛”变小，而且中雨时眼图的线迹比小雨时的线迹更加模糊不清；③雪天时眼图“眼睛”已经基本闭合，且眼图的线迹最模糊。

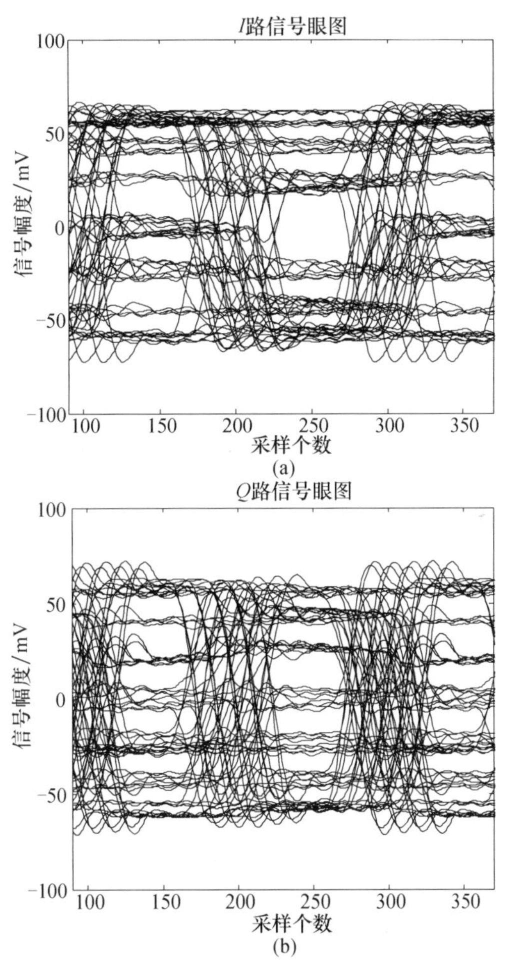

图 2-32　小雨天气数据眼图（2013.07.13, 3:20 am）[30, 32, 33]

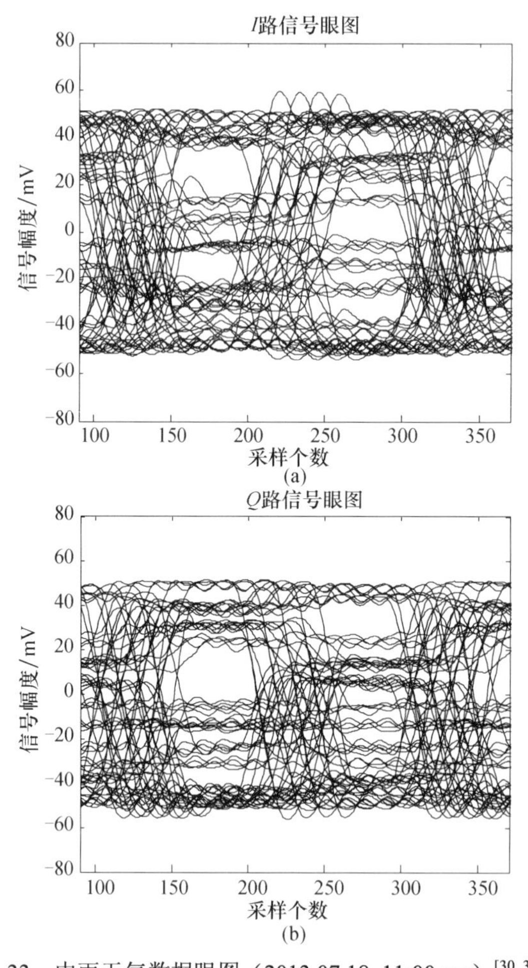

图 2-33　中雨天气数据眼图（2013.07.18, 11:00 am）[30, 32, 33]

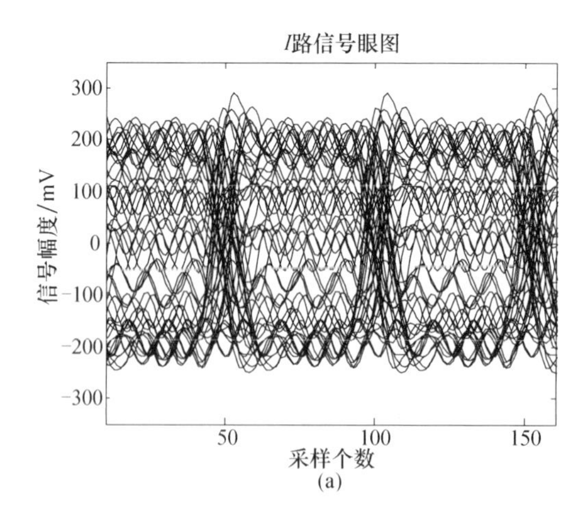

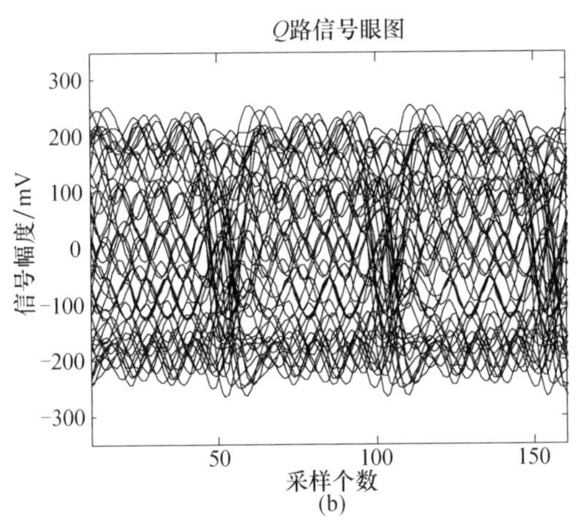

(b)

图 2-34　雪天天气数据眼图（2014.02.16, 12:00 pm）[30, 32, 33]

3. 16PSK 调制不同天气下的星座图分析

在数字调制中，不同调制类型的星座图可以用来观察信号相位的变化、噪声干扰、矢量点之间的相位转移轨迹等。大气信道是一种有记忆的时变信道，大气散射和大气湍流对调制信号星座图形状的影响较大，所造成的相位模糊以及多普勒频移给星座图检测带来巨大的困难。尤其是不同天气对副载波信号传输的影响也不同，在接收端，信号的星座图中表现为矢量点弥散、旋转及变形等。图 2-35～图 2-38 为在不同气象条件下经大气信道后接收端 16PSK 信号星座图。对比可以看出：当气象条件为阴天、小雨和中雨时，信号星座图能基本反映出信号的相位、幅度信息。由于信号在不同天气条件下所受到的衰减程度不同，阴天对传输质量的影响最小，小雨、中雨对传输质量的影响依次变大。这是因为阴天时大气信道比较稳定，光信号会受到大气中悬浮颗粒的散射、分子的吸收和大气湍流作用，信号所受大气衰减影响较小，大部分矢量点分布比较集中，其幅度、相位信息发生变化，导致某些矢量点的分布与理想位置偏离较远。下雨时由于空气中雾滴、雨滴的密度较大，因此几乎没有闪烁对光信号的影响，此时光信号主要受大气衰减因素的影响，例如，雨滴、雾滴阻挡了光束的传播，使一部分光能量向四面八方散开，形成了散射效应。大气的散射作用与微粒的数目有关，微粒越多，散射越严重，衰耗也就越大。所以小雨时光信号的幅度、相位信息受到的衰减影响小于中雨时光信号幅度、相位信息受到的衰减影响。下雪时星座图上各矢量点分布弥散，并且不能分辨出星座点表示的相位信息，可以看出，雪天对传输质量的影响很大，且光信号受到衰减的影响比阴天和雨天时受到的衰减更大。

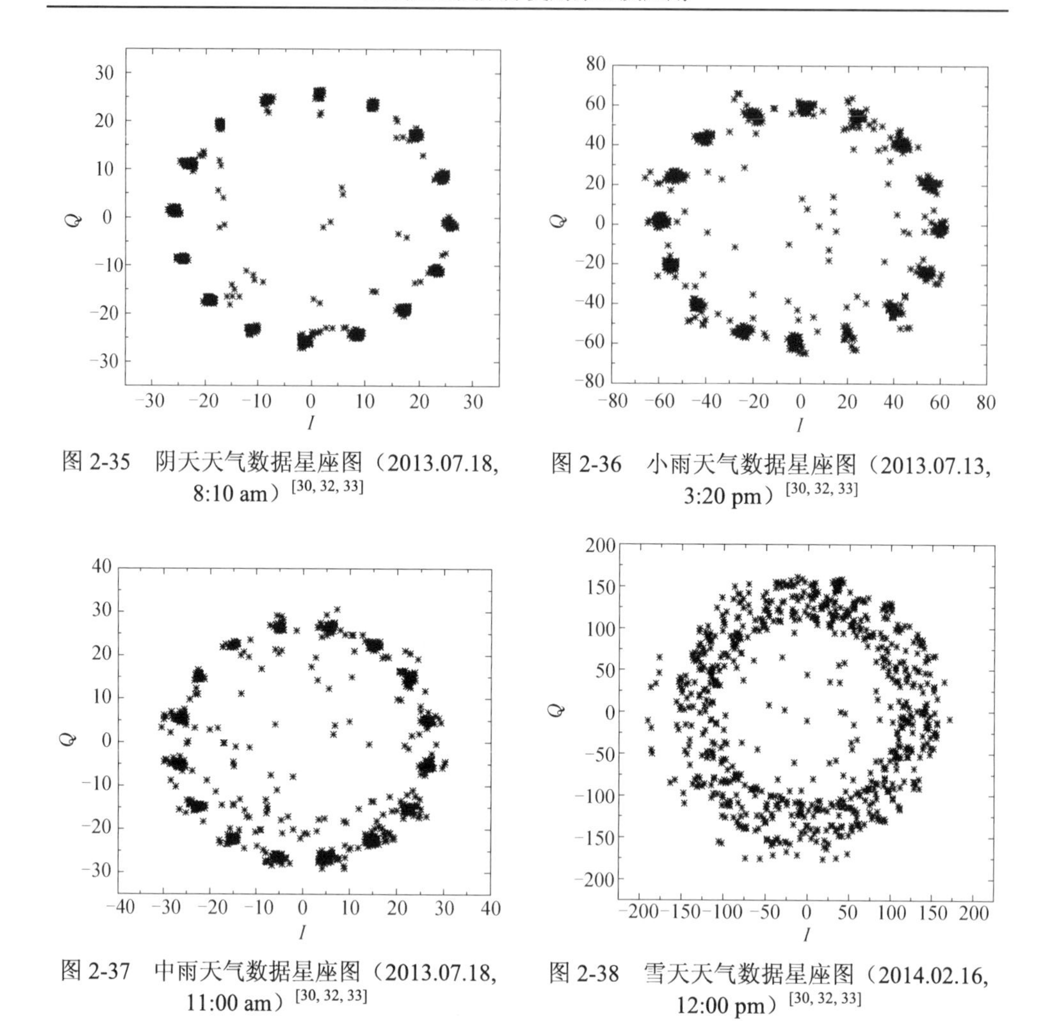

图 2-35　阴天天气数据星座图（2013.07.18, 8:10 am）[30, 32, 33]

图 2-36　小雨天气数据星座图（2013.07.13, 3:20 pm）[30, 32, 33]

图 2-37　中雨天气数据星座图（2013.07.18, 11:00 am）[30, 32, 33]

图 2-38　雪天天气数据星座图（2014.02.16, 12:00 pm）[30, 32, 33]

码间串扰和信道噪声是影响通信系统性能的两个主要因素。雪天时的误码率最大，达到 2.42×10^{-2}，而阴天时误码率最小，为 2.9×10^{-3}。小雨和中雨时的误码率分别为 3.5×10^{-3}、4.8×10^{-3}。

2.4　64QAM 调制与解调

2.4.1　64QAM 系统的基本原理

1. 调制

正交幅度调制的通用表达式为[31]

$$S(t)=A_m\cos(\omega_{\mathrm{c}}t)+B_m\sin(\omega_{\mathrm{c}}t) \tag{2.116}$$

式中, $0 \leqslant t \leqslant T_b$, T_b 是码元长度。调制信号 $S(t)$由两个相互正交的载波相加而成, $\{A_m\}$和$\{B_m\}$是可以取到多个离散值的变量, 因此这种调制方式称为正交幅度调制。式中, $m=1, 2, \cdots, M$, M 为 A_m 和 B_m 的电平数。QAM 中的振幅 A_m 和 B_m 可以表示为

$$\begin{cases} A_m = d_m A \\ B_m = c_m A \end{cases} \tag{2.117}$$

式中, A 为固定振幅; (d_m, c_m)由输入信号确定, 它是已调信号在信号空间的坐标点。

图 2-39 给出了 MQAM 调制器框图。首先, 二进制数据 b_n 经过串/并转换器, 它将速率为 $R_b$bit/s 的二进制信息分成分别由奇数位置和偶数位置组成的两个序列。

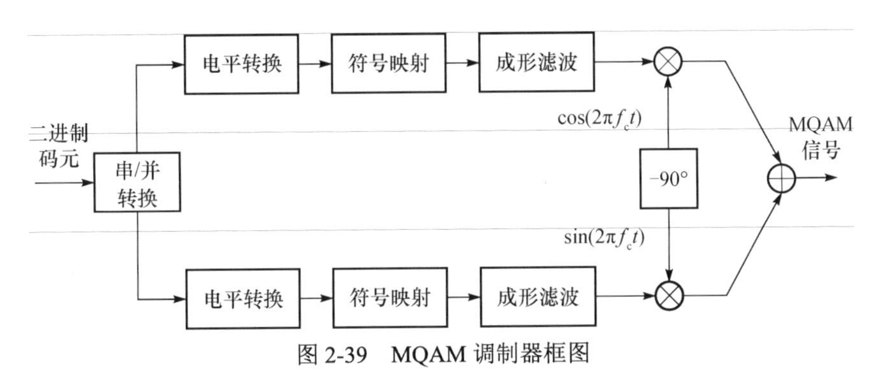

图 2-39　MQAM 调制器框图

采用MQAM系统时上支路的符号转换表将每组 $k/2$ 个偶比特转化为传输符号 a_n^I, 其中, $M=2^k$。同样地, 进入下支路的每组 $k/2$ 个奇比特编为传输符号 a_n^Q。a_n^I 和 a_n^Q 是集合$\left\{\pm 1, \pm 3, \cdots, \pm\left(\sqrt{M}-1\right)\right\}$中取值为$\sqrt{M}$ 进制的随机变量。例如, 64QAM 时, a_n^I 和 a_n^Q 的字符集为{−7, −5, −3, −1, 1, 3, 5, 7}。上支路中的脉冲整形输出为八进制极性脉冲序列 $I(t)=\sum_{n=-\infty}^{\infty} a_n^I v(t-nT)$, 由 $I(t)$调制相同载波 $A_c\cos(2\pi f_c t)$。类似地, 由下支路的脉冲整形滤波器产生的八进制极性脉冲序列 $Q(t)=\sum_{n=-\infty}^{\infty} a_n^Q v(t-nT)$ 调制正交载波 $A_c\sin(2\pi f_c t)$。MQAM 信号可以表示为[34]

$$x(t)=\sqrt{\frac{2E_s}{T}}[I(t)\cos(2\pi f_c t)-Q(t)\sin(2\pi f_c t)] \tag{2.118}$$

$$\begin{cases} I(t)=C_0 \sum_{n=-\infty}^{\infty} a_n^I v(t-nT) \\ Q(t)=C_0 \sum_{n=-\infty}^{\infty} a_n^Q v(t-nT) \end{cases} \tag{2.119}$$

式中，$\sqrt{E_{\mathrm{s}}/T}$ 为通常的单位能量脉冲。引入常量 C_0 的目的是使信号集的平均能量等于 E_{s}。平均能量 E_{s} 为

$$E_{\mathrm{s}}=\sum_{m=1}^{\sqrt{M}}\sum_{n=1}^{\sqrt{M}}E\{a_m^I,a_n^Q\}\int_0^T\left|s_{mn}(t)\right|^2\mathrm{d}t \tag{2.120}$$

式中，$s_{mn}(t)$为对应星座点 (a_m^I,a_n^Q) 的发送波形:

$$s_{mn}(t)=\sqrt{\frac{2E_{\mathrm{s}}}{T}}C_0[a_m^I v(t)\cos(2\pi f_{\mathrm{c}}t)-a_m^Q v(t)\sin(2\pi f_{\mathrm{c}}t)] \tag{2.121}$$

将式(2.121)代入式(2.120)可得

$$\begin{aligned}E_{\mathrm{s}}&=\frac{2E_{\mathrm{s}}C_0^2}{M}\sum_{m=1}^{\sqrt{M}}\sum_{n=1}^{\sqrt{M}}[(a_m^I)^2+(a_n^Q)^2]\frac{1}{2}\int_0^T\left|\frac{v(t)}{\sqrt{T}}\right|^2\mathrm{d}t\\&=\frac{E_{\mathrm{s}}C_0^2}{M}\sum_{m=1}^{\sqrt{M}}\sum_{n=1}^{\sqrt{M}}[(a_m^I)^2+(a_n^Q)^2]\end{aligned} \tag{2.122}$$

由式(2.122)可得

$$C_0^2=\frac{M}{\sum_{m=1}^{\sqrt{M}}\sum_{n=1}^{\sqrt{M}}[(a_m^I)^2+(a_n^Q)^2]} \tag{2.123}$$

对于 MQAM 星座图，由式(2.122)可得

$$C_0=\sqrt{\frac{3}{2(M-1)}} \tag{2.124}$$

如果选用如下基函数[35]:

$$\begin{cases}\phi_1(t)=\sqrt{\dfrac{2}{T}}\cos(2\pi f_{\mathrm{c}}t)\\\phi_2(t)=\sqrt{\dfrac{2}{T}}\sin(2\pi f_{\mathrm{c}}t)\end{cases} \tag{2.125}$$

就可以在ϕ_1-ϕ_2平面，以矢量形式将第 n 个符号区间的所有 MQAM 信号表示为

$$s=\left(a_n^I C_0\sqrt{E_{\mathrm{s}}},a_n^Q C_0\sqrt{E_{\mathrm{s}}}\right) \tag{2.126}$$

根据式(2.126)可得

$$d_{\min}=2C_0\sqrt{E_{\mathrm{s}}} \tag{2.127}$$

将式(2.124)代入式(2.127)可得

$$d_{\min}=2\sqrt{\frac{3E_s}{2(M-1)}}\tag{2.128}$$

64QAM 星座图详细信息如图 2-40 所示。

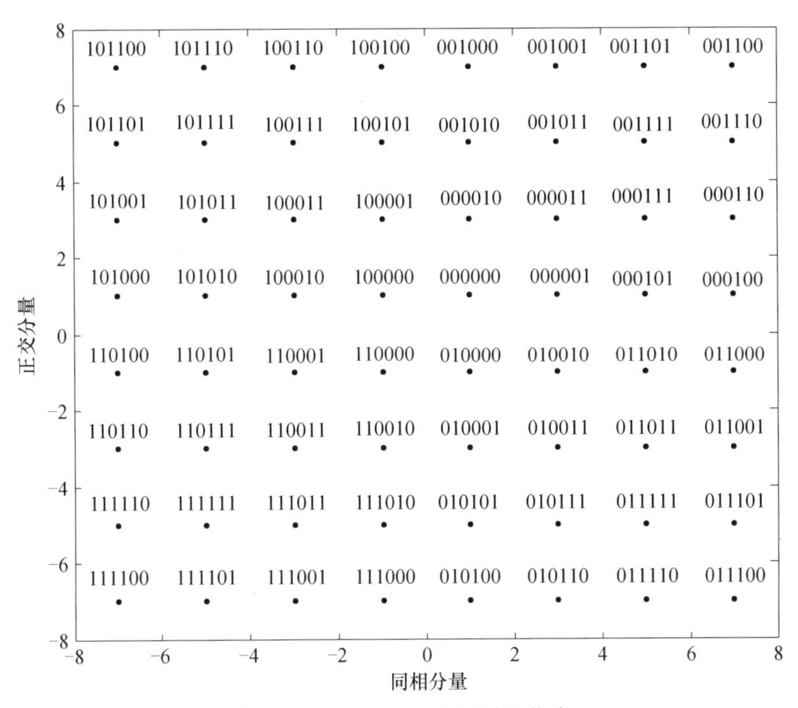

图 2-40　64QAM 星座图详细信息

2. 解调

如图 2-41 所示，相干解调的基本原理是：64QAM 调制信号分别与两路正交的载波相乘，生成两路数据：同相支路 I 和正交支路 Q。I 路和 Q 路信号分别通过低通滤波器进行滤波，滤掉其中的高频分量。判决模块对滤波后的两路信号进行判决，得到两路码元信息，再将 8 电平数据转换为 2 电平，最后经过串/并转换模块将两路信号合为一路，从而恢复出信号。

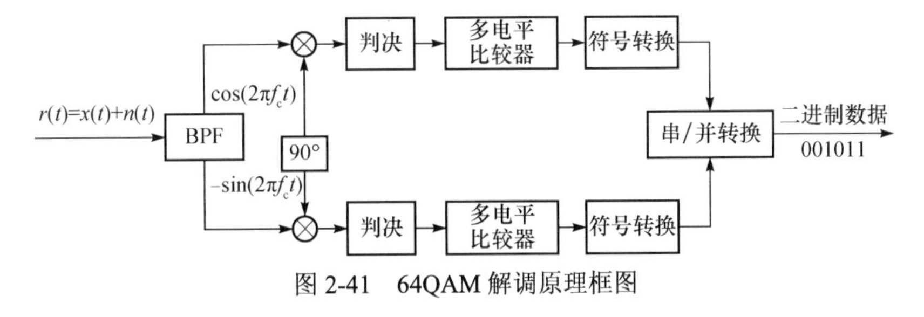

图 2-41　64QAM 解调原理框图

在系统接收端，已调信号分别乘以两路相互正交的载波，恢复出基带信号，此时同相分量信号的表达式为

$$\begin{aligned} I(t) &= Y(t)\cos(\omega_0 t) \\ &= \left[A_m \cos(\omega_0 t) + B_m \sin(\omega_0 t)\right]\cos(\omega_0 t) \\ &= \frac{1}{2}A_m + \frac{1}{2}A_m \cos(2\omega_0 t) + \frac{1}{2}B_m \sin(2\omega_0 t) \end{aligned} \tag{2.129}$$

正交分量信号的表达式为

$$\begin{aligned} Q(t) &= Y(t)\sin(\omega_0 t) \\ &= \left[A_m \cos(\omega_0 t) + B_m \sin(\omega_0 t)\right]\sin(\omega_0 t) \\ &= \frac{1}{2}B_m - \frac{1}{2}B_m \cos(2\omega_0 t) + \frac{1}{2}A_m \sin(2\omega_0 t) \end{aligned} \tag{2.130}$$

3. QAM 的差错性能

在 MQAM 系统中，符号正确接收的概率[36]为

$$\begin{aligned} P_c &= I\text{路正确接收概率} \times Q\text{路正确接收概率} \\ &= (1-P_0)\times(1-P_0) \end{aligned} \tag{2.131}$$

式中，P_0=I 路和 Q 路单独发生错误判决的概率。根据式(2.131)可以得到 MQAM 系统中的符号差错概率 P_e[37]为

$$P_e = 1 - P_c = 1-(1-P_0)^2 = 2P_0 - P_0^2 \approx 2P_0 \tag{2.132}$$

式中，$P_0 \ll 1$。由于 $\sqrt{M}$ 进制 PAM 系统中，符号差错概率 P_0[29]为

$$P_0 = \frac{2\left(\sqrt{M}-1\right)}{\sqrt{M}} Q\left(\frac{d_{\min}}{\sqrt{2N_0}}\right) \tag{2.133}$$

将式(2.128)代入式(2.133)可得

$$P_0 = \frac{2\left(\sqrt{M}-1\right)}{\sqrt{M}} Q\left[\sqrt{\frac{3E_s}{(M-1)N_0}}\right] \tag{2.134}$$

合并式(2.133)和式(2.134)，可以得到如下 MQAM 系统的符号差错概率:

$$P_e = \frac{4\left(\sqrt{M}-1\right)}{\sqrt{M}} Q\left[\sqrt{\frac{3E_s}{(M-1)N_0}}\right] \tag{2.135}$$

因为比特差错率与符号差错率的关系为

$$\text{BER} = \frac{P_e}{\log_2 M} \tag{2.136}$$

根据式(2.135)与式(2.136)，代入 $E_s=kE_b=\log_2 ME_b$，则可以得到 MQAM 系统的误码率为

$$\text{BER}=\frac{P_e}{\log_2 M}=\frac{4\left(\sqrt{M}-1\right)}{(\log_2 M)\sqrt{M}}Q\left[\sqrt{\frac{3E_b\log_2 M}{(M-1)N_0}}\right] \tag{2.137}$$

因此，64QAM 系统的误码率为

$$\begin{aligned}\text{BER}_{64\text{QAM}}&=\frac{P_e}{\log_2 64}=\frac{4\left(\sqrt{64}-1\right)}{\log_2 64\times\sqrt{64}}Q\left[\sqrt{\frac{3E_b\log_2 64}{(64-1)N_0}}\right]\\&=\frac{7}{12}Q\left(\sqrt{\frac{2E_b}{7N_0}}\right)\end{aligned} \tag{2.138}$$

2.4.2　64QAM 信号调制解调仿真分析

1. 64QAM 调制

调制部分主要分为三部分：串/并转换、电平转换、星座映射。

1) 串/并转换和电平转换

串/并转换是将一路串行序列变为两路并行子序列 I 和 Q，转换后子序列的速率是原始序列速率的一半，然后每一个符号由不同的二进制位数 h 来确定不同的阶数 M；根据 M 的值，对子序列再分别进行 2-M 电平转换，转换的规则为：$a_k=(2i-1-M)$，$i=1,2,\cdots,M$。其中，$M=2^{h/2}$，i 代表相应的二进制数据：000-1，001-2，010-3，011-4，100-5，101-6，110-7，111-8。

表 2-3 给出了 64QAM 的串/并转换和电平转换的关系，此时，$h=6$，$M=8$。即 6bit 信息代表一个码元，首先从 6bit 的码元序列中取连续的 3bit 给 I、Q 序列。然后根据这 3bit 数据找到相对应的 i 值，因此 a_k 可取到的电平幅度为−7、−5、−3、−1、1、3、5、7。表 2-3 给出了当 I 序列为 000 时，Q 序列在 000～111 变化的转换关系，其他 56 种状态的转换方法与表 2-3 类似。

2) 星座映射

如图 2-42 所示，任意 I、Q 的幅度和相位的组合都会映射到极坐标内的一个点上，每个星座点的状态由 6bit 数据表示，I、Q 两路组合后共有 64 种状态，即产生 64QAM 星座图。

表 2-3　电平转换及串/并转换

序列	I 子序列 I/i 值	I 序列 a_k	Q 子序列 Q/i 值	Q 序列 a_k
000000	000/1	−7	000/1	−7
000001	000/1	−7	001/2	−5

续表

序列	I 子序列 I/i 值	I 序列 a_k	Q 子序列 Q/i 值	Q 序列 a_k
000010	000/1	−7	010/3	−3
000011	000/1	−7	011/4	−1
000100	000/1	−7	100/5	1
000101	000/1	−7	101/6	3
000110	000/1	−7	110/7	5
000111	000/1	−7	111/8	7

图 2-42　64QAM 星座图

3) 上变频

完成星座映射之后，用同相映射值乘以载波 $\sin(\omega t)$，正交映射值乘以载波 $\cos(\omega t)$，再将两路数据相加，完成 64QAM 信号调制。同相支路和正交支路数据波形和 64QAM 信号波形如图 2-43 所示。

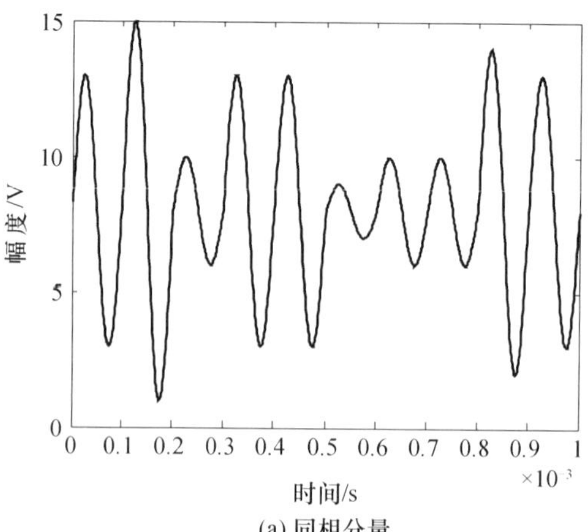

(a) 同相分量

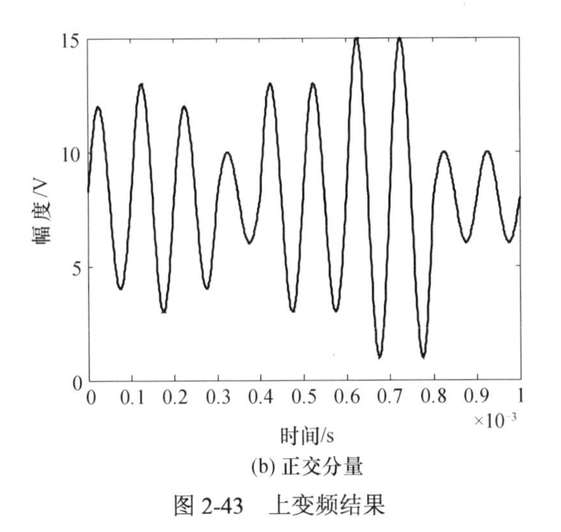

(b) 正交分量

图 2-43　上变频结果

图 2-44 给出了同相分量和正交分量在经过加法器之后最终生成的 64QAM 调制信号。图 2-45 给出了调制信号的功率谱密度，此时，设置信号的采样频率 f_s=10000Hz，载波频率 f_c=1250Hz。从图中可以看出此时信号的功率谱较为平稳，并且功率谱的最高分量比较集中，这一点也显示了能量的分布情况。

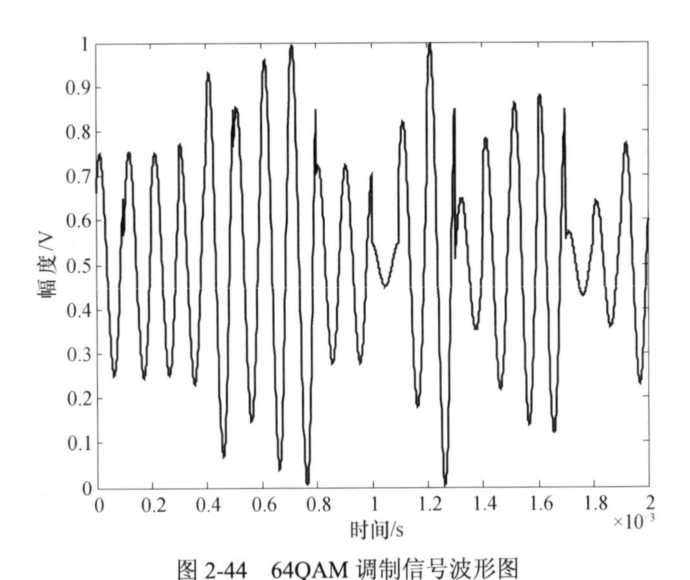

图 2-44　64QAM 调制信号波形图

2. 64QAM 解调仿真

解调过程相当于调制的逆过程。首先，接收到的信号乘以与发送信号同频率的载波进行下变频处理，然后通过低通滤波器滤除高频分量，只剩下高频信号。其次，

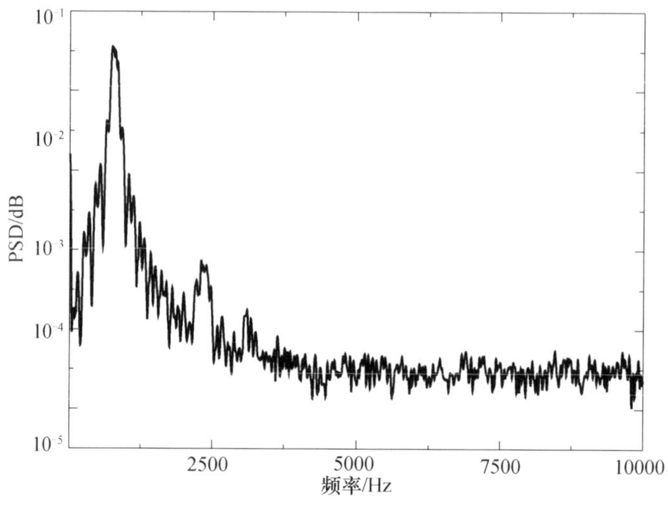

图 2-45　发送端信号功率谱密度

对信号进行逆映射，然后根据电信号的幅度来计算 i，$i=(a_k+1+M)/2$，其中，$M=8$，a_k 为信号的电平幅度，计算可得 i=1, 2, 3, 4, 5, 6, 7, 8。接着，将 i 的值转换成对应的二进制数据。最后，分别从 I、Q 序列中取连续的 3bit 数据合并成一组 6bit 二进制数来表示一个符号。表 2-4 是当 I 序列的幅度为−7, Q 序列的幅度为−7～7 时恢复出的二进制序列。其他 7 个幅度电平的解码方法与表 2-4 类似，总共解码出 64 组数据。

表 2-4　电平转换及并/串转换

I 序列的 a_k	子序列 I 的编码/i 值	Q 序列的 a_k	子序列 Q 的编码/i 值	输出序列(I 与 Q 合并)
−7	000/1	−7	000/1	000000
−7	000/1	−5	001/2	000001
−7	000/1	−3	010/3	000010
−7	000/1	−1	011/4	000011
−7	000/1	1	100/5	000100
−7	000/1	3	101/6	000101
−7	000/1	5	110/7	000110
−7	000/1	7	111/8	000111

2.4.3　仿真及实验结果分析

根据 64QAM 系统原理建立仿真模型，分别对 AWGN、Gamma-Gamma 信道下乘性噪声以及二者的混合噪声情形下的系统星座图、误码率、眼图进行了仿真分析。

1. 星座图分析

1) 加性高斯白噪声对系统星座图的影响

图 2-46 给出了不同信噪比 SNR=30dB、SNR=20dB 和 SNR=15dB 下系统解调端星座图。其中横坐标表示 I 路信号的幅度，纵坐标表示 Q 路信号的幅度，横坐

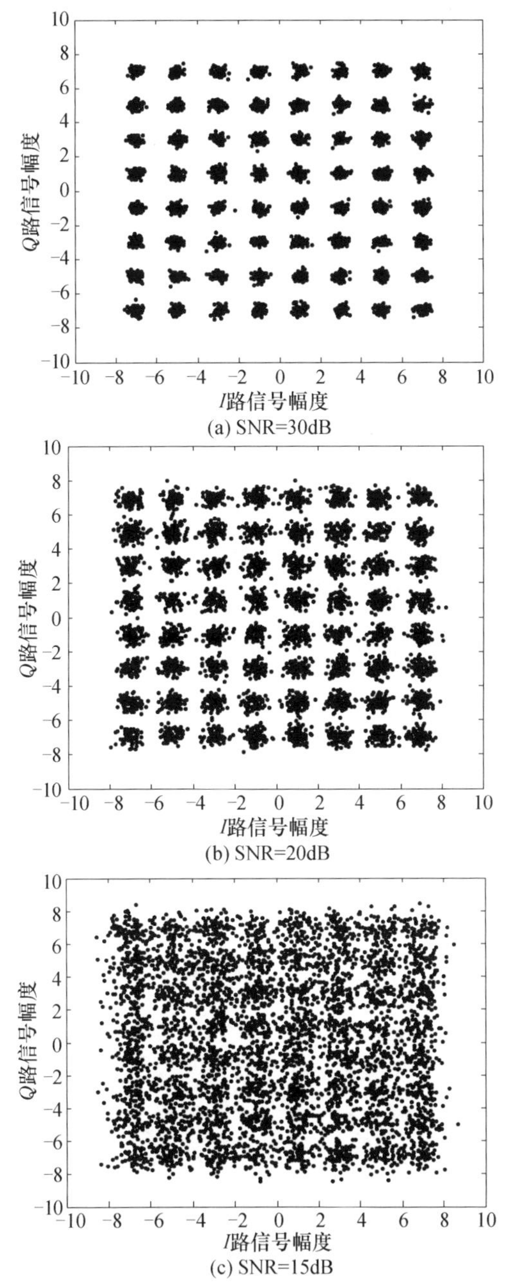

(a) SNR=30dB

(b) SNR=20dB

(c) SNR=15dB

图 2-46　不同信噪比下 64QAM 解调信号星座图[29]

标和纵坐标都是无纲量数据。星座图中一共有 64 个点，每一个点的幅度都取自(−7, −5, −3, −1, 1, 3, 5, 7)中的某个值。

根据图 2-46 可知，系统受到信道中高斯白噪声影响后，星座图中每个星座点的聚合度会受到一定程度的影响，其中 SNR 越大，系统受到的影响越小，星座点的聚合程度越高。

2) Gamma-Gamma 信道下乘性噪声对系统星座图的影响

64QAM 调制信号经过服从 Gamma-Gamma 分布的大气信道，信号受到乘性噪声的影响。在 Gamma-Gamma 分布大气湍流信道模型下，分析 64QAM 调制对接收端星座图的影响，图 2-47(a)～(f) 分别为不同光强起伏方差下解调端的星座图。

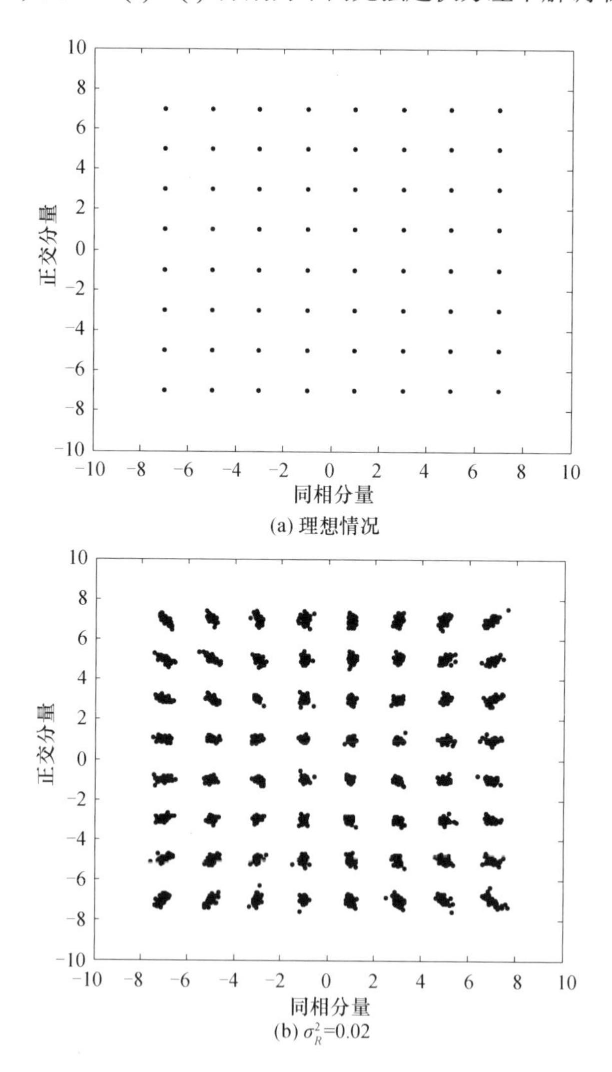

(a) 理想情况

(b) σ_R^2=0.02

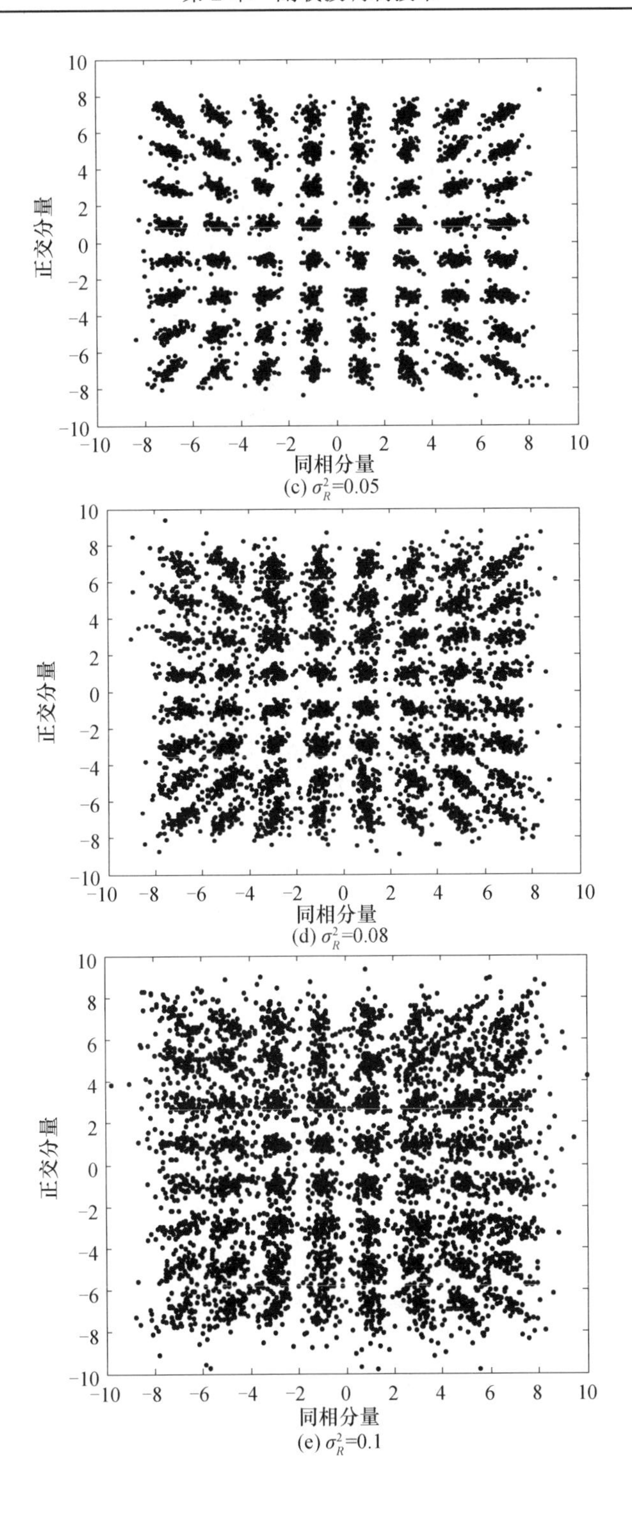

(c) $\sigma_R^2=0.05$

(d) $\sigma_R^2=0.08$

(e) $\sigma_R^2=0.1$

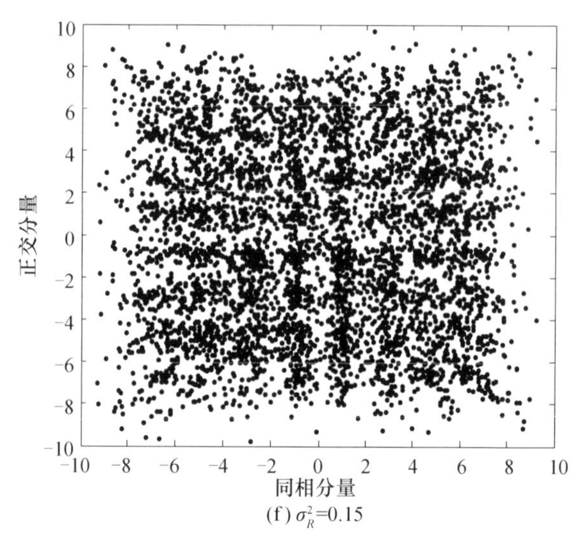

(f) σ_R^2=0.15

图 2-47　不同光强起伏方差时, 64QAM 解调信号星座图[29]

图 2-47 给出了当 σ_R^2 取不同值时，接收端星座图的情况。其中图 2-47(a)为理想情况下的 64QAM 解调端星座图，图 2-47(b)～(f)分别为 $\sigma_R^2 = 0.02$ 、$\sigma_R^2 = 0.05$ 、$\sigma_R^2 = 0.08$ 、$\sigma_R^2 = 0.1$ 、$\sigma_R^2 = 0.15$ 时，64QAM 调制接收端信号的星座图。对比图 2-47(a)和图 2-47(b)可知，在光强起伏方差 $\sigma_R^2 = 0.02$ 湍流强度较弱的情况下，信道噪声对传输系统的影响很小，星座图整体较清晰，每一个星座点的聚合度很高。由图 2-47(e)和图 2-47(f)可以看出，随着光强起伏方差的增大，信道噪声对系统的影响越来越大，在星座图上表现为信号点分布不集中，星座点聚合度低。当 $\sigma_R^2 = 0.15$ 时，星座图中的 64 个点已经有很大一部分出现了混叠现象。将图 2-46(a)、(b)和图 2-47(a)～(f)进行对比，可以得出当调制信号经过服从 Gamma-Gamma 分布的大气信道后，星座图会发生径向偏移，而经过高斯白噪声信道时，不会发生径向偏移。

3) 混合噪声对系统星座图的影响

在弱湍流和高斯白噪声共同作用的混合噪声信道模型下，分析 64QAM 调制对接收端解调信号星座图的影响。图 2-48～图 2-51 分别为不同 SNR 和光强起伏方差情况下的解调端星座图。

图 2-48 为信道的光强起伏方差 $\sigma_R^2 = 0.02$ 的情况下，SNR 分别取 30dB 和 20dB 时的混合噪声对解调端星座图的影响情况。对比图 2-48(a)和(b)可以看出，当光强起伏方差相等时，SNR 越小，星座点的聚合度越高，系统性能越好。对比图 2-48～图 2-51，当 SNR=30dB，$\sigma_R^2 = 0.02\text{dB}$ 时，星座点的聚合度较好，能够很清楚地进行识别，而且每个星座点基本没有发生径向偏移。而当保持 SNR

不变，将光强起伏方差 $\sigma_R^2=0.08$ 和 $\sigma_R^2=0.1$ 时，随着光强起伏方差的增大，星座点的聚合度越来越低，系统性能也越来越差，尤其是当 $\sigma_R^2=0.1$ 时，星座点间混叠情况很严重，基本上很难进行识别，同时随着 σ_R^2 取值的增加，每个星座点的径向偏移也越来越明显，光强起伏方差的变化程度对系统的性能影响更大。

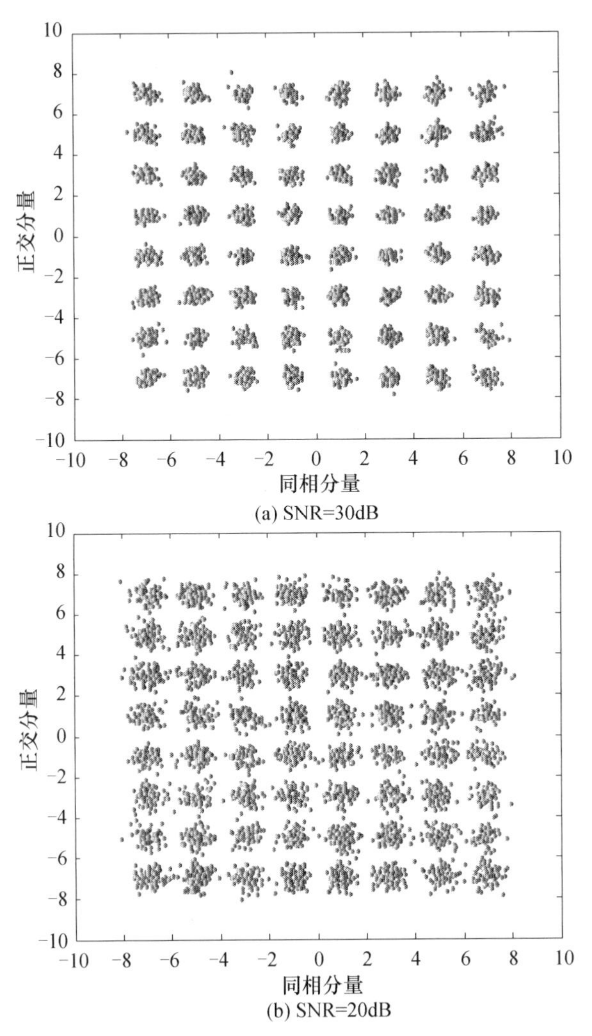

图 2-48　$\sigma_R^2=0.02$ 时，64QAM 调制下接收端信号星座图[29]

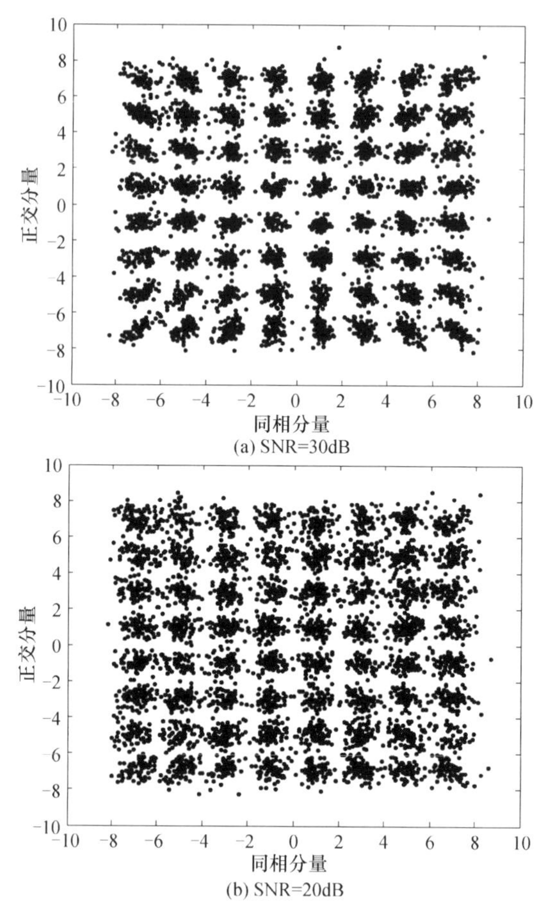

(a) SNR=30dB

(b) SNR=20dB

图 2-49　$\sigma_R^2 = 0.05$ 时, 64QAM 调制下接收端信号星座图[29]

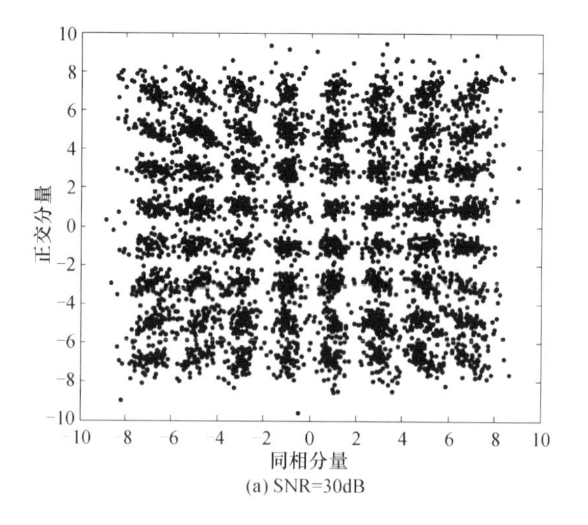

(a) SNR=30dB

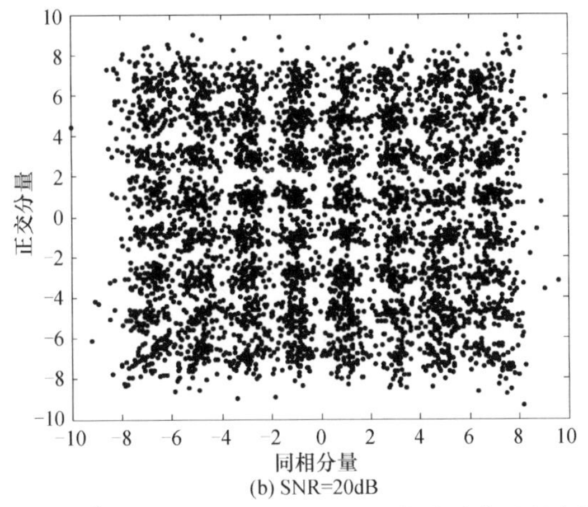

(b) SNR=20dB

图 2-50　$\sigma_R^2 = 0.08$ 时, 64QAM 调制下接收端信号星座图[29]

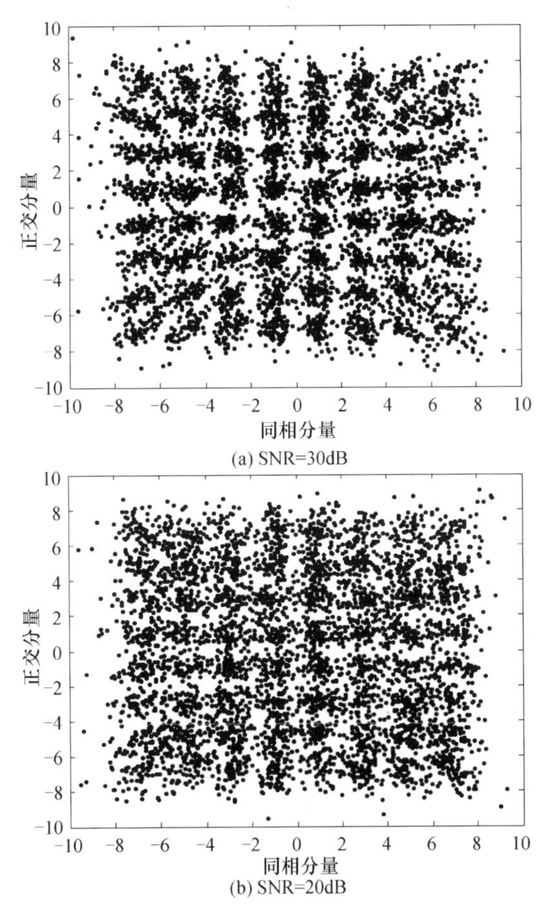

(b) SNR=20dB

图 2-51　$\sigma_R^2 = 0.1$ 时, 64QAM 调制下接收端信号星座图[29]

2. 误码率分析

乘性噪声和混合噪声情况下系统的误码率情况如图 2-52 和图 2-53 所示。

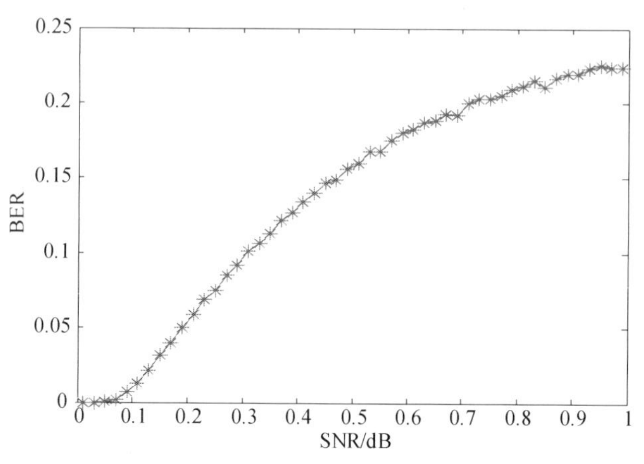

图 2-52　乘性噪声情况下误码率曲线[29]

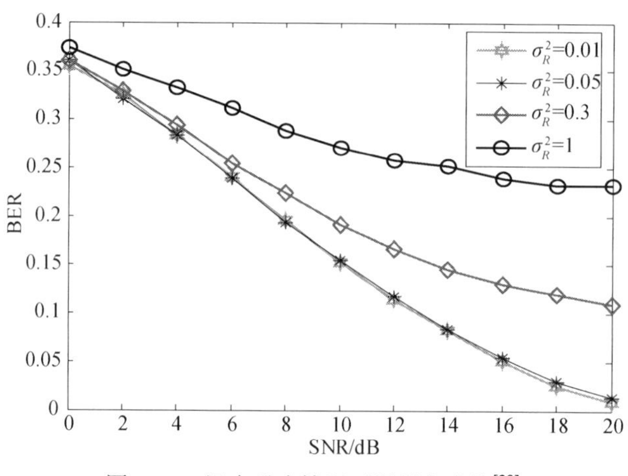

图 2-53　混合噪声情况下误码率曲线[29]

图 2-52 可以看出，当 σ_R^2 的值小于 0.1 时，乘性噪声对系统误码率的影响较小；当 σ_R^2 的值为 0.1～0.4 时，曲线的斜率很大，此时系统受到乘性噪声的影响程度较高；当 σ_R^2 的值大于 0.4 时，乘性噪声对系统的影响逐渐减小。

由图 2-53 可以看出，当系统所受到的乘性噪声较小，为 0.01 和 0.05 时，系统误码率主要受加性噪声的影响。而随着 σ_R^2 的增大，乘性噪声对系统的影响逐渐突出，当 $\sigma_R^2 = 0.3, \mathrm{SNR} = 20\mathrm{dB}$ 时，系统误码率已经达到 0.1 以上。也可以看出，当 σ_R^2 值大于 0.05 时，系统误码率主要受到乘性噪声的影响。

3. 眼图分析

观察不同噪声情况下的眼图，可以分析出信道噪声对无线光通信系统的性能影响。图 2-54 和图 2-55 给出了系统在不同光强起伏方差情况下的眼图。从图中可以看出，$\sigma_R^2 = 0.02$ 时，“眼睛”张开的程度最大，并且眼图线迹也比较清晰，这时码间干扰对系统的影响最小；而 $\sigma_R^2 = 0.05$ 时，眼图的“眼睛”基本上已经闭合，并且眼图线迹也很模糊，这时信道噪声对系统的影响很大。

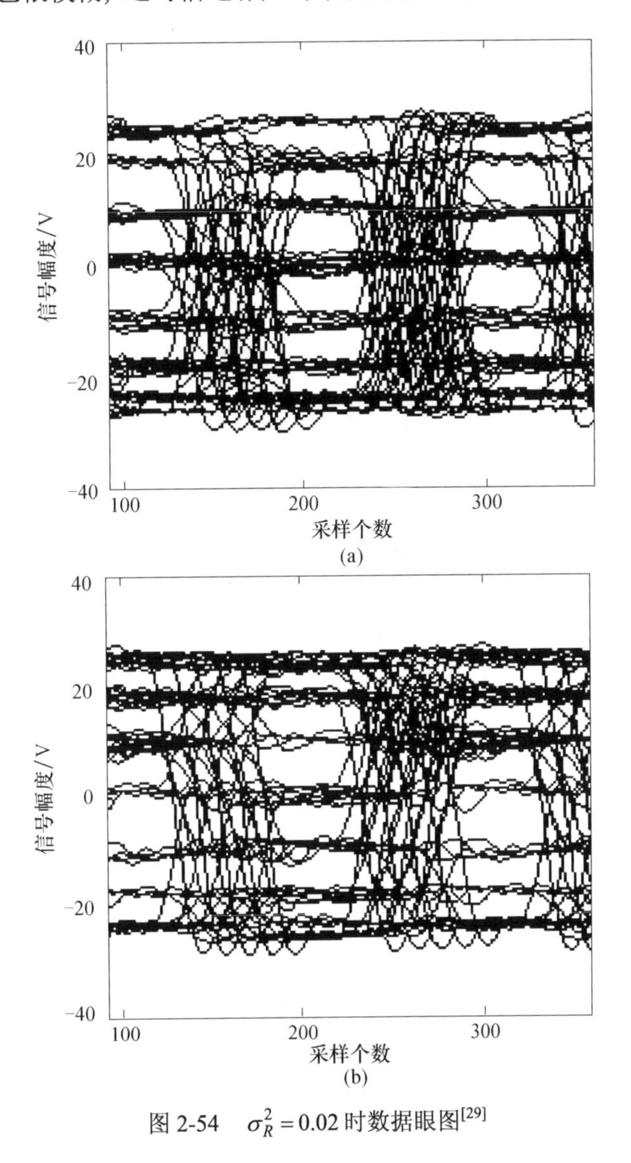

图 2-54　$\sigma_R^2 = 0.02$ 时数据眼图[29]

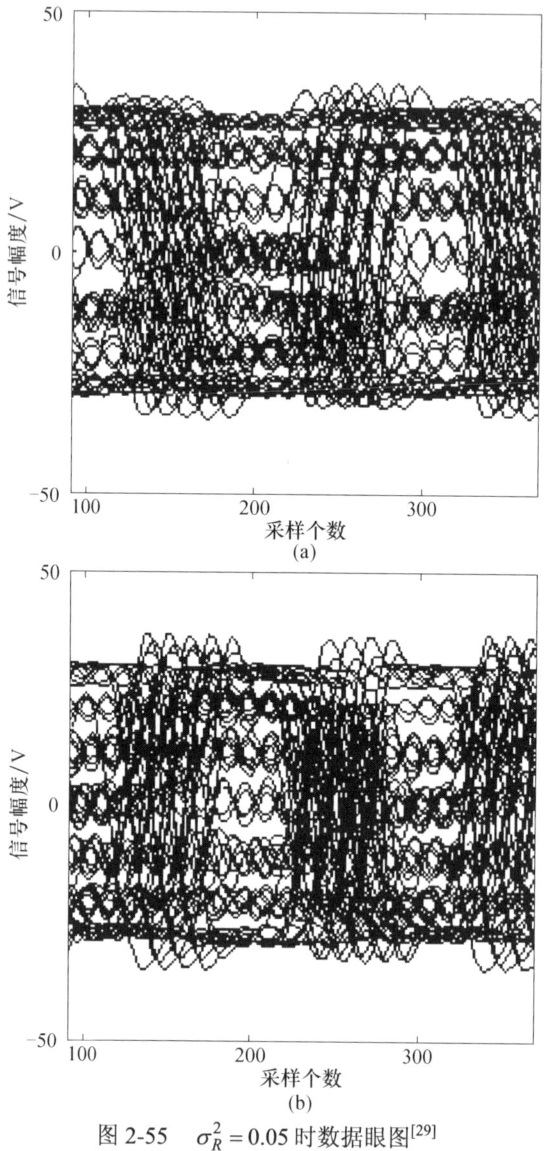

图 2-55　$\sigma_R^2 = 0.05$ 时数据眼图[29]

2.4.4　64QAM 副载波调制实验结果分析

在近距离情况下进行实验，通过功率谱估计、星座图、误码率及眼图对 64QAM 系统的性能进行分析。

1. 64QAM 实验数据功率谱估计

选用 Hanning 窗函数将信号分段重叠，采用加窗函数和 FFT 等算法计算一个信号序列的功率谱估计[29]。将实验中采集到的数据分为 L 段，然后在时域上对每段数据乘以窗函数，进行 FFT，最后将每段数据频谱幅值的平方进行加和平均就可以得到所求的功率谱密度：

$$P(f)=\frac{1}{MU}\sum_{i=1}^{L}\left|\sum_{n=0}^{M-1}x_i(n)d(n)\mathrm{e}^{-\mathrm{j}2\pi fn}\right|^2 \tag{2.139}$$

式中，U 为归一化因子；$d(n)$为数据窗口；M 为每一段的长度。

图 2-56 给出了接收端信号的功率谱图。信号的采样频率 f_s=10000Hz，载波频率 f_c=1250Hz，采样周期 T=1/10000。从图中可以看出信号的功率谱较为平稳，并且功率谱的最高分量集中在 361～441Hz 内，峰值为 0.04676dB，这一点也显示了光能量的分布情况。

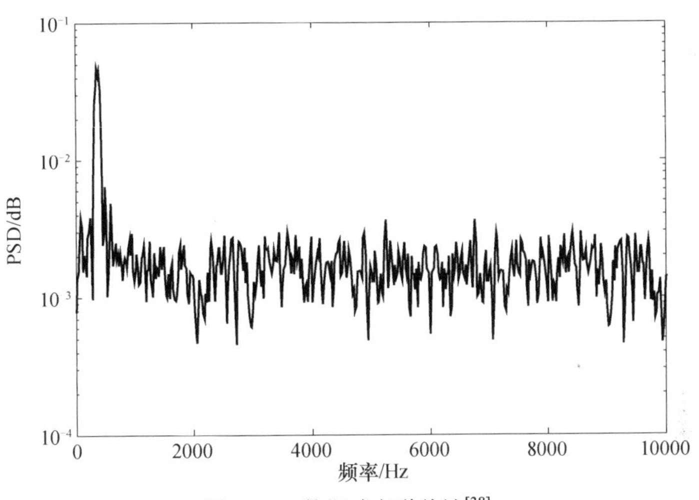

图 2-56　数据功率谱估计[38]

2. 64QAM 实验数据中眼图分析

图 2-57 给出了接收数据的眼图。通过眼图张开度的高度来分析系统的噪声容限以及码间干扰的情况。

观察图 2-57 可以明显看到接收端眼图张开高度较大，并且比较端正，线迹也较为清晰，说明 64QAM 系统中保护间隔能很好地抑制码间串扰对系统性能的影响，使接收端进行采样时发生错误的概率减小。

3. 64QAM 实验星座图分析

图 2-58 给出了接收数据星座图。从图中可看出，在距离较近时，星座点无混叠，且分布较为集中清晰。由于每个星座点都出现了径向偏移，并且在越接近星

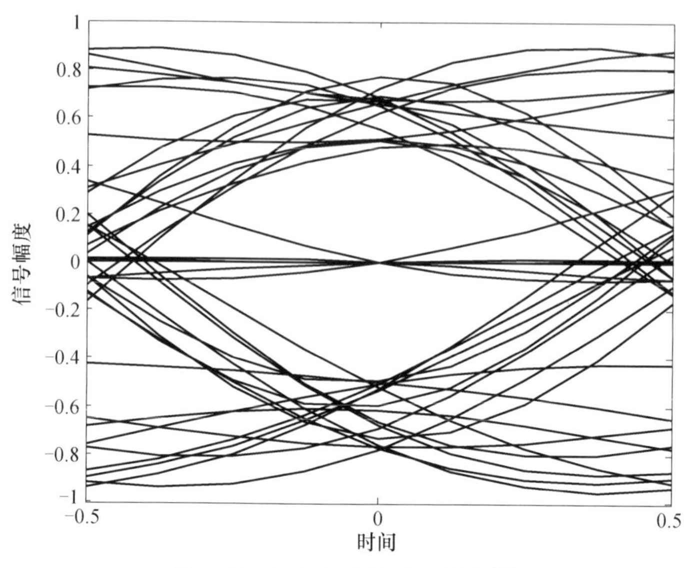

图 2-57　64QAM 解调信号眼图[38]

座图中心的星座点的径向偏移越小，越接近边界处的星座点的径向偏移越大。由此可知虽然信号在传输信道中受到各种噪声的影响，但是其中乘性噪声对系统的影响更加明显。

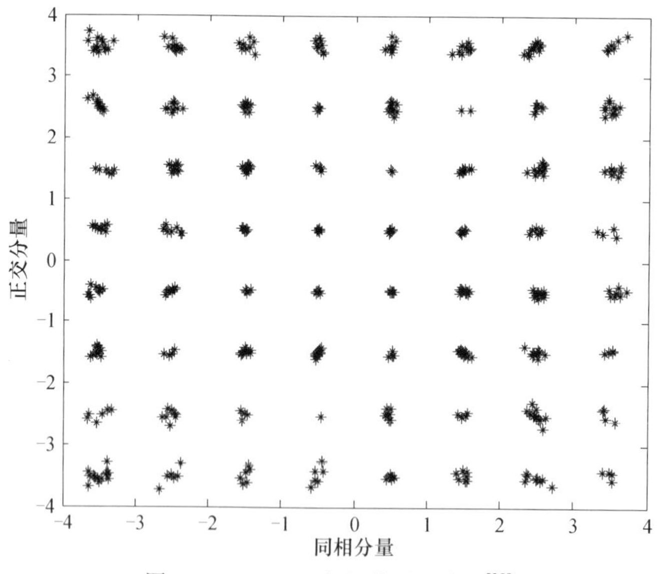

图 2-58　64QAM 解调信号星座图[38]

64QAM 误码率计算公式为

$$
\begin{aligned}
\mathrm{BER}_{64\mathrm{QAM}} &= \frac{P_\mathrm{e}}{\log_2 64} = \frac{4\left(\sqrt{64}-1\right)}{\log_2 64 \times \sqrt{64}} Q\left(\sqrt{\frac{3E_\mathrm{b} \log_2 64}{(64-1)N_0}}\right) \\
&= \frac{7}{12} Q\left(\sqrt{\frac{2E_\mathrm{b}}{7N_0}}\right)
\end{aligned} \tag{2.140}
$$

式中，P_e为系统符号差错概率；E_b/N_0为 SNR/比特，E_b为平均能量/比特；$Q(\cdot)$定义为

$$
Q(u) = \int_u^\infty \frac{1}{\sqrt{2\pi}} \mathrm{e}^{-\frac{x^2}{2}} \mathrm{d}x, \quad u > 0 \tag{2.141}
$$

通过式(2.141)计算可以得到误码率 BER=1.6667×10^{-5}。由此可知，在进行近距离通信时，大气信道中噪声对系统的影响比较微弱，误码率较小，此时系统性能较好。对于无线光 64QAM 通信系统，在信道噪声只有乘性噪声情况下[38,39]，当σ_R^2的值小于 0.1 时，乘性噪声对系统误码率的影响较小；当σ_R^2的值为 0.1～0.4 时，系统受到乘性噪声的影响程度较高；当σ_R^2的值大于 0.4 时，乘性噪声对系统的影响逐渐减小。信道噪声为加性噪声与乘性噪声的混合噪声情况下，当系统所受到的乘性噪声较小，为 0.01 和 0.05 时，误码率以及星座点的聚敛程度主要受加性噪声的影响。随着σ_R^2的增大，乘性噪声对系统的影响逐渐突出，当$\sigma_R^2=0.3$，SNR=20dB 时，系统误码率已经达到 0.1 以上。也可以看出，当σ_R^2值大于 0.05 时，系统误码率主要受到乘性噪声的影响。

对实验采集到的数据进行分析，当信号的采样频率 f_s=10000Hz，载波频率 f_c=1250Hz，采样周期 T=1/10000 时，接收端信号的功率谱较为平稳，并且功率谱的最高分量集中在 361～441Hz 内，峰值为 0.04676dB。与此同时，眼图张开高度较大，并且比较端正，线迹也较为清晰，星座图中各个点之间无混叠，计算得到通信系统的误码率 BER=1.6667×10^{-5}。说明无线光 64QAM 通信系统在进行点对点通信且距离较近时具备良好的传输效率。

QAM 信号在大气中传输主要受乘性噪声的影响，无线光 QAM 调制系统采用多模盲均衡后的信号星座图聚敛程度明显，系统误码率降低。在弱湍流条件下，系统传输性能较好。在外场进行短距离实验测试时，误码率 BER=1.6667×10^{-5}。

2.5　小　　结

(1) 本章通过理论分析与数值仿真发现，与 OOK 调制相比，BPSK 调制具有良好的抑制大气湍流引起的光强闪烁的能力，在相同信噪比和闪烁指数条件下，随着副载波调制进制数的增大，虽然误码率特性劣化，但增大了信息传输速率，可

以在相同的频带中传输更多的信息，提高了频带利用率。因此，应根据系统的要求选择合适的调制方式，使系统性能达到最优。

(2) 本章对采用 NC 类正弦 QPSK 调制和直流偏置副载波强度调制(QPSK、4QAM、4FSK、4ASK)的大气激光通信系统在无湍流和弱湍流信道下的功率利用率、误码率、中断概率和信道容量分别进行了分析。

(3) 本章分别分析了具有高斯噪声、瑞利分布噪声下 16PSK 调制与 64QAM 系统,研究了随机大气信道加性噪声、乘性噪声以及混合噪声对无线光通信的影响,并分析计算了其误码率性能。对比分析了在不同信噪比和不同光强起伏方差情况下，接收端星座图的聚敛性。

参 考 文 献

[1] 柯熙政. 无线激光通信系统中的编码理论. 北京: 科学出版社, 2011.

[2] 柯熙政，田晓超. 二维相关 K 分布湍流信道的建模与仿真. 光学学报，2015，4(10): 0401005-1—0401005-9 .

[3] 柯熙政, 赵黎, 丁德强. 一种大气激光通信中时隙同步和帧同步的实现. 半导体光电, 2007, 05: 721－724.

[4] 丁德强, 柯熙政. 大气激光通信 PPM 调制解调系统设计与仿真研究. 光通信技术, 2005, 01:50－52.

[5] 丁德强. 大气激光通信 PPM 调制解调系统研究[硕士学位论文]. 西安: 西安理工大学, 2005.

[6] 秦岭, 柯熙政. 无背景噪声下的光 MPPM 信道容量分析. 光电工程, 2007, 07: 107－110.

[7] 秦岭, 柯熙政. 一种二脉冲的 MPPM 编码映射方法研究. 西安理工大学学报, 2007, 03: 269－272.

[8] 秦岭, 杜永兴, 柯熙政, 等. 大气激光通信中三脉冲的 MPPM 编译码系统的实现. 半导体光电, 2008, 03: 403－406, 433.

[9] 秦岭. 大气激光通信系统中多脉冲调制的设计[硕士学位论文]. 西安: 西安理工大学, 2007.

[10] 赵黎, 柯熙政, 刘健. OWC 中 DPPM 调制解调技术研究. 激光杂志, 2007, 02:63, 64.

[11] 赵黎. 大气激光通信 DPPM 调制解调研究[硕士学位论文]. 西安: 西安理工大学, 2006.

[12] 柳美平. 无线光通信中类脉冲位置调制性能分析[硕士学位论文]. 西安:西安理工大学, 2010.

[13] Madani N M, Hadi J, Fakhraie S M. Design and implementation of a fully digital 4FSK demodulator. Proceedings of the 2005 European Conference on Circuit Theory and Design, Cork, 2005.

[14] 张煦. 多载波调制在通信系统的应用. 光通信技术, 2003, 10:1,2.

[15] Huang W, Takayanagi J, Sakanaka T, et al. Atmospheric optical communication system using subcarrier PSK modulation.IEEE Transactions on Communications, 1993, E76-B(9): 1169－1177.

[16] Yuksel H, Davis C D. Aperture averaging analysis and aperture shape invariance of received scintillation in free space optical communication links. Proceedings of SPIE, 2006, 6304: 63041E-1－63041E-11.

[17] 陈丹. SIM-FSO 系统及其大气影响抑制关键技术研究 [博士学位论文]. 西安: 西安理工大学, 2011.

[18] Perez-Jimenezl R, Rabadan J A. Improved PPM modulations for high spectral efficiency IR-WLAN. The 7th IEEE International Symposium on Personal, Indoor and Mobile Radio Communications, Taipei, 1996.

[19] Lee D C M, Kahn J M, Audeh M D. Trellis-coded pulse-position modulation for indoor wireless infrared communications. IEEE Transactions on Communications, 1997, 45(9): 1080－1087.

[20] 柯熙政, 邓丽君. 限幅 QPSK 类正弦调制大气激光通信系统的性能研究.中国激光, 2013, 2(10): 0205001-1－0205001-8.

[21] 邹传云, 敖发良, 黄香馥. 无背景噪声下的光 PPM 信道容量分析.电子科学学刊, 2000, 22(4): 682－686.

[22] Wang H X,Cheng G, Sun X M. Performance analysis of dicode pulse position modulation for optical wireless communications.International Conference on Wireless Communications, Networking and Mobile Computing, Shanghai, 2007.

[23] Shiu D S. Differential pulse-position modulation for power-efficient optical communication .IEEE Transactions on Communications, 1999, 47 (8):1201－1210.

[24] Sui M H, Yu X S, Zhou Z G. The modified PPM modulation for underwater wireless optical communication. International Conference on Communication Software and Networks, Macau, 2009.

[25] Li W D, Yang H W, Yang D C, Simple approximation formula for the symmetric capacity. Proceedings of the Third International Conference on Wireless and Mobile Communications, Guadeloupe, 2007.

[26] Ghassemlooy Z, Hayes A R, Seed N L. Digital pulse interval modulation for optical communications. IEEE Communications Magazine, 1998, 36 (12): 95－99.

[27] Ghassemlooy Z, Hashemi S K, Amiri M. Spectral analysis of convolutional coded DPIM for indoor optical wireless communications. The 6th International Symposium on Communication Systems, Networks and Digital Signal Processing, Graz, 2008.

[28] 荣健, 陈彦, 胡渝. 激光在湍流大气中的传输特性和仿真研究. 光通信技术, 2003, (11):

44－46.

[29] 夏国江, 熊蔚明, 孙辉先. AWGN 信道中一维调制与二维调制的信道容量. 空间科学学报, 2008, 28(2): 180－184.

[30] 柯熙政, 陈丹, 答盼. 16PSK 系统仿真及误码率性能分析. 激光杂志, 2010, 01: 41－43.

[31] 武琳, 应家驹, 耿彪. 大气湍流对激光传输的影响. 激光与红外, 2008, 10(4): 974－977.

[32] 陈丹, 柯熙政, 张拓, 等. 基于 16PSK 调制的副载波无线光通信实验研究. 中国激光, 2015, 01:205－212.

[33] 张拓. 副载波 16PSK 调制的无线光通信系统实验[硕士学位论文]. 西安: 西安理工大学, 2014.

[34] 邢建斌, 许国良. 大气湍流对激光通信系统的影响. 光子学报, 2005, 34(12): 1850－1852.

[35] 陈纯毅, 姜会林, 杨华民, 等. 大气光通信中大气湍流影响抑制技术研究进展.兵工学报, 2009, 30(6): 779－791.

[36] 韩立强. 大气湍流下空间光通信的性能及补偿方法研究[博士学位论文].哈尔滨: 哈尔滨工业大学, 2013.

[37] 吴建, 杨春平, 刘建斌. 大气中的光传输理论. 北京: 北京邮电大学出版社, 2005.

[38] 石壁瑶. 无线光通信系统中 64QAM 调制实验研究[硕士学位论文]. 西安: 西安理工大学, 2016.

[39] 陈丹, 柯熙政. 大气弱湍流信道无线光副载波调制识别研究. 激光与光电子学进展, 2012, 49(07): 66－72.

第 3 章　半导体激光器的非线性特性及其修正

半导体激光器是光通信中的能量转换器件，其特性对信号的传输与检测有很大的影响。当信号加载到激光器上时，在阈值附近可能会产生非线性失真。本章讨论激光器的结构、工作原理及产生非线性的原因，探讨采用合适的补偿方法进行非线性校正。

3.1　半导体激光器

半导体激光器主要由工作物质、泵浦源和光学谐振腔三部分组成[1]，如图 3-1 所示。其中，工作物质是激光器产生光的受激辐射、放大作用的原因所在，是整个激光器的核心。泵浦源通过提供能量激励工作物质以实现粒子数反转分布。工作物质类型不同，采用的泵浦方式也不同。光学谐振腔为激光振荡的建立提供正反馈，其参数会直接影响输出激光束的质量。

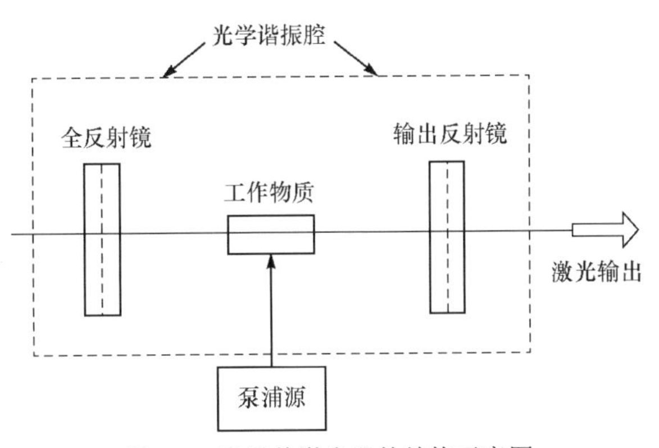

图 3-1　半导体激光器的结构示意图

半导体激光器的激励方式有三种：电注入式、光泵式和高能电子束激励式。电注入式半导体激光器一般是由砷化镓(GaAs)、砷化铟(InAs)、锑化铟(InSb)等材料制成的半导体面结型二极管，沿正向偏压注入电流进行激励，在结平面区域产生受激辐射。光泵式半导体激光器一般将 N 型或 P 型半导体单晶(如 GaAs、InAs、InSb 等)作为工作物质，以其他激光器发出的激光作光泵激励。高能电子束激励式半导体激光器一般也是将 N 型或 P 型半导体单晶(如 PbS、CdS、ZhO 等)作为工作物质，通过由外部注入高能电子束进行激励。在半导体激光器件中应用较广的是具有双异质结构的电注入式 GaAs 二极管激光器。

电流注入式激励方式通过给 PN 结加正向偏置电压，使结平面区域产生受激辐射，类似一个正向偏置的二极管，如图 3-2 所示。在 N 区和 P 区之间插入一个薄的半导体层，称为有源层。它具备与包层相同的晶格常数，但带隙较小，折射率较高。有源层同时还起光波导作用，利用半导体晶体的自然解理面作为反射镜形成光学谐振腔，一般在不出光的那一端镀上多层介质高反射射膜，而出光面镀上减反膜。对于法布里-珀罗(Fabry-Perot, F-P)腔的半导体激光器，可以很方便地利用晶体与 PN 结平面相垂直的自然解理面构成 F-P 腔面，并在腔内产生自激振荡，以边发射方式由谐振腔一端输出激光光束。

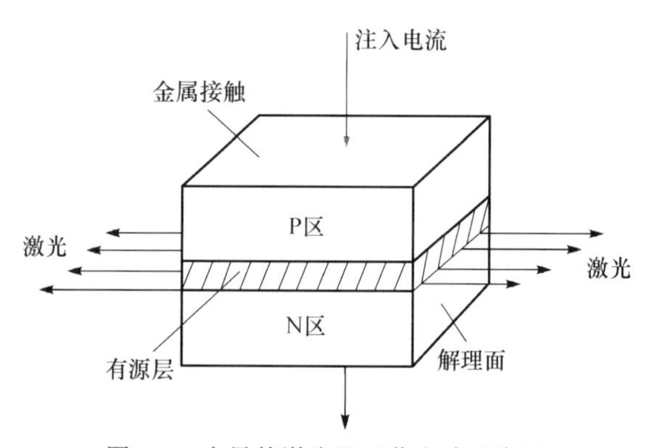

图 3-2　半导体激光器工作方式示意图

3.1.1　半导体激光器的工作原理

半导体激光器由一个前向偏置的 PN 结构成，由掺杂杂质原子形成 P 型和 N 型半导体，如图 3-3 所示。随着掺杂浓度的增加，当掺杂 N 型杂质时，位于半导体带隙间的准费米能级将会向导带移动；掺杂 P 型杂质时则移向价带。因为在热平衡下费米能级是连续的，所以电子和空穴必须通过 PN 结进行扩散，而电离的杂质产生了一个内部的电位差。当在外部给 PN 结加上正向偏置电压时，内部电位差变小，从而产生电流。当电流达到一定值时，将会出现粒子数反转(即形成与热平衡状态相反的载流子分布)。粒子数反转(population inversion)是激光产生的前提。两能级间受激辐射的概率与两能级粒子数差有关。在通常情况下，处于低能级 E_1 的原子数大于处于高能级 E_2 的原子数，这种情况下不会产生激光。为了得到激光，就必须使高能级 E_2 上的原子数目大于低能级 E_1 上的原子数目，因为 E_2 上的原子多，发生受激辐射，使光增强 (也称为光放大)。为了达到这个目的，必须设法把处于基态的原子大量激发到亚稳态 E_2，处于高能级 E_2 的原子数就可以大大超

过处于低能级 E_1 的原子数。这样就在能级 E_2 和 E_1 之间实现粒子数的反转。在出现大量反转的情况下，PN 结就会发出良好的相干光——激光。其中由于电子和空穴自发复合而产生发光的现象称为自发辐射。当自发辐射产生的光子经过已发射的电子-空穴对附近时，就会激励电子-空穴对复合产生新光子，这种由于光子诱使已激发的载流子复合而产生新光子的现象称为受激辐射[2]。

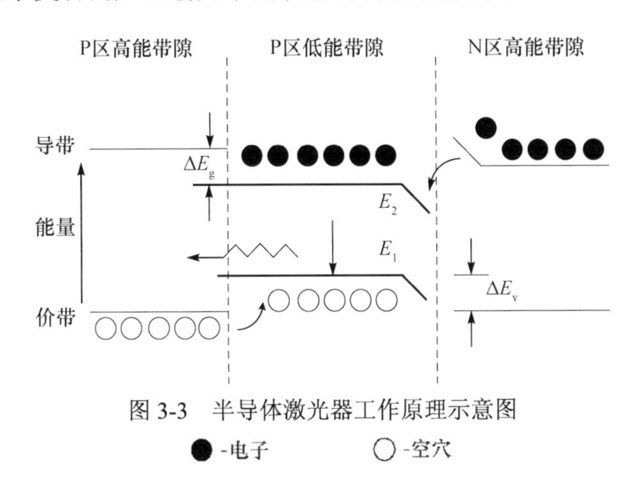

图 3-3　半导体激光器工作原理示意图

● -电子　　○ -空穴

3.1.2　半导体激光器的分类

按有源层光波导结构的不同，半导体激光器可分为折射率引导激光器和增益引导激光器，而折射率引导激光器又可分为强折射率引导和弱折射率引导。按谐振腔内的光反馈机理不同，半导体激光器可分为 F-P 激光器、分布反馈式(distributed feedback, DFB)激光器、分布布拉格反射(distributed Bragg reflection, DBR)激光器和量子阱(quantum well, QW)激光器等。按输出光功率不同，半导体激光器可分为低功率(小于 100mW)、中功率(小于 1W)、大功率(几瓦以上)半导体激光器。按材料不同，半导体激光器可分为 GaAlAs、GaAs、InGaAsP/InP 和 InGaAs/GaAs 等半导体激光器。按波长不同，半导体激光器可分为可见光激光器、红外长波长激光器和远红外长波长激光器。

3.1.3　半导体激光器的基本特性

1. 伏安特性

如图 3-4 所示，半导体激光器的核心部分是 PN 结，具有与普通二极管相似的 *V-I* 特性曲线。当正向电压小于某一值时，电流极小，不发光；当电压超过某一值后，正向电流随电压迅速增加且发光，将这一电压称为阈值电压或开启电压。在达到阈值电流之前，经过二极管的电流同电压呈指数关系：

$$I = I_0\left[\mathrm{e}^{\alpha_j(V-IR)} - 1\right] \tag{3.1}$$

式中, I_0 为饱和电流; α_j 为二极管参数。当达到阈值电流后, 二极管电流与电压呈线性关系:

$$V \approx \frac{E_\mathrm{g}}{e} + IR \tag{3.2}$$

式中, E_g 为禁带宽度; e 为单位电荷; 斜率为串联电阻 R。

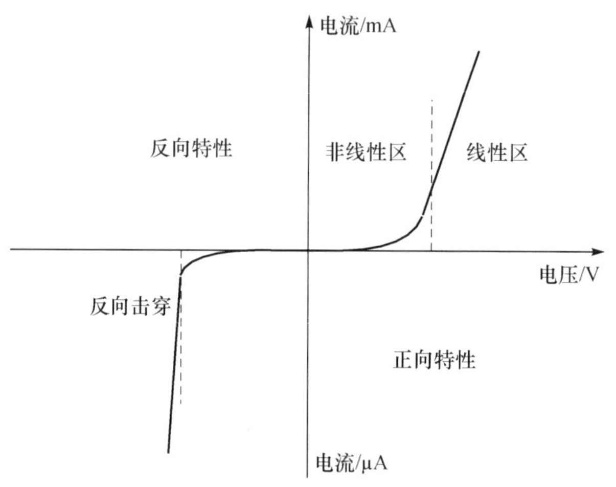

图 3-4　半导体激光器的 V-I 特性曲线

2. 光电特性

如图 3-5 所示, I-L 特性指的是半导体激光器输出光功率与注入电流之间的变化关系。当注入电流较小时, 有源区内无法实现粒子数反转, 自发辐射占主导地位, 此时激光器发出的是荧光, 光谱很宽。 随着注入电流的加大, 有源区内实现了粒子数反转, 受激辐射开始增强, 但当注入电流仍小于阈值电流时, 谐振腔内的增益还不足以克服损耗, 无法在腔内建立起一定模式的振荡, 此时的输出光仅仅是较强的荧光, 称为超辐射(super radiance)状态。只有当注入电流达到阈值后, 才能产生模式明确的激光, 光谱突然变窄并出现单峰。注入电流不能无限制地增加, 一般最高工作电流不应超过阈值电流的 4 倍, 否则容易损耗器件。

如图 3-5 所示, 副载波调制信号需增加一个直流偏置量, 不仅能保证对光源进行强度调制时的信号是非负的, 同时为了获得线性调制, 应使工作点处于 I-L 特性曲线的线性区域, 以保证光信号不失真。通常, 偏置电流选择在线性区的中点附近。

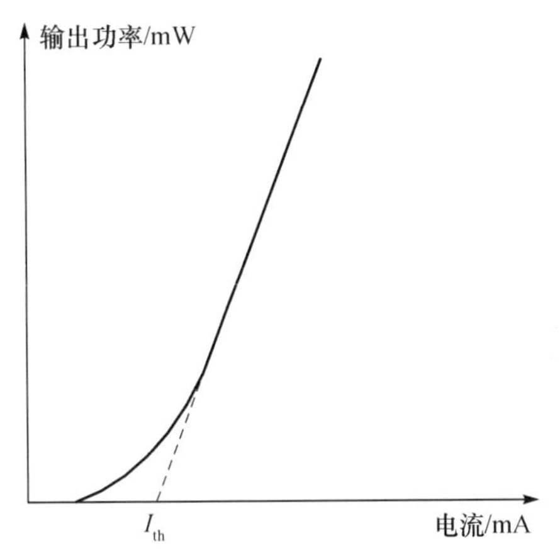

图 3-5　半导体激光器的 *I-L* 特性曲线

3. 电光转换效率

半导体激光器是把电功率直接转换为光功率的器件, 其中一个重要的参数就是转换效率, 通常用功率效率和量子效率来度量。功率效率是指半导体激光器上的电功率转换为输出光功率的比值:

$$\eta_p = \frac{P_{光}}{IV + I^2 R} \tag{3.3}$$

式中, $P_{光}$为发射的激光功率(即激光器的输出光功率); I 为注入电流; V 为激光器的正向压降; R 为激光器的串联电阻。量子效率包括内量子效率、外量子效率和外微分量子效率。

内量子效率定义为

$$\eta_{\text{i}} = \frac{\tilde{S}}{\tilde{N}} \tag{3.4}$$

式中, $\tilde{S}$ 为有源区内每秒产生的光子数; $\tilde{N}$ 为有源区内注入的电子-空穴对数。半导体激光器是高效的电光转换器件, 一般情况下, $\eta_{\text{i}} > 70\%$。

外量子效率定义为

$$\eta_{\text{ex}} = \frac{P_{光}/(hf)}{I/q} = \frac{P_{光}}{I}\frac{q}{hf} \tag{3.5}$$

式中, q 为电子电荷数; hf 为光子能量。外量子效率主要反映了光在谐振腔内产生的散射、衍射和吸收等损耗而不能全部发射出去这一事实。由式(3.5)可知 η_{ex} 与 I 之间为非线性关系, 不能用它直接描述器件的特性, 因此引入了外微分量子效率的概念。

外微分量子效率定义为

$$\eta_{\mathrm{D}}=\frac{(P_{光}-P_{\mathrm{th}})/(hf)}{(I-I_{\mathrm{th}})/q} \tag{3.6}$$

式中，P_{th}为阈值处的输出光功率。在阈值以上有$P_{光}\gg P_{\mathrm{th}}$，故式(3.6)可以写为

$$\eta_{\mathrm{D}}=\frac{P_{光}/(hf)}{(I-I_{\mathrm{th}})/q}=\frac{P_{光}}{I-I_{\mathrm{th}}}\frac{q}{hf} \tag{3.7}$$

外微分量子效率η_{D}为 *I-L* 特性曲线中阈值以上的线性部分的斜率，用它可以很直观地比较不同激光器之间效率上的差别。一般情况下，η_{D}可达到50%以上。

4. 光谱特性

光波是由原子运动过程中的电子产生的。各种物质的原子内部电子的运动情况不同，因此它们发射的光波也不同。光谱(spectrum)是复色光经过色散系统(如棱镜、光栅)分光后，被色散开的单色光按波长(或频率)大小而依次排列的图案，全称为光学频谱。光谱中最大的一部分可见光谱是电磁波谱中人眼可见的一部分，在这个波长范围内的电磁辐射称为可见光。光谱特性是激光器工作时输出的激光频谱结构:

$$\Delta\lambda_0=\frac{\lambda_0^2}{2nL} \tag{3.8}$$

式中，$\Delta\lambda_0$为纵模间隔; n为激光器有源区的折射率; L为激光器的腔长; λ_0为激光器的峰值波长。

5. 温度特性

光电子器件是由半导体材料制成的，温度对其光电特性的影响也很大。如图 3-6 所示，随着温度的增加，激光二极管(laser diode, LD)的阈值逐渐增大，输出光功率逐渐减小，外微分量子效率逐渐减小，半导体激光器的稳定性与温度密切相关。阈值与温度的近似关系可以表示为

$$J_{\mathrm{th}}(T)=J_0\frac{T-T_0}{T_0} \tag{3.9}$$

式中，J_0为室温T_1时的阈值电流密度J_{th}；T_0为表征半导体激光器温度特性的物理参数，称为特征温度。由式 (3.9) 可见，T_0越大，阈值电流密度J_{th}随温度T的变化越小，激光器越稳定。

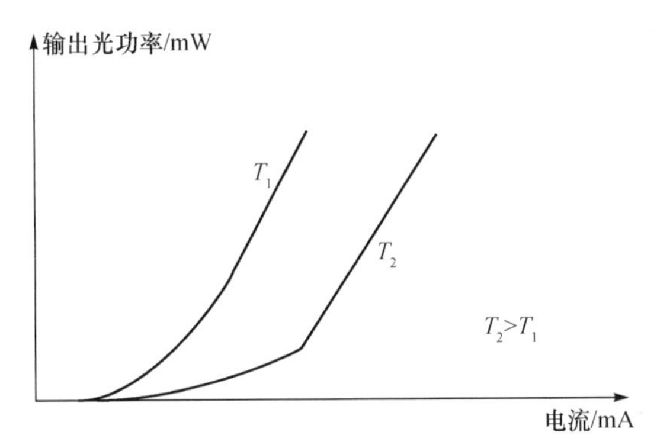

图 3-6　半导体激光器的温度特性曲线

3.2　半导体激光器的非线性特性

激光器的非线性失真来源于三方面：第一个是与频率有关的非线性失真，属于激光器的固有非线性；第二个是与频率无关的非线性失真，可用 *I-L* 特性曲线来衡量；第三个则是因阈值电流的存在而导致的削波失真，如表 3-1 所示。

表 3-1　激光器的非线性

非线性类型	来源	原因
与频率有关(动态)	张弛振荡	当调制频率靠近激光器的张弛振荡频率时，有源区内载流子与光子相互作用所产生的非线性
与频率无关(静态)	腔内的增益与损耗	增益压缩因子作用，使增益与光子密度呈非线性，进而导致增益与损耗的非线性
	有源区空间烧孔	载流子与光子的不均匀分布
	漏电流	激光器内部结构缺陷造成输出光功率与注入电流之间呈非线性
削波效应	削波失真	注入电流小于激光器阈值时所产生的削底失真

3.2.1　动态非线性

动态非线性是由激光器内部电光耦合形成的非线性，可由激光器的大信号动态单模速率方程来描述[3]：

$$\frac{\mathrm{d}N(t)}{\mathrm{d}t}=\frac{I(t)}{qV_{\mathrm{a}}}-g_0\frac{[N(t)-N_0]S(t)}{1+\varepsilon S(t)}-\frac{N(t)}{\tau_{\mathrm{n}}} \tag{3.10}$$

$$\frac{\mathrm{d}S(t)}{\mathrm{d}t}=\varGamma g_0\frac{[N(t)-N_0]S(t)}{1+\varepsilon S(t)}-\frac{S(t)}{\tau_{\mathrm{p}}}+\frac{\varGamma\beta}{\tau_{\mathrm{n}}}N(t) \tag{3.11}$$

式中，$N(t)$为半导体激光器中有源区内的载流子密度；$S(t)$为半导体激光器腔内的光子密度，由于 $S(t)$ 和输出激光强度成正比，因此 $S(t)$ 还可表示相对输出功率；$I(t)$为注入有源区内的电流；q 为电子电荷量；V_a 为有源区体积；$g=g_0[N(t)-N_0]$为光增益，g_0 为常数；N_0 为 $g=0$ 时的载流子密度；ε为增益饱和参数，τ_n 和τ_p 分别为载流子与光子寿命；$\varGamma$和β分别是光限制因子和自发复合因子；$\dfrac{\varGamma\beta N(t)}{\tau_n}$ 为自发辐射进入激光器模式的速率；$\dfrac{S(t)}{\tau_p}$ 为谐振腔内引起的光子损耗速率；$\varGamma g_0\dfrac{[N(t)-N_0]S(t)}{1+\varepsilon S(t)}$ 为受激辐射光子产生的速率；$\dfrac{\mathrm{d}S(t)}{\mathrm{d}t}$ 为光子密度增加速率；$\dfrac{N(t)}{\tau_n}$ 为载流子自发复合损耗速率；$g_0\dfrac{[N(t)-N_0]S(t)}{1+\varepsilon S(t)}$ 为载流子受激复合损耗速率；$\dfrac{I(t)}{qV_a}$ 为注入电流的速率；$\dfrac{\mathrm{d}N(t)}{\mathrm{d}t}$ 为载流子密度增加的速率。

在载流子密度和光子密度达到稳态值 N 和 S 的情况下，有 $\mathrm{d}N(t)/\mathrm{d}t=0$ 和 $\mathrm{d}S(t)/\mathrm{d}t=0$，即

$$\frac{I(t)}{qV_a}-g_0\frac{[N(t)-N_0]S(t)}{1+\varepsilon S(t)}-\frac{N(t)}{\tau_n}=0 \tag{3.12}$$

$$\varGamma g_0\frac{[N(t)-N_0]S(t)}{1+\varepsilon S(t)}-\frac{S(t)}{\tau_p}+\frac{\varGamma\beta}{\tau_n}N(t)=0 \tag{3.13}$$

当注入电流在阈值以下(包含阈值，即 $I(t)\leqslant I_{th}(t)$)时，受激辐射项与自发辐射项相比是可以忽略的，则由式(3.12)可以得到

$$I(t)=\frac{qV_a}{\tau_n}N(t),\quad I(t)\leqslant I_{th}(t) \tag{3.14}$$

在阈值处(受激增益等于光子损耗)，有

$$I_{th}(t)=\frac{qV_a}{\tau_n}N_{th}(t) \tag{3.15}$$

当产生激光时，受激辐射处于主导地位，β很小 ($10^{-5}\sim10^{-2}$ 数量级)，可忽略式(3.13)中的自发辐射项，增益饱和项 $1/[1+\varepsilon S(t)]\approx1$，即$\varepsilon S(t)\ll1$，所以可得到

$$g(N)=\frac{1}{\tau_p}=g_{th}(N_{th}) \tag{3.16}$$

因为 τ_p 是常数，故 $g(N)$也是常数，此时腔内载流子密度被锁定在饱和值，即 $N(t)=N_{th}$。

在阈值电流以上时，由于腔内光强增大而需要考虑增益抑制系数，如果忽略

增益色散，增益系数可以表示为[4]

$$g_0 = \alpha(N - N_0) - BS \tag{3.17}$$

式中，α为线宽增长因子；B 为增益抑制系数。

光子数稳定时，自发辐射等于自激辐射，并由式(3.12)、式(3.13)、式(3.15)～式(3.17)共同得到此时的载流子数和稳态光子数分别为

$$N = N_{\mathrm{th}} + \frac{B}{\Gamma \alpha q g_{\mathrm{th}}}(I - I_{\mathrm{th}}) \tag{3.18}$$

$$S = \frac{\Gamma \tau_{\mathrm{p}}}{q V_{\mathrm{a}}}(I - I_{\mathrm{th}}) \tag{3.19}$$

由式(3.18)和式(3.19)可以看出：随着调制频率的提高，非平衡载流子浓度增加，载流子寿命减少，从而使光子数减少。产生的光功率可表示为[5]

$$P(t) = \frac{S(t) V_{\mathrm{a}} \eta_{\mathrm{D}} h v}{2 \Gamma \tau_{\mathrm{p}}} \tag{3.20}$$

式中，$P(t)$为输出光功率；η_{D} 为外微分量子效率；h 为普朗克常量；v 为发射光子频率。令 $N(t)-N_0=n$，则由速率方程(3.11)可以得到

$$\left[\frac{\Gamma g_0 S(t)}{1+\varepsilon S(t)} + \frac{\Gamma \beta}{\tau_{\mathrm{n}}}\right] n = \frac{\mathrm{d}S(t)}{\mathrm{d}t} + \frac{S(t)}{\tau_{\mathrm{p}}} - \frac{\tau \beta}{\tau_{\mathrm{n}}} N_0$$

$$n = \frac{\dfrac{\mathrm{d}S(t)}{\mathrm{d}t} + \dfrac{S(t)}{\tau_{\mathrm{p}}} - \dfrac{\tau \beta}{\tau_{\mathrm{n}}} N_0}{\dfrac{\Gamma g_0 S(t)}{1+\varepsilon S(t)} + \dfrac{\Gamma \beta}{\tau_{\mathrm{n}}}} \tag{3.21}$$

将式(3.21)代入速率方程(3.10)中，可以得到

$$\frac{I(t)}{q V_{\mathrm{a}}} = \frac{N_0}{\tau_{\mathrm{n}}} + \frac{g_0 S(t)}{1+\varepsilon S(t)} \cdot \frac{\dfrac{\mathrm{d}S(t)}{\mathrm{d}t} + \dfrac{S(t)}{\tau_{\mathrm{p}}} - \dfrac{\tau \beta}{\tau_{\mathrm{n}}} N_0}{\dfrac{\Gamma g_0 S(t)}{1+\varepsilon S(t)} + \dfrac{\Gamma \beta}{\tau_{\mathrm{n}}}} + \frac{\mathrm{d}}{\mathrm{d}t}\left[\frac{\dfrac{\mathrm{d}S(t)}{\mathrm{d}t} + \dfrac{S(t)}{\tau_{\mathrm{p}}} - \dfrac{\tau \beta}{\tau_{\mathrm{n}}} N_0}{\dfrac{\Gamma g_0 S(t)}{1+\varepsilon S(t)} + \dfrac{\Gamma \beta}{\tau_{\mathrm{n}}}}\right] \tag{3.22}$$

此时式(3.22)可以表示为光子数与调制信号的关系式:

$$I(t) = q V_{\mathrm{a}} \left\{ \frac{N_0}{\tau_{\mathrm{n}}} + \frac{g_0 S(t)}{1+\varepsilon S(t)} \cdot \frac{\dfrac{\mathrm{d}S(t)}{\mathrm{d}t} + \dfrac{S(t)}{\tau_{\mathrm{p}}} - \dfrac{\tau \beta}{\tau_{\mathrm{n}}} N_0}{\dfrac{\Gamma g_0 S(t)}{1+\varepsilon S(t)} + \dfrac{\Gamma \beta}{\tau_{\mathrm{n}}}} + \frac{\mathrm{d}}{\mathrm{d}t}\left[\frac{\dfrac{\mathrm{d}S(t)}{\mathrm{d}t} + \dfrac{S(t)}{\tau_{\mathrm{p}}} - \dfrac{\tau \beta}{\tau_{\mathrm{n}}} N_0}{\dfrac{\Gamma g_0 S(t)}{1+\varepsilon S(t)} + \dfrac{\Gamma \beta}{\tau_{\mathrm{n}}}}\right] \right\} \tag{3.23}$$

LD 强度调制中的二次及高次谐波分量会对信号产生严重的失真，从而影响整个光通信系统的性能。所以首先分析谐波产生的原因并且推导二、三次谐波的

表达式。设 LD 腔中的载流子数具有如下形式:

$$N(t) = N + N_1 e^{j\omega_m t} + N_2 e^{j2\omega_m t} + N_3 e^{j3\omega_m t} \tag{3.24}$$

式中,N 为 LD 的稳态载流子数; N_1 为基波分量; N_2 为二次谐波分量; N_3 为三次谐波分量。类似地, 光子数也具有相同的形式:

$$S(t) = S + S_1 e^{j\omega_m t} + S_2 e^{j2\omega_m t} + S_3 e^{j3\omega_m t} \tag{3.25}$$

同时将注入电流设为 $I(t) = I_m e^{j\omega_m t}$, 其中, I_m 为调制分量, ω_m 为调制角频率。

将式(3.24)、式(3.25)分别代入式(3.10)和式(3.11)中, 得到

$$\begin{aligned}
&\frac{d}{dt}(N + N_1 e^{j\omega_m t} + N_2 e^{j2\omega_m t} + N_3 e^{j3\omega_m t}) \\
&= \frac{I_m e^{j\omega_m t}}{qV_a} - \frac{g_0(N - N_0 + N_1 e^{j\omega_m t} + N_2 e^{j2\omega_m t} + N_3 e^{j3\omega_m t})(S + S_1 e^{j\omega_m t} + S_2 e^{j2\omega_m t} + S_3 e^{j3\omega_m t})}{1 + \varepsilon(S + S_1 e^{j\omega_m t} + S_2 e^{j2\omega_m t} + S_3 e^{j3\omega_m t})} \\
&\quad - \frac{N + N_1 e^{j\omega_m t} + N_2 e^{j2\omega_m t} + S_3 e^{j3\omega_m t}}{\tau_n}
\end{aligned} \tag{3.26}$$

$$\begin{aligned}
&\frac{d}{dt}\left(S + S_1 e^{j\omega_m t} + S_2 e^{j2\omega_m t} + S_3 e^{j3\omega_m t}\right) \\
&= \frac{\Gamma g_0\left(N - N_0 + N_1 e^{j\omega_m t} + N_2 e^{j2\omega_m t} + N_3 e^{j3\omega_m t}\right)\left(S + S_1 e^{j\omega_m t} + S_2 e^{j2\omega_m t} + S_3 e^{j3\omega_m t}\right)}{1 + \varepsilon\left(S + S_1 e^{j\omega_m t} + S_2 e^{j2\omega_m t} + S_3 e^{j3\omega_m t}\right)} \\
&\quad - \frac{S + S_1 e^{j\omega_m t} + S_2 e^{j2\omega_m t} + S_3 e^{j3\omega_m t}}{\tau_p} + \frac{\Gamma\beta}{\tau_n}\left(N + N_1 e^{j\omega_m t} + N_2 e^{j2\omega_m t} + N_3 e^{j3\omega_m t}\right)
\end{aligned} \tag{3.27}$$

由式(3.26)和式(3.27)可以看出,即使载流子数 $N(t)$和光子数 $S(t)$仅具有稳态和基波分量, 但由于在 LD 中, 载流子数 $N(t)$和光子数 $S(t)$的非线性耦合也会产生谐波, 这种非线性耦合就是产生谐波的原因。通过分析式(3.26)和式(3.27), 并忽略三次以上谐波, 可以得到以下方程组:

$$\begin{cases} j\omega_m N_1 = a_{11} N_1 + a_{12} S_1 + \dfrac{I_m}{qV_a} \\ j\omega_m N_1 = a_{21} N_1 + a_{22} S_1 \end{cases} \tag{3.28}$$

式中, 系数分别为

$$a_{11} = -g_0 S - \frac{1}{\tau_n}, \quad a_{12} = -g_0(N - N_0)$$

$$a_{21} = \Gamma g_0 S + \frac{\Gamma\beta}{\tau_n}, \quad a_{22} = \Gamma g_0(N - N_0) - \frac{1}{\tau_p}$$

将式(3.28)移项后, 利用克拉默法则分别得到

$$N_1 = \frac{-\frac{I_{\mathrm{m}}}{qV_{\mathrm{a}}}(a_{22} - \mathrm{j}\omega_{\mathrm{m}})}{(a_{11} - \mathrm{j}\omega_{\mathrm{m}})(a_{22} - \mathrm{j}\omega_{\mathrm{m}}) - a_{12}a_{21}} \tag{3.29}$$

$$S_1 = \frac{-\frac{I_{\mathrm{m}}}{qV_{\mathrm{a}}}a_{21}}{(a_{11} - \mathrm{j}\omega_{\mathrm{m}})(a_{22} - \mathrm{j}\omega_{\mathrm{m}}) - a_{12}a_{21}} \tag{3.30}$$

$$\begin{cases} \mathrm{j}2\omega_{\mathrm{m}}N_2 = a_{11}N_2 + a_{12}S_2 - g_0N_1S_1 \\ \mathrm{j}2\omega_{\mathrm{m}}S_2 = a_{21}N_2 + a_{22}S_2 + \Gamma g_0N_2S_2 \end{cases} \tag{3.31}$$

同样可以得到

$$N_2 = \frac{g_0N_1S_1(\Gamma a_{12} + a_{22} - \mathrm{j}2\omega_{\mathrm{m}})}{(a_{11} - \mathrm{j}2\omega_{\mathrm{m}})(a_{22} - \mathrm{j}2\omega_{\mathrm{m}}) - a_{12}a_{21}} \tag{3.32}$$

$$S_2 = \frac{-g_0N_1S_1\left[\Gamma(a_{11} - \mathrm{j}2\omega_{\mathrm{m}}) + a_{21}\right]}{(a_{11} - \mathrm{j}2\omega_{\mathrm{m}})(a_{22} - \mathrm{j}2\omega_{\mathrm{m}}) - a_{12}a_{21}} \tag{3.33}$$

$$\begin{cases} \mathrm{j}3\omega_{\mathrm{m}}N_3 = a_{11}N_3 + a_{12}S_3 - g_0N_1S_2 - g_0N_2S_1 \\ \mathrm{j}3\omega_{\mathrm{m}}S_3 = a_{21}N_2 + a_{22}S_2 + \Gamma g_0N_1S_2 + \Gamma g_0N_2S_1 \end{cases} \tag{3.34}$$

求解以上方程可以得到

$$N_3 = \frac{g_0(N_1S_2 + N_2S_1)(\Gamma a_{12} + a_{22} - \mathrm{j}3\omega_{\mathrm{m}})}{(a_{11} - \mathrm{j}2\omega_{\mathrm{m}})(a_{22} - \mathrm{j}2\omega_{\mathrm{m}}) - a_{12}a_{21}} \tag{3.35}$$

$$S_3 = \frac{-g_0(N_1S_2 + N_2S_1)\left[\Gamma(a_{11} - \mathrm{j}3\omega_{\mathrm{m}}) + a_{21}\right]}{(a_{11} - \mathrm{j}3\omega_{\mathrm{m}})(a_{22} - \mathrm{j}3\omega_{\mathrm{m}}) - a_{12}a_{21}} \tag{3.36}$$

于是可以得到二次谐波与三次谐波相对于基波的强度表达式为

$$\begin{aligned} \mathrm{HD}_2 = \frac{S_2}{S_1} &= \frac{\frac{-g_0N_1S_1\left[\Gamma(a_{11} - \mathrm{j}2\omega_{\mathrm{m}}) + a_{21}\right]}{(a_{11} - \mathrm{j}2\omega_{\mathrm{m}})(a_{22} - \mathrm{j}2\omega_{\mathrm{m}}) - a_{12}a_{21}}}{S_1} \\ &= \frac{-g_0I_{\mathrm{m}}\left[\Gamma(a_{11} - \mathrm{j}2\omega_{\mathrm{m}}) + a_{21}\right](a_{22} - \mathrm{j}\omega_{\mathrm{m}})}{qV_{\mathrm{a}}H_1H_2} \end{aligned} \tag{3.37}$$

$$\begin{aligned} \mathrm{HD}_3 = \frac{S_3}{S_1} &= \frac{\frac{-g_0(N_1S_2 + N_2S_1)\left[\Gamma(a_{11} - \mathrm{j}3\omega_{\mathrm{m}}) + a_{21}\right]}{(a_{11} - \mathrm{j}3\omega_{\mathrm{m}})(a_{22} - \mathrm{j}3\omega_{\mathrm{m}}) - a_{12}a_{21}}}{\frac{\frac{I_{\mathrm{m}}}{qV_{\mathrm{a}}}a_{21}}{(a_{11} - \mathrm{j}\omega_{\mathrm{m}})(a_{22} - \mathrm{j}\omega_{\mathrm{m}}) - a_{12}a_{21}}} \\ &= -\left(\frac{g_0I_{\mathrm{m}}}{qV\mathrm{a}}\right)^2(a_{22} - \mathrm{j}\omega_{\mathrm{m}})\left[\Gamma(a_{11} - \mathrm{j}3\omega_{\mathrm{m}}) + a_{21}\right] \end{aligned}$$

$$\cdot\frac{\left\{a_{21}\left(\Gamma a_{12}+a_{22}-\mathrm{j}2\omega_{\mathrm{m}}\right)+\left(a_{22}-\mathrm{j}\omega_{\mathrm{m}}\right)\left[\Gamma\left(a_{11}-\mathrm{j}2\omega_{\mathrm{m}}\right)+a_{21}\right]\right\}}{H_1^2 H_2 H_3} \tag{3.38}$$

式中

$$H_1=\left(a_{11}-\mathrm{j}\omega_{\mathrm{m}}\right)\left(a_{22}-\mathrm{j}\omega_{\mathrm{m}}\right)-a_{12}a_{21}$$
$$H_2=\left(a_{11}-\mathrm{j}2\omega_{\mathrm{m}}\right)\left(a_{22}-\mathrm{j}2\omega_{\mathrm{m}}\right)-a_{12}a_{21}$$
$$H_3=\left(a_{11}-\mathrm{j}3\omega_{\mathrm{m}}\right)\left(a_{22}-\mathrm{j}3\omega_{\mathrm{m}}\right)-a_{12}a_{21}$$

动态非线性分析方法的出发点是速率方程，虽然可以推导出光子与载流子的变化关系以及谐波分量，但是必须要已知激光器和光波场的几何参数和物理参数。实际中这些参数往往因不能直接测量而使数值无法准确得到。

3.2.2　静态非线性

激光器与频率无关的静态非线性可由 I-L 特性曲线进行分析。对于理想的 LD 模型，在阈值电流以上的区域，平均光功率与驱动电流的关系可表示为

$$P=P_{\mathrm{th}}+(\mathrm{d}P/\mathrm{d}I)(I-I_{\mathrm{th}}) \tag{3.39}$$

式中，I_{th} 为阈值电流；P_{th} 为驱动电流在 I_{th} 时的平均光功率。若 I-L 特性曲线在阈值电流以上的部分不是理想线性的，可将输出平均光功率在阈值点附近进行泰勒级数展开：

$$\begin{aligned}P&=P_{\mathrm{th}}+\sum_{k=1}^{\infty}\frac{1}{k!}\frac{\mathrm{d}^kP}{\mathrm{d}I^k}(I-I_{\mathrm{th}})^k\\&=P_{\mathrm{th}}+\left(\frac{\mathrm{d}P}{\mathrm{d}I}\right)(I-I_{\mathrm{th}})+\frac{1}{2}\left(\frac{\mathrm{d}^2P}{\mathrm{d}I^2}\right)(I-I_{\mathrm{th}})^2+\frac{1}{6}\left(\frac{\mathrm{d}^3P}{\mathrm{d}I^3}\right)(I-I_{\mathrm{th}})^3+\cdots\end{aligned} \tag{3.40}$$

根据激光器的输出特性，定义调制指数

$$m=\frac{P_1}{P_0}=\frac{I}{I-I_{\mathrm{th}}} \tag{3.41}$$

式中，P_0 为阈值电流 I_{th} 时的平均光功率；P_1 是总调制电流 I 引起的输出光功率。

假定输入信号可表示为 $I=I_{\mathrm{th}}+I_{\mathrm{m}}\cos(\omega t+\theta_{\mathrm{n}})$，$I_{\mathrm{m}}$ 为峰值调制电流，θ_{n} 为初相，则式(3.40)可化为

$$\begin{aligned}\frac{P}{P_{\mathrm{th}}}&=1+m\cos(\omega t+\theta_{\mathrm{n}})+\frac{1}{2}m^2P_{\mathrm{th}}\left[\frac{\mathrm{d}^2P}{\mathrm{d}I^2}\Big/\left(\frac{\mathrm{d}P}{\mathrm{d}I}\right)^2\right]\left[\cos(\omega t+\theta_{\mathrm{n}})\right]^2\\&\quad+\frac{1}{6}m^3P_{\mathrm{th}}^2\left[\frac{\mathrm{d}^3P}{\mathrm{d}I^3}\Big/\left(\frac{\mathrm{d}P}{\mathrm{d}I}\right)^3\right]\left[\cos(\omega t+\theta_{\mathrm{n}})\right]^3+\cdots\end{aligned} \tag{3.42}$$

式中，$m=\dfrac{P_1}{P_0}=\dfrac{I_{\mathrm{m}}}{P_{\mathrm{th}}}\dfrac{\mathrm{d}P}{\mathrm{d}I}$。

由式(3.42)可知，由于 I-L 曲线的非线性，光信号不再是调制信号的简单再现，而是出现了许多高次项。其中，$\mathrm{d}^2P/\mathrm{d}I^2$ 会引起二次谐波失真，$\mathrm{d}^3P/\mathrm{d}I^3$ 会引起三次谐波失真。由于二次谐波和三次谐波直接与基波相关，因此定义谐波与基波之比来评价谐波的影响。二次谐波分量与基波分量之比为

$$\mathrm{HD}_2=\frac{\mathrm{SH}}{\mathrm{FH}}\approx\frac{1}{4}mP_{\mathrm{th}}\left[\frac{\dfrac{\mathrm{d}^2P}{\mathrm{d}I^2}}{\left(\dfrac{\mathrm{d}P}{\mathrm{d}I}\right)^2}\right] \tag{3.43}$$

三次谐波分量与基波分量之比为

$$\mathrm{HD}_3=\frac{\mathrm{TH}}{\mathrm{FH}}\approx\frac{1}{24}m^2{P_{\mathrm{th}}}^2\left[\frac{\dfrac{\mathrm{d}^3P}{\mathrm{d}I^3}}{\left(\dfrac{\mathrm{d}P}{\mathrm{d}I}\right)^3}\right] \tag{3.44}$$

3.2.3　半导体激光器的静态模型

1. 分析方法

在时域中，激光器调制过程中注入电流与输出光功率的关系可以用输入-输出映射函数来表征。非线性失真是信号变换的产物，因此激光器的非线性失真可从映射函数的角度来分析。非线性失真可以简单地概括为在无失真信号的激励下，输出响应信号在时域中产生了波形畸变失真，在频域中出现了谐波分量。

如果对激光器可实施无限次实验测量，并把所有的容许信号对[$I(t)$, $L(t)$]记录下来，就可以构造出一个模型，使其容许信号对与原器件的输入-输出关系式相近，就可以把对器件的研究转化为对模型的研究[6]。

在连续工作条件下，激光器的二次非线性失真主要由 I-L 特性曲线的非线性决定[7,8]。对于工作在几兆赫兹副载波频段的激光器，产生非线性失真的主要来源是激光器与频率无关的非线性。大功率、高效率、低阈值的激光器本身具有较好的非线性，可认为是一个弱非线性系统。

2. 映射函数

采用 Volterra 级数分析法来描述通信系统的非线性失真，其对输入信号的响应一般可以表示为一个卷积序列之和:

$$y(t)=\sum_{n=0}^{\infty}y_n(t) \tag{3.45}$$

$$y_n(t)=\int_{-\infty}^{\infty}\int_{-\infty}^{\infty}\cdots\int_{-\infty}^{\infty}h_n(\tau_1,\tau_2,\cdots,\tau_n)\square\prod_{j=1}^{n}x(t-\tau_i)\mathrm{d}\tau_i \tag{3.46}$$

式(3.46)为非线性动态系统对输入函数 $x(t)$的输入-输出关系的 Volterra 泛函数表达式, 其中, $y_n(t)$为系统的 n 阶输出, $h_n(t)$为系统的 n 阶 Volterra 核或 n 阶冲激响应。对于一个普通激光器而言, 系统一般是弱非线性系统, 故可忽略三次以上的响应。式(3.45)可简化为

$$y(t)=\sum_{n=0}^{3}y_n(t) \tag{3.47}$$

激光器的张弛振荡频率在几或几十吉赫兹量级。由于在副载波频段内为瞬时响应, 则可将式(3.46)中的 Volterra 核表示成如下特殊形式:

$$h_n(\tau_1,\tau_2,\cdots,\tau_n)=a_n\delta(\tau_1)\delta(\tau_2)\cdots\delta(\tau_n) \tag{3.48}$$

则式(3.47)可简化为幂级数展开:

$$y(t)=a_0+a_1x(t)+a_2x^2(t)+a_3x^3(t) \tag{3.49}$$

式中, $y(t)$为激光器的输出光功率; $x(t)$为输入电流。

用幂级数来近似激光二极管的传输特性是一种简单的描述方式, 但它忽略了传输特性随频率变化的因素。从激光器的静态 I-L 曲线可以拟合出与式(3.49)类似的关系式:

$$P(t)=b_0+b_1I(t)+b_2I^2(t)+b_3I^3(t) \tag{3.50}$$

式(3.49)和式(3.50)的含义是不同的。式(3.49)是激光器在中高频调制下的输入-输出关系。在前面提到的传输特性随频率变化较小的因素是指在调制的条件下, 不考虑调制频率变化的影响。式(3.50)是静态工作(无调制)时的输入-输出关系。对于同一激光器, 其动态传输特征式(3.49)与静态特征式(3.50)存在较大的差异。由于动态调制信号本身是较小的, 在拟合映射函数关系式时所取的数据范围也较小。而静态特性曲线是在较大的数据范围内拟合得出的。

3. 谐波失真特性

对于 NC 类正弦 QPSK 调制信号, 可以表示为

$$S_{\mathrm{QPSK}}(t)=I(t)\sin(\omega_{\mathrm{c}}t)+Q(t)\cos(\omega_{\mathrm{c}}t) \tag{3.51}$$

$$S_{\text{NC-QPSK}}(t)=\begin{cases}S_{\mathrm{QPSK}}(t), & S_{\mathrm{QPSK}}(t)>0\\ 0, & S_{\mathrm{QPSK}}(t)\leqslant 0\end{cases} \tag{3.52}$$

则经过非线性后的信号可以表示成

$$S_{\text{NLD}}(t) = a_0 + a_1 S_{\text{NC-QPSK}}(t) + a_2[S_{\text{NC-QPSK}}(t)]^2 + a_3[S_{\text{NC-QPSK}}(t)]^3 \tag{3.53}$$

将式(3.51)和式(3.52)代入式(3.53)，得到

$$S_{\text{NLD}}(t) = \begin{cases} (a_0 + a_2) + \left(a_1 + \dfrac{3}{2}a_3\right)[I(t)\sin(\omega_c t) + Q(t)\cos(\omega_c t)] \\ +a_2 I(t)Q(t)\sin(2\omega_c t) + \dfrac{1}{2}a_3[I(t)\sin(3\omega_c t) - Q(t)\cos(3\omega_c t)], & S_{\text{NLD}}(t) > 0 \\ 0, & S_{\text{NLD}}(t) \leqslant 0 \end{cases} \tag{3.54}$$

由式(3.54)可以看到，输出信号 $S_{\text{NLD}}(t)$不仅包含直流寄生分量系数 a_0+a_2 和基频分量系数 $a_1 + \frac{3}{2}a_3$，而且包含二次谐波分量系数 a_2、三次谐波分量系数 $\frac{3}{2}a_3$。

4. 特性曲线拟合

某 LD 的 *L-I-V* 特性测试数据如表 3-2 所示。

表 3-2　*L-I-V* 特性测试值

I/mA	0	3	6	9	12	15	18	21
U/V	0	0.96	0.99	1	1.02	1.03	1.04	1.05
P/mW	0	0	44.8	173.5	297.3	426.1	549.4	675.3

1) 拟合方法

对于确定有函数关系的实验数据$(x_i, y_i)(i=0, 1, 2, \cdots, n)$可用 $m(m\leqslant n)$次多项式来拟合:

$$P_m(x) = a_0 + a_1 x + a_2 x^2 + \cdots + a_m x^m = \sum_{j=0}^{m} a_j x^j \tag{3.55}$$

拟合过程中所用到的最小二乘法的基本思想是：求出一条拟合曲线 $y=P_m(x)$，并使其离差的平方和取最小值，即

$$\begin{aligned} \sigma &= \sum_{i=0}^{n} R_i^2 = \sum_{i=0}^{n}[P_m(x_i - y_i)]^2 = \sum_{i=0}^{n}\left(\sum_{j=0}^{m} a_j x_i^j - y_i\right)^2 \\ &= \sum_{i=0}^{n}(a_0 + a_1 x_i + a_2 x_i^2 + \cdots + a_m x_i^m - y_i)^2 \end{aligned} \tag{3.56}$$

式中，x_i 与 y_i 为已知量；$a_0, a_1,\cdots, a_m$ 是待定的变量，它们取不同的值时，σ也要相应变化。因此，σ实际上是多元函数，于是曲线拟合问题最终可归结为多元函数的极

值问题。使多元函数σ为极小的 $a_0, a_1,\cdots, a_m$ 需要满足如下方程组:

$$\frac{\partial\sigma}{\partial a_k}=0,\quad k=0,1,2,\cdots,m \tag{3.57}$$

对式(3.56)求偏导可得

$$\begin{aligned}\frac{\partial\sigma}{\partial a_k}&=\sum_{i=0}^{n}2[P_m(x_i-y_i)]\frac{\partial P_m(x_i)}{\partial a_k}=2\sum_{i=0}^{n}[P_m(x_i-y_i)]x_i^k\\&=2\left(\sum_{i=0}^{m}a_j\sum_{i=0}^{n}x_i^{j+k}-\sum_{j=0}^{n}y_ix_i^k\right)=2\left(\sum_{i=0}^{m}a_jS_{j+k}-t_k\right)\end{aligned} \tag{3.58}$$

式中

$$S_{j+k}=\sum_{i=0}^{n}x_i^{j+k},\quad k=0,1,2,\cdots,m;j=0,1,2,\cdots,m$$

$$t_k=\sum_{i=0}^{n}y_ix_i^k,\quad j=0,1,2,\cdots,m$$

因为 $S_0=\sum_{i=0}^{n}x_i^{\,n}=n+1$，所以 $\frac{\partial\sigma}{\partial a_k}=0$ 也可表示为

$$\sum_{j=0}^{m}a_jS_{j+k}=t_k,\quad k=0,1,2,\cdots,m \tag{3.59}$$

于是式(3.59)可以写为

$$\begin{cases}S_0a_0+S_1a_1+S_2a_2+\cdots+S_ma_m=t_0\\S_1a_0+S_2a_1+S_3a_2+\cdots+S_{m+1}a_m=t_1\\\qquad\vdots\\S_ma_0+S_{m+1}a_1+S_{m+2}a_2+\cdots+S_{2m}a_m=t_m\end{cases} \tag{3.60}$$

式(3.60)为一个 a_0, $a_1,\cdots,a_m$ 为未知量的 m+1 阶线性代数方程组，解上述线性代数方程组可得多项式 $P_m(x)$的系数 a_j(j=0, 1, 2,···, m)。

2) 平滑性处理

为了减小实验数据的随机误差，需要对曲线进行平滑处理。采用三次多项式插值法，拟合最终结果如图 3-7 和图 3-8 所示。其中，*V-I* 拟合曲线七阶多项式系数、*I-L* 拟合曲线三阶多项式系数及阈值电流如表 3-3 所示。

3) 信号加载

图 3-9 为将已调的副载波信号转化为电流信号，并加载到 *I-L* 特性曲线上来模拟信号直接作用在光源上而对光源进行直接调制的过程。

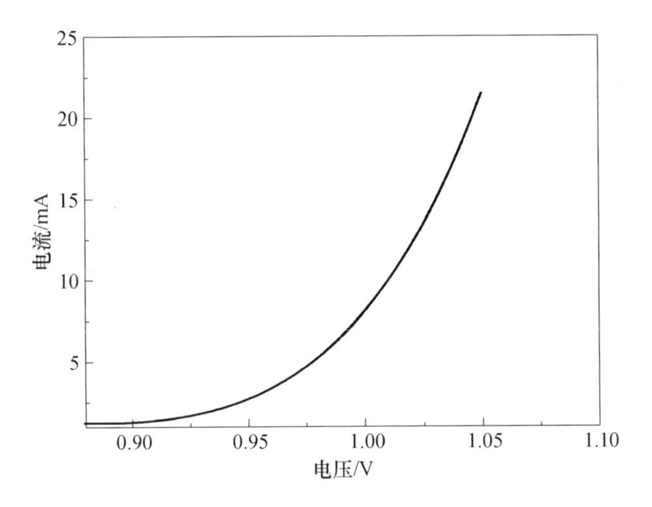

图 3-7　拟合后的 *V-I* 特性曲线

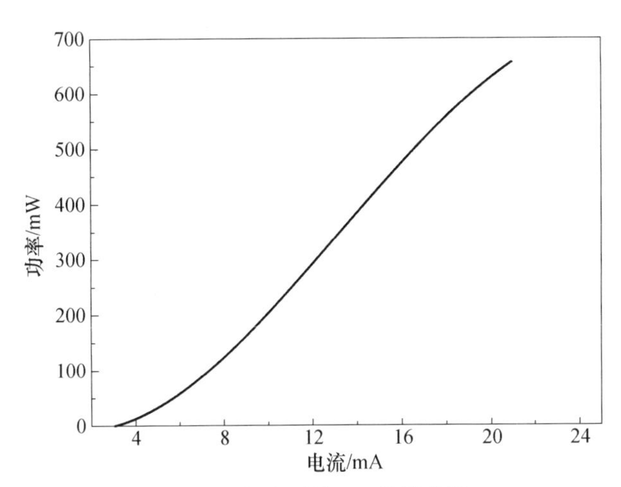

图 3-8　拟合后的 *I-L* 特性曲线

表 3-3　拟合曲线系数与阈值电流

V-I 拟合曲线七阶多项式系数			
a_0=−0.1	a_1=10.8	a_2=−195.5	a_3=1534.8
a_4=−5486.5	a_5=−9739.3	a_6=−8369.3	a_7=−2771.5
I-L 拟合曲线三阶多项式系数			
a_0=3.8944	a_1=−13.9355	a_2=4.5087	a_3=−0.1126
阈值电流 I_{th}=4.9mA			

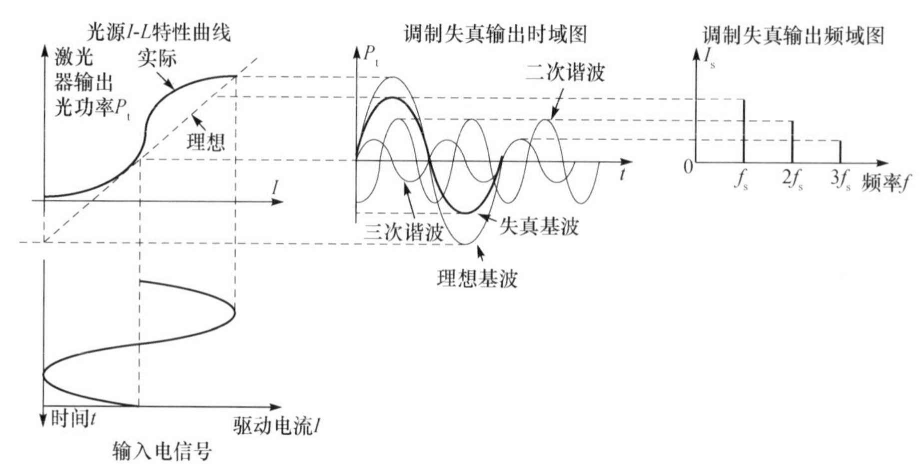

图 3-9　信号在激光器中的传输模型

3.2.4　半导体激光器的线性化

抑制激光器非线性的常见方法有电(光)负反馈、电(光)前馈补偿法、预失真等。其中,电(光)负反馈和电(光)前馈补偿法的不足之处在于补偿的滞后性和环路增益的不稳定性，并且使调制带宽受限。选用预失真补偿非线性的方法效果好、稳定性高，是一种很实用的补偿技术。

1. 电(光)负反馈补偿

如图 3-10 所示，负反馈就是将输出信号的一部分反馈到输入端，部分输入信号与反馈信号通过比较器产生误差信号，通过某种算法使输入与输出之间的误差趋近于零。误差控制模块产生一个反相的非线性补偿信号叠加到原激光器的驱动电路上，使信号经过激光器后的线性度得到改善。电补偿与光补偿的区别在于误差控制模块产生的非线性补偿信号是叠加在信号驱动电路上还是叠加在激光器的

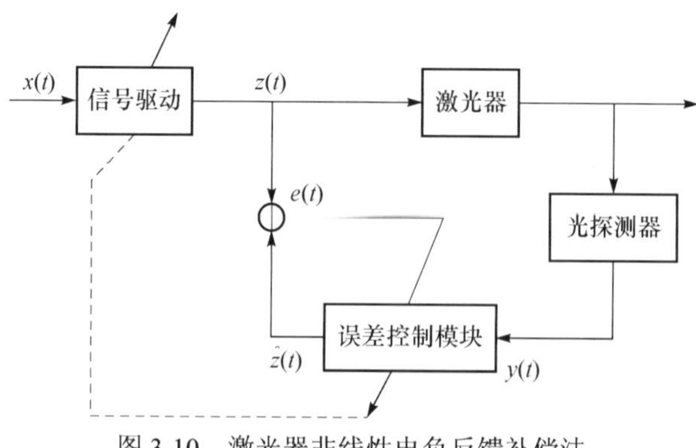

图 3-10　激光器非线性电负反馈补偿法

驱动电路上。

2. *V-I* 特性预失真补偿

如图 3-11 所示，*V-I* 特性曲线预失真补偿方法就是通过构造与半导体激光器 *V-I* 特性相反的模型曲线来达到预失真补偿的效果。

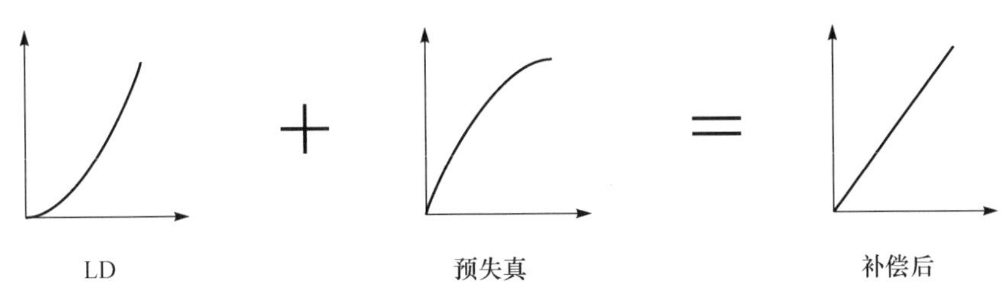

图 3-11　预失真补偿原理示意图

假设激光器的工作电压与驱动电流之间的关系为

$$i(t)=a_0+a_1u(t)+a_2u^2(t)+a_3u^3(t)+\cdots \tag{3.61}$$

假设预失真器产生的预失真信号为

$$i'(t)=b_0+b_1i(t)+b_2i^2(t)+b_3i^3(t)+\cdots \tag{3.62}$$

当式(3.61)和式(3.62)中对应多项式的系数有如下关系时，可以完全消除非线性失真:

$$b_0=a_0,\quad b_1=\frac{1}{a_1},\quad b_2=-\frac{a_2}{a_1^3},\quad b_3=-\frac{2a_2^2-a_1a_3}{a_1^5}$$

通过对图 3-7 拟合的 *V-I* 特性曲线可以看出：正向电压的幅值范围为 0.88～1.05V。当电压为 1.05V 时，能够达到正向的最大容许电流；输入信号幅值在 0.88V 以下和 1.05V 以上的部分被削波。通过预失真后，输入信号的幅值在较大范围内可以达到线性，调制线性最大值在最大容许电流处，输入信号幅值在 0.98V 以下及 1.05V 以上的部分被削波。可见 *V-I* 特性预失真补偿只适用于在开启电压以上和饱和电压以下非线性部分的校正。*V-I* 特性预失真方法实际是通过预失真器和 LD 分别作为 *I-I* 和 *V-I* 模型来抵消非线性的过程。对应的特性曲线如图 3-12～图 3-17 所示。

3. *I-L* 特性预失真补偿

假设激光器输出光功率与驱动电流的关系为

$$P_0=a_0+a_1I+a_2I^2+a_3I^3 \tag{3.63}$$

假设预失真器产生的预失真信号为

$$I'=b_2I^2+b_3I^3 \tag{3.64}$$

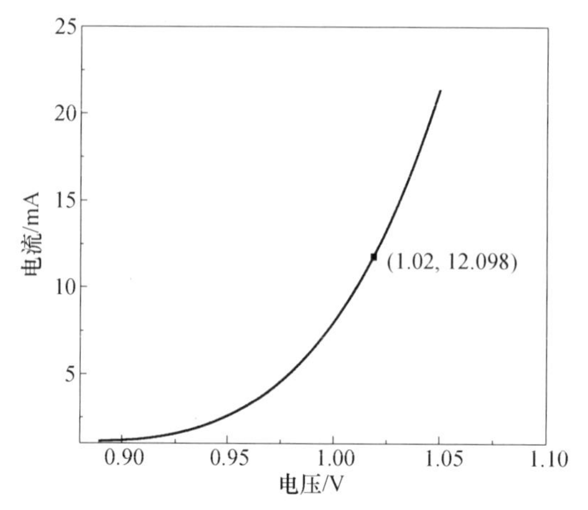

图 3-12　LD 多项式方程的 *V-I* 特性曲线

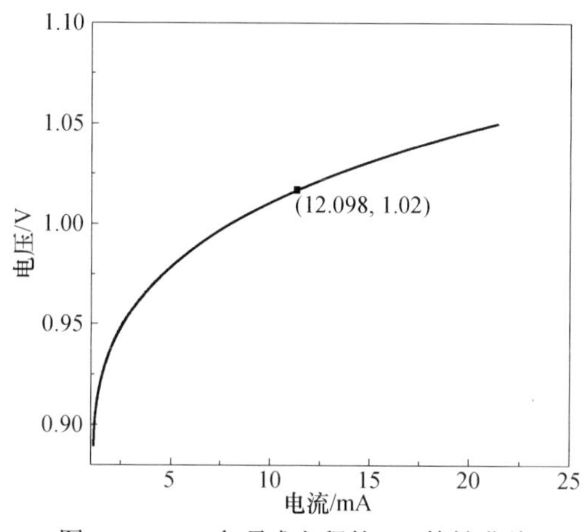

图 3-13　LD 多项式方程的 *I-V* 特性曲线

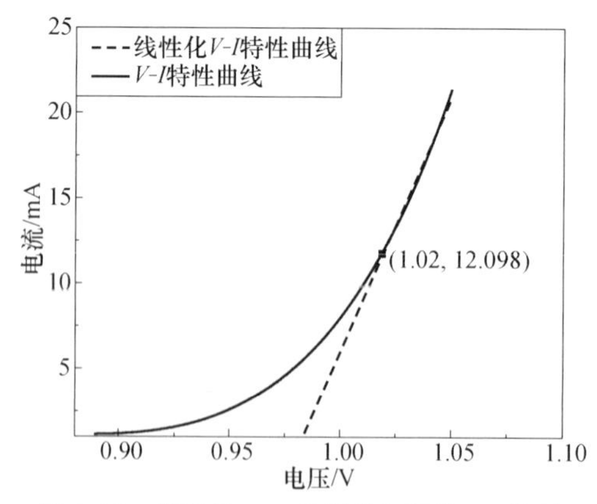

图 3-14　线性化 LD 多项式方程的 *V-I* 特性

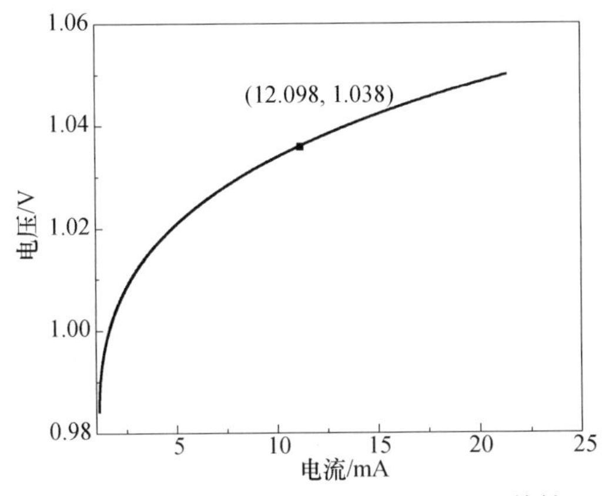

图 3-15　线性化 LD 多项式方程的 *I-V* 特性

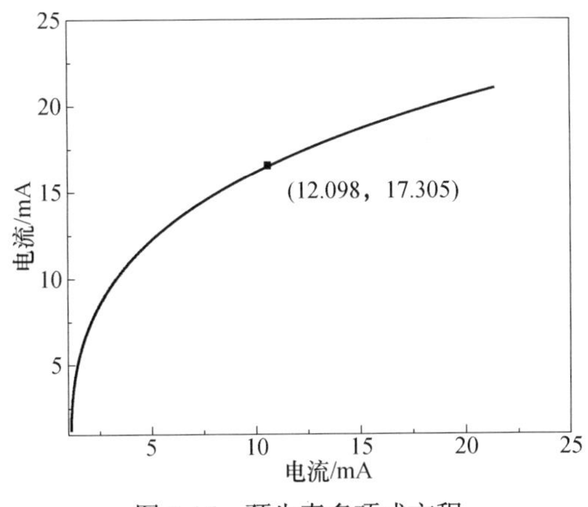

图 3-16　预失真多项式方程

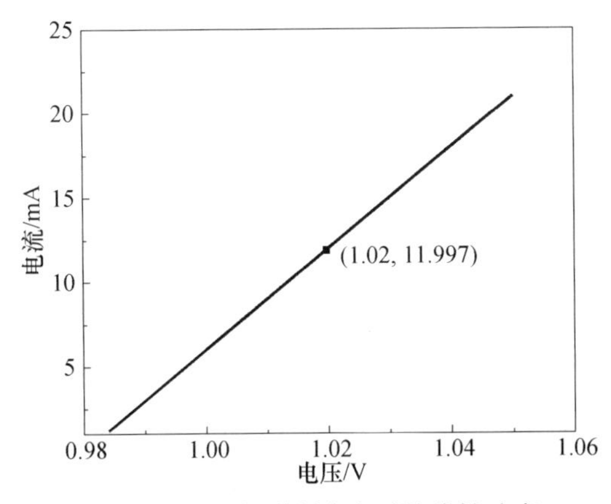

图 3-17　LD 级联预失真后的线性响应

预失真器的基本原理如下：在信号电压增加的过程中，激光器前端的预失真模型使经过激光器的电流更快地增加，同时抵消掉激光器在电流增大时，光功率增长的幅度比电流增长的幅度小的那部分非线性失真。通过预失真模型和激光器的共同作用后，输出光功率与输入电流之间保持线性变化关系。不但减少了谐波的干扰，而且满足了信噪比的需求。

如图3-18所示，原输入信号通过耦合器分离成三路，一路为主通道αI(处理基波成分)，另两路为副通道(处理二、三阶失真成分)，并且假定两路副通道的增益相同，预失真器就可看成副通道产生的信号。主通道通过时延直接进入合路器，副通道通过衰减器、反相器和滤波器后由合路器输出，此时将输出的三路合成信号通过激光器，此时激光器的输出光功率变为

$$P' = \sum_{m=1}^{3} a_m(\alpha I - \beta I')^m = \sum_{m=1}^{3} a_m\left(\alpha I - \beta\sum_{n=2}^{3} b_n I^n\right)^m \tag{3.65}$$

式中，α为主通道增益；β为副通道增益。将式(3.65)化为幂级数展开式:

$$P' = \sum_{m=1}^{3} D_m I^m \tag{3.66}$$

式中

$$D_1 = \alpha a_1 \tag{3.67}$$

$$D_2 = \alpha^2 a_2 - \beta a_1 b_2 \tag{3.68}$$

$$D_3 = \alpha^3 a_3 - \beta a_1 b_3 - 2\alpha\beta a_2 b_2 \tag{3.69}$$

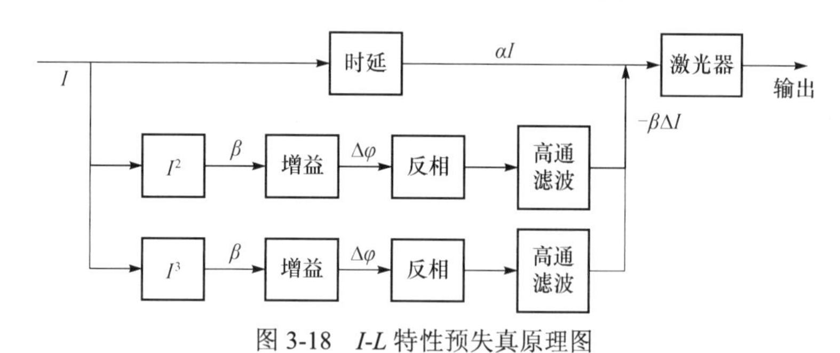

图 3-18　*I-L* 特性预失真原理图

由式(3.67)～式(3.69)可计算出消除二阶非线性失真的条件是

$$\beta = \frac{\alpha^2 \alpha_2}{a_1 b_2} \tag{3.70}$$

消除三阶非线性失真的条件是

$$\beta = \frac{\alpha^3 a_3}{a_1 b_3 + 2\alpha a_2 b_2} \tag{3.71}$$

若同时消除二阶与三阶非线性失真，则需满足：

$$\alpha = \frac{a_1 a_2 b_3}{b_2(a_1 a_3 - 2a_2^2)} \tag{3.72}$$

4. 仿真与分析

对载波频率为 2.5MHz 的 NC 类正弦 QPSK 调制在频谱、功率谱及星座图等方面分别进行仿真分析。图 3-19 为 NC 类正弦 QPSK 调制信号直接通过激光器以

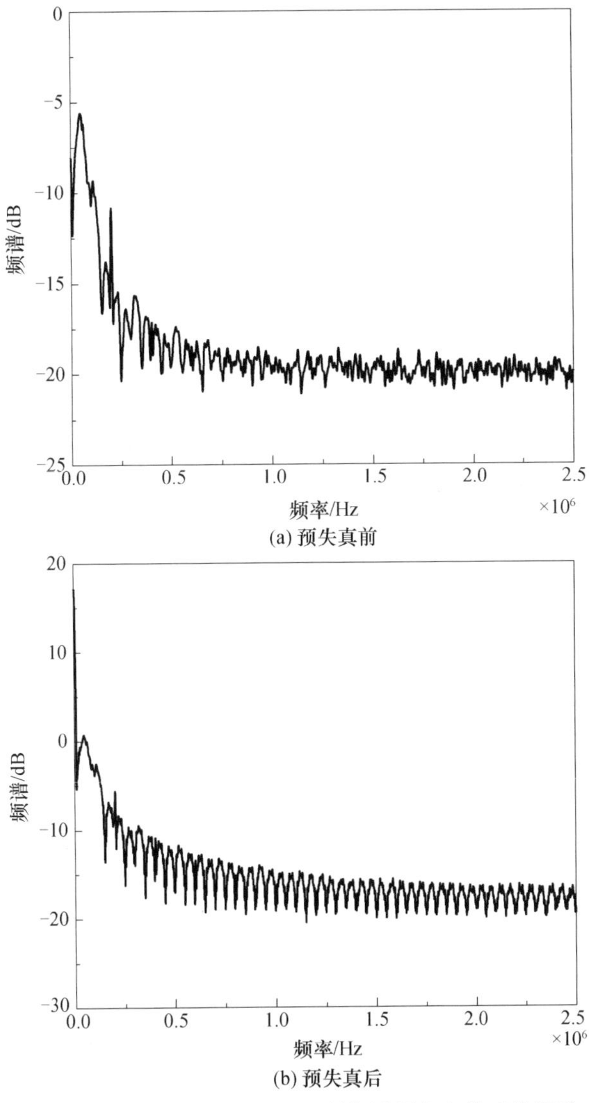

(a) 预失真前

(b) 预失真后

图 3-19　NC 类正弦 QPSK 调制信号预失真前后的频谱

及预失真后的频谱对比图。从图中可以清楚地看到：经过 LD 非线性失真后的频谱发生展宽，并且出现明显的二次、三次谐波分量；而经过预失真之后的频谱主要集中在中心频率处，直流分量显著增加，二次谐波和三次谐波成分分别改善了 23.9dB 和 18.4dB。

图 3-20 为 NC 类正弦 QPSK 调制信号直接通过激光器以及预失真后的功率谱。预失真补偿有效地抑制了带内和带外失真，非线性补偿分别改善了大约 3dB 和 17dB，对带外失真的抑制效果较明显。预失真曲线位于未经补偿的曲线下方，这说明预失真过程付出了系统放大倍数较低的代价。

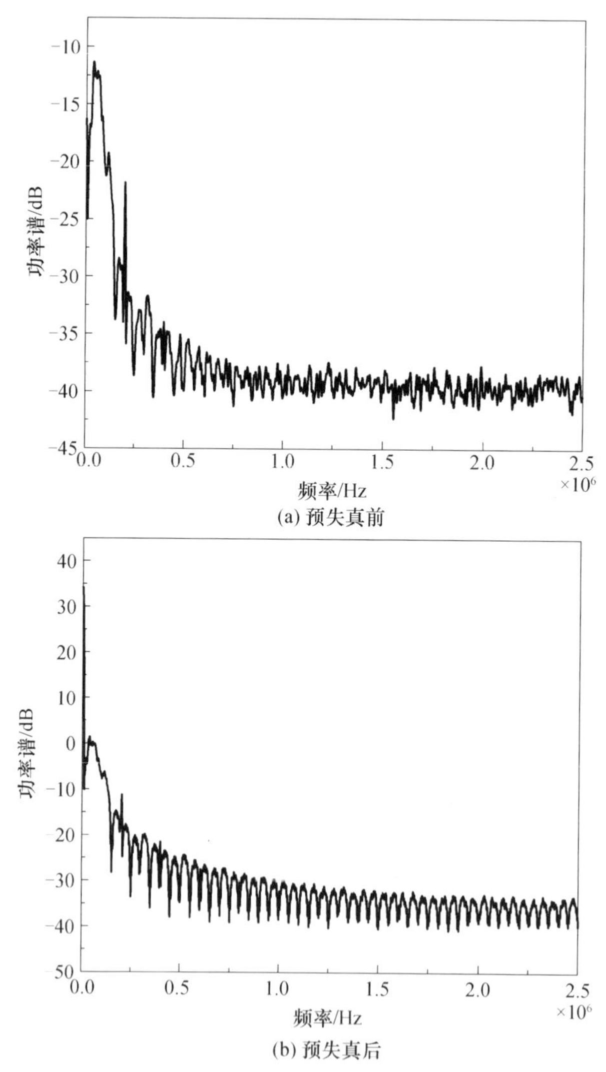

图 3-20　NC 类正弦 QPSK 调制信号预失真前后的功率谱

图 3-21 为 NC 类正弦 QPSK 调制信号直接通过激光器以及预失真后的星座图对比图(噪声方差σ_{n}^2为 0.2)。增益压缩(gain compression)是在信号传送路径上因有源器件(光发射机、光接收机、放大器等)过度驱动或性能不良导致的信号非线性失真。图 3-21(a)所示的星座图产生了明显的增益压缩失真，在星座图上表现出向中心点靠拢的趋势。这是由于非线性影响传输信号的平均功率，因此星座点之间的最小欧氏距离减小。经过预失真校正后的星座图能够恢复到未受非线性影响时的信号星座图。

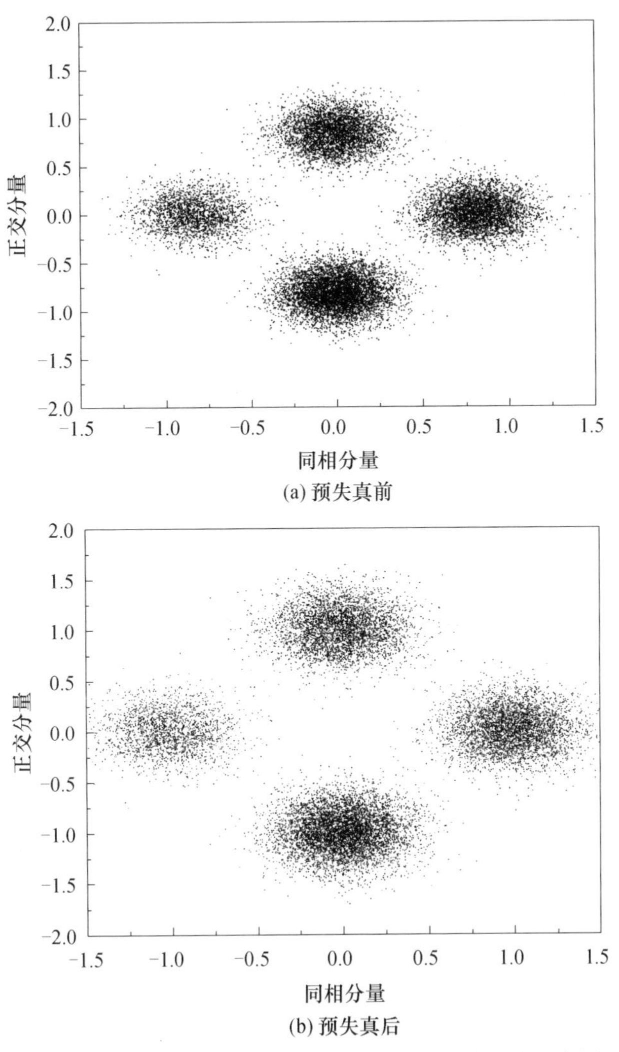

(a) 预失真前

(b) 预失真后

图 3-21　NC 类正弦 QPSK 调制信号预失真前后的星座图

综上可以看出：NC 类正弦 QPSK 调制信号在预失真补偿后的时域波形、频谱、功率谱及星座图等方面都有明显的改善，同时证明了非线性补偿方法的有效性。

3.3 副载波调制中的激光器非线性互调失真

非线性失真将导致自由空间光通信系统的载波互调噪声比降低、误码率升高。可以基于半导体激光器速率方程，利用贝塞尔函数法分析激光器的非线性。在 Gamma-Gamma 湍流信道下，针对无线光多路副载波 BPSK 调制通信系统讨论激光器非线性互调失真对载波互调噪声比、误码率的影响规律。

3.3.1 激光器的非线性互调失真

半导体激光器的非线性失真是由调制响应的非线性引起的。在 LD 调制系统中，采用单模振荡速率方程[9-11]分析半导体激光器的非线性。速率方程组为

$$\frac{\mathrm{d}S}{\mathrm{d}t}=SnB-\frac{S}{\tau_{\mathrm{p}}} \tag{3.73}$$

$$\frac{\mathrm{d}n}{\mathrm{d}t}=\frac{J}{qV}-SnB-\frac{n}{\tau_{\mathrm{s}}} \tag{3.74}$$

式中，n 为半导体激光器有源层内的载流子密度；S 为半导体激光器腔内光子密度，S 与输出光强成正比，因此也可表示为相对输出功率；τ_{p} 为光子寿命；τ_{s} 为载流子寿命；$B=1/(\tau_{\mathrm{p}}n_{\mathrm{s}})$ 为爱因斯坦系数；J 为注入的电流信号；q 为电荷大小等于 $1.6\times10^{-19}\mathrm{C}$ 的电子；V 为电子活跃区域的体积。通过消除 n 和 $\mathrm{d}n/\mathrm{d}t$，将式(3.74)代入式(3.73)中，得出

$$\frac{\mathrm{d}^2S}{\mathrm{d}t^2}+\frac{\mathrm{d}S}{\mathrm{d}t}\left(\frac{1}{\tau_{\mathrm{s}}}+SB-\frac{1}{S}\frac{\mathrm{d}S}{\mathrm{d}t}\right)+S\left(S\frac{S}{\tau_{\mathrm{p}}}+\frac{1}{\tau_{\mathrm{p}}\tau_{\mathrm{s}}}\right)-\frac{JSB}{qV}=0 \tag{3.75}$$

假设光子密度[9]$S=C\exp u$ (C 为常量)，则式(3.75)变为

$$\frac{\mathrm{d}^2u}{\mathrm{d}t^2}+\frac{\mathrm{d}u}{\mathrm{d}t}\left(\frac{1}{\tau_{\mathrm{s}}}+CB\exp u\right)+\left(\frac{1}{\tau_{\mathrm{p}}\tau_{\mathrm{s}}}-\frac{JB}{qV}+\frac{CB}{\tau_{\mathrm{p}}}\exp u\right)=0 \tag{3.76}$$

J 为注入的信号电流密度:

$$J(t)=J_0+J\sum_{n=1}^{N}\cos\left[\omega_n t+\varphi_n(t)\right] \tag{3.77}$$

式中，相位$\varphi_n=\alpha_n\pi$, $\alpha_n=0, 1$; ω_n 为载波频率。将式(3.77)代入式(3.76)中可得

$$
\begin{aligned}
&\frac{\mathrm{d}^2u}{\mathrm{d}t^2}+\frac{\mathrm{d}u}{\mathrm{d}t}\left(\frac{1}{\tau_{\mathrm{s}}}+CB\exp u\right)\\
&+\left\{\frac{1}{\tau_{\mathrm{p}}\tau_{\mathrm{s}}}-\frac{BJ_0}{qV}-\frac{BJ}{qV}\sum_{n=1}^{N}\cos\left[\omega_n t+\varphi_n(t)\right]+\frac{CB}{\tau_{\mathrm{p}}}\exp u\right\}=0
\end{aligned}
\tag{3.78}
$$

式(3.78)表示的是一个非线性等式，其中 $u=\sum_{n=1}^{N}\alpha_n\cos\left[\omega_n t+\varphi_n(t)\right]$。利用 Sonine 的表达式[9]

$$
\exp\left[\alpha_n\cos(\omega t)\right]=I_0(\alpha_n)+2\sum_{q=1}^{\infty}I_q(\alpha_n)\cos(q\omega t)
\tag{3.79}
$$

式中，$I_q(\alpha_n)$是修正的 q 阶贝塞尔函数。则光子密度变为

$$
S=C\prod_{n=1}^{N}\left[I_0\left(\alpha_n\right)+2\sum_{q=1}^{\infty}I_q\left(\alpha_n\right)\cos\left(q\omega t\right)\right]
\tag{3.80}
$$

如果仅考虑输入的交变电流[12]，则通过式(3.80)可得出等振幅多路副载波在频率 ω_r 处输出的振幅为

$$
S_1=2CI_1(\alpha)\left[I_0(\alpha)\right]^{N-1}
\tag{3.81}
$$

同理，频带内的互调产物因子 $2\omega_x-\omega_y$ 的振幅为

$$
S_{21}=2CI_2\left(\alpha\right)I_1\left(\alpha\right)\left[I_0\left(\alpha\right)\right]^{N-2}
\tag{3.82}
$$

频带内的互调产物因子 $\omega_x+\omega_y-\omega_z$ 的振幅为

$$
S_{111}=2C\left[I_1(\alpha)\right]^3\left[I_0(\alpha)\right]^{N-3}
\tag{3.83}
$$

类似地，其他互调产物因子的振幅可以由式(3.80)得出。

图 3-22 和图 3-23 分别为二阶互调失真产物及三阶互调失真产物的振幅。图 3-22 中输入的多路副载波频率分别为 f_1 和 f_2，则二阶互调失真产物因子分别为 f_2-f_1 和 f_2+f_1。图 3-23 中输入的多路副载波频率分别为 f_1、f_2 和 f_3，则三阶互调产物因子分别为 $2f_1+f_2$、$2f_1-f_2$、f_1-2f_2、$f_1+f_2-f_3$、$f_1-f_2-f_3$ 及 $f_1+f_2+f_3$。

若传输带宽为一倍频程(每一个频带的上限频率比下限频率高一倍，即频率之比为 2)，二阶互调失真所产生的频率不在频带内，所以不予考虑[9]，频带内的互调产物因子只有三阶互调失真。二阶互调产物和三阶互调产物分别由 $m^2(t)$和 $m^3(t)$产生，则

$$
\begin{aligned}
m^2(t)=\frac{1}{2}\sum_{z=l}^{N}\sum_{y=l}^{N}&\cos\left[(\omega_y+\omega_z)t+(\theta_y+\theta_z)\right]\\
&+\cos\left[(\omega_y-\omega_z)t+(\theta_y-\theta_z)\right]
\end{aligned}
\tag{3.84}
$$

$$m^3(t)=\frac{1}{4}\sum_{x=l}^{N}\sum_{y=l}^{N}\sum_{z=l}^{N}\cos\left[(\omega_x+\omega_y+\omega_z)t+(\theta_x+\theta_y+\theta_z)\right]+\cos\left[(\omega_x+\omega_y-\omega_z)t+(\theta_x+\theta_y-\theta_z)\right]+\cos\left[(\omega_x-\omega_y+\omega_z)t+(\theta_x-\theta_y+\theta_z)\right]+\cos\left[(\omega_x-\omega_y-\omega_z)t+(\theta_x-\theta_y-\theta_z)\right] \tag{3.85}$$

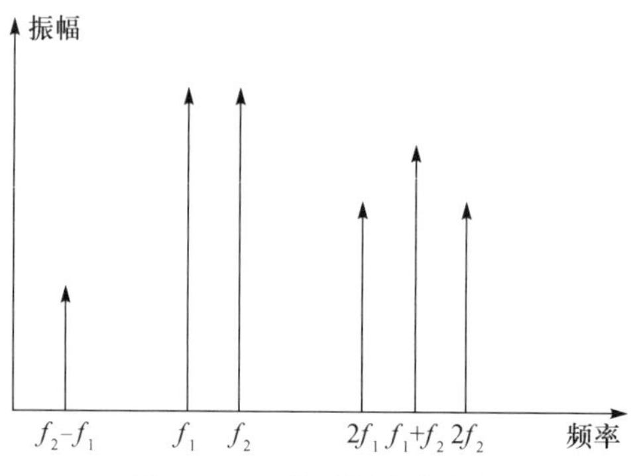

图 3-22　二阶互调产物振幅

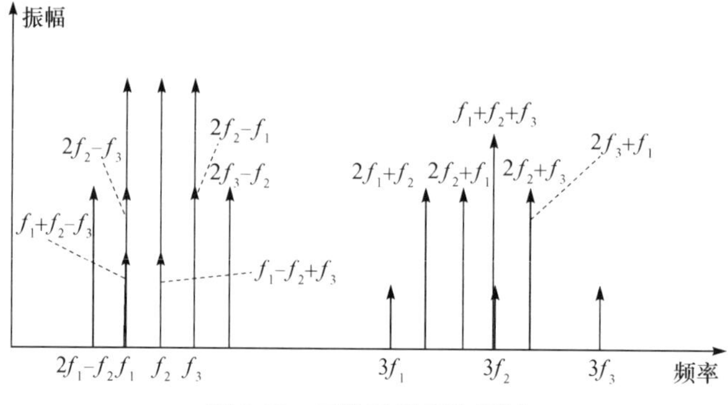

图 3-23　三阶互调产物振幅

在频率 ω_r 处，符合传输频带内的三阶互调产物因子 $2\omega_x-\omega_y$ 和 $\omega_x+\omega_y-\omega_z$ 的个数[13]分别为

$$N_{21}=\operatorname{int}\left[\frac{N-k}{2}\right]+\operatorname{int}\left[\frac{k-l}{2}\right],\quad l\leqslant k\leqslant N \tag{3.86}$$

$$N_{111}=\operatorname{int}\left[\frac{k-l}{2}\right]\operatorname{int}\left[\frac{k-l-1}{2}\right]+(k-l)(N-k)+\operatorname{int}\left[\frac{N-k}{2}\right]\operatorname{int}\left[\frac{N-k-1}{2}\right],\quad l\leqslant k\leqslant N \tag{3.87}$$

式中，l 和 N 分别为初始载波以及总载波个数；k 为第 k 个载波；$\text{int}\lfloor x \rfloor$ 为取整函数。

由式(3.86)和式(3.87)可以得出，当 $k=l=1$ 且载波个数为偶数时，$N_{111}=0.25(N-2)^2$ 及 $N_{21}=0.5(N-2)$；当 $k=l=1$ 且载波个数为奇数时，$N_{111}=0.25(N-1)(N-3)$ 且 $N_{21}=0.5\times(N-1)$。表 3-4 和表 3-5 分别为载波个数 $N=16$，k、l 为不同值时，传输频带内的互调产物 $2\omega_x-\omega_y$ 和 $\omega_x+\omega_y-\omega_z$ 的个数。

表 3-4　带宽内的互调产物 $2\omega_x-\omega_y$ 个数($N=16$)

l \ k	1	2	3	4	5	6	7	8	9	10	11	12	13	14	15	16
								N_{2x-y}								
1	7	7	7	7	7	7	7	7	7	7	7	7	7	7	7	7
2		7	6	7	6	7	6	7	6	7	6	7	6	7	6	7
3			6	6	6	6	6	6	6	6	6	6	6	6	6	6
4				6	5	6	5	6	5	6	5	6	5	6	5	6
5					5	5	5	5	5	5	5	5	5	5	5	5
6						5	4	5	4	5	4	5	4	5	4	5
7							4	4	4	4	4	4	4	4	4	4
8								4	3	4	3	4	3	4	3	4
9									3	3	3	3	3	3	3	3
10										3	2	3	2	3	2	3
11											2	2	2	2	2	2
12												2	1	2	1	2
13													1	1	1	1
14														1	0	1
15															0	0
16																0

表 3-5　带宽内的互调产物 $\omega_x+\omega_y-\omega_z$ 个数($N=16$)

l \ k	1	2	3	4	5	6	7	8	9	10	11	12	13	14	15	16
								N_{x+y-z}								
1	49	56	62	67	71	74	76	77	77	76	74	71	67	62	56	49
2		42	49	54	59	62	65	66	67	66	65	62	59	54	49	42
3			36	42	47	51	54	56	57	57	56	54	51	47	42	36
4				30	36	40	44	46	48	48	48	46	44	40	36	30
5					25	30	34	37	39	40	40	39	37	34	30	25
6						20	25	28	31	32	33	32	31	28	25	20

（续表）

k / l	1	2	3	4	5	6	7	8	9	10	11	12	13	14	15	16
7							16	20	23	25	26	26	25	23	20	16
8								12	16	18	20	20	20	18	16	12
9									9	12	14	15	15	14	12	9
10										6	9	10	11	10	9	6
11											4	6	7	7	6	4
12												1	4	4	4	1
13													1	2	2	1
14														0	1	0
15															0	0
16																0

图 3-24 为传输频带内的三阶失真互调失真产物因子$\omega_x+\omega_y-\omega_z$和 $2\omega_x-\omega_y$ 的个数 N_{111} 及 N_{21}，其中 $k=l=1$。从图中可以看出：随着副载波个数的增加，频带内的三阶互调产物个数 N_{111} 及 N_{21} 也随之逐渐增加。对比图中的两条曲线发现，随着副载波个数的增加，频带内的三阶互调产物$\omega_x+\omega_y-\omega_z$ 的数量明显增加得更快，而频带内的三阶互调产物 $2\omega_x-\omega_y$ 的数量变化相对比较缓慢。通过图 3-24 中的两条曲线可以看出，互调产物失真因子的数量主要与频带内互调产物因子$\omega_x+\omega_y-\omega_z$ 的个数相关。由式(3.82)～式(3.87)推导出三阶互调失真振幅的表达式为

$$\text{IMD3} = S_{21}N_{21} + S_{111}N_{111} \tag{3.88}$$

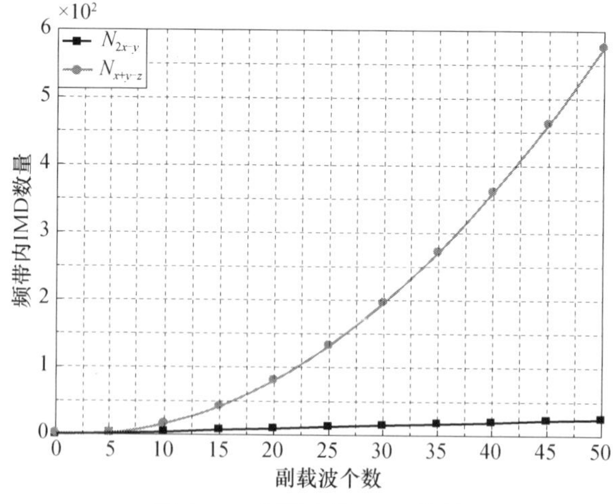

图 3-24　频带内的 IMD 数量

频带内三阶互调失真方差的表达式[14]为

$$\sigma_{\text{IMD3}}^2 = \frac{1}{32}(\eta P_{\text{r}})^2 m^6 (N_{21} + N_{111}) \tag{3.89}$$

式中, m 为激光器调制指数; η为光电探测器量子效率; P_{r} 为平均接收光功率。

由于功耗与三阶互调失真方差直接相关, 因此其可以有效地说明互调失真功率的强弱程度, 其表达式为[15]

$$r_{\text{imd}} = 10\log\left(1 + \frac{\sigma_{\text{IMD3}}^2}{\sigma^2}\right) = 10\log\left(1 + \frac{\sigma_{\text{IMD3}}^2}{\sigma_{\text{Sh}}^2 + \sigma_{\text{Th}}^2}\right)$$

式中, σ_{IMD3}^2 为三阶互调失真方差; σ_{Sh}^2 和 σ_{Th}^2 分别为散射噪声和热噪声。

图 3-25 为不同调制指数下的激光器非线性三阶互调失真功耗特性, 图中加性噪声功率 $\sigma^2 = 10^{-2}$、$\eta = 0.8$、平均接收光功率 P_{r}=5.8dBm 且 k=l=1, 载波个数 N 分别取 8、12、16。由图 3-25 可以看出, 随着调制指数的增大, 互调失真的功耗逐渐增强, 这是因为调制指数的大小直接影响着三阶互调失真方差的大小, 调制指数增大, 三阶互调失真方差增大, 使互调失真功耗也随之增大。当调制指数 m 达到 0.6 时, 互调失真的功耗逐渐趋于平稳, 达到最大值约 80dB。随着载波个数 N 的增加, 互调失真功耗也随之逐渐增加。在功耗达到饱和后, 载波个数对 IMD 功耗几乎不产生影响, 都趋于平稳。

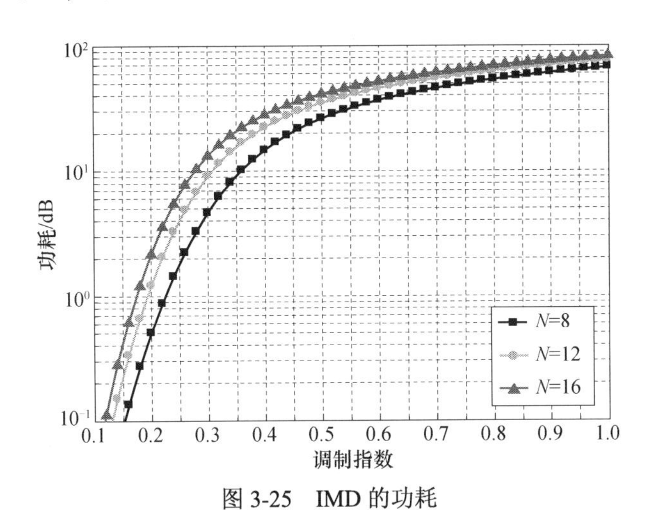

图 3-25　IMD 的功耗

3.3.2　副载波调制的非线性互调失真特性

在 Gamma-Gamma 湍流信道下, 针对无线光多路副载波 BPSK 调制通信系统研究了非线性互调失真对载波互调噪声比、误码率的影响规律。其系统框图如图 3-26 所示。

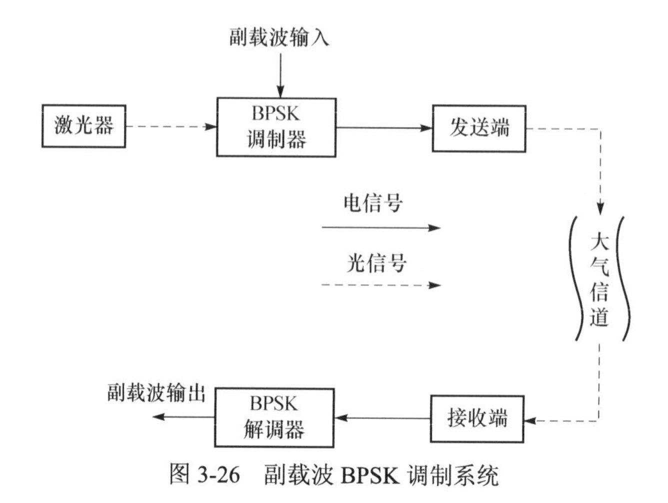

图 3-26　副载波 BPSK 调制系统

Gamma-Gamma 概率密度分布函数定义为

$$p(I)=\frac{2(\alpha\beta)^{\frac{\alpha+\beta}{2}}}{\Gamma(\alpha)\Gamma(\beta)}I^{\frac{\alpha+\beta}{2}-1}K_{\alpha-\beta}\left(2\sqrt{\alpha\beta I}\right),\quad I>0 \tag{3.90}$$

式中，$\Gamma(\cdot)$ 为 Gamma 函数；$K_n(\cdot)$ 为 n 阶修正的第二类贝塞尔函数；α、β 分别为外尺度和内尺度参数。SI 为闪烁指数，定义为[16]

$$\mathrm{SI}=\frac{1}{\alpha}+\frac{1}{\beta}+\frac{1}{\alpha\beta} \tag{3.91}$$

副载波调制无线激光通信系统中，激光器输出的功率以及光强分布分别为

$$P(t)=P_T\exp\left\{m\sum_{n=1}^{N}\cos\left[\omega_n t+\varphi(t)\right]\right\} \tag{3.92}$$

$$I(t)=I\left[1+mx(t)+a_2m^2x^2(t)+\cdots+a_im^ix^i(t)+\cdots\right] \tag{3.93}$$

式中，$\{a_n\}_{n=2}^{\infty}$ 是激光器的非线性系数，一般为常数。若激光器不存在非线性，则 $\{a_n\}_{n=2}^{\infty}$ 等于零。当采用 BPSK 调制多路副载波时，调制函数 $x(t)=\sum_{i=1}^{N}\cos(\omega_i t+\varphi_i)$。考虑传输带宽为一倍频程，激光器非线性的二阶互调失真不在频带范围内，频带内的互调产物只考虑三阶互调失真。

由于光强闪烁非常慢，接收到的光信号经过光电转换为电信号时，只考虑交变电流信号[11]:

$$i(t)=\eta Im\left[\sum_{n=1}^{N}\cos\left(\omega_n t+\varphi_n\right)\right]+n(t) \tag{3.94}$$

将式(3.93)代入式(3.94)中，得到载波功率和加性高斯白噪声功率分别为

$$S_{\mathrm{P}}=\frac{\eta^2 I^2}{2}\left[m+\frac{3}{4}a_3 m^3\left(2N-1\right)\right]^2 \tag{3.95}$$

$$\sigma^2=\sigma_{\mathrm{Sh}}^2+\sigma_{\mathrm{Th}}^2 \tag{3.96}$$

1. 无湍流条件下的载波互调噪声比性能分析

在不考虑湍流情况下，自由空间光通信系统接收端的载波互调噪声比(carrier signal to intermodulation distortion and noise ration, CINR)的表达式为[16]

$$\mathrm{CINR}=\frac{S_{\mathrm{P}}}{\sigma^2+\sigma_{\mathrm{IMD3}}^2} \tag{3.97}$$

由式(3.88)、式(3.95)、式(3.96)推导出接收端的 CINR 表达式为

$$\mathrm{CINR}=\frac{S_{\mathrm{P}}}{\sigma^2+\sigma_{\mathrm{IMD3}}^2}=\frac{16R^2I^2\left[m+\frac{3}{4}a_3 m^3\left(2N-1\right)\right]^2}{32\sigma^2+\left(\eta P_{\mathrm{r}}\right)^2 a_3^2 I^2 m^6\left(N_{21}+N_{111}\right)} \tag{3.98}$$

令 $\mathrm{d(CINR)}/\mathrm{d}m=0$，得出调制指数的最佳值为

$$m=\left[\frac{16\sigma^2}{a_3^2\left(RP_{\mathrm{r}}\right)^2\left(N_{21}+N_{111}\right)}\right]^{1/6} \tag{3.99}$$

图 3-27 为不同频率组合的三阶互调产物下，调制指数与系统载波互调噪声比的关系。仿真中载波个数 N=16、噪声功率$\sigma^2=10^{-2}$、三阶非线性系数取 a_3=0.01 且 k=l=1。由图 3-27 可以看出，若只考虑三阶互调 $2\omega_x-\omega_y$ 对通信系统的影响，调制指数 m=1.0 时, CINR 达到最大值 56.1dB；而考虑三阶互调$\omega_x+\omega_y-\omega_z$时，当调制指数 m=0.6 时, CINR 达到最大值 13.6dB。对比图中的两条曲线发现，在调制指数

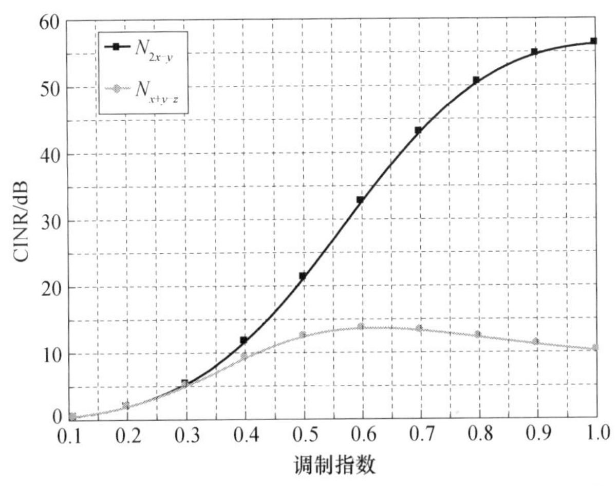

图 3-27　无湍流下的载波互调噪声比(N_{2x-y}=N_{21}, N_{x+y-z}=N_{111})[17,18]

m=0.6 时，激光器非线性三阶互调产物因子 $\omega_x+\omega_y-\omega_z$ 影响下的 CINR 为 13.6dB，而三阶互调产物因子 $2\omega_x-\omega_y$ 对应的 CINR 为 33dB，前者互调失真类型对系统的影响明显大于后者。这是因为非线性互调失真对系统的影响主要取决于互调产物因子在频带内的数量。当载波个数 N=16 时，三阶互调产物个数 $N_{111} \gg N_{21}$，因此非线性三阶互调产物 $\omega_x+\omega_y-\omega_z$ 影响下系统的 CINR 小。

图 3-28 为三阶非线性系数不同时的载波互调噪声比与调制指数的关系。仿真中 a_3 分别取 0.01、0.1 及 1.0，噪声功率 $\sigma^2=10^{-2}$ 及载波数 $N=16(N_{21}=7, N_{111}=49)$、$k=l=1$。由图 3-28 可以看出，随着非线性系数的增大，获得的最大载波互调噪声比所对应的最佳调制指数减小。当 $a_3=0.01$ 时，调制指数高于 1.0，CINR 达到最大值；$a_3=0.1$ 时，调制指数 $m=0.6$，CINR 达到最大值 14.1dB；$a_3=1.0$ 时，调制指数 $m=0.3$，CINR 达到最大值 7.35dB。三阶非线性系数 $a_3=0.01$ 时，调制指数较大，可得到较大的光功率输出，使 CINR 增大，但调制指数过大会造成削波失真。

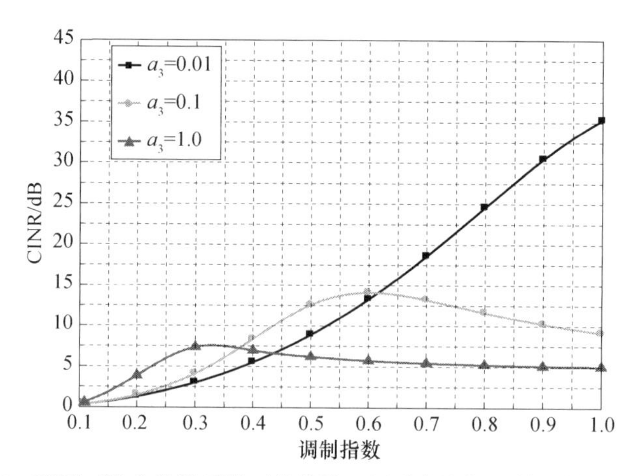

图 3-28　不同三阶非线性系数下的载波互调噪声比与调制指数的关系[17,18]

图 3-29 给出了三种不同载波个数情况下的调制指数与光强度的曲线关系图，图中载波个数 N 分别取 8、12、16。对比图中的 3 条曲线可以看出，同一光强条件下，载波个数越大，调制指数反而越小。在相同载波个数条件下，光强度逐渐增强，调制指数随之逐渐减小，使得传输控制在动态范围内。

2. 大气湍流信道下载波互调噪声比性能分析

当考虑自由空间光通信中大气湍流的影响时，系统载波互调噪声比记为 $\mathrm{CINR_{ave}}$，由式(3.98)可知其表达式[19,20]为

$$\mathrm{CINR_{ave}} = \int_0^{\infty} \mathrm{CINR} \times p(I)\mathrm{d}I \tag{3.100}$$

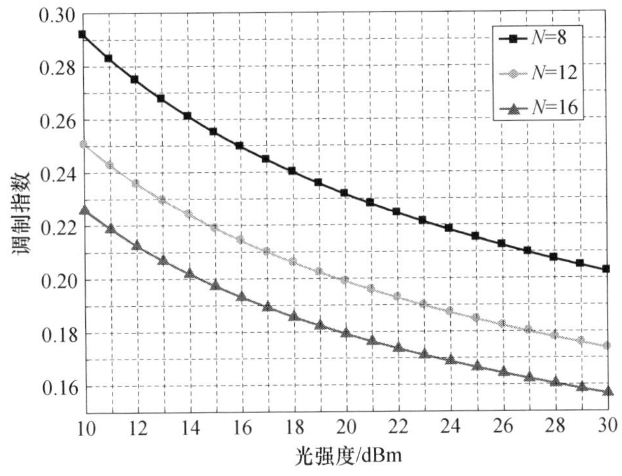

图 3-29　不同载波个数下调制指数与光强度的关系[17,18]

大气湍流光强起伏分布采用 Gamma-Gamma 模型[16,21,22]，该模型不同于对数正态分布模型，它的适用范围更加广泛，不仅适用于弱湍流，中等强度湍流及强湍流情况下也适用，则式(3.100)变为

$$\mathrm{CINR_{ave}}=\frac{32R^2\left[m+\frac{3}{4}a_3m^3\left(2N-1\right)\right]^2\left(\alpha\beta\right)^{\frac{\alpha+\beta}{2}}}{\Gamma(\alpha)\Gamma(\beta)}\cdot\int_0^{\infty}\frac{I^{\frac{\alpha+\beta}{2}+1}}{32\sigma^2+Km^6I^2a_3^2}K_{\alpha-\beta}\left(2\sqrt{\alpha\beta I}\right)\mathrm{d}I \tag{3.101}$$

式中，$K=\left(\eta P_{\mathrm{r}}\right)^2\left(N_{111}+N_{21}\right)$。

如图 3-30 所示，根据式(3.101)对在不同湍流条件下的载波互调噪声比进行仿真。从图 3-30 中可以看出，当考虑 $\sigma^2=10^{-2}$、$k=l=1$、$a_3=0.1$ 以及 $N=16\left(N_{21}=7,N_{111}=49\right)$ 时，弱湍流条件下，$\alpha=11.6$、$\beta=10.1$ ($\mathrm{SI}=0.2$)，调制指数 m=0.6 时，CINR 达到最大值 12.9dB；中等湍流条件下，$\alpha=4.0$、$\beta=1.9$ ($\mathrm{SI}=0.9$)，调制指数 $m=0.55$ 时，CINR 达到最大值 10.6dB；强湍流条件下，$\alpha=1.2$、$\beta=1.1$ ($\mathrm{SI}=2.5$)，调制指数 $m=0.43$，CINR 达到最大值 8.9dB。

从图 3-30 可以看出：在同一湍流条件下，调制指数小于最佳取值时，CINR 随着调制指数的增加而上升；调制指数大于最佳取值时，CINR 随着调制指数的增大而下降，表明激光器非线性互调失真对系统载波互调噪声比的影响与调制指数选取有密切的关系。对比图中的 3 条曲线可以看出：当调制指数高于 0.38 时，在一定调制指数下，闪烁指数越大导致 CINR 越小，弱湍流获得的最大载噪比与强湍流相比约高 4.0dB。因此，随着闪烁指数的增加，要获得系统最大 CINR 所对应的最

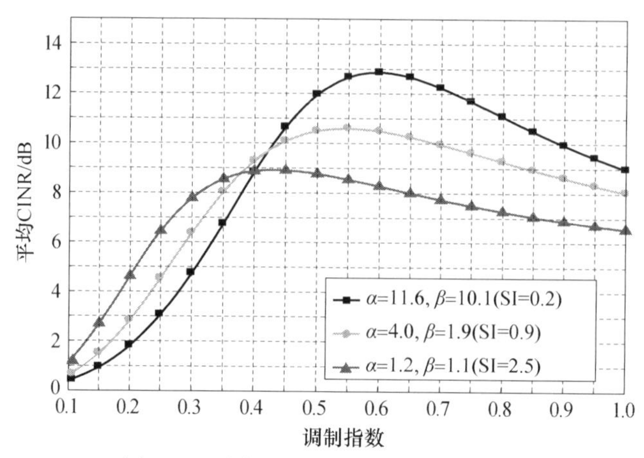

图 3-30 大气湍流下的载波互调噪声比

佳调制指数选取需要越小。

为了分析不同载波个数情况下的载波互调噪声比，令$\sigma^2=10^{-2}$、$k=l=1$。考虑载波个数分别为N=8、12、16 时，所求得的载波互调噪声比如图 3-31 所示。当载波个数$N=8$时，调制指数m=0.75，CINR 达到最大值 17.47dB；载波个数N=12 时，调制指数m=0. 65，CINR 最大值为 14.2dB；载波个数N=16 时，调制指数m=0.6，CINR 最大值为 12.5dB。通过分析图中的 3 条曲线可以看出，随着载波个数的增加，载波互调噪声比降低。这是由于载波个数增加时，频带内的互调产物因子增多，互调失真的方差增大，载波互调噪声比降低。

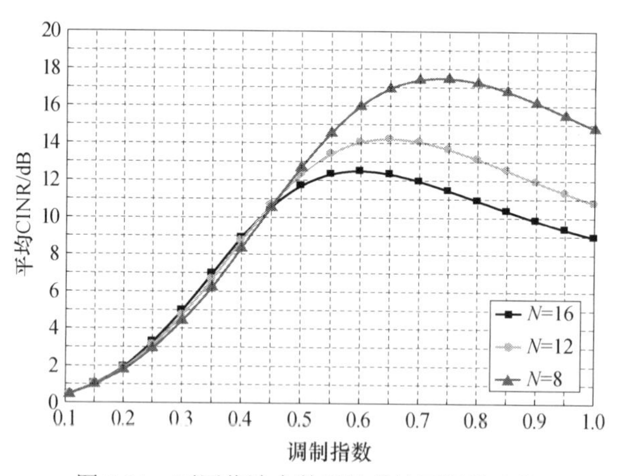

图 3-31 不同载波个数下的载波互调噪声比

图 3-32 给出了最大 CINR 与载波个数N的曲线关系，载波个数N取 8～16，图中(SI,a_3)分别取(0.2,1.0)，(0.2,0.3)，(0.9,1.0)以及(0.9,0.3)。当湍流强度相同，三阶非线性系数a_3=0.3 时，最大 CINR 高于三阶非线性系数a_3=1.0 时对应的最大

CINR。这是因为非线性系数越大，激光器的非线性越强，CINR 越小。三阶非线性系数相同时，当光强闪烁指数 SI=0.2 时，FSO 系统的最大 CINR 明显高于闪烁指数 SI=0.9 时的最大 CINR。这是由于湍流信道的光强闪烁越强，系统的噪声增强，对应的最大 CINR 降低。对于相同的(SI,a_3)，载波个数 N 越大，系统的最大 CINR 越小。

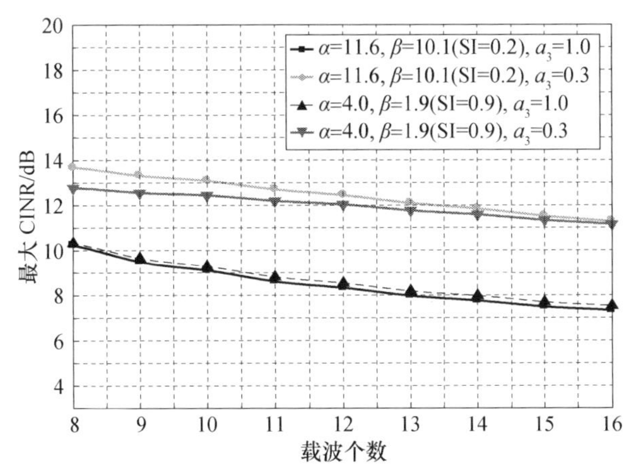

图 3-32 不同非线性系数下的最大载波互调噪声比

3. 误码率性能分析

在大气湍流信道下，采用 BPSK 调制产生的激光器非线性互调失真的 FSO 系统 BER 可以表示为[23,24]

$$
\begin{aligned}
P_{\mathrm{e}}(m) &= \int_0^{\infty} Q\left(\sqrt{\mathrm{CINR}}\right) p(I)\,\mathrm{d}I \\
&= \int_0^{\infty} Q\left(\sqrt{\mathrm{CINR}}\right) \frac{2(\alpha\beta)^{\frac{\alpha+\beta}{2}}}{\Gamma(\alpha)\Gamma(\beta)} I^{\frac{\alpha+\beta}{2}-1} K_{\alpha-\beta}\left(2\sqrt{\alpha\beta I}\right)\mathrm{d}I
\end{aligned}
\tag{3.102}
$$

图 3-33 为不同调制指数下，副载波 BPSK 调制无线光通信系统的 BER 特性曲线。仿真中，令 $\sigma^2=10^{-2}$、$k=l=1$、$a_3=0.1$ 以及 $N=16\left(N_{21}=7, N_{111}=49\right)$。在调制指数小于最佳取值时，误码率随着调制指数的增加而下降，表明此时非线性失真对系统性能的影响较小，但是调制指数一旦大于最佳取值，激光器非线性失真主要对系统产生严重的影响，调制指数增加，误码率上升。从图 3-33 中可以看出：在调制指数等于 0.38 时，三种湍流条件下的误码率基本相同，为 1.5×10^{-3}；调制指数大于 0.38 时，同一调制指数下，闪烁指数越大，BER 越高，严重影响通信系统的稳定性和可靠性。随着调制指数进一步增大，非线性失真饱和，误码率也趋于饱和。

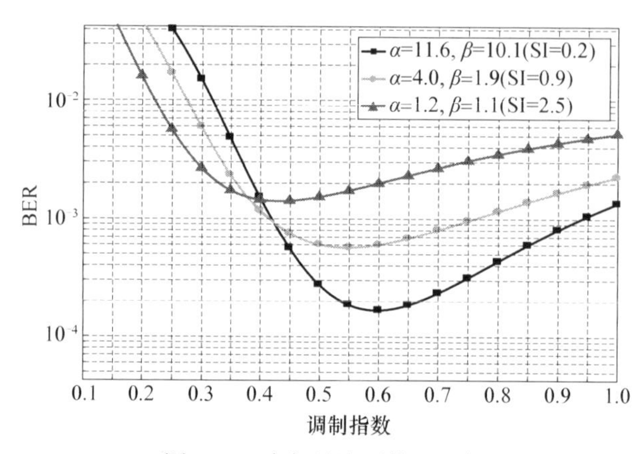

图 3-33　大气湍流下的误码率

图 3-34 给出了不同湍流条件下的误码率与平均接收光功率的曲线图。弱湍流条件下α=11.6、β=10.1(SI=0.2)，中等强度湍流下α=4.0、β=1.9(SI=0.9)，以及强湍流下α=1.2、β=1.1(SI=2.5)。从图中可以明显看出，弱湍流条件下，BER 达到 10^{-4} 时，对应的平均接收光功率等于−7dBm；中等强度湍流下的平均接收光功率为−6.3dBm，强湍流条件下高于中等湍流条件下的平均接收光功率，大小为−5.7dBm。在弱湍流条件下的平均接收功率效率最高，从而 BER 最小，通信质量明显提升。

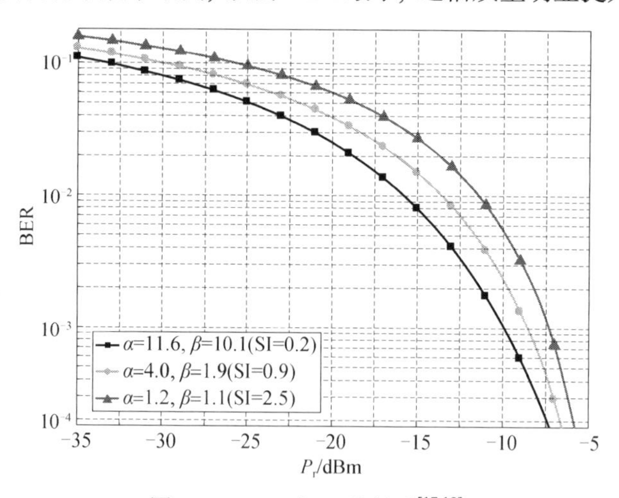

图 3-34　BER 与 P_r 的关系[17,18]

4. 非线性对星座图及眼图的影响

如图 3-35 所示，以调制度为 0.98 的非线性畸变载波为例，畸变载波与标准载波的相关系数为 0.91。该畸变载波与标准载波的波形和频谱如图 3-35 所示，受激光器非线性的影响，畸变载波的谐波较大。

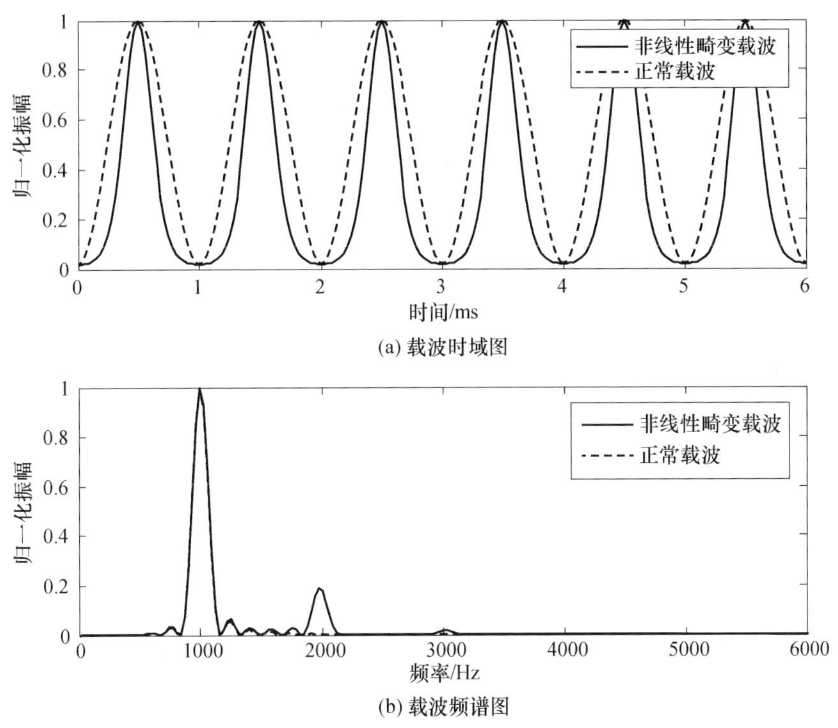

(a) 载波时域图

(b) 载波频谱图

图 3-35　畸变载波的时域和频谱图

经过畸变载波调制的 QPSK 信号, 解调后的星座图如图 3-36 所示。谐波分

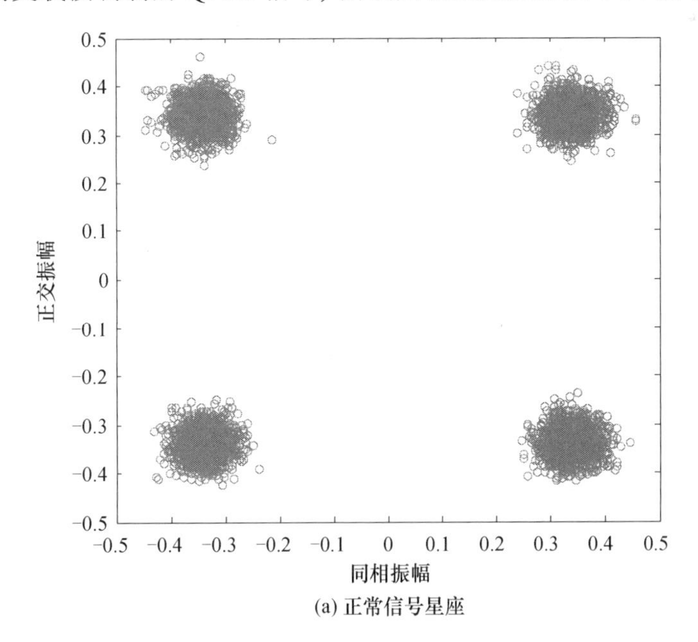

(a) 正常信号星座

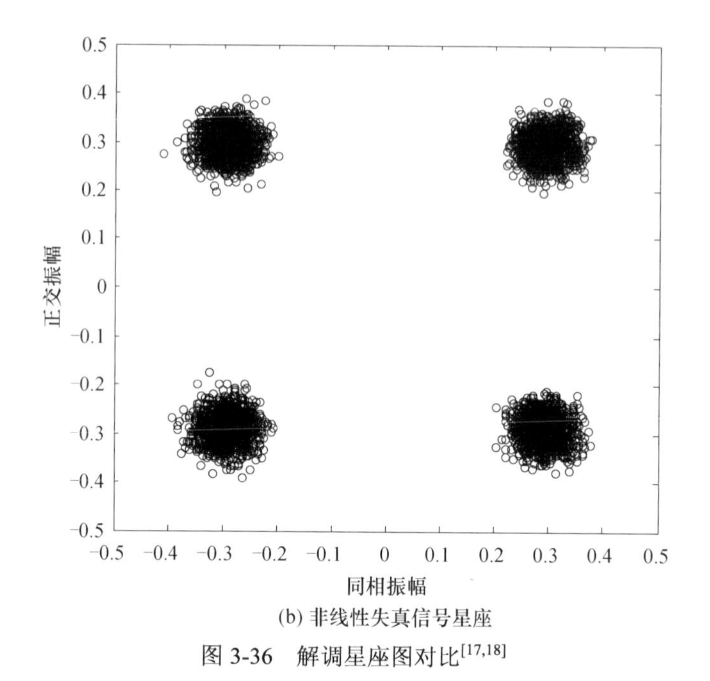

(b) 非线性失真信号星座

图 3-36　解调星座图对比[17,18]

量较大，这导致经过解调的低通滤波器后的有用功率降低。非线性会使星座图偏离原来的位置，但一般不会引起误码。如图 3-37 所示，非线性失真反映在解调信

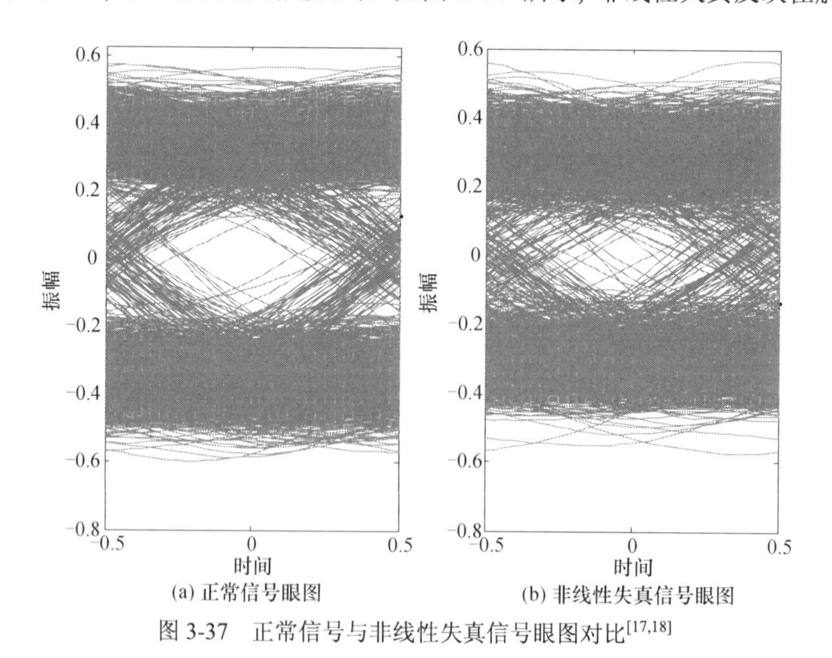

(a) 正常信号眼图　(b) 非线性失真信号眼图

图 3-37　正常信号与非线性失真信号眼图对比[17,18]

号眼图中，失真信号的眼图开度比正常信号小。随着调制度的增加，眼图的开度越来越小。

3.4　半导体激光器功率控制

半导体激光器的阈值电流和外微分量子效率会随着温度和器件的老化而变化，工作在给定偏流下的激光器的输出功率会随之下降。为了维持 LD 输出光功率的稳定，通常采用自动功率控制(automatic power control, APC)和自动温度控制(automatic temperature control, ATC)予以保护。其中 APC 电路保障 LD 发出的光信号稳定在正常值范围，ATC 电路保障 LD 有一个长期稳定的工作环境[25]。

3.4.1　温度对半导体激光器的影响

半导体激光器的结型结构以及半导体材料对温度的敏感性，使温度对半导体激光器的工作性能产生非常大的影响。温度对半导体激光器的影响主要体现在功率的稳定性上，根本上说是对半导体激光器的波长、阈值电流以及输出光功率的影响，从而影响半导体激光器的工作性能。

1. 温度对激光器波长的影响

半导体激光器的输出波长取决于激光器的自身结构参数，理论上是不可变的，然而，外界因素如工作电流和工作温度会影响其输出波长变化。半导体激光器通电工作时，其电流密度不断增大，二极管会产生热效应，从而造成有源区温度上升。研究表明，每毫安电流的变化会引起约 0.02nm 输出波长的漂移[26]。同时，由于有源层材料的禁带宽度随温度的升高而变窄，即激光器的光学谐振器参数发生了变化，激光波长发生移动，该移动量与器件的结构和有源区的材料有关。一般情况下，在驱动电流恒定时，温度每升高 1℃，半导体激光器的输出波长将红移 0.2～0.3nm[27]。因此，为了使半导体激光器输出波长稳定，需要将激光器的工作温度控制在合适的范围内。

2. 温度对激光器阈值的影响

随着温度的升高，半导体激光器的阈值电流也随之升高。温度和阈值电流的关系在一定的温度变化范围内通常可以表示为

$$I_{\mathrm{th}}(T)=I_{\mathrm{th}}(T_0)\times\exp\left(\frac{T-T_{\mathrm{r}}}{T_0}\right) \tag{3.103}$$

式中，T_{r}为室内温度；T_0为半导体激光器的特征温度；$I_{\mathrm{th}}(T)$为半导体激光器在温度

为 T 时的阈值电流；$I_{th}(T_0)$为半导体激光器在温度为 T_0 时的阈值电流。特征温度 T_0是表征半导体激光器温度稳定性的重要参数，它取决于激光器材料和器件结构，同种激光器的 T_0 为常数。T_0 越高，温度的灵敏度越低，激光器的稳定性越好。

温度与阈值电流的关系可由图 3-38 直观地反映出来。从图中可以看出：温度的变化对半导体激光器的阈值特性产生明显的影响，随着温度的增加，阈值电流逐渐增大。从图中还可以看出，工作在给定偏流下的激光器，其输出功率会随着温度的升高而减小，即温度升高会使 P-I 特性发生劣化[28]。

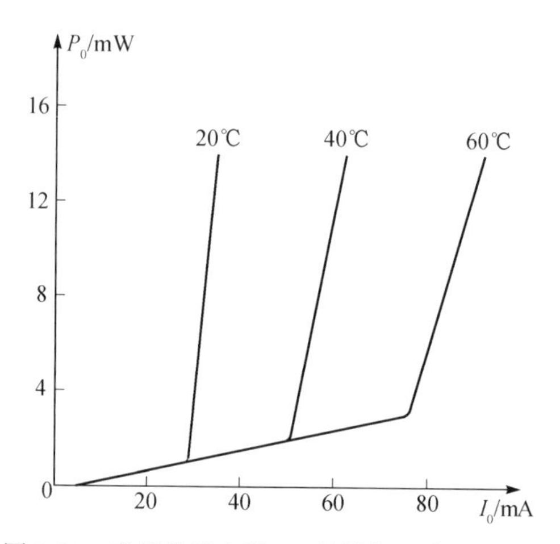

图 3-38　半导体激光器 P-I 特性与温度变化曲线

3. 温度对激光器输出光功率的影响

激光器外微分量子效率和阈值电流随温度变化是影响激光器输出光功率变化的主要原因。线性度较好的激光器，其输出光功率可表示为

$$P_0 = \frac{\eta_D h\nu}{e_0}(I - I_{th}) \tag{3.104}$$

式中，P_0 为输出光功率；η_D 为外微分子量效率；h 为普朗克常量；ν为光频率；e_0 为单个电子；I 为注入电流；I_{th} 为阈值电流。

由文献[29]～[38]可知，外微分量子效率随温度的变化不是很明显，如 GaAs 激光器，在热力学温度 77K 时 η_D 约为 50%，而到 300K 时，η_D 约为 30%。由式(3.104)可以看出，注入电流以及阈值电流的稳定性都直接影响着输出光功率的稳定性[28]。

4. 失效机理

在适当条件下正确使用激光器可延长其使用寿命，然而激光器是高效率的能量转化器件，对工作环境及存储条件要求非常高，如果使用不当，非常容易损坏。半导体激光器的失效机理可分为内部模式和外部模式[39]。

内部模式主要包括腔面损伤退化、烧结部位电极退化、暗线缺陷等，这些现象主要与激光器制作工艺、材料和自身结构有关。同时温度也是影响内部模式的主要原因，温度的升高将加速腔面氧化和暗线退化。

外部模式主要是腔面解理面受到破坏或 PN 结被击穿造成的突然失效，引起这些突然失效的主要原因是浪涌电流。一般情况下，半导体激光器使用中超过 50%的突发性损坏都是由浪涌电流造成的。浪涌电流是指持续时间大于 8.4ms 的突发性电流脉冲或瞬态电压，它可分为直流破坏、静电击穿和浪涌击穿等三种。

浪涌电流会使激光器瞬间损坏，为了更好地在电路中消除浪涌的影响，电路设计和实验时应注意以下几点：保证激光器或其他电子器件引脚接触良好，以免时通时断破坏电路；不能带电插拔器件，防止电源瞬时开关；选用质量合格的元件，消除电子元件参数突变和雷电感应的影响[40]。

3.4.2　功率控制系统

半导体激光器功率控制系统可分为两个模块，即自动功率控制模块和自动温度控制模块。系统方案总体框图如图 3-39 所示。

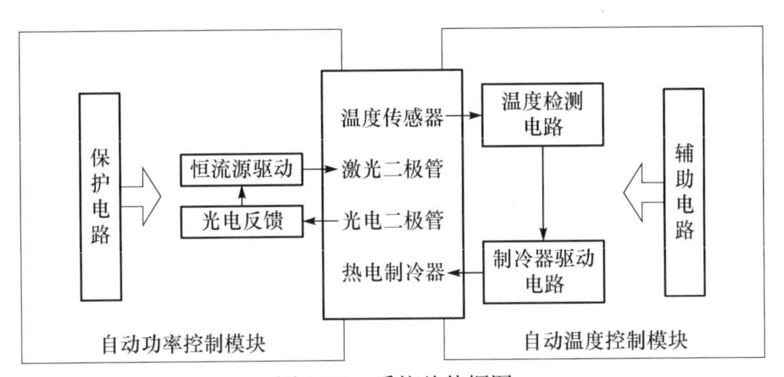

图 3-39　系统总体框图

1. 光电反馈原理

在电路控制系统中，将系统输出量(电压或电流等参量)的一部分或者全部通过特定的电路形式作用到系统的输入回路，这种方法称为反馈。反馈的作用使净输入量增大的为正反馈；反之，使净输入量减小的为负反馈。其中，负反馈技术使运算放大器的增益大大降低，但其优点是显而易见的，负反馈技术能够改善放大电路的稳定性、通频带宽、信噪比、非线性失真等，应用非常广泛[41]。

常用的半导体激光器是将一个半导体激光管与一个光电二极管(photodiode, PD)封装在一起, PD 可以将 LD 的光功率信号转化为电流信号。由于 LD 发出的激光包括正向激光与背向激光, 正向激光与背向激光的波长和光功率都是完全相同的, 因此可以通过对背向激光的测量得到 LD 的正向光功率[42]。激光器可分为同轴封装、蝶形封装以及双列直插封装, 其中 LD 与 PD 的连接方式如图 3-40 所示。

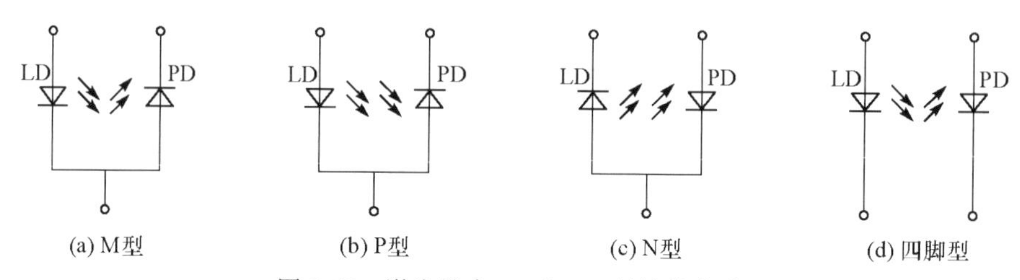

图 3-40　激光器中 LD 与 PD 的连接方式

光功率自动控制主要有三种方法：一是自动跟踪 LD 的偏置电流, 以保证激光器偏置在最佳状态; 二是 *P-I* 曲线效率控制法; 三是自动控制平均功率和峰值功率检测法。三种方法针对不同的使用环境有各自的优缺点, 其中第一种方法可采用光电反馈原理监测 LD 输出光功率, 通过反馈控制调整注入电流对激光器输出功率的起伏进行补偿[43]。图 3-41 给出了自动功率控制系统的结构框图。其中, $R(s)$为系统期望的控制量; $Y(s)$为系统实际的输出量; K_p 为比例控制器; $G(s)$为被控对象; $H(s)$为反馈器件。

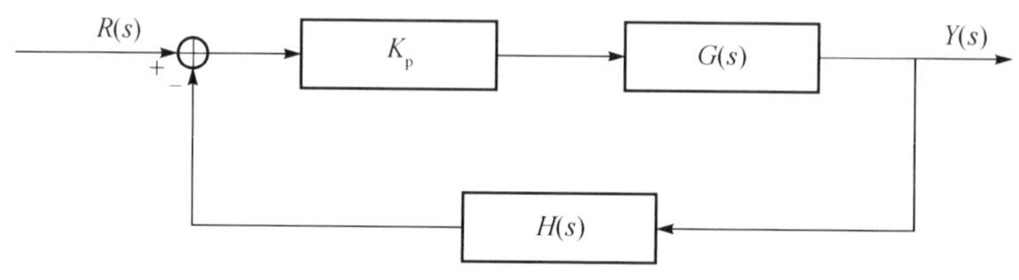

图 3-41　自动功率控制系统结构框图

图3-41 中, 被控对象 $G(s)$为 LD, 反馈器件 $H(s)$是封装在半导体激光器组件中的光电二极管, 它从激光器芯片的背向光强中检测到一部分能线性反映输出光功率变化的光功率, 经光电转换变成电信号。该信号与基准参考电压 $R(s)$进行比较, 再由比较控制器 K_p 控制激光器的直流偏置电流, 这样就能通过改变偏置电流的大小来稳定 LD 的输出光功率。

2. 自动功率控制电路

自动功率控制电路包括比较放大模块、恒流源模块和光功率反馈模块, 其主要由美国 TI 公司的 INA114、OPA547 等器件组成，该电路集成度高、元件少、性能稳定。同时，为了保证半导体激光器的使用安全，APC 电路中还设计了电源电路和保护电路[44]。

自动功率控制电路采用内部结构为 M 型的半导体激光器，电路原理图如图 3-42 所示。

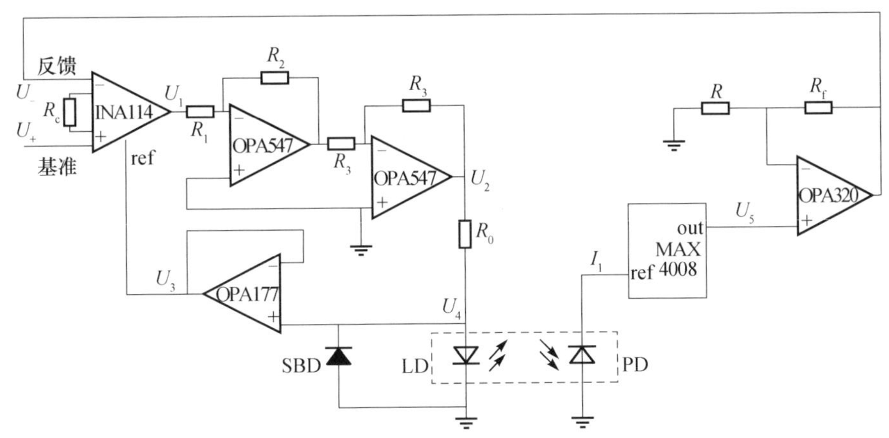

图 3-42　自动功率控制电路设计原理图

比较放大模块主要由 INA114 组成，由图 3-42 可得

$$G=1+\frac{50\text{k}\Omega}{R_G} \tag{3.105}$$

$$U_1=G\left(U_+-U_-\right)+U_3 \tag{3.106}$$

式中，G 为比较放大器的放大倍数；R_G 为外接放大电阻；U_+为基准参考电压；U_-为光功率反馈电压；U_1 为比较放大器的输出电压。以 OPA547 和 OPA177 为核心构成恒流源，以实现对半导体激光器的恒流驱动。OPA547 的第一级为比例环节，第二级为反相器，则

$$U_2=\frac{R_2}{R_1}U_1 \tag{3.107}$$

式中，R_2/R_1 为比例系数 K_p。OPA177 为电压跟随器，故

$$U_3=U_4 \tag{3.108}$$

由于 OPA177 的偏置电流很低，流向 OPA177 的电流可忽略不计。由图 3-42 可知，流过半导体激光器的电流就等于流过限流电阻 R_0 的电流，所以半导体激光器的工作电流为

$$I_f=\frac{U_2-U_4}{R_0} \tag{3.109}$$

将式(3.106)～式(3.108)代入式(3.109)中，得

$$I_{\mathrm{f}} = \frac{GU_{+} - U_{-}}{R_0} \tag{3.110}$$

由式(3.110)可知，在基准电压 U_+、放大系数 G 和限流电阻 R_0 一定的情况下，流过半导体激光器的偏置电流 I_0 仅与反馈电压 U_- 有关。

利用 MAX4008 和 OPA320 构成光功率反馈电路。MAX4008 是一款高精度电流检测芯片，专门在光纤应用中用于检测 PD 或 PIN 光电探测器的电流，它的 ref 引脚是参考电流输入引脚，out 引脚是检测电压输出引脚，其电压值大小与 ref 引脚电流呈正比关系[45]。MAX4008 的输出电压 U_{out} 与参考电流 I_{ref} 的关系式为

$$U_{\mathrm{out}}(\mathrm{mV}) = I_{\mathrm{ref}}(\mu\mathrm{A}) \tag{3.111}$$

在此电路中为

$$U_5(\mathrm{mV}) = I_{\mathrm{m}}(\mu\mathrm{A}) \tag{3.112}$$

MAX4008 反馈的电压 U_5 再通过运算放大器 OPA320 进行电压放大，则反馈电压 U_- 为

$$U_{-} = U_5\left(1 + \frac{R_{\mathrm{f}}}{R}\right) \tag{3.113}$$

式中，R_{f}/R 为比例放大系数，R_{f} 和 R 在实际应用中可根据具体 LD 和 PD 的参数而改变。

当激光器输出光功率减小时，流过 PD 的光电流减小，反馈电压 U_- 减小，则 INA114 的输出电压 U_1 增大，半导体激光器的驱动电流 I_0 升高，增大了 LD 的输出功率。

3. 自动功率控制电路的稳定性

自动功率控制电路由运算放大器Ⅰ、运算放大器Ⅱ、被控对象、反馈单元等部分组成。现分别列出各部分的传递函数。

(1) 运算放大器Ⅰ：OPA114 为比例放大器，其输入量(基准电压)U_+ 与反馈电压 U_- 产生偏差并放大，传递函数为运算放大器的放大倍数 $G_1=G=1$。

(2) 运算放大器Ⅱ：OPA547 构成比例环节，输出电压与输入电压的关系为 $U_2=(R_2/R_1)U_1$，其传递函数 $G_2=R_2/R_1=K_{\mathrm{p}}$。

(3) 被控对象：根据文献[46]，激光器输出至光电探测器这一环节的传递函数可采用信号源扫频的方法测试，测试出该环节幅值与相位之间的关系，进而反推出传递函数。由测试结果可知，激光器在光强控制系统中为一阶惯性环节，其传递函数为

$$G_3(s)=\frac{K}{Ts+1} \tag{3.114}$$

通过阶跃响应法建模，用切线法辨识出激光器单元的传递函数[45]。通过实验得到过程的阶跃响应。切线法是在曲线拐点处作切线，分别交于横轴和纵轴两点，系统的稳态值与输入值的差值即为 K；相交线段在横轴上的投影即为 T。激光器输出阶跃响应曲线如图 3-43 所示。

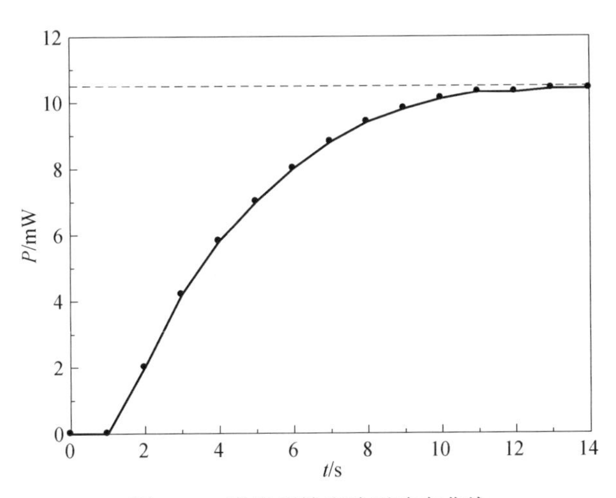

图 3-43　激光器输出阶跃响应曲线

由图 3-43 可计算出，K=10.5，T=7−1=6，则受控对象 LD 的传递函数为

$$G_3(s)=\frac{10.5}{6s+1} \tag{3.115}$$

自动功率控制回路的前向通道为两个控制环节的串联，其传递函数为

$$G(s)=G_2(s)G_3(s)=\frac{1.75K_{\mathrm{p}}}{s+0.167} \tag{3.116}$$

(4) 反馈单元：光电反馈单元由光电二极管、电流电压转换以及同相比例放大器构成。该单元可近似为一阶惯性环节，其传递函数为

$$H(s)=\frac{K}{Ts+1} \tag{3.117}$$

式中，T 为时间常数；K 为增益系数。同理，通过阶跃响应法建模，用切线法辨识出反馈单元的传递函数。反馈单元的阶跃响应曲线如图 3-44 所示。

由图 3-44 可计算出，K=0.5，T=5−1=4，则系统辨识出受控对象 LD 的传递函数为

$$H(s)=\frac{0.5}{4s+1} \tag{3.118}$$

自动功率控制回路开环传递函数为前向通道传递函数与反馈单元传递函数的乘积，即

$$G_0(s)=G(s)H(s)=\frac{0.2188K_p}{s^2+0.4167s+0.0417} \tag{3.119}$$

其闭环传递函数为

$$G_c(s)=\frac{G(s)}{1+G(s)H(s)}=\frac{(1.75s+0.4375)K_p}{s^2+0.4167s+0.0417+0.2188K_p} \tag{3.120}$$

对自动功率控制系统进行模拟仿真，仿真时将模型中的 K_p 分别设为 0.35、0.19、0.15，可得到比例控制时的单位阶跃响应曲线，如图 3-45 所示。

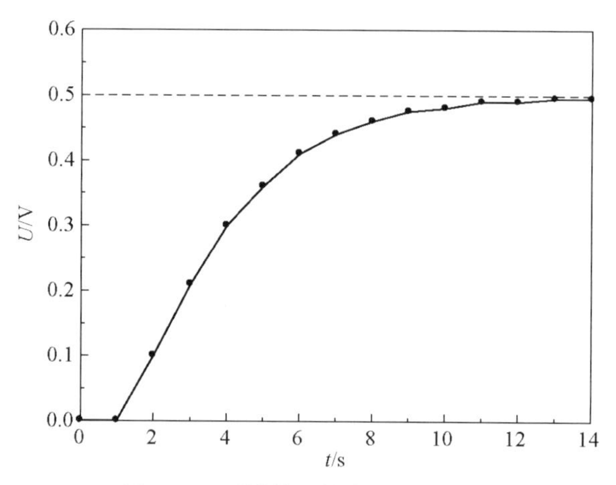

图 3-44　反馈单元的阶跃响应曲线

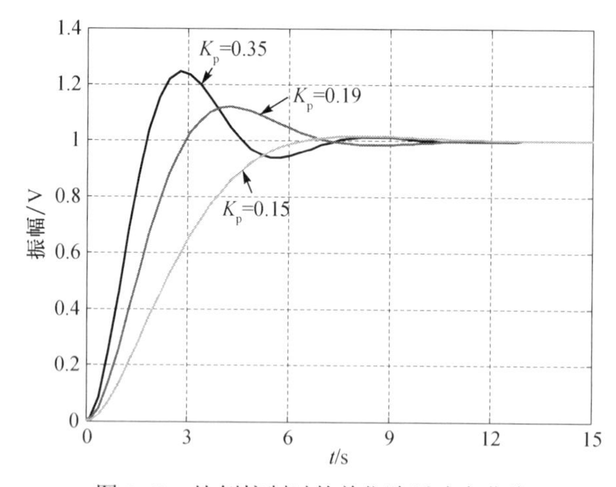

图 3-45　比例控制时的单位阶跃响应曲线

由图 3-45 可以看出，增大 K_p 值使系统响应速度加快，减少了上升时间，但也造成系统超调量增大，振荡次数增加，调节时间变长。当 K_p=0.19 时，仿真输出响应趋于稳态值 $y(\infty)=1$，此时系统超调量 $\sigma\%=10\%$，上升时间 t_r=1.5s，调节时间 t_s=6.2s，稳态误差 e_{ss}=0。

3.5　小　　结

(1) 本章分析了激光器的非线性失真，包括静态非线性、动态非线性以及削波失真引起的非线性，重点研究了激光器的动态非线性谐波失真。

(2) 本章基于半导体激光器速率方程，推导了激光器非线性互调失真振幅表达式；在 Gamma-Gamma 湍流信道下，针对无线光多路副载波 BPSK 调制，分析了激光器非线性互调失真对无线激光通信系统载波互调噪声比及误码率性能的影响，给出了系统最佳调制指数的选取与非线性系数的对应关系。

(3) 激光器非线性互调失真导致无线激光通信系统载波互调噪声比降低、误码率升高。本章对多路副载波信号调制激光器时存在的非线性进行了补偿，对比分析了电(光)负反馈、预失真电路以及正反馈三种补偿方法。

(4) 本章分析了光电反馈的实现理论，包括恒流源模块和光电反馈模块的自动功率控制电路以及温度对半导体激光器性能的影响。

参 考 文 献

[1] 阎吉祥，崔小虹，高春涛,等. 激光原理与技术.北京:高等教育出版社,2004.

[2] 江剑平. 半导体激光器.北京:电子工业出版社,2000.

[3] Tucker R S, Pope D J.Large signal circuit model for simulation of injection-laser modulation dynamics.IEEE Journal of Quantum Electronics, 1983, QE-19: 1179－1183.

[4] 金永南，田小建. 大功率半导体激光器调制特性的实验研究.光通信研究，2004，126(6): 56－59.

[5] Schaer T, Rusnov R, Eagle S, et al. A dynamic simulation model for semiconductor laser diodes. CCECE, Electrical and Computer Engineering, 2003, 1: 293－297.

[6] 焦李成. 非线性传输函数理论与应用. 西安: 西安电子科技大学出版社, 1992.

[7] Darcie T E, Tucker R S, Sullivan G J. Erratum:Intermodulation and harmonic distortion in InGaAsP lasers. IEEE Letters, 1985, 21: 665, 666.

[8] Takemoto A, Watanabe H, Nakajima Y, et al. Distributed feedback laser diode and module for CATV systems. IEEE Journal on Selected Areas in Communications, 1990, 8(7): 1359－1365.

[9] Bihan J L, Yabre G.FM and IM intermodulation distortion in directly modulated single-mode

semiconductor laser. IEEE Journal of Quantum Electronic, 1994, 40(4): 899－903.

[10] Kelvin S C Y, Haldar M K, Jeffrey F W. Harmonic and intermodulation distortion in direct intensity modulated quantum cascade lasers.IEEE Journal of Lightwave Technology, 2014, 32(20): 3735－3741.

[11] 张明江, 刘铁根, 李静霞, 等. 线宽增强因子对外光注入半导体激光器非线性单周期振荡特性的影响. 光子学报, 2011, 40(4): 542－546.

[12] Samimi H, Azmii P. Subcarrier intensity modulated free-space optical communication on k-distributed turbulence channels. IEEE Journal of Optical Communications and Networking, 2010, 2(8): 625－632.

[13] Daly J C.Fiber optical intermodulation distortion.IEEE Transactions on Communications, 1982, 30(8):1954－1958.

[14] Huang W, Nakawaga M. Nonliner effect of direct sequence CDMA in optical transmission. IEEE the 3rd Intermodulational Symposium on Spread Spectrum Techniques & Applications, OuLu, 1994.

[15] Barman A D, Basu P K.Incoherent in-band crosstalk induced power penalty in amplified WDM networks: A comparative study using Gaussian and chi-squared probability density functions. IET Circuits Devices & Systems, 2008, 2(1): 139－143.

[16] Ghassemlooy Z, Popoola W O, Leitgib E. Free-space optical communicational using subcarrier modulation Gamma-Gamma atmospheric turbulence. IEEE the 9th Internation Conference on Transparent Optical Networks, Rome, 2007.

[17] 陈丹, 柯熙政, 张璐. 湍流信道下激光器互调失真特性. 光子学报, 2016, 02:99－103.

[18] 张璐. 无线激光通信中激光器的非线性特性研究[硕士学位论文]. 西安: 西安理工大学, 2014.

[19] Wakafuji K, Ohtsuki T.Performance analysis of atmospheric optical subcarrier multiplexing systems and atmospheric optical subcarrier modulated code-division multiplexing system. IEEE Journal of Lightwave Technology, 2005, 23(4): 1676－1682.

[20] 邢建斌, 许国良, 张旭苹, 等. 大气湍流对激光通信系统的影响. 光子学报, 2005, 34(12):1850－1852.

[21] Uysal M, Li J. Error rate performance of coded free-space optical link over Gamma-Gamma turbulence channels. IEEE Internation Conference on Communication Society, Paris, 2004.

[22] 于林韬, 宋路, 韩成, 等. 空地激光通信链路功率与通信性能分析与方针. 光子学报, 2013, 42(5): 543－547.

[23] Bekklali A, Naila C B, Kazaura K, et al. Transmission analysis of OFDM based wireless services over turbulent ratio-on FSO links modulated by Gamma-Gamma distortion. IEEE Photonics Journal, 2010, 2(3): 510－520.

[24] Popoola W O, Ghassemloy Z. BPSK subcarrier intensity modulated free-space optical communications in atmospheric turbulence. IEEE Journal of Lightwave Technology, 2009, 27(8): 967－973.
[25] 田国栋. 光发射机 APC 及 ATC 电路研究与分析.电子设计工程, 2011, 19(3): 18－20.
[26] 李伟. 低噪声高稳定性的半导体激光器电流源的研制[硕士学位论文]. 秦皇岛:燕山大学, 2013.
[27] 陈苗, 陈福深, 肖勇. 温度对半导体激光器特性的影响.中国科技信息, 2011, 14(3): 46, 47.
[28] O'Brien D, Mcinerney J G, White J K. Temperature performance of AlGaInAs semiconductor lasers.IEEE of Lasers and Electro-Optics Society, 2001, 2(3): 806, 807.
[29] Zhou Z, Wang F, Yang Z, et al. The study of optical power control for driving circuit using the 650 nanometer low power semiconductor laser. IEEE International Conference on Measurement, Information and Control, Harbin, 2013.
[30] 梁文家, 亓淑敏, 关可. 基于 FPGA 的数字激光自动功率控制系统设计. 电子设计工程, 2012, 20(1):151－153.
[31] 李铁军, 宓现强. 一种半导体激光器自动控制系统的设计. 应用激光, 2012, 32(5): 424－428.
[32] 雷红萍. 基于 FPGA 的激光驱动系统研究与设计[硕士学位论文]. 西安: 西安工业大学, 2014.
[33] 杨国文. 基于嵌入式系统的半导体激光器驱动设计[硕士学位论文]. 南京: 南京大学, 2013.
[34] 宋传磊. 半导体激光器驱动电源及其调控[硕士学位论文]. 哈尔滨: 哈尔滨工业大学, 2006.
[35] 从梦龙, 李黎, 崔艳松. 控制半导体激光器的高稳定度数字化驱动电源的设计.光学精密工程, 2010, 18(7):1629－1636.
[36] 周进军, 元秀华, 李博. 用 ADN8830 实现半导体激光器的自动温度控制. 光学与光电技术, 2005, 3(2):54－57.
[37] 崔国栋, 吕伟强, 郑毅. 大功率半导体激光器温度控制系统的设计. 激光与红外, 2015, 45(5):568－570.
[38] 齐忠亮. 小功率半导体激光器的恒温控制与驱动方法的研究[硕士学位论文]. 哈尔滨: 哈尔滨理工大学, 2012.
[39] 刘澄. 半导体激光器的浪涌损坏及其消除方法.电力环境保护, 2003, 19(4):49－51.
[40] 杨春莉, 贾宏志, 夏桂珍. 半导体激光器电源防浪涌电路的设计.应用激光, 2008, 28(4):310－313.
[41] Engell S. Feedback control for optimal process operation. Journal of Process Control, 2007, 17(3):203－219.

[42] 李月然, 宋吉江, 李振国. 基于光电反馈原理的光发射机的功率控制电路设计.山东大学学报, 2010, 24(6): 78－81.

[43] 伏燕军, 邹文栋, 肖慧荣, 等. 半导体激光器驱动电路的光功率控制的研究. 红外与激光工程, 2005, 34(5):626－629.

[44] 赵军卫. 采用三个放大器芯片组成的光功率自动控制电路. 国外电子元器件, 2000, 3(10): 26, 27.

[45] 张莹, 张瑞峰, 杨庆. 半导体激光器自动功率控制电路设计. 电子产品世界, 2014, 6(1): 57－62.

[46] 贾惠霞, 张英敏, 张琼. 一种棱镜式激光陀螺光强控制系统研究. 光学学报, 2014, 34(8): 172－177.

第 4 章　FSO-OFDM 系统

射频通信系统中的 OFDM 调制技术虽然和无线激光通信系统中的 OFDM 调制技术的原理相同，但也存在很大的差异。例如，在强度调制/直接检测光通信系统中，接收端只能描述光信号的强度，不能描述光信号的相位信息；FSO-OFDM 的信道情况更加恶劣，大气对激光信号的衰减比射频信号要大很多等。本章讨论强度调制/直接检测类型的 FSO-OFDM 系统模型。

4.1　OFDM 系统原理

在通信系统中，信道所能提供的带宽通常比传送一路信号所需的带宽要宽得多。如果一个信道只传送一路信号是非常浪费的。为了能够充分利用信道的带宽，人们采用频分复用的方法进行信息传输。OFDM 是多载波调制(multi carrier modulation, MCM)的一种[1]。OFDM 技术由 MCM 技术发展而来，OFDM 技术是其实现方式之一，其调制和解调分别基于 IFFT 和 FFT 实现[2]。

图 4-1 是 OFDM 各个子载波示意图[3]。OFDM 的主要思想是：将信道分成若干正交子信道，将高速数据信号转换成并行的低速子数据流，调制到在每个子信道上进行传输。正交信号可以通过在接收端采用相关技术分开，这样可以减少子信道之间的符号间干扰。每个子信道上的信号带宽小于信道的相关带宽，因此每个子信道可视为平坦性衰落，从而可以消除码间串扰，而且由于每个子信道的带宽

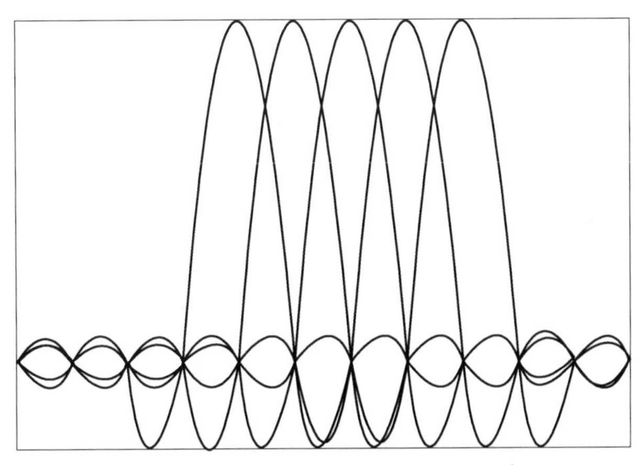

图 4-1　OFDM 中各个子载波的关系

仅是原信道带宽的一小部分，信道均衡变得相对容易。

4.1.1 OFDM 信号的数学模型

OFDM 是一种特殊的 MCM，后者的一般调制方式可由图 4-2 表示[4]。

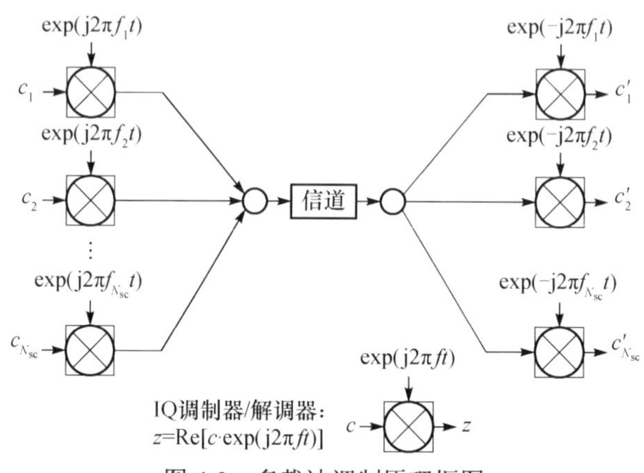

图 4-2　多载波调制原理框图

从图 4-2 中可见 MCM 系统中通常采用的复数乘法器(也可称为 IQ 调制器/解调器)的结构，因此，可以将 MCM 系统的传输信号 $s(t)$表示如下：

$$s(t)=\sum_{i=-\infty}^{+\infty}\sum_{k=1}^{N_{sc}}c_{ki}s_k\left(t-iT_s\right) \tag{4.1}$$

式中，c_{ki}为第 k 路子载波上的第 i 位信息码元；s_k为第 k 路子载波上的调制波形；N_{sc}为子载波个数；T_s为码元周期。一般地，s_k可以表示如下：

$$s_k(t)=\Pi(t)\mathrm{e}^{\mathrm{j}2\pi f_k t} \tag{4.2}$$

式中，f_k为子载波频率；Π为脉冲整形函数。例如，常用的矩形窗为

$$\Pi(t)=\begin{cases}1, & 0<t<T_s\\ 0, & 其他\end{cases} \tag{4.3}$$

如图 4-2 所示，对每一个子载波信号的最佳接收机就是利用相干接收来恢复信号。因此，采用相关接收机探测到的信息码元 c'_{ik} 可以表示如下：

$$c'_{ik}=\frac{1}{T_s}\int_0^{T_s}r(t-rT_s)s_k^*\mathrm{d}t=\frac{1}{T_s}\int_0^{T_s}r(t-iT_s)\mathrm{e}^{-\mathrm{j}2\pi f_k t}\mathrm{d}t \tag{4.4}$$

式中，$r(t)$为接收到的时域信号。典型的 MCM 使用频谱上不重叠的信号，这样在调制端和接收端都需要大量的振荡器和滤波器。因此，这种类型 MCM 的主要缺点是需要大量冗余带宽。为了更经济地设计那些滤波器和振荡器，频道间隔要数倍于码元速率，这样就降低了频谱利用率。OFDM 使用频谱相互重叠但是正交的

信号集来传递信息。这种正交性源于任意两个子载波之间的直接相关性，正如：

$$\delta_{kl}=\frac{1}{T_s}\int_0^{T_s} s_k s_l^* \mathrm{d}t=\frac{1}{T_s}\int_0^{T_s} \mathrm{e}^{\mathrm{j}2\pi(f_k-f_l)t\,\mathrm{d}t} \tag{4.5}$$

由式(4.5)可得

$$\delta_{kl}=\mathrm{e}^{\mathrm{j}\pi(f_k-f_l)T_s}\frac{\sin[\pi(f_k-f_l)T_s]}{\pi(f_k-f_l)T_s} \tag{4.6}$$

由式(4.6)可以看出，正交条件为

$$f_k-f_l=m\frac{1}{T_s} \tag{4.7}$$

此时，任意两个不同的子载波间的互相关为零，即

$$\delta_{kl}=0 \tag{4.8}$$

因此，任意两个不同的子载波是相互正交的条件是频率间隔是码元周期倒数的整数倍。这些频谱相互重叠的正交信号可由式(4.4)中的匹配滤波器完全恢复出来，不受载波间干扰(inter-carrier interference, ICI)的影响。

4.1.2 由 DFT 实现 OFDM

传统 OFDM 系统实现的瓶颈是需要大量的子载波叠加来使传输信道同平坦信道一样，这样显然会导致发射端和接收端都要包含大量复杂的振荡器和滤波器。Weinstein 等首先揭示出 OFDM 的调制解调可以由 IDFT 和 DFT 实现[5,6]。观察OFDM调制表达式(4.1)，如果省略 i，并将 N_{sc} 表示为 N，再将采样间隔设为 T_s/N，这样，发射码元序列的第 m 位 OFDM 码元可以表示为

$$s_m=\sum_{k=1}^{N} c_k \mathrm{e}^{\mathrm{j}2\pi f_k\frac{(m-1)T_s}{N}} \tag{4.9}$$

考虑到载波间正交条件，将 f_k 设为

$$f_k=\frac{k-1}{T_s} \tag{4.10}$$

代入式(4.9)中，得

$$s_m=\sum_{k=1}^{N} c_k \mathrm{e}^{\mathrm{j}2\pi\frac{(k-1)(m-1)}{N}} \equiv \mathrm{IDFT}\{c_k\} \tag{4.11}$$

式中，IDFT 为离散傅里叶逆变换；m 的取值范围为[1,N]。式(4.11)表明，OFDM 发射信号可由子载波信号的 IDFT 表示。类似地，省略 i，并将 N_{sc} 表示为 N，可以推导出接收信号的采样值 r_m 与恢复出的载波信号 c_k' 之间的关系为

$$c_k'=\frac{1}{T_s}\int_0^{T_s} r(t)\mathrm{e}^{-\mathrm{j}2\pi f_k t}\mathrm{d}t \tag{4.12}$$

对接收信号 $r(t)$以采样间隔 T_s/N 进行采样得到 $r(m)$，考察 t 与 m 间的关系：

$$t=\frac{(m-1)T_s}{N} \quad \Rightarrow \quad \mathrm{d}t=\frac{T_s}{N}\mathrm{d}m \tag{4.13}$$

再将载波间正交条件(4.10)代入，可得

$$c_k'=\frac{1}{N}\int_1^N r(m)\mathrm{e}^{-\mathrm{j}2\pi\cdot\frac{k-1}{T_s}\cdot\frac{(m-1)T_s}{N}}\mathrm{d}m \tag{4.14}$$

又因为 $m\in[1,N]$是一个整数，式(4.14)可以写成求和的形式，因此可得

$$c_k'=\frac{1}{N}\sum_{m=1}^{N}r_m\mathrm{e}^{-\mathrm{j}2\pi\frac{(k-1)(m-1)}{N}}\equiv\mathrm{DFT}\{r_m\} \tag{4.15}$$

式中，r_m 是接收信号的采样，采样间隔为 T_s/N。式(4.11)和式(4.15)说明，OFDM 传输的信号 $s(t)$可由信息码元 c_k 的 N 点 IDFT 得到，接收到的信息码元 c_k' 可由接收到信号 $r(t)$的采样值 $r(m)$的 N 点 DFT 得到。因此，使用 IDFT 和 DFT 可以实现 OFDM 的调制与解调。

为了用 DFT 实现 OFDM 的调制解调，必须在系统中加入以下两部分：①数模转换器(digital to analog converter, DAC)，将离散的发射信号 s_m 转换成连续信号 $s(t)$；②模数转换器(analog to digital converter, ADC)，将接收到的连续信号 $r(t)$通过采样离散化，得到解调所需的 r_m。

使用 DFT 实现 OFDM 具有以下两个优点[7]：①可以使用 IFFT/FFT 来实现 IDFT/DFT，在 OFDM 调制与解调过程中的 IDFT 与 DFT 需要的复数乘法运算的次数可由 N^2 减少为 $\frac{N}{2}\log_2 N$。这样，运算复杂度与子载波的数目呈近似的线性增长关系，比使用 IDFT/DFT 要简单许多；②大量的正交子载波可由运算产生，从而可以节省大量复杂的射频振荡器和滤波器。这样，当需要子载波的数目较大时，整个 OFDM 系统的结构会变得比使用射频器件搭建起来的相对简单许多。

图 4-3 是 OFDM 系统框图[8]。在发射端，输入的串行数据首先被转换成并行数据，每一路数据都映射为 OFDM 码元内相应子载波上的信息码元，再经过 IFFT 得到数字时域信号，然后插入保护时隙，再使用 DAC 将数字信号转换为实时波形。在码元间加入保护时隙是为了抑制信道色散现象引起的码间干扰。这样，得到的基带信号再通过 IQ 混频器(调制器)上变频到合适的频段。

在接收端，OFDM 信号首先通过 IQ 解调器下变频到基带，再通过 ADC 进行采样，然后就可以通过 FFT 进行解调得到各个子载波所对应的并行数据，最后对各个子载波所采用的调制方式进行解调，再进行并/串转换就恢复出了数据信号。

观察式(4.9)可以看出，OFDM 信号 s_m 仅是变量 f_k 以 N/T_s 为周期的周期函数。因此，任意一种离散的子载波集，只要它们的频率成分以 N/T_s 为间隔，那么对于

OFDM 调制来说，它们就是等效的。由式(4.9)和式(4.10)可以归纳出子载波频率 f_k 和子载波标号 k 间的关系：

$$f_k = \frac{k-1}{T_s}, \quad k \in \left[k_{\min}+1, k_{\min}+N\right] \tag{4.16}$$

式中，$k_{\min}$ 是一个任意整数。一般地，总是使用以下两种子载波标号：

$$k \in [1, N] \quad 或 \quad k \in [-N/2+1, N/2] \tag{4.17}$$

显而易见，它们在数学上是等效的。

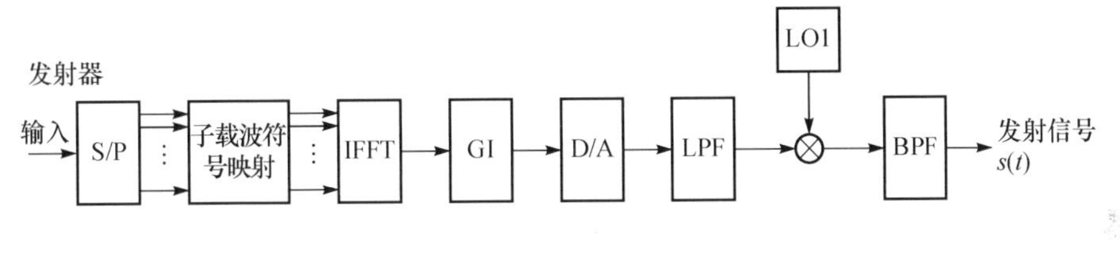

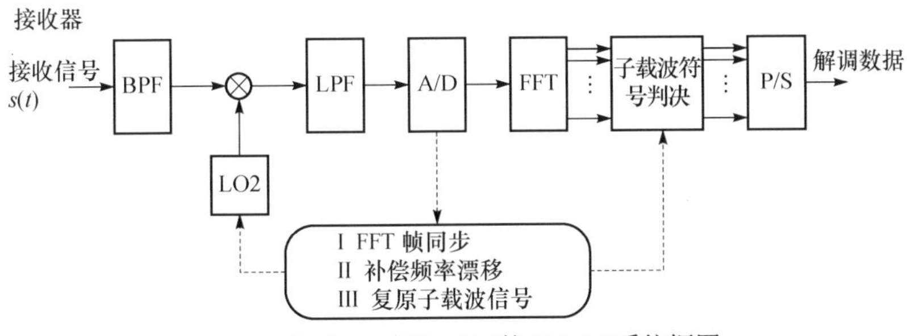

图 4-3　基于 FFT 的 OFDM 系统框图

S/P-串并转换; GI-插入保护时隙; D/A-数/模转换; A/D-模/数转换; LPF-低通滤波; BPF-带通滤波; LO-本振

4.2　OFDM 频率漂移与相位噪声

频率漂移和相位噪声都会导致 OFDM 载波间干扰[9,10]。OFDM 信号相比于单载波信号的码元周期要长得多，因此 OFDM 系统更易受到频率漂移和相位噪声的影响。对于无线光 OFDM 系统来说，因为激光器的相位噪声大于射频器件，特别是对于高阶调制，激光器相位噪声对无线光 OFDM 系统的影响更大。包含了频率漂移和相位噪声的 OFDM 信号可表示为

$$r(t) = \mathrm{e}^{\mathrm{j}[2\pi\Delta f t + \phi(t)]} \sum_{k=1}^{N_{sc}} c_k \mathrm{e}^{\mathrm{j}2\pi f_k t} + N(t) \tag{4.18}$$

式中，Δf 为频率漂移量；$\phi(t)$为相位噪声；$N(t)$为加性高斯白噪声。一般认为 $N(t)$的引入是为了表征调制系统电路中的背景噪声。结合式(4.4)，可以得出接收到的信

息码元为

$$c_k' = \frac{1}{T_s}\int_0^{T_s} r(t)\mathrm{e}^{-\mathrm{j}2\pi f_k t}\mathrm{d}t, \quad f_k = \frac{k-1}{T_s} \tag{4.19}$$

代入式(4.18)中的 $r(t)$, 可得

$$c_k' = \frac{1}{T_s}\int_0^{T_s}\left\{\mathrm{e}^{\mathrm{j}[2\pi\Delta f t+\phi(t)]}\sum_{l=1}^{N_{sc}} c_l \mathrm{e}^{\mathrm{j}2\pi f_l t} + N(t)\right\}\mathrm{e}^{-\mathrm{j}2\pi f_k t}\mathrm{d}t \tag{4.20}$$

将式(4.20)展开, 可得

$$\begin{aligned} c_k' &= \sum_{l=1}^{N_{sc}} c_l \frac{1}{T_s}\int_0^{T_s} \mathrm{e}^{\mathrm{j}2\pi(f_l-f_k)t+\mathrm{j}[2\pi\Delta f t+\phi(t)]}\mathrm{d}t + n_k \\ &= \eta_0 c_k + \sum_{l\neq k}\eta_{k-l}c_l + n_k \\ &\stackrel{\mathrm{def}}{=} \eta_0 c_k + I_k + n_k \end{aligned} \tag{4.21}$$

可将接收到的信号 c_k' 分为三项。为了理解标号间隔为 m 的子载波之间的互相关, 定义 ICI 系数 η_m 为

$$\eta_m = \frac{1}{T_s}\int_0^{T_s} \mathrm{e}^{\mathrm{j}[2\pi(f_m'+\Delta f)t+\phi(t)]}\mathrm{d}t, \quad f_m' = \frac{m}{T_s}, \quad m = -(N_{sc}-1),\cdots,0,1,\cdots,N_{sc}-1 \tag{4.22}$$

式(4.21)中的 η_0 和 η_{k-l} 就可以理解为各个子载波间的自相关和互相关, $\eta_0 c_k$ 可以理解为接收信号中的有用部分。其余两项 I_k 和 n_k 为

$$I_k = \sum_{l\neq k}\eta_{k-l}c_l, \quad l = 1,2,\cdots,N_{sc} \tag{4.23}$$

$$n_k = \frac{1}{T_s}\int_0^{T_s} N(t)\mathrm{e}^{-\mathrm{j}2\pi f_k t}\mathrm{d}t \tag{4.24}$$

相应地, I_k 可以理解为接收信号中的 ICI 噪声, 其中同时包含了频率漂移 Δf 和相位噪声 $\phi(t)$ 的影响; n_k 可以理解为接收信号中发射端的电路背景噪声(可认为是 AWGN)的影响, 现在分别考察频率漂移和相位噪声的影响。

4.2.1 频率漂移对 OFDM 的影响

只考虑频率漂移的影响时, 假设 $\phi(t)=0$, 将其代入式(4.22)中, 得

$$\eta_m = \frac{1}{T_s}\int_0^{T_s} \mathrm{e}^{\mathrm{j}2\pi(f_m'+\Delta f)t}\mathrm{d}t \tag{4.25}$$

对式(4.25)积分, 可得

$$\eta_m = \frac{\sin[\pi(m+\delta)]}{\pi(m+\delta)}\mathrm{e}^{-\mathrm{j}\pi(m+\delta)} \tag{4.26}$$

式中, $\delta \stackrel{\mathrm{def}}{=} \Delta f T_s$ 可视为归一化的频偏系数。由式(4.21)和式(4.23)可以计算出由频率

漂移引起的信号串扰的方差 σ_{ICI}^2 为

$$\sigma_{\text{ICI}}^2 = \sigma_{\text{c}}^2 \sum_{m=1}^{N_{\text{sc}}} \eta_m^2 \stackrel{\text{def}}{=\!=} \chi \sigma_{\text{c}}^2 \tag{4.27}$$

式中，σ_{c}^2 为各个子载波上的信息码元方差。定义 χ 为所有 ICI 噪声项的总和，可表示为

$$\chi = \sum_{m=1}^{N_{\text{sc}}} \eta_m^2 \tag{4.28}$$

假设在信道间的干扰为 AWGN 的情况下，信噪比 γ' 为

$$\gamma' = \frac{\eta_0^2 \delta_c^2}{\sigma_{\text{ICI}}^2 + \sigma_{\text{w}}^2} = \frac{\eta_0^2}{x + \gamma^{-1}} \tag{4.29}$$

式中，$\gamma' = \sigma_{\text{c}}^2 / \sigma_{\text{w}}^2$ 是无频率漂移影响下的接收信噪比。例如，对于子载波采用 QPSK 调制的 OFDM 系统，误码率为

$$P_{\text{e}} = \frac{1}{2} \text{erfc}\left(\sqrt{\frac{\gamma'}{2}} \right) \tag{4.30}$$

可以通过类似式(4.30)的各种误码率公式设定系统参数，计算各种子载波调制方式下的 OFDM 系统对频率漂移影响下的信噪比/误码率曲线。

4.2.2　OFDM 系统的相位噪声

与 4.2.1 小节类似，只考虑相位噪声的影响，假设式(4.22)中的频率漂移 $\Delta f=0$，则可得[10]

$$\eta_m = \frac{1}{T_{\text{s}}} \int_0^{T_{\text{s}}} \text{e}^{\text{j}[2\pi f_m' t + \phi(t)]} \text{d}t, \quad f_m' = \frac{m}{T_{\text{s}}}, \quad m = -(N_{\text{sc}} - 1), \cdots, 0, 1, \cdots, N_{\text{sc}} - 1 \tag{4.31}$$

注意到 $\eta_0 = |\eta_0| \text{e}^{j\phi_0}$ 。ϕ_0 也称为公共相位误差(common phase error, CPE)。将式(4.31)代入式(4.21)中，可得

$$\tilde{c}_k = c_k' \text{e}^{-\text{j}\phi_0} = |\eta_0| c_k + \text{e}^{-\text{j}\phi_0} \sum_{l \neq k} \eta_{k-l} c_l + \text{e}^{-\text{j}\phi_0} n_k \tag{4.32}$$

式中，$\tilde{c}_k$ 为去除 CPE 后的接收信息码元。因此，可以认为相位噪声对 OFDM 系统主要有两大影响：①ϕ_0 使接收信号的星座图产生了旋转。可以通过形如式(4.32)那样旋转星座图的方法修正歪斜的星座图；②由式(4.32)中的第二项可以看到相位噪声对 ICI 项的影响。为了估计相位噪声带来的 ICI 大小，可进一步假设相位噪声 $\phi(t)$ 是一个维纳过程(Wiener process)，满足

$$E\left[\phi(\tau + t) - \phi(t)\right]^2 = 2\pi\beta\tau \tag{4.33}$$

式中，$E[\cdot]$为求统计平均；β为激光器的 3dB 线宽(或者严格说来是激光发射器和接收器的综合线宽)。子载波自相关$|\eta_0|$可视为

$$|\eta_0| = a + \xi \tag{4.34}$$

式中，$a = \langle|\eta_0|\rangle$；$\xi$是各个 OFDM 码元的剩余幅度噪声。因此，由式(4.34)可以将由$\tilde{c}_k$导出的信噪比重新表示为

$$\gamma' = \frac{a^2\sigma_k^2}{n_k^2 + n_p^2} \tag{4.35}$$

式中，σ_k^2和n_k^2分别为第 k 个子载波上信息和 AWGN 的方差；n_p^2为包含 ICI 和$|\eta_0|$(可视为信号幅度扰动)的噪声方差。为了简化计算可认为$\sigma_k^2 = 1$。由式(4.32)，n_p^2可表示为

$$n_p^2 = E[\zeta^2] + E\left[\sum_{l\neq k}|\eta_{k-l}|^2\right] \tag{4.36}$$

定义$a_1 = E\left[|\eta_0|^2\right]$，因此可得

$$E\left[\zeta^2\right] = E\left[|\eta_0|^2\right] - E^2\left[|\eta_0|\right] = a_1 - a^2 \tag{4.37}$$

又因为

$$E\left[\sum_{l\neq k}|\eta_{k-l}|^2\right] = 1 - E\left[|\eta_0|^2\right] = 1 - a_1 \tag{4.38}$$

将式(4.37)和式(4.38)代入式(4.36)，再将结果代入式(4.35)中,得到包含相位噪声影响的 SNR 表达式为

$$\gamma' = \frac{a^2}{\gamma^{-1} + 1 - a^2} = \gamma\frac{a^2}{1 + (1 - a^2)\gamma} \tag{4.39}$$

式中，$\gamma = \delta_k^2 / n_k^2$为无相位噪声影响下的接收信噪比。进一步可以计算 SNR 与无相位噪声系统的比值(用分贝表示)为

$$\Delta\gamma(\text{dB}) = 10\ln 10\left[\frac{a^2}{1 + (1 - a^2)\gamma}\right] \tag{4.40}$$

$\Delta\gamma$也可以理解为要达到相同信噪比或误码率时所需的额外信噪比。代入激光器线宽β，$a = \langle|\eta_0|\rangle$可近似为

$$a \approx 1 - \frac{11}{60}4\pi\beta T_{\text{s}}\gamma \tag{4.41}$$

式中，保留一阶项，可知$\Delta\gamma$正比于βT_{s}，于是有

$$\Delta\gamma(\text{dB}) = \frac{10}{\ln 10}\frac{11}{60}4\pi\beta T_{\text{s}}\gamma = 10\beta T_{\text{s}}\gamma \tag{4.42}$$

由式(4.42)可看出：①对数信噪比的损失值正比于码元周期 T_s。因此，相位噪声对 OFDM 信号的影响要大于单载波信号；②对数信噪比的损失也正比于γ，因此也与γ'有关，这就隐含了高阶调制对相位噪声可能更敏感，换句话说，为了达到相同的有效信噪比，高阶调制系统需要更高的接收信噪比；③相位噪声引起的对数信噪比的损失也与激光器线宽成正比。为了使相位噪声对系统的影响限制在容许的范围内，激光器的线宽也必须限制在一定的范围内。

4.3　FSO-OFDM 系统结构

FSO-OFDM 系统可以将高速数据串分为若干低速数据子串，经由许多窄带子载波并行传输来获得更高的传输速率。窄带子载波上的低速数据串传输产生的失真要远小于高速数据串，并且也不需要均衡。射频域的信号处理电路也比光学器件成熟很多。例如，射频域的滤波器频率选择性、振荡器的频率稳定度比相应的光学器件更优秀；射频振荡器的相位噪声参数比常用的分布反馈式激光器小很多，这就意味着在射频域上对信号进行相关检测会比光域检测容易很多。因此，如果能在射频域中对信号进行处理，就可以采用许多无线通信中现有成熟的相关检测器件[11]。

基于以上考虑，采用图 4-4 所示的 FSO-OFDM 系统结构。图 4-4(a)、图 4-4(b)

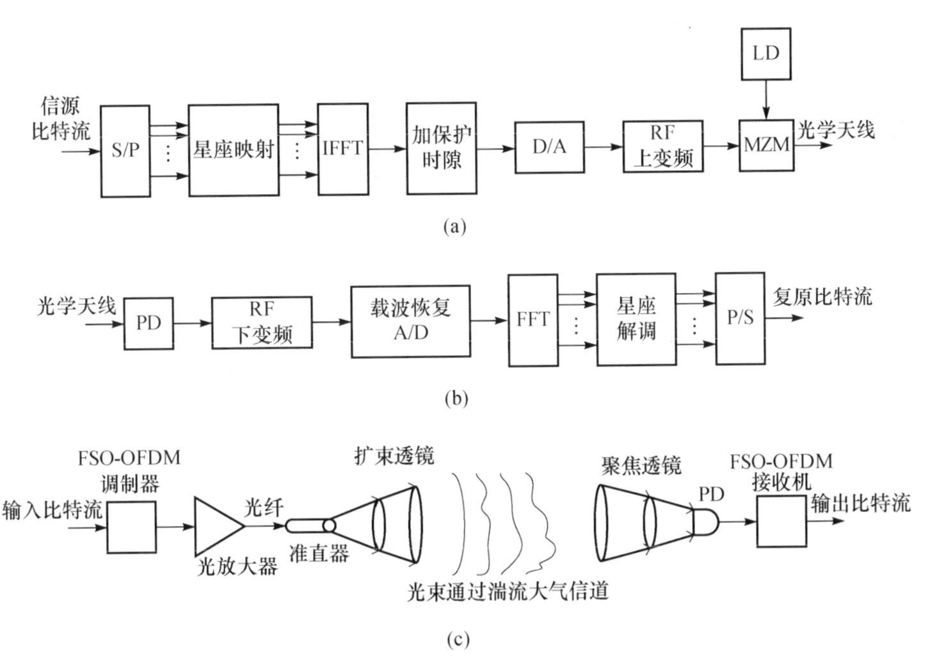

图 4-4　FSO-OFDM 系统结构框图

和图 4-4(c)分别为系统的发射器结构、接收器结构和 FSO 链路结构[4]。

图 4-4(a)所示的 FSO-OFDM 发射器中，先将一路高速串行数据分割为并行的 N 路低速数据，分别经过星座图映射(如 MPSK 或 MQAM 调制)成为复数信号后，再并行输入 N 点 IFFT 运算器生成多载波的数字 OFDM 信号，将经过 IFFT 后的信号串行输入 DAC 转换为模拟信号后，通过 RF 变频器上变频为射频信号，加入直流偏置并剪裁掉信号的负值部分，用这样得到的非负值的模拟信号和一个激光本振一同来驱动一个 MZM，再通过光学天线发射出去。

如果相应的单载波系统的码元周期为 T，则如图 4-4 所示的 OFDM 系统的信号码元周期为 $T_s=NT$。在 OFDM 的子载波数目 N 足够大的情况下，其码元周期就会远远大于信道脉冲展宽的宽度，整个系统受到的 ISI 就会大大减小。

如图 4-4(a)所示，通过 MZM 调制后的 FSO-OFDM 传输信号可以表示为

$$S(t)=S_{\mathrm{OFDM}}(t)+D \tag{4.43}$$

式中，S_{OFDM} 为 OFDM 码元；D 为直流偏置。OFDM 信号的持续时间满足

$$t\in\left[kT-\frac{T_{\mathrm{G}}}{2}-T_{\mathrm{win}},kT+T_{\mathrm{IFFT}}+\frac{T_{\mathrm{G}}}{2}+T_{\mathrm{win}}\right] \tag{4.44}$$

S_{OFDM} 可以写成 [12]

$$s_{\mathrm{OFDM}}(t)=\mathrm{Re}\left[\sum_{k=-\infty}^{\infty}(t-kT_{\mathrm{s}})\sum_{i=1}^{N_{\mathrm{IFFT}}}X_{i,k}\mathrm{e}^{\mathrm{j}\frac{2\pi i(t-kT_{\mathrm{s}})}{T_{\mathrm{IFFT}}}}\mathrm{e}^{\mathrm{j}2\pi f_{\mathrm{RF}}t}\right] \tag{4.45}$$

式中，$X_{i,k}$ 为第 i 路子载波上的第 k 位 OFDM 码元；f_{RF} 为射频载波频率；T_{s} 为 OFDM 码元周期；T_{IFFT} 为 IFFT 序列周期；T_{G} 为保护时隙(循环扩展)持续时间；T_{win} 是窗函数周期。OFDM 信号码元的循环扩展和经过窗函数调理的细节如图 4-5 所示。OFDM 码元生成步骤如下：N_{QAM} 位 QAM 信号码元补零后得到 $N_{\mathrm{IFFT}}(2^m, m>1)$ 位的 IFFT 输入序列，再插入 N_{G} 位采样点作为保护间隔 T_{G}，最后得到的 OFDM 码元乘以窗函数得到最终的输出。一些常用的窗函数(如升余弦窗、凯塞窗、布莱克曼窗等)都可以用作 OFDM 信号的调理。

引入循环扩展是为了在相邻的 OFDM 码元部分重叠时，还可以保持子载波间的正交性。如图 4-5 所示，所谓的循环扩展，就是将原始 IFFT 序列(共 N_{IFFT} 点，周期为 T_{IFFT})的最后 $N_{\mathrm{G}}/2$ 点复制提前作为序列的帧前缀；将原始 IFFT 序列的前 $N_{\mathrm{G}}/2$ 点复制拖后作为序列的帧后缀。经过循环扩展后的 OFDM 码元序列是 $N_{\mathrm{IFFT}}+N_{\mathrm{G}}$ 点序列。

加入窗函数是为了抑制发射信号的频谱泄漏。当 OFDM 系统的载波数目较少时，加入窗函数会更有效(因为正交子载波的数目越少，带外频谱的功率就越高)。

生成的 OFDM 码元序列经过 D/A 变换和 RF 上变频后，需要通过激光调制器将射频信号转换成为光信号。根据信号速率的快慢，往往采用两种不同的调制方

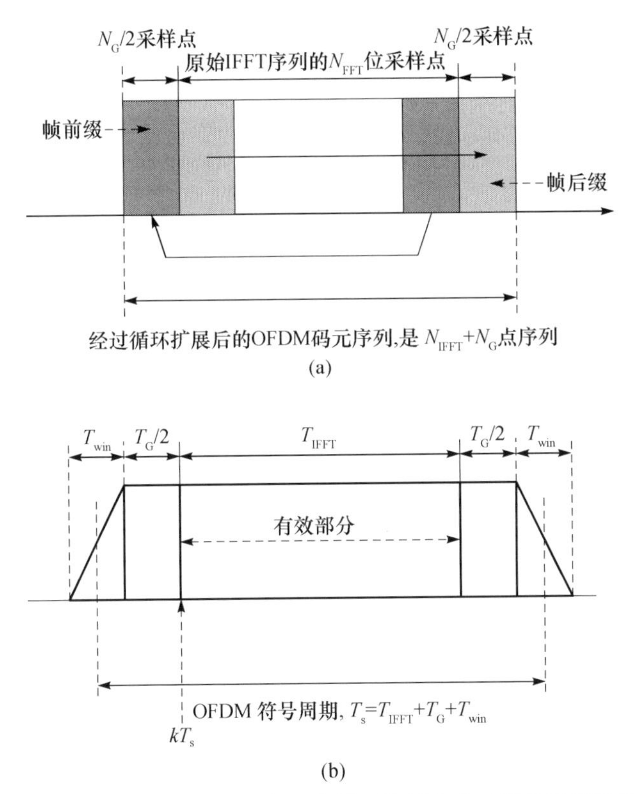

图 4-5　FSO-OFDM 信号序列的循环扩展和窗函数整形示意图

式:①对于信号速率不足 10Gbaud/s 的 OFDM 信号，可以直接驱动 DFB 激光器(内调制)得到 FSO-OFDM 信号；②对于信号速率超过 10Gbaud/s 的超高速 OFDM 信号，就要采用双端驱动的 MZM(外调制)来得到 FSO-OFDM 信号。

式(4.43)中的 D 是 FSO-OFDM 信号中的直流偏置，在 OFDM 信号中插入直流偏置的作用是采用非相关的方法直接检测并恢复载波信号，如 MPSK 和 MQAM 信号等。又因为光信号具有非负性，所以根据所插入直流分量的大小，可以将 FSO-OFDM 信号的生成分为直流偏置 OFDM 系统、限幅 OFDM 系统和非限幅 OFDM 系统三种不同方式。

4.3.1　直流偏置 OFDM 系统

光强信号是一个非负信号，因此 OFDM 信号中的负数部分无法调制到光强信号中。为了解决这个问题，在 OFDM 信号驱动激光调制器之前，给 S_{OFDM} 加入直流分量 D，满足

$$D \geqslant \max\left\{S_{OFDM}(t)\right\} \tag{4.46}$$

这样，就可以将双极性的 OFDM 信号转换成了一个非负的单极性信号。一般地，D 都是取一个估计的相对较大的值，将 OFDM 信号时域上搬移到横轴之上即可。这样做的好处是便于信号处理：在发射部分加入一个固定数值的直流偏置量，这点在射频调制电路上很好地实现了；在接收端，也可以对偏置 OFDM (B-OFDM) 信号进行直接解调，从而简化接收器的结构，利于系统实现。B-OFDM 的不足之处也是显而易见的：给发射信号加入恒定的直流分量需要额外的能量，会使整个系统的功率效率下降。

4.3.2 限幅 OFDM 系统

限幅 OFDM 系统(C-OFDM)方案相比于 B-OFDM 方案，提高了系统的功率效率。在 C-OFDM 方案中，S_{OFDM} 信号加入的直流分量 D 满足

$$\frac{1}{2}\max\left\{S_{\text{OFDM}}(t)\right\} < D < \max\left\{S_{\text{OFDM}}(t)\right\} \tag{4.47}$$

传输的 OFDM 信号就是加入直流偏置的 OFDM 信号的正值部分，这样的 OFDM 信号也是可以解调出来的。加入的直流偏置量小于 B-OFDM 方案中所需的大小，因此 C-OFDM 系统的功率效率比前者好。

C-OFDM 方案需要解决的问题是确定一个合适的偏置量 D 的大小，以取得最优的激光器发射功率。已知的一个关于 D 的最优解是取信号剪切掉负值之前分配到载波上的功率的 50%，这样既可以恢复出原始信号，又不会使信号的非线性失真太过严重。

4.3.3 非限幅 OFDM 系统

非限幅 OFDM(U-OFDM)是解决 FSO-OFDM 信号功率效率的另一个方法。采用外调制的方法就可以完全消除因为削波带来的失真的影响了。因此，U-OFDM 方案的核心是利用含有 $LiNbO_3$ 晶体的 MZM，与 B-OFDM、C-OFDM 直接调制光强不同，U-OFDM 将信号调制到光载波的相位上。这样，就可以将 OFDM 信号的负值部分传到接收端的 PD 上。对于 PD 器件的平方律特性引起的信号失真，可以通过适当的滤波器加以消除，这样恢复出来的信号失真是非常小的。

U-OFDM 方案的功率效率并不如 C-OFDM 好，这是因为 C-OFDM 并未传送信号负值部分的能量；并且由于 U-OFDM 方案中 PD 的非线性是由探测器前端的滤波器补偿的，这个滤波器也会降低一部分有用的信号能量。

尽管如此，U-OFDM 的功率效率还是比 B-OFDM 好。我们注意到，给 S_{OFDM} 加入直流偏置 D 的实质就是提升信号的电压均值，B-OFDM 功率效率低下的另一个直观理解是这个方案需要一个比 C-OFDM 所需要的大很多的电压偏置来将

S_{OFDM} 的全部提升到零值之上。

4.3.4　FSO-OFDM 信号的解调

如图 4-4(c)所示, FSO-OFDM 通信系统由发射器、传播介质(大气信道)和接收器组成。在发射端, 经过调制的光束通过光学天线发出; 而在接收端, 光学天线收集光束并将焦点汇聚于 PD 上。一般地, PD 的输出电流与受照射的光功率大小成正比。在 FSO-OFDM 系统中, 光电探测器一般由一个本征半导体掺杂(positive-intrinsic-negative, PIN)光电二极管加前置放大器或者由雪崩二极管构成。发射光束经过大气传播后, 大气湍流、吸收和建筑物的摇摆等作用使光信号的幅度和相位都发生了变化。PD 输出电流的一般式可以表示为

$$\begin{aligned} i(t) &= R_{\mathrm{PD}}\left|a(t)\left(s_{\mathrm{OFDM}}(t)+D\right)\right|^2 \\ &= R_{\mathrm{PD}}\left\{\left|a(t)s_{\mathrm{OFDM}}(t)\right|^2+\left|a(t)D\right|^2+2\,\mathrm{Re}\left[\left|a(t)\right|^2 s_{\mathrm{OFDM}}(t)D\right]\right\} \end{aligned} \tag{4.48}$$

式中, R_{PD} 为光电二极管的感光灵敏度; $\left|a(t)\right|^2$ 为大气湍流引起的光强起伏函数。探测器的输出电流经过 RF 下变频, 再经过适当滤波处理后的信号可以表示为

$$r(t)=\left[i(t)k_{\mathrm{RF}}\cos(\omega_{\mathrm{RF}}t)\right]*h_{\mathrm{e}}(\tau)+n(t) \tag{4.49}$$

式中, k_{RF} 为 RF 下变频系数; ω_{RF} 为混频频率; $*$ 为卷积符号; $h_{\mathrm{e}}(t)$为低通滤波器(low-pass filter, LPF)的脉冲响应, 相应的传递函数为 $H_{\mathrm{e}}(\mathrm{j}\omega)$; $n(t)$为接收器的电噪声, 一般来说是 AWGN。

OFDM 信号解调过程为: 信号经过 A/D 转换, 再去除循环扩展, 经过 N 点 FFT 运算得到 N 路子载波的调制信号, 再经过相应的 MPSK 或 MQAM 解调得到并行的数据序列, 最后将这 N 路并行数据合成最终的高速串行数据序列。

4.4　OFDM 的信号结构

4.4.1　保护间隔和循环前缀

在 FSO 中引进 OFDM 调制技术的主要原因之一是其可以有效地抑制由于大气散射及多径现象引起的时延扩展。通过把输入的数据流并行分配到 N 个并行的子信道上, 使每个 OFDM 的符号周期可以扩大为原始数据符号周期的 N 倍, 因此时延扩展与符号周期的比值也同样降低为原来的 $1/N$。在 OFDM 系统中, 为了最大限度地消除符号间干扰, 要在每个 OFDM 符号之间插入保护间隔, 保护间隔的长度 T_{g} 一般要大于无线信道的最大时延扩展, 这样一个符号的多径分量就不会对下一个符号造成干扰。在 FSO-OFDM 系统中, 保护间隔的长度 T_{g} 要大于子信道间色散引起的传输延迟, 通常在光通信中为了完全消除符号间干扰, 保护间隔的

长度定义为[13]

$$\frac{c}{f^2}|D_t|N\Delta f \leqslant T_g \tag{4.50}$$

式中，f 为光载波；c 为光速；D_t 为累积色散，单位为 ps/pm；N 为总的子载波数。

在保护间隔内可以不插入任何信号，即一段空闲的传输时段。然而，在这种情况下，由于多径传播的影响会产生子信道间的干扰，即子载波之间的正交性遭到破坏，不同的子载波之间产生干扰。

如图 4-6 所示，为了消除由于多径传播造成的载波间干扰，将原来宽度为 T 的 OFDM 符号进行周期扩展，用扩展信号来填充保护间隔，将保护间隔内的信号称为循环前缀。循环前缀中的信号与 OFDM 符号尾部宽度为 T_g 的部分相同。加入循环前缀后的信号为

$$s_g(t) = \frac{1}{N}\sum_{k=1}^{N} x(k)\exp\left(\frac{\mathrm{j}2\pi kt}{T}\right)\mathrm{Re}\left[ct_g(t)\right] \tag{4.51}$$

此时对应的矩形窗函数变为

$$\mathrm{Re}\left[ct_g(t)\right] = \begin{cases} 1, & -T_g < t < T \\ 0, & \text{其他} \end{cases} \tag{4.52}$$

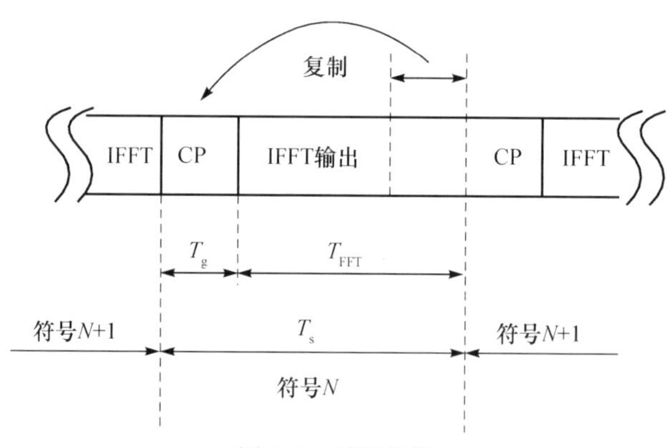

图 4-6　循环前缀

当 $\tau_m \leqslant T_g$ 时，如图 4-7 所示，接收信号为

$$y(t) = \begin{cases} \tilde{s}_l(t) \otimes h(t), & lT_{\mathrm{OFDM}} \leqslant t \leqslant (l+1)T_{\mathrm{OFDM}} - T_g \\ T_{l-1,u}(t) \otimes h(t) + T_{l,u}(t) \otimes h(t), & lT_{\mathrm{OFDM}} - T_g \leqslant t \leqslant lT_{\mathrm{OFDM}} \end{cases} \tag{4.53}$$

可以看出，ISI 全部落在保护间隔内，接收端只要将循环前缀去掉就可以消除 ISI 的影响。

当 $\tau_m \geqslant T_g$ 时，如图 4-8 所示，接收信号为

$$y(t)=\begin{cases}\tilde{s}_l(t)\otimes h(t), & lT_{\text{OFDM}}-T_{\text{g}}+\tau_m\leqslant t<(l+1)T_{\text{OFDM}}-T_{\text{g}}\\ T_{l-1,u}(t)\otimes h(t)+T_{l,u}(t)\otimes h(t), & lT_{\text{OFDM}}-T_{\text{g}}\leqslant t<lT_{\text{OFDM}}-T_{\text{g}}+\tau_m\end{cases} \tag{4.54}$$

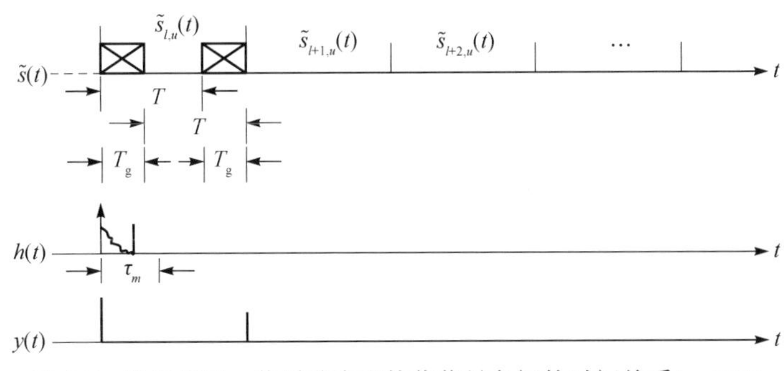

图 4-7　发送信号、信道响应和接收信号之间的时间关系($\tau_m\leqslant T_{\text{g}}$)

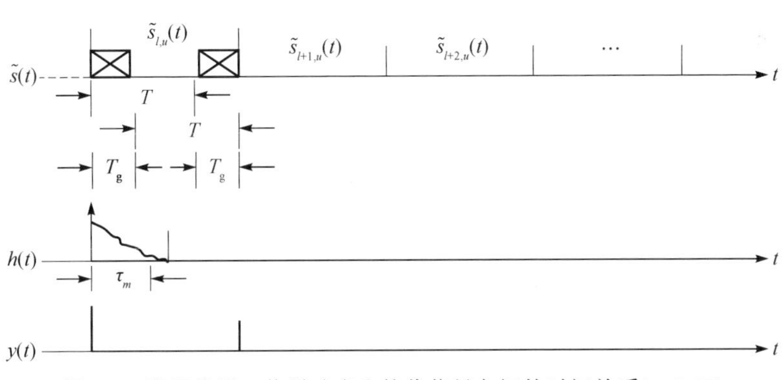

图 4-8　发送信号、信道响应和接收信号之间的时间关系($\tau_m\geqslant T_{\text{g}}$)

可以看出，当接收端去掉循环前缀后，仍有部分 ISI 落在有用信号区间，从而导致 OFDM 信号各子信道之间不再保持正交。

在 OFDM 加入循环前缀主要有两个作用：一是作为保护间隔，消除或者至少是大大减少 ISI；二是为了保持各子信道之间的正交性，减少 ICI。图 4-9 为 OFDM 系统中加循环前缀和不加循环前缀对系统性能的影响。

虽然引入循环前缀可以减少 ISI 和 ICI，并可保持各子信道间的正交性，但循环前缀相对于原始信息数据而言是一种冗余信息，需要占用一定的额外频谱资源和功率资源，因此循环前缀的引入会带来信噪比的损失、功率的损失和信息速率的损失。信噪比的损失定义为

$$\text{SNR}_{\text{loss}}=-10\lg\left(\frac{T_{\text{OFDM}}-T_{\text{g}}}{T_{\text{OFDM}}}\right)=-10\lg\left(1-\frac{T_{\text{g}}}{T_{\text{OFDM}}}\right) \tag{4.55}$$

即循环前缀越长，信噪比损失越大。功率损失定义为

$$\eta_{\mathrm{p}} = 10\lg\left(\frac{T'}{T_{\mathrm{OFDM}}}\right) = 10\lg\left(\frac{N+L}{N}\right) \tag{4.56}$$

信息速率的损失定义为

$$\eta_{\mathrm{R}} = \frac{T_{\mathrm{g}}}{T'} = \frac{L}{N+L} \tag{4.57}$$

从式(4.55)～式(4.57)可以看出：当循环前缀占到 OFDM 符号周期的 20%时，功率损失不到 1dB，但是带来的信息速率损失达 20%。但是插入循环前缀可以消除色散造成的 ICI 的影响。

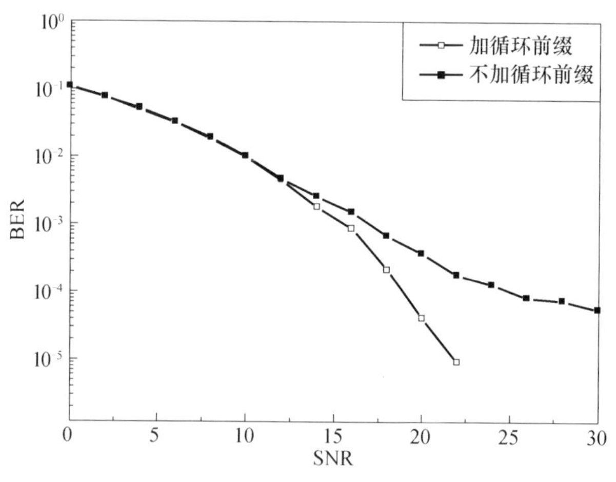

图 4-9　循环前缀对系统性能的影响

4.4.2　过采样

在实际系统中，为了避免数字信号处理过程中的混叠效应，一般需要对 OFDM 符号进行过采样(oversample)，实施过采样有助于利用离散数据来更加准确地反映 OFDM 符号的变化情况。因此对 OFDM 符号实施过采样是非常必要的。

一般用 L 表示过采样率，用[n]表示离散时间域中的奈奎斯特采样率，这样经过过采样的 IFFT 输出为

$$s\left(\frac{n}{L}\right) = \frac{1}{N}\sum_{K=1}^{N} x(k)\exp\left(\frac{\mathrm{j}2\pi kn}{NL}\right)\mathrm{Re}\left[ct\left(\frac{n}{L}\right)\right] \tag{4.58}$$

对式(4.58)进行拆开、整合等运算。可得

$$\begin{aligned} s\left(\frac{n}{L}\right) &= \mathrm{IFFT}\left\{\sqrt{L}\left[x(1)\cdots x\left(\frac{N}{2}\right)\underbrace{0\cdots0}_{N(L-1)}x\left(\frac{N}{2}+1\right)\cdots x(N)\right]^{\mathrm{T}}\right\} \\ &= \mathrm{IFFT}\left[\sqrt{L}x_L(k)\right] \end{aligned} \tag{4.59}$$

此时，矩形窗函数为

$$\mathrm{Re}\left[ct\left(\frac{n}{L}\right)\right]=\begin{cases}1, & 0<n<NL-1\\ 0, & \text{其他}\end{cases} \tag{4.60}$$

式中，$x_L(k)$是指对原符号(MQAM 或是 MPSK)进行 L 倍过采样，即在原始采样数据 $x(k)$中插入 $N(L-1)$个零值数据。

4.4.3 加窗

随着子载波数目的增加，其功率谱的形状会更加接近矩形，从而逼近理想低通滤波器的特性。式(4-7)所定义的 OFDM 信号，功率谱的带外衰减速度相当缓慢，即使在子载波数 N=256 的情况下，其−40dB 带宽仍然是−30dB 带宽的 4 倍。因此为了使 OFDM 信号功率谱带外部分的下降速度更快，需要对每个 OFDM 符号进行加窗处理，使符号周期边缘的幅度值快速衰减到零。

通常采用的窗函数类型为升余弦函数，其定义为

$$\xi(t)=\begin{cases}0.5+0.5\cos\left(\pi+\dfrac{t\pi}{\beta T_s}\right), & 0\leqslant t\leqslant \beta T_s\\ 1.0, & \beta T_s\leqslant t\leqslant T_s\\ 0.5+0.5\cos\left[\dfrac{(t-T_s)\pi}{\beta T_s}\right], & T_s\leqslant t\leqslant (1+\beta)T_s\end{cases} \tag{4.61}$$

式中，T_s 为加窗前的符号长度；而加窗后符号的长度为$(1+\beta)T_s$，从而允许在相邻符号间存在相互覆盖的区域。经过加载循环前缀和进行升余弦加窗处理后的 OFDM 符号如图 4-10 所示[14]。

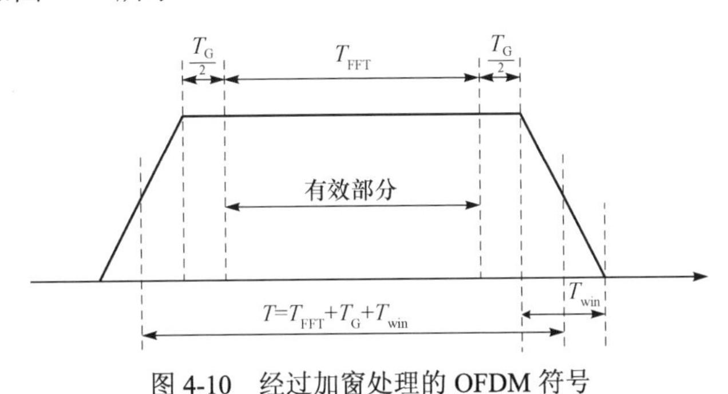

图 4-10　经过加窗处理的 OFDM 符号

4.5 FSO-OFDM 信号的噪声特性

下面分两种情况讨论噪声对 FSO-OFDM 信号的影响：①Gamma-Gamma 信道乘性噪声对信号星座图的影响；②Gamma-Gamma 信道下混合噪声对信号星座图

的影响。

4.5.1　乘性噪声

在乘性噪声下分析OFDM调制与单载波QPSK调制对接收端解调信号星座图在Gamma-Gamma分布大气湍流信道模型中的特性[15]。

当σ_R=0.2时弱湍流情况下OFDM调制和单载波QPSK调制下接收端解调信号的星座图分别如图4-11(a)和图4-11 (b)所示；在σ_R=1的中湍流情况下，OFDM调制和单载波QPSK调制下接收端解调信号的星座图分别如图4-11 (c)和图4-11 (d)所示;在σ_R=2的强湍流情况下，OFDM调制和单载波QPSK调制下接收端解调信号的星座图分别如图4-11(e)和图4-11(f)所示。

从图4-11(b)可以看出，调制信号受到乘性噪声的影响后，单载波QPSK解调信号的星座图表现为沿径向扩展，如果是多层星座则会导致通信性能变差。图4-11(a)是OFDM解调信号的星座图，图中星座图呈高斯分布。观察图4-11可以看出湍流强度越强，单载波QPSK解调信号的星座图沿径向的扩展越严重。采用OFDM解调信号的星座图收敛性能明显改善，其星座点分布服从二维高斯分布。可以看出在弱湍流下，OFDM信号的星座图收敛状态最好，中湍流情况和强湍流情况相比弱湍流OFDM信号的星座图较为分散。

4.5.2　混合噪声

考虑Gamma-Gamma分布大气湍流和高斯白噪声共同作用的混合噪声信道模型，分析OFDM调制和单载波QPSK调制对接收端解调信号星座图的影响[16]。

假设加性噪声信噪比SNR=0，当σ_R=0.2时，OFDM调制和单载波QPSK调制下接收端解调信号的星座图分别如图4-12(a)和图4-12(b)所示；当σ_R=1时，OFDM

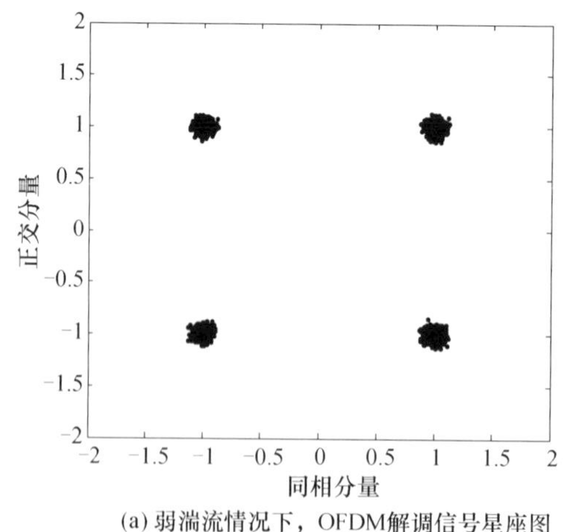

(a) 弱湍流情况下，OFDM解调信号星座图

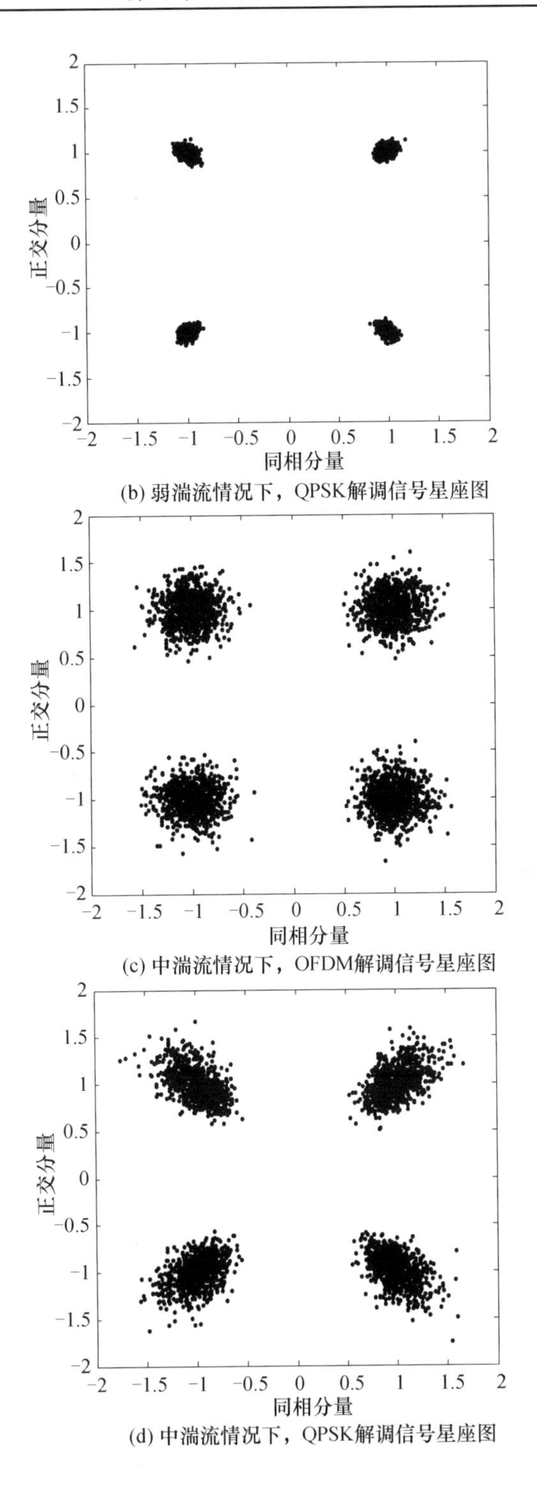

(b) 弱湍流情况下，QPSK解调信号星座图

(c) 中湍流情况下，OFDM解调信号星座图

(d) 中湍流情况下，QPSK解调信号星座图

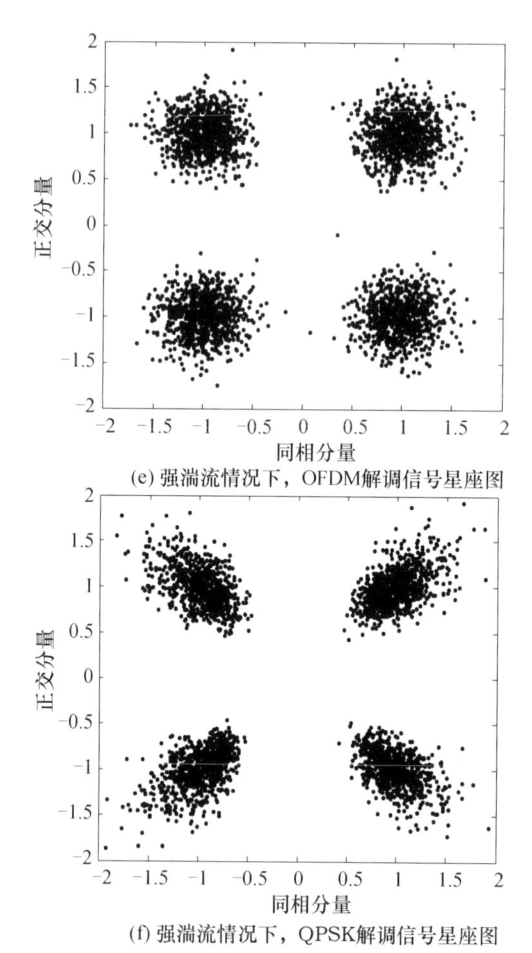

(e) 强湍流情况下，OFDM解调信号星座图

(f) 强湍流情况下，QPSK解调信号星座图

图 4-11　乘性噪声影响下, OFDM 和单载波 QPSK 解调信号的星座图[16,17]

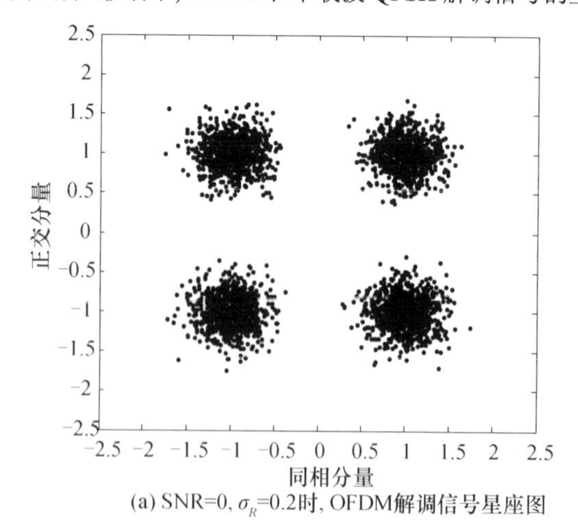

(a) SNR=0, σ_R=0.2时, OFDM解调信号星座图

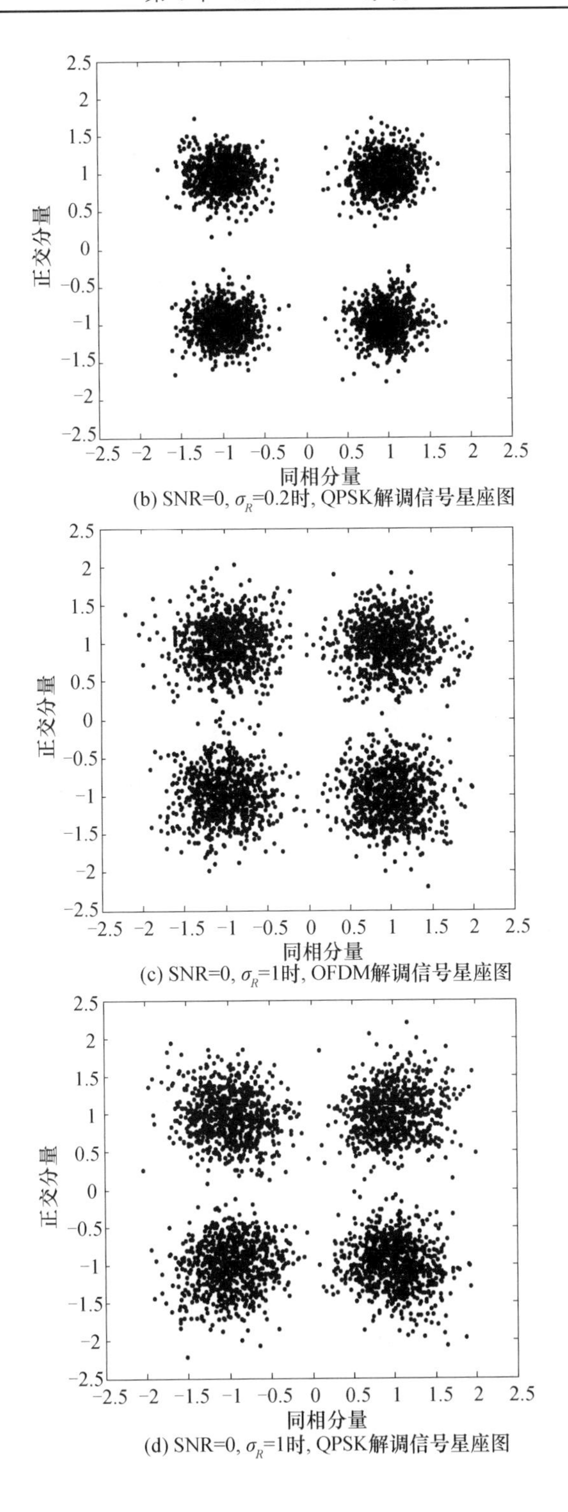

(b) SNR=0, σ_R=0.2时, QPSK解调信号星座图

(c) SNR=0, σ_R=1时, OFDM解调信号星座图

(d) SNR=0, σ_R=1时, QPSK解调信号星座图

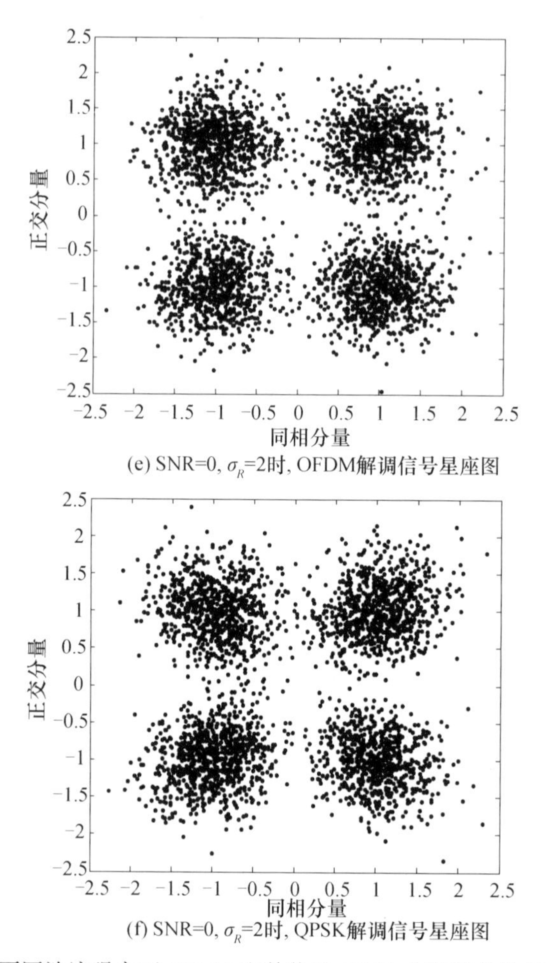

(e) SNR=0, σ_R=2时, OFDM解调信号星座图

(f) SNR=0, σ_R=2时, QPSK解调信号星座图

图 4-12　不同湍流强度下 OFDM 和单载波 QPSK 解调信号的星座图[16,17]

调制和单载波 QPSK 调制下接收端解调信号的星座图分别如图 4-12(c)和图 4-12 (d)所示；当σ_R=2 时，OFDM 调制和单载波 QPSK 调制下接收端解调信号的星座图分别如图 4-12(e)和图 4-12(f)所示。

从图 4-12(a)和图 4-12(b)可以看出：弱湍流情况下，当信噪比较小时，解调信号星座图更多地表现为加性噪声和乘性噪声的共同影响。由图 4-12 可以看出：随着湍流强度的增大，单载波 QPSK 解调信号的星座图沿径向扩展越来越严重，受乘性噪声的影响越来越明显。而任意湍流强度下，OFDM 解调信号的星座图比 QPSK 信号星座图的星座点相位更清晰，收敛性明显改善，星座点分布服从高斯分布。

假设加性噪声信噪比 SNR=10，当σ_R=0.2 时，OFDM 调制和单载波 QPSK 调制下接收端解调信号的星座图分别如图 4-13(a)和图 4-13(b)所示；当σ_R=1 时，OFDM 调制和单载波 QPSK 调制下接收端解调信号的星座图分别如图 4-13(c)和图 4-13(d)

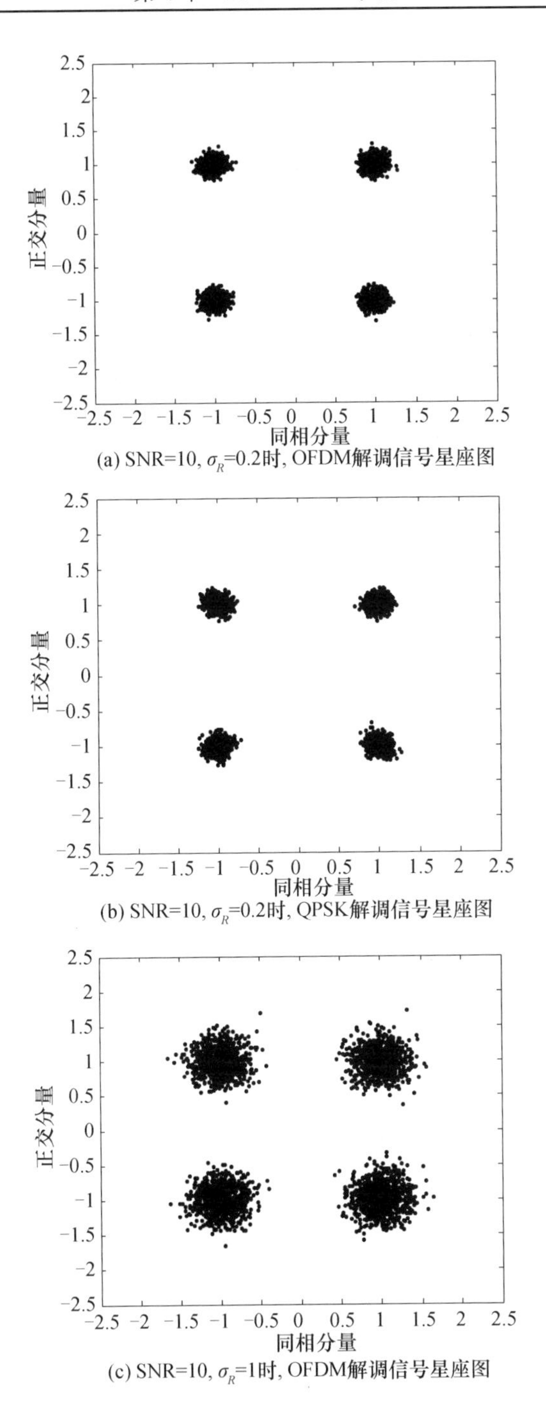

(a) SNR=10, σ_R=0.2时, OFDM解调信号星座图

(b) SNR=10, σ_R=0.2时, QPSK解调信号星座图

(c) SNR=10, σ_R=1时, OFDM解调信号星座图

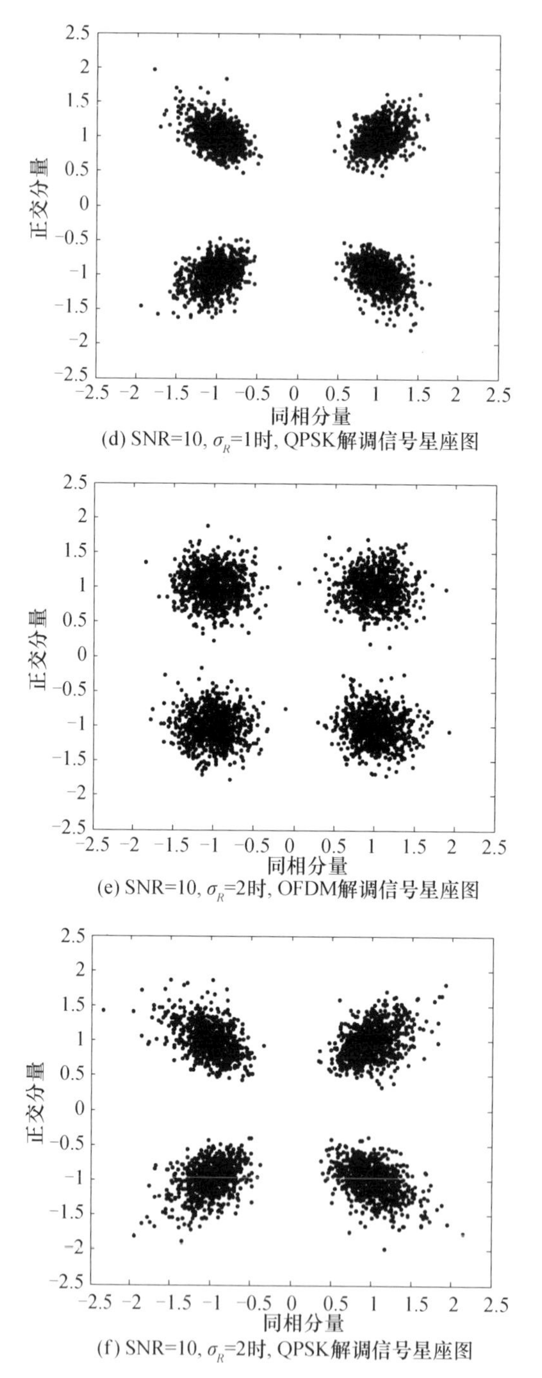

(d) SNR=10, σ_R=1时, QPSK解调信号星座图

(e) SNR=10, σ_R=2时, OFDM解调信号星座图

(f) SNR=10, σ_R=2时, QPSK解调信号星座图

图 4-13　不同湍流强度下 OFDM 和单载波 QPSK 解调信号的星座图[16,17]

所示；当σ_R=2 时，OFDM 调制和单载波 QPSK 调制下接收端解调信号的星座图分别如图 4-13(e)和图 4-13(f)所示。

从图 4-13(a)和图 4-13(b)可以看出：弱湍流情况下，当信噪比较大时，解调信号星座图更多地表现出乘性噪声影响。观察图 4-13 可以看出，随着湍流强度的增大，单载波 QPSK 解调信号的星座图沿径向扩展越来越严重。然而，FSO-OFDM 系统解调信号星座图并没有表现出沿径向扩展，其收敛性良好，星座点分布服从高斯分布。通过对比图 4-12 和图 4-13 所示的 SNR=0 和 SNR=10 时，不同湍流情况下的 FSO-OFDM 系统和 FSO-QPSK 系统解调信号星座图可以发现，当信号信噪比较小时，Gamma-Gamma 信道对 FSO-QPSK 系统的影响不是很明显；而当信号信噪比较大时，FSO-QPSK 系统更多地表现出 Gamma-Gamma 信道的影响。总体来说，FSO-OFDM 系统对 Gamma-Gamma 信道的大气湍流影响有抑制作用，星座图的分布呈二维高斯分布。

4.5.3　FSO-OFDM 实验研究

图 4-14 是 FSO-OFDM 实验原理图[18]。在实验中，OFDM 数据帧共有 32 个子载波，采用 QPSK 调制。首先利用 OFDM 调制模块对信源进行码元变换、串/并转换和星座映射等算法处理；其次通过 D/A 转换器对数字信号进行数模转换，调制系统采用高速数模转换电路板 AD9788 EVB 完成数模转换功能；然后通过信号处理模块对 OFDM 信号进行电光转换，为其加适量直流偏置以适用于无线激光信道的传输；最后将调制好的 OFDM 信号加载到半导体激光器 LQA-850E 上，经发射天线将无线光 OFDM 信号发射出去。

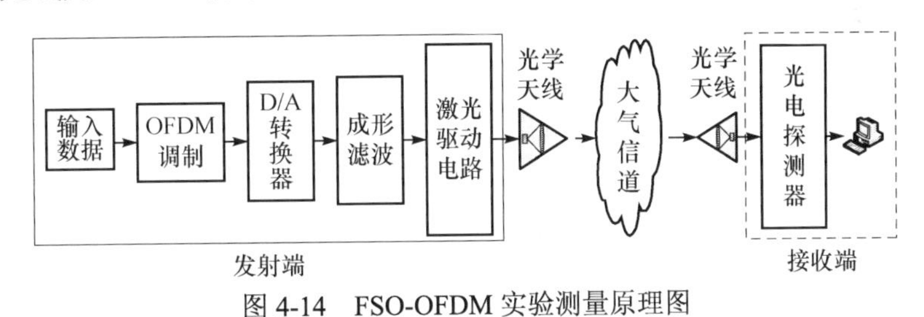

图 4-14　FSO-OFDM 实验测量原理图

信号经大气信道到达接收端，接收端通过接收天线将光信号耦合进光纤内，然后使用光电探测器把光信号转化为电信号，在计算机上对接收信号进行采集。最后在计算机上利用 MATLAB 程序对数据进行解调分析。

图 4-15(a)为实验所得 FSO-OFDM 系统解调信号星座图；图 4-15(b)为单载波 FSO-QPSK 系统解调信号星座图。

观察图 4-15(a)，星座点无混叠，且分布较为集中清晰；观察图 4-15(b)可以发现，其星座点分布比图 4-15(a)所示的星座点分布弥散较为严重。为了对 FSO-OFDM 系统和 FSO-QPSK 系统解调信号星座图有更明白直了的观察，我们对两个系统星座图上的星座点进行概率密度统计分析，可以得出图 4-16 所示的概率密度曲线。

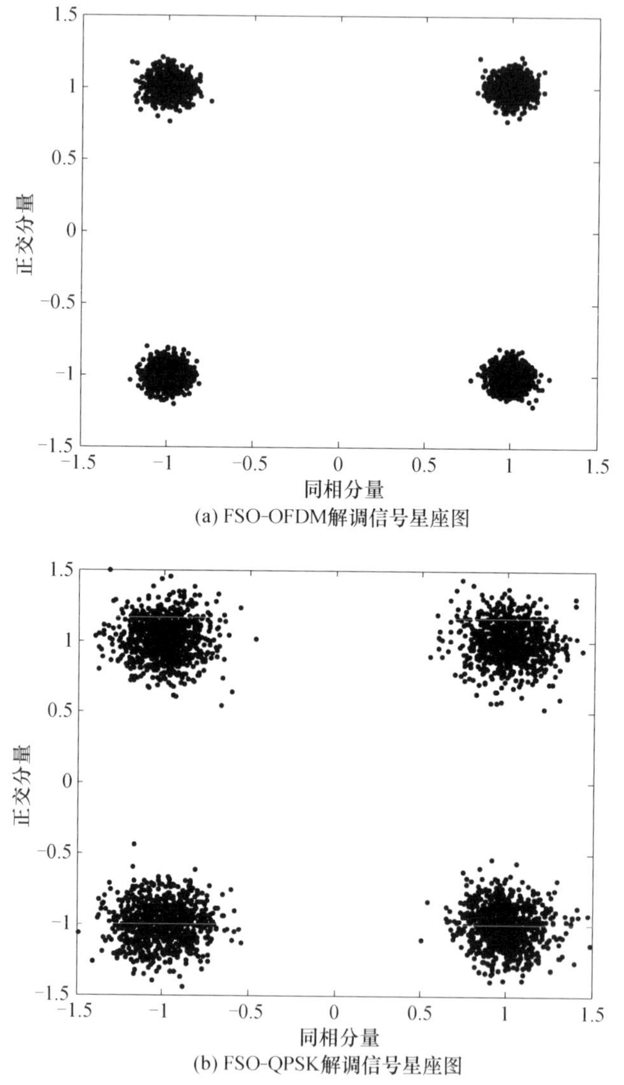

(a) FSO-OFDM解调信号星座图

(b) FSO-QPSK解调信号星座图

图 4-15　FSO-OFDM 和单载波 FSO-QPSK 解调信号的星座图[16,17]

由图 4-16 可以明显看出：FSO-OFDM 系统比 FSO-QPSK 系统解调星座图的星座点分布更集中。通过以上对接收端信号解调星座图的分析可以得出结论：FSO-OFDM 系统性能优于 FSO-QPSK 系统性能。这是由于 OFDM 具有频谱效率高和抗码间干扰好的优势。

实验表明 FSO-OFDM 系统具有较好的抗码间串扰的性能，其误码率低于单载波调制系统。FSO-OFDM 系统不仅能突破制约光通信发展的瓶颈，而且可以提高光通信的信息传输速率和可靠性，具有较高的实用价值。

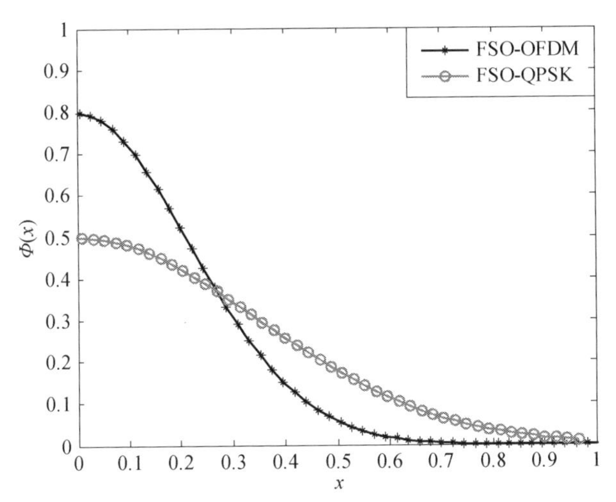

图 4-16　FSO-OFDM 与 FSO-QPSK 解调信号星座图星座点分布对比[16,17]

4.6　小　　结

(1) 本章介绍了 OFDM 的基本原理，着重阐述了 OFDM 的 IDFT/DFT 实现和循环前缀对 OFDM 的作用。

(2) 实验研究了 FSO-OFDM 调制对信号星座图和眼图的影响，验证了 FSO-OFDM 实现点对点通信的可行性，分析了无线激光信道对无线光 OFDM 信号的影响。

结果表明：①FSO-OFDM 系统的误码率低于单载波 QPSK 系统，码间串扰对 FSO-OFDM 调制系统的影响低于对单载波 QPSK 调制系统的影响；②无线激光信道对无线光 OFDM 信号传输存在一定的影响。由于大气衰减和大气湍流的作用，随着通信距离的增加这种影响越来越明显。

参 考 文 献

[1] 谭泽富，聂祥飞. OFDM 的关键技术及应用. 成都：西南交通大学出版社，2005.

[2] Hirosaki B. An orthogonally multiplexed QAM system using the discrete fourier transform. IEEE Transactions on Communications, 1981, 29(7): 982－989.

[3] 赵黎，柯熙政，刘健.频带 FSO-OFDM 系统建模与 LS 信道估计研究. 激光杂志，2009,

30(3):38, 39.

[4] Armstrong J. OFDM for optical communications. Journal of Lightwave Technology, 2009, 27(3):189－204.

[5] Weinstein S B, Ebert P M. Data transmission by frequency division multiplexing using the discrete Fourier transform. IEEE Transactions on Communication Technology, 1971, 19(5): 628－634.

[6] 赵黎, 柯熙政, 刘健. 一种改进的 FSO-OFDM 基带模型. 半导体光电, 2009, 30 (02): 277－279, 283.

[7] Duhamel P, Hollmann H. Split radix FFT algorithm. Electronics Letters, 1984, 20(1):14－16.

[8] 赵黎, 柯熙政, 王惠琴. 基于时频编码的自由空间光通信-正交频分复用系统模型. 中国激光, 2009, 36(10):2757－2762.

[9] Pollet T, van Bladel M, Moeneclaey M. BER sensitivity of OFDM systems to carrier frequency offset and wiener phase noise. IEEE Transactions on Communications, 1995, 43(234):191－193.

[10] Armada A G. Understanding the effects of phase noise in orthogonal frequency division multiplexing (OFDM). IEEE Transactions on Broadcasting, 2001, 47(2): 153－159.

[11] 张煦. 相干光纤通信技术的进展. 光通信研究, 1989, 33(1):1－11.

[12] Nee R V, Prasad R. OFDM for Wireless Multimedia Communications. Boston: Artech House, 2000.

[13] 赵黎. FSO-OFDM 系统关键技术研究[博士学位论文]. 西安: 西安理工大学, 2009.

[14] 解孟其. 大气色散对 FSO-OFDM 系统的影响研究[硕士学位论文]. 西安: 西安理工大学, 2012.

[15] Zhu X, Kahn J M. Free-space optical communication through atmospheric turbulence channels. IEEE Transactions on Communications, 2002, 50(8):1293－1300.

[16] 李蓓蕾. FSO-OFDM 系统的实验研究[硕士学位论文]. 西安: 西安理工大学, 2015.

[17] 柯熙政, 雷思琛, 李蓓蕾. 无线光正交频分复用系统的实验研究. 中国激光, 2015, 42(12): 144－152.

[18] 解孟其, 柯熙政. 大气湍流对无线光通信系统信噪比的影响研究. 激光与光电子学进展, 2013, 50(11):61－67.

第5章 大气信道

当激光信号经过大气信道时，大气分子、气溶胶等会对激光信号产生吸收、散射作用。大气吸收造成接收光功率降低；大气对激光信号的多次散射会引起激光传输的多径效应，导致激光脉冲信号在空间和时间上发生展宽，在接收器中则表现为码间串扰；大气湍流导致的光学折射率随机起伏会使激光信号在传输过程中产生光强起伏、到达角起伏、光束漂移、光束扩展等现象，使通信误码率上升，甚至出现短时间通信中断，严重影响大气光通信的稳定性和可靠性。本章分析激光信号在大气信道中的传输、散射以及大气环境对光信号传输的影响。

5.1 激光传输中的大气散射与大气衰减

5.1.1 大气散射

大气散射是光入射能量以一定规律在各方向重新分布的现象，其实质是大气分子或气溶胶等粒子在入射电磁波的作用下产生电偶极子或多极子振荡，并以此为中心向四周辐射出与入射波频率相同的子波，即散射波。散射波能量的分布与入射波的波长、强度以及粒子的大小、形状和折射率有关。

大气散射效应具体是指大气微粒对激光传输的影响，大气微粒的直径分布很宽，一般为 10^{-4}～10μm 数量级[1]。当气体分子间距大于分子直径 10 倍以上时，大气中的气溶胶微粒或悬浮微粒的间距也远大于微粒直径，满足单粒子散射的条件，即粒子间距大于粒子直径 3 倍时，各粒子的散射近似互不影响。所以，虽然大气中存在多种微粒，对光传播问题而言，单粒子散射理论总是适用的。单粒子散射产生的激光能量衰减系数为[2]

$$\beta=\beta_m+\beta_p \tag{5.1}$$

式中，β_m 为分子散射系数，$\beta_m=\sigma_m n$，σ_m 为分子散射截面，它反比于波长λ，n 为大气分子密度；β_p 为粒子散射系数。

1. 大气分子散射

分子散射又称瑞利散射，当激光的波长远大于散射粒子尺寸时，就产生瑞利散射。瑞利散射主要存在于紫外光波段或悬浮粒子很少的高空，这种散射与被散射光波长的 4 次幂成反比。瑞利散射系数的经验公示为[1]

$$\sigma_{\mathrm{m}}=\frac{0.827NA^3}{\lambda^4} \tag{5.2}$$

式中, A 为散射元横截面面积(cm^2); N 为单位体积内的粒子数(cm^{-3}), 也即散射元密度; λ为激光波长。

由式(5.2)可以看出：随着散射分子半径的增大, 散射增强; 随着波长的增大, 散射减弱。可见光比红外光散射强, 蓝光比红外光散射强。在晴朗的天空, 较大尺度微粒比较少的情况下, 分子散射起主要作用, 又因为蓝光散射最强烈, 所以晴朗的天空会呈现出蓝色。瑞利散射的体积散射系数为[1]

$$a_{\mathrm{m}}(\lambda)=\frac{8\pi^2}{3}\cdot\frac{\left(n^2-1\right)^2}{N^2\lambda^4} \tag{5.3}$$

式中, n 为介质的折射率。在干燥清新的空气中, 瑞利散射系数[1]:

$$\alpha_{\mathrm{m}}(\lambda)=1.09\times10^{-3}\lambda^{-4.05}\mathrm{km}^{-1} \tag{5.4}$$

一般情况下, 对于半径 $r<0.03\mu\mathrm{m}$ 的粒子, 若光波波长在 $1\mu\mathrm{m}$ 附近, 瑞利散射系数的计算误差为 $\tilde{n}<1\%$[3], 因此式(5.4)能够较准确地描述大气中分子散射的强度。

2. 大气微粒散射

当光波长与粒子的尺寸可比拟时会产生米氏散射。米氏散射主要依赖散射粒子的尺寸、密度分布以及折射率特性, 与波长的依赖关系远不如瑞利散射强烈, 其系数σ_{n}为[1]

$$\sigma_{\mathrm{n}}=N(r)\pi r^2Q_{\mathrm{s}}(X_{\mathrm{r}},\ m) \tag{5.5}$$

式中, $N(r)$为单位体积内的粒子数(cm^{-3}); r为粒子的半径(cm); Q_{s}为散射效率, 定义为粒子散射的能量与入射粒子几何截面上的能量之比, 它是粒子的相对尺度$X_{\mathrm{r}}=2\pi r/\lambda$和复数折射率 $m=n-\mathrm{i}K_{\mathrm{a}}$ 的函数, n 和 K_{a} 分别为粒子的复折射率的实部和虚部, λ为激光波长。由于气溶胶粒子的尺度分布是经验性的, 因此一般情况下用下列近似公式计算气溶胶粒子的总衰减系数[4]:

$$\sigma=\sigma_{\mathrm{m}}\sigma_{\mathrm{n}}=\frac{3.912}{V}\left(\frac{0.55}{\lambda}\right)^q \tag{5.6}$$

式中, V 为能见度(km); q 为系数(与大气中粒子的尺度和密度分布有关, 当有较高能见度($V>50\mathrm{km}$)时, q 为 1.6, 当能见度一般($6\mathrm{km}<V<50\mathrm{km}$)时, q 为 1.3, 当能见度较低($V<6\mathrm{km}$)时, q 为 $0.585V^{1/3}$)。

5.1.2 大气衰减

大气对光波吸收和散射的共同影响表现为激光传输的大气衰减, 可以用大气透射率来度量大气衰减的程度。单色波的大气透射率可表示如下[2]。

水平均匀路径传输：

$$T_{\mathrm{atm}}(\lambda)=\exp[-k_{\mathrm{e}}(\lambda)L] \tag{5.7}$$

斜程路径传输：

$$T_{\mathrm{atm}}(\lambda)=\exp\left[-\sec\varphi\int_0^Z k_{\mathrm{e}}(\lambda,r)\mathrm{d}r\right] \tag{5.8}$$

式中，$T_{\mathrm{atm}}(\lambda)$为波长为$\lambda$时的大气透射率；$L$ 为水平传输距离；Z 为斜程路径的垂直高度；φ为斜程路径的天顶角；$k_{\mathrm{e}}(\lambda)=k_{\mathrm{s}}+k_{\mathrm{a}}$ 为大气消光系数。

对于斜程路径传输，大气消光系数随高度而变化，所以计算透射率时需要对路径求积分。若初始光强为 I_0，则光束传输一段距离 L 后的光强 $I(L)$为[5]

$$I(L)=I_0T_{\mathrm{atm}}(\lambda) \tag{5.9}$$

可定义大气光传输信道的光学厚度τ，用来表征信道的衰减特性[6]，即

$$\tau=\tau_{\mathrm{a}}+\tau_{\mathrm{s}} \tag{5.10}$$

式中，τ_{a} 为散射光学厚度；τ_{s} 为吸收光学厚度。

由于大气运动的不确定性，大气消光系数 $k_{\mathrm{e}}(\lambda)$在不同天气下的变化范围很大。在近地面大气层中，分子散射的影响很小，光能量衰减主要是由大尺度粒子的米氏散射引起的。在设计大气无线光通信链路时，通常选择处于大气窗口内的波长，所以大气吸收对激光能量衰减的贡献相对较小，大气衰减主要源自大气散射。对于近地面激光大气传输，可通过能见度来计算大气衰减，能见度与大气消光系数之间的经验公式为[5]

$$k_{\mathrm{e}}(\lambda,R_v)=\frac{3.912}{R_v}\left(\frac{550}{\lambda}\right)^q \tag{5.11}$$

$$q=\begin{cases}1.6, & R_v>50\\ 13, & 6<R_v<50\\ 0.585R_v^{1/3}, & R_v\leqslant 6\end{cases} \tag{5.12}$$

式中，R_v 为大气能见度(km)； λ 为激光波长(nm)；$k_{\mathrm{e}}(\lambda, R_v)$为消光系数($\mathrm{km}^{-1}$)。航空界定义为具有正常视力的人在当时的天气条件下还能够看清楚目标轮廓的最大距离。能见度和当时的天气情况密切相关。当出现雨、雾、霾、沙尘暴等天气过程时，大气透明度较低,因此能见度较差。测量大气能见度一般可用目测的方法，也可以使用大气透射仪、激光能见度自动测量仪等测量仪器测试。气象学把能见度分为 10 个等级，如表 5-1 所示。

表 5-1　国际能见度等级[7]

等级	天气状态	能见度/km	散射系数	等级	天气状态	能见度/km	散射系数
0	极浓雾	<0.05	>78.20	5	霾	2～4	1.96～0.95
1	厚雾	0.05～0.2	78.20～19.60	6	轻霾	4～10	0.95～0.39
2	中雾	0.2～0.5	19.60～7.82	7	晴朗	10～20	0.39～0.20
3	轻雾	0.5～1	7.82～3.91	8	很晴朗	20～50	0.20～0.08
4	薄雾	1～2	3.91～1.96	9	极晴朗	>50	0.01

5.2　激光在大气湍流中的传输

大气温度的随机变化产生大气密度的随机变化，导致大气折射率的随机起伏。随机起伏的累积效应导致大气折射率的分布明显不均匀，大气湍流运动使大气折射率引起的这种起伏的性质，表现为光波参量(振幅和相位)产生随机起伏，引起光束的闪烁、弯曲、分裂、扩展、空间相干性降低等。这些效应是限制无线光通信系统充分发挥其效能的重要因素。

5.2.1　大气湍流的统计特性

按照 Kolmogorov 理论[8]，湍流平均速度的变化使湍流获得能量。大气折射率的随机起伏 $n(r)$主要由温度空间分布随机微观结构引起。产生这种微观结构的变化是由于地球表面不同区域被太阳不同程度加热而引起的极大尺度的温度非均匀性。这种大尺度的温度非均匀性进而又引起大尺度的折射率非均匀性，通常这些大气折射率的非均匀性称为湍流的涡旋。湍流可以用两个尺度来表征,在大气边界层内，可观测分析到最大尺度的涡旋也称为湍流外尺度，用 L_0 表示，L_0 通常在数十米到数百米的范围之内，而最小尺度也称为湍流内尺度，用 l_0 表示；而 l_0 只有几毫米[9]，如图 5-1 所示[10]。当光束传播穿过这些不同尺度涡旋后，大尺度湍流涡旋对光束主要产生折射效应，小尺度涡旋对光束主要产生衍射效应。与大气湍流形成有关的因素(如温度、大气折射率、气溶胶质粒的分布等)都会发生湍流掺杂作用，

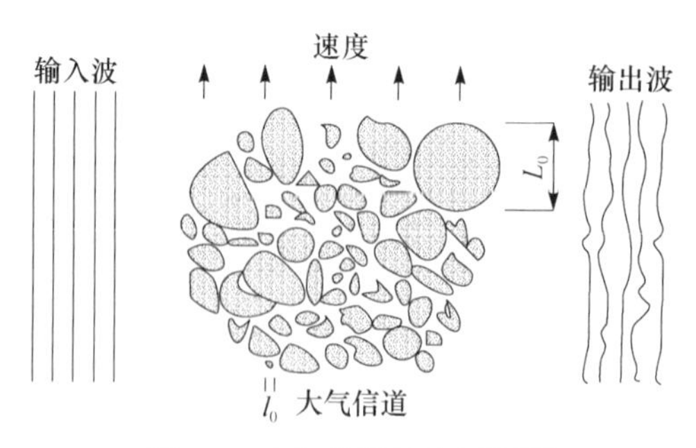

图 5-1　大气信道湍流涡旋[10]

而光波在湍流大气中传播的折射率只与空间两点的位置有关,可表示为[11]

$$n(r,t)=n_0+n_1(r,t) \tag{5.13}$$

式中,$n(r,t)$为依赖时间和位置参数的折射率;n_0 为自由空间(无湍流时)的折射率;$n_1(r,t)$为围绕平均值n_0的随机起伏,这种起伏是由大气中存在的湍流引起的。我们需要知道折射率的随机起伏在湍流场中的统计特性。大气折射率是温度的函数,其结构函数的特性与温度起伏有着密切的关系。

1. 折射率起伏功率谱

大气湍流折射率起伏功率谱Φ_n 主要以 Kolmogorov 湍流理论为基础,典型的模型有 Kolmogorov 谱、von Karman 谱(也称为 Tatarskii 谱)[12]、Hill 谱[13]和 Andrews[14]提出的修正 Hill 谱,非 Kolmogorov 谱也有报道[15]。

大气湍流导致大气光学折射率随机起伏,大气折射率 n 是由空气的温度和压强的变化引起的,因而它是压强 P 和温度 T 的函数,其表达式为[11]

$$n=1+77.6\left(1+7.52\times10^{-3}\lambda^{-2}\right)\frac{P}{T}\times10^{-6} \tag{5.14}$$

式中,λ为波长(μm);P 为压强(100Pa);T 为热力学温度(K)。Kolmogorov 理论认为[16]:对于局部均匀和各向同性湍流,折射率的变化可用折射率结构函数 $D_n(r)$ 来表征,它与标量距离 r 的 2/3 次方成正比:

$$D_n\left(r\right)=\left\langle\left[n\left(r+r_1\right)-n\left(r\right)\right]^2\right\rangle=C_n^2r^{2/3},\quad l_0<r<L_0 \tag{5.15}$$

式中,$D_n(r)$为两个观测点间折射率增量的系综平均;$n(r)$为折射率;C_n^2 为折射率结构函数 $D_n(r)$的一个常量系数,称为大气折射率结构常数,它是一个用于度量光学湍流强度的物理量,单位为 $m^{-2/3}$。在 Kolmogorov 提出的大气折射率结构函数的“2/3 次方定律”的基础上,可以得到描述大气湍流造成的折射率起伏的功率谱。Kolmogorov 谱可写为[17]

$$\Phi_n\left(k\right)=0.033C_n^2k^{-11/3} \tag{5.16}$$

式中,$k=2\pi/l$ 为空间波数,l 为湍流涡旋的尺度。Kolmogorov 谱只在惯性子区间内成立,即 $2\pi/L_0<k<2\pi/l_0$。使用 Kolmogorov 谱进行激光大气湍流传输计算,往往是假设湍流外尺度为无穷大,湍流内尺度可忽略。

对于耗散区,Tatarskii 用如下模型描述$\Phi_n(k)$的快速下降现象[17]:

$$\Phi_n\left(k\right)=0.033C_n^2k^{-11/3}\exp\left(\frac{-k^2}{k_m^2}\right) \tag{5.17}$$

若取 $k_m=5.92/l_0$,式(5.17)在 $k>k_0$ 时成立。

在 Kolmogorov 谱和 Tatarskii 谱中,当 $k\to0$ 时 $\Phi_n\to\infty$,对于有限的地球大气而

言这是不可能的。为了克服这一缺陷，常采用 von Karman 谱近似为[17]

$$\Phi_n(k)=0.033C_n^2\left(k^2+k_0^2\right)^{-11/6}\exp\left(\frac{-k^2}{k_m^2}\right) \tag{5.18}$$

式中，$k_0=2\pi/L_0$。式(5.18)在 $0\leqslant k<\infty$ 时成立。

若用式(5.18)描述输入区的湍流谱只能是近似值，因为该区域的湍流通常是各向异性的。von Karman 谱并没有考虑到高波数区域中的 Bump 现象，Hill 提出了一个精确的数值模型[14]：

$$\Phi_n(k)=0.033C_n^2\left(k^2+k_0^2\right)^{-11/6}\exp\left(-\frac{k^2}{k_l^2}\right)\left[1+a_1\left(\frac{k}{k_l}\right)-a_2\left(\frac{k}{k_l}\right)^{7/6}\right] \tag{5.19}$$

式中，$a_1=1.802$; $a_2=0.254$; $k_l=3.3/l_0$。从式(5.19)可以看出，令 $a_1=a_2=0$ 并作 $k_l=km$ 代换后，修正 Hill 谱简化为 von Karman 谱；当 $k_0=l_0=0$ 时，又退化为 Kolmogorov 谱。忽略外尺度效应(取 $k_0=0$)，并以 Kolmogorov 谱模型对其他谱模型进行归一化处理，可得图 5-2 所示的不同谱模型的分布曲线。

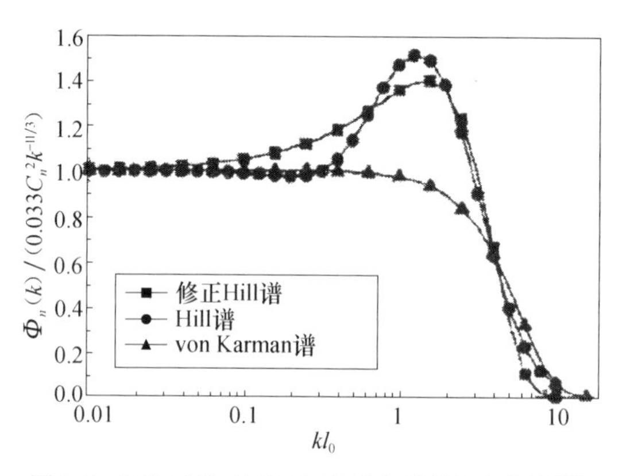

图 5-2　不同折射率起伏功率谱模型分布曲线[18]

从图 5-2 中可以看出：von Karman 谱在 $kl_0<0.5$(惯性子区)时，与修正 Kolmogorov 谱基本相同；随着波数的增大，von Karman 谱急剧单调下降，很好地解释了实验观察到的 $k<k_m=5.92/l_0$ 时，耗散区的快速下降现象；Hill 谱和修正 Hill 谱在 $4<kl_0<0.1$ 的区域(惯性子区的高波数区)内与 von Karman 谱有显著不同，体现了高波数区突变对光传输的影响；在耗散区，Hill 谱和修正 Hill 谱的下降速度比 von Karman 谱更快，三种谱模型都在 $kl_0>11$ 时趋于零。Hill 谱和修正 Hill 谱在 $kl_0=1.1$ 附近取得最大值。

2. 大气折射率结构常数

大气温度变化会引起大气折射率发生变化，空气温度每变化 1℃，折射率变

化约 1×10^{-6}。温度变化可用温度场结构函数来表征[18]:

$$D_T(r)=\left\langle\left[T(r+r_1)-T(r)\right]^2\right\rangle=C_T^2 r^{2/3} \tag{5.20}$$

式中, C_T^2 为大气温度结构常数。大气折射率结构常数与大气温度结构常数之间的关系为[18]

$$C_n^2=\left[\frac{10^{-6}}{T}\left(\frac{77.6p}{T}\right)+\frac{0.584p}{T\lambda^2}\right]^2 C_T^2 \tag{5.21}$$

式中, T 为大气温度; p 为大气压强; λ为光波长。

对于从地面向上到 100m 的高度范围内, C_n^2 通常为 $10^{-15}\sim10^{-13}\mathrm{m}^{-2/3}$。地面附近的折射率结构常数受地形地貌、天气、地理位置等因素影响,又由于大气本身的状况随时间不断变化, 因此折射率结构常数 C_n^2 也是一个随时间变化的量, 同时依赖于海拔。折射率结构常数随海拔的变化非常明显。常见如下几种大气折射率结构常数模型 [19-21] 。

(1) Hufngael 模型:

$$C_n^2(h)=2.72\times10^{-16}\left[3\langle v\rangle^2\left(\frac{h}{10}\right)^2\exp(-h)+\exp\left(-\frac{h}{1.5}\right)\right] \tag{5.22}$$

式中, $\langle v\rangle$ 为平均风速(m/s); h 为离地面的高度(km)。该模型适用于预测夜晚、红外波段条件下, 平均海拔 3km 以上区域的大气折射率结构常数。Brown 在实验观测的基础上给出了风速与海拔的变化关系[15]:

$$v(h)=3+17\exp\left[-\frac{(h-12.5)^2}{16}\right] \tag{5.23}$$

式中, $v(h)$为风速(m/s); h 为离地面的高度(km)。该模型适用于高度 20km 以下的区域。

(2) Hufngael-Valley 模型:

$$\begin{aligned}C_n^2=&0.00594\left(\frac{v}{27}\right)^2\left(10^{-5}h\right)^{10}\exp\left(-\frac{h}{1000}\right)\\&+2.7\times10^{-16}\exp\left(-\frac{h}{1500}\right)+\hat{A}\exp\left(-\frac{h}{1000}\right)\end{aligned} \tag{5.24}$$

式中, v 为垂直路径风速(m/s); h 为系统信号传输高度(m); $\hat{A}$ 的取值取决于地面值 $C_n^2(0)$。Hufngael-Valley 模型适用于预测内陆地区白天的大气折射率结构常数。C_n^2 从强湍流 $10^{-12}\mathrm{m}^{-2/3}$ 到弱湍流 $10^{-17}\mathrm{m}^{-2/3}$ 变化,典型平均值为 $10^{-15}\mathrm{m}^{-2/3}$。

(3) HV21 模型:

$$C_n^2(h)=5.94\times10^{-53}\left(\frac{21}{27}\right)^2 h^{10}\exp\left(-\frac{h}{1000}\right)+2.7\times10^{-16}\exp\left(-\frac{h}{1500}\right)+1.7\times10^{-14}\exp\left(-\frac{h}{100}\right)\tag{5.25}$$

式中, h 为离地面的高度(m)。该模型实际上是在 Hufngael-Valley 模型基础上取 v=21m/s, $\hat{A}=1.7\times10^{-14}\mathrm{m}^{-2/3}$ 得到的结果。

(4) 修正的 HV 模型:

$$C_n^2(h)=8.16\times10^{-54}h^{10}\exp\left(-\frac{h}{1000}\right)+3.02\times10^{-17}\exp\left(-\frac{h}{1500}\right)+1.9\times10^{-15}\exp\left(-\frac{h}{100}\right)\tag{5.26}$$

式中, h 为离地面的高度(m)。该模型适用于预测夜间的大气折射率结构常数。

5.2.2 大气湍流对激光传输的影响

大气湍流对光束传播的影响与光束直径 d_{B} 和湍流涡旋的尺度 l 之比密切相关。当 $d_{\mathrm{B}}/l\ll1$, 即光束直径比湍流涡旋的尺度小得多时, 湍流涡旋的作用主要是使光束作为一个整体而作随机偏折, 在远处接收平面上, 光束中心的投射点(即光斑位置)以某个统计平均位置为中心, 发生快速的随机性跳动, 这种现象称为光束漂移; 当 $d_{\mathrm{B}}/l\approx1$, 即光束直径和湍流涡旋的尺度相当时, 湍流涡旋使光束波前发生随机偏折, 在接收平面上形成到达角起伏, 致使在接收焦平面上产生像点抖动; 当 $d_{\mathrm{B}}/l\ll1$, 即光束直径比湍流涡漩的尺度大得多时, 光束截面内包含多个湍流漩涡, 每个漩涡各自对经过其中的那部分光束进行独立的散射和衍射, 从而造成光束强度在时间和空间上的随机起伏, 光强忽大忽小, 即所谓的光强闪烁[22, 23]。

1. 强度起伏(大气闪烁)

在湍流不强和传输路程不远时, 闪烁的对数强度方差表示为[24]

$$\sigma_x^2=C_0k^{7/6}L^{11/6}C_n^2\tag{5.27}$$

式中, L 为激光传输距离; C_0 为常数; $k=2\pi/\lambda$为波数; C_n^2 为大气折射率结构常数。激光束在近地面水平传输时, σ_x^2 达到 1～2 后不再随湍流强度的增强或传输距离的增大而增大,反而有可能减小, 这种现象称为闪烁饱和效应。可见光波段激光向上行或向下行穿过大气层时, σ_x^2 约为 0.02。这种强度起伏不会对激光应用有明显的影响。

2. 光束的漂移

通常，激光光束直径比湍流外尺度小，比光束直径大的涡旋引起光束横截面质心发生随机漂移，严重时可能造成激光束脱离接收机视场。所以光束漂移是影响大气光通信性能的一个重要因素。Clifford[25]给出了平面波传播时的光束漂移均方值计算表达式:

$$\left\langle \rho_l^2 \right\rangle = 2.2 C_n^2 l_0^{-1/3} L^3 \tag{5.28}$$

式中，l_0 为湍流内尺度。Ishimaru 推导出了高斯准直光束传播时，光束漂移的均方值计算表达式，光束漂移的时间尺度一般和光束直径与径向风速的比值同数量级。当湍流影响很强时，由于激光波前失去相干性，光束会出现破碎，此时光束漂移的概念就无太大意义了。

3. 光束扩展

比光束直径小的涡旋会导致光束发生扩展，使光束在湍流大气中传播时比在真空中发散得更快。因此，对于相同的通信距离，为了保证接收信噪比，在湍流大气中所要求的激光发射功率比真空中大。对于高斯光束大气湍流传播，在弱湍流区,接收平面上的光束直径为[26]

$$D_T = D_0 \left(1 + 1.33 \sigma_l^2 \Lambda^{5/6}\right)^{1/2} \tag{5.29}$$

在强湍流区,接收平面上的光束直径为[26]

$$D_T = D_0 \left(1 + 1.63 \sigma_l^2 \Lambda^{5/6}\right)^{1/2} \tag{5.30}$$

式中, D_0 为在真空中传播时接收平面上的光束直径； σ_l^2 为 Rytov 方差; Λ为高斯光束参数[19]。

4. 相位起伏

大气湍流的随机特性不但会引起光强闪烁，同时导致激光相位在时间和空间上出现起伏。光波相位起伏会降低光学接收望远镜对信号光的聚焦性能，使在接收机焦平面上的光斑面积增加。相对于衍射极限光斑，激光相位起伏将导致焦平面上的光斑面积增大$(D/r_0)^2$倍，其中, D 为接收望远镜口径，为 Fried 参数。光电探测器的输出信噪比通常与数据速率和探测面积近似成比例。为了消除相位起伏的影响，必须增加探测面积，这会造成光通信链路的性能降低约 D/r_0。

5.3　大气湍流模型

大气中气体分子、水雾、雪、气溶胶等粒子的几何尺寸与激光波长相近甚至更小，这就会引起光的吸收和散射。特别是在强湍流情况下，光信号将受到严重的干扰。大气温度、压力不均匀所引起的大气湍流效应导致接收面上的光强随时间和空间发生随机起伏，即所谓的“强度闪烁效应”。接收端光强的随机起伏是大气湍流效应的一个重要表现，也是影响基于直接检测的光通信系统性能的一个主要因素。

Taylor 提出[7]：在满足某些条件的情况下，当湍流流经传感器时，可以认为湍流是被冻结的。大气湍流的相干时间 t_0 在毫秒量级，这个值与一个典型的数据符号时间相比相差是非常大的，因此，大气湍流信道可以作为一个“慢衰落信道”，静态地描述数据符号的持续时间[27]。

5.3.1 log-normal 湍流模型

大气湍流的随机分布会对本来稳定传播的光波产生一个微扰动，因此光波在大气湍流中传输一定距离后，光波的振幅和相位会产生一个随机起伏。光在介质中传播的麦克斯韦方程为

$$\nabla^2\vec{E}+k^2n^2\vec{E}=0 \tag{5.31}$$

式中，$k=2\pi/\lambda$为空间波数；n 为空间位置 r 处的折射率。这个方程和常规波动方程的不同之处仅在于第二项系数中的 $n(r)$是位置 r 的函数，因此要精确求解这个大气光传输的基本方程是困难的。对于大气湍流介质而言，折射率函数 $n(r)$的起伏在时间上是一个随机过程，因此需要用统计理论描述[28]。

因为电场矢量的 3 个分量都服从同样的波动方程，所以可以用标量方程代替式(5.31)所示的矢量方程，即

$$\nabla^2\tilde{u}+k^2n\left(r\right)^2\tilde{u}=0 \tag{5.32}$$

式中，$\tilde{u}$ 表示任何一个场分量 E_x、E_y 或 E_z。对式(5.32)中的 $\tilde{u}$ 作 Rytov 变换[29]可得

$$\psi=\ln[\tilde{u}] \tag{5.33}$$

则式(5.32)变换为 Riccati 方程[29]：

$$\nabla^2\psi(r)+[\nabla\psi(r)]^2+k^2n^2(r)=0 \tag{5.34}$$

对于地球大气，有 $n(r)=1+n_1(r)$，故式(5.34)可写为

$$\nabla^2\psi+(\nabla\psi)^2+k^2[1+n_1(r)]^2=0 \tag{5.35}$$

令 $\psi=\psi_0+\psi_1+\psi_2+\cdots$，且 ψ_0 满足：

$$\nabla^2\psi_0+(\nabla\psi_0)^2+k^2=0 \tag{5.36}$$

忽略所有高于 ψ_1 的项，令 $\psi=\psi_0+\psi_1$，考虑到式(5.36)，可得

$$\nabla^2\psi_1+\nabla\psi_1(2\nabla\psi_0+\nabla\psi_1)^2+2k^2n_1(r)+k^2n_1^2(r)=0 \tag{5.37}$$

对于大气湍流，有 $n_1(r) \ll 1$，假设 $|\nabla \psi_1| \ll |\nabla \psi_0|$，则式(5.37)中的二阶小量 $(\nabla \psi_1)^2$ 和 $k^2 n_1^2(r)$ 可以忽略。最后得到方程[29]:

$$\nabla^2 \psi_1 + 2\nabla \psi_1 \nabla \psi_0 + 2k^2 n_1(r) = 0 \tag{5.38}$$

由于 $|\nabla \psi_0|$ 的量级为 $k=2\pi/\lambda$，前面假设 $|\nabla \psi_1| \ll |\nabla \psi_0|$ 可以写为

$$\lambda \nabla \psi_1 \ll 2\pi \tag{5.39}$$

它表示在量级为一个波长的距离上 ψ_1 的变化是一个小量，由式(5.33)可得

$$\tilde{u} = \exp(\psi_0 + \psi_1) \tag{5.40}$$

$$\tilde{u}_0 = \exp(\psi_0) \tag{5.41}$$

ψ 的解服从对数正态分布。由中心极限定理可知 $\tilde{u}$ 的解服从高斯分布[18]，所以有

$$\frac{\tilde{u}}{\tilde{u}_0} = 1 + \frac{\tilde{u}_1}{\tilde{u}_0} = \exp(\psi_1) \tag{5.42}$$

和

$$\psi_1 = \ln\left(1 + \frac{\tilde{u}_1}{\tilde{u}_0}\right) \approx \frac{\tilde{u}_1}{\tilde{u}_0} \tag{5.43}$$

由于 $|\tilde{u}_1| \ll |\tilde{u}_0|$，因此式(5.43)近似成立。故 $\psi_1 = \exp(-\psi_0)\tilde{u}_1$ 时，式(5.38)变为

$$\nabla^2 \tilde{u}_1 + k^2 \tilde{u}_1 + 2k^2 n_1(r) \exp(\psi_0) = 0 \tag{5.44}$$

根据标量散射理论,式(5.44)的解为[18]

$$\tilde{u}_1 = \frac{k^2}{2\pi} \iiint_V n_1(r') \tilde{u}_0(r') \frac{\exp(\mathrm{i}k|r-r'|)}{|r-r'|} \mathrm{d}V' \tag{5.45}$$

式中, V 为散射体积。由于 $\psi_1 \approx \tilde{u}_1/\tilde{u}_0$，因此可得到[18]

$$\psi_1(r) = \frac{k^2}{2\pi \tilde{u}_0(r')} \iiint_V n_1(r') \tilde{u}_0(r') \frac{\exp(\mathrm{i}k|r-r'|)}{|r-r'|} \mathrm{d}V' \tag{5.46}$$

令 $\tilde{u}$ 的振幅和相位分别为 A 和 S，真空解(未受扰动) $\tilde{u}_0$ 的振幅和相位为 A_0 和 S_0，则

$$\tilde{u} = A \exp(\mathrm{i}S) \tag{5.47}$$

$$\tilde{u}_0 = A_0 \exp(\mathrm{i}S_0) \tag{5.48}$$

从而得到

$$\psi_1(r) = \psi(r) - \psi_0(r) = \ln(A/A_0) + \mathrm{i}(S - S_0) \tag{5.49}$$

记 $\psi_1(r)$ 的实部和虚部分别为

$$\chi=\ln(A/A_0) \tag{5.50}$$

$$\delta=S-S_0 \tag{5.51}$$

χ表示服从高斯分布的光波对数振幅起伏；δ表示服从高斯分布的光波相位起伏。则对数振幅χ的概率密度函数可表示为[30]

$$p(\chi)=\frac{1}{\sqrt{2\pi}\sigma_x}\exp\left\{-\frac{\left[\chi-E[\chi]\right]^2}{2\sigma_x^2}\right\} \tag{5.52}$$

式中，$E[\chi]$为χ的均值；σ_x^2为对数振幅方差，也称为 Rytov 方差。

使用 Kolmogorov 折射率起伏功率谱，可以求出平面波在大气湍流中传播时的如下对数振幅起伏方差。

水平均匀路径：

$$\sigma_x^2=0.307k^{7/6}L^{11/6}C_n^2 \tag{5.53}$$

斜程传输路径：

$$\sigma_x^2=0.56k^{7/6}(\sec\varphi)^{11/6}\int_0^L C_n^2(x)(L-x)^{5/6}\,\mathrm{d}x \tag{5.54}$$

式中，φ为天顶角($\varphi<60°$)，$\sec\varphi$为对斜程路径的修正因子。对于球面波传播情形，使用 Kolmogorov 折射率起伏功率谱，可得出如下对数振幅起伏方差。

水平均匀路径:

$$\sigma_x^2=0.124k^{7/6}L^{11/6}C_n^2 \tag{5.55}$$

斜程传输路径:

$$\sigma_x^2=0.56k^{7/6}(\sec\varphi)^{11/6}\int_0^L C_n^2(x)(x/L)^{5/6}(L-x)^{5/6}\,\mathrm{d}x \tag{5.56}$$

已知大气湍流介质中的光波振幅为 A，则光波的光强可写为 $I=A^2$。定义对数光强起伏方差σ_l^2为

$$\sigma_l^2=\left\langle\left(\ln I-\langle\ln I\rangle\right)^2\right\rangle \tag{5.57}$$

对于平面波水平均匀路径传输，对数光强起伏方差可写为

$$\sigma_l^2=1.23k^{7/6}L^{11/6}C_n^2 \tag{5.58}$$

式(5.58)也称为 Rytov 方差。

自由空间(无湍流)中的光强$I_0=A_0^2$，则对数光强为

$$l=\ln\left(\frac{A}{A_0}\right)^2=2\chi \tag{5.59}$$

因此

$$I=I_0 \exp l \tag{5.60}$$

为了得到光波强度的概率密度函数，采用如下变量代换：

$$p(I)=p(\chi)\left|\frac{\mathrm{d}\chi}{\mathrm{d}I}\right| \tag{5.61}$$

代入式(5.52)中，得到

$$p(I)=\frac{1}{\sqrt{2\pi}\sigma_l I}\exp\left\{-\frac{[\ln(I/I_0)-E[l]]^2}{2\sigma_l^2}\right\},\quad I\geqslant 0 \tag{5.62}$$

式中，$\sigma_l^2=4\sigma_x^2$；$E[l]=2E[\chi]$。一般采用闪烁指数(光强起伏的归一化方差)σ_I^2表征大气湍流引起的光强起伏的强弱。闪烁指数定义为

$$\sigma_I^2=\frac{\left\langle\left(I-\langle I\rangle\right)^2\right\rangle}{\langle I\rangle^2} \tag{5.63}$$

式中，I为光强。在Rytov近似下，有$\sigma_I^2=\exp(4\sigma_\chi^2)-1\approx\sigma_l^2$。

在不同对数光强起伏方差σ_l^2下，接收光强的对数正态分布概率密度函数曲线如图5-3所示，其中平均光强$E[I]=1$。由图5-3可以看出，随着σ_l^2的增大，光强对数正态分布曲线越来越偏离光强均值，且具有更长的拖尾，与对数正态分布的近似效果越差。实验结果表明[31]，起伏分布的尾端偏离对数正态统计值，因此对数正态分布统计模型已不适用于描述中到强湍流环境下的光强起伏行为。

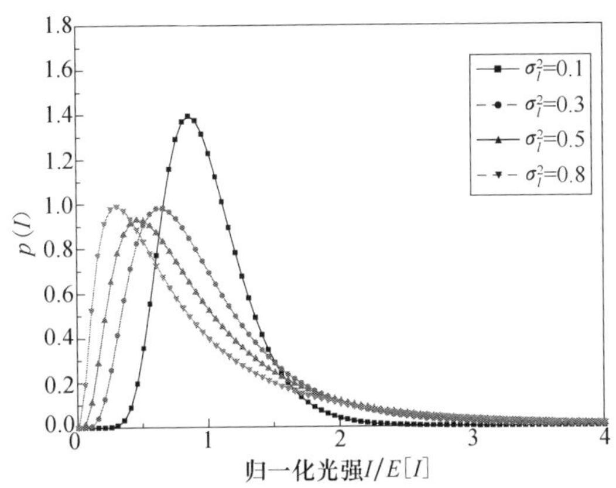

图5-3 光强起伏对数正态分布概率密度函数曲线[10]

5.3.2 Gamma-Gamma 湍流模型

Andrews 等[32]基于接收到的光强起伏是由小尺度湍流起伏(衍射效应)受大尺

度湍流起伏(折射效应)再调制过程的假设，提出了 Gamma-Gamma 光强起伏概率分布模型。相对于对数正态分布模型, Gamma-Gamma 光强起伏概率分布是一个双参数模型，其参数与大气湍流物理特性直接相关。由于它获得了实验和数值模拟结果的支持且由于该模型易于进行数学处理，能较准确地描述弱、中、强湍流条件下的光强起伏特征，现已得到了广泛的应用。

接收端光强可表示为 $I=xy$，其中，x 表征大尺度散射系数，y 表征小尺度散射系数。假设 x 和 y 为独立随机过程，则光强的二阶矩为[32, 33]

$$\left\langle I^2\right\rangle=\left\langle x^2\right\rangle\left\langle y^2\right\rangle=\left(1+\sigma_x^2\right)\left(1+\sigma_y^2\right) \tag{5.64}$$

式中，σ_x^2 和 σ_y^2 分别为 x 和 y 的方差。为了计算方便, Gamma-Gamma 分布选取光强 I 的均值 $\langle I\rangle=1$。由式(5.64)可得散射指数为

$$\sigma_I^2=\left(1+\sigma_x^2\right)\left(1+\sigma_y^2\right)-1=\sigma_x^2+\sigma_y^2+\sigma_x^2\sigma_y^2 \tag{5.65}$$

x 和 y 分别服从 Gamma 分布:[14,33]

$$p_x\left(x\right)=\frac{\alpha\left(\alpha x\right)^{\alpha-1}}{\Gamma\left(\alpha\right)}\exp\left(-\alpha x\right),\quad x>0;\alpha>0 \tag{5.66}$$

$$p_y\left(y\right)=\frac{\beta\left(\alpha y\right)^{\alpha-1}}{\Gamma\left(\beta\right)}\exp\left(-\beta y\right),\quad y>0;\beta>0 \tag{5.67}$$

首先确定 x，作 $y=Ix$，可以得出条件分布函数为

$$p_{I/x}\left(I/x\right)=\frac{\beta\left(\dfrac{\beta I}{x}\right)^{\beta-1}}{x\Gamma\left(\beta\right)}\exp\left(-\frac{\beta I}{x}\right),\quad I>0 \tag{5.68}$$

根据全概率公式[14,33]可得

$$p\left(I\right)=\int_0^{+\infty}p_y\left(I/x\right)p_x\left(x\right)\mathrm{d}\,x=\frac{2\left(\alpha\beta\right)^{\frac{\alpha+\beta}{2}}}{\Gamma\left(\alpha\right)\Gamma\left(\beta\right)}I^{\frac{\alpha+\beta}{2}-1}K_{\alpha-\beta}\left[2\left(\alpha\beta I\right)^{\frac{1}{2}}\right],\quad I>0 \tag{5.69}$$

式(5.69)即为 Gamma-Gamma 分布。式中，参数α、β分别为大尺度闪烁系数和小尺度闪烁系数; $K_n(\cdot)$为 n 阶的第二类修正贝塞尔函数; $\Gamma(\cdot)$表示 Gamma 函数。

从 Gamma-Gamma 分布概率函数中可以得出 $\langle I^2\rangle=(1+1/\alpha)(1+1/\beta)$，因此可以通过式(5.69)来定义大尺度散射和小尺度散射的参数[14,33]:

$$\alpha=\frac{1}{\sigma_x^2},\quad \beta=\frac{1}{\sigma_y^2} \tag{5.70}$$

由于 $\langle I\rangle=1$

$$\sigma_I^2 = \left\langle I^2 \right\rangle - \left\langle I \right\rangle^2 \tag{5.71}$$

因此散射指数和上述参数的关系可以由式(5.71)给出：

$$\sigma_I^2 = \frac{1}{\alpha} + \frac{1}{\beta} + \frac{1}{\alpha\beta} \tag{5.72}$$

式中, α和β与波束模型有关,对于平面波有

$$\alpha = \left\{ \exp\left[\frac{0.49\sigma_l^2}{\left(1 + 0.65d^2 + 1.11\sigma_l^{12/5}\right)^{7/6}} \right] - 1 \right\}^{-1} \tag{5.73}$$

$$\beta = \left\{ \exp\left[\frac{0.51\sigma_l^2\left(1 + 0.69\sigma_l^{12/5}\right)^{-5/6}}{\left(1 + 0.9d^2 + 0.69d^2\sigma_l^{12/5}\right)^{5/6}} \right] - 1 \right\}^{-1} \tag{5.74}$$

式中, $\sigma_l^2 = 1.23C_n^2 k^{7/6} L^{11/6}$,即 Rytov 方差, C_n^2 是大气折射率结构常数; $d = \left(\frac{kD^2}{4L}\right)^{1/2}$,
k=2π/λ为光波数, λ为波长, D 为接收机孔径直径, L 为激光光束传输距离。

Gamma-Gamma 分布模型的光强闪烁指数 σ_I^2 为

$$\sigma_I^2 = \exp\left[\frac{0.49\sigma_l^2}{\left(1 + 0.65d^2 + 1.11\sigma_l^{12/5}\right)^{7/6}} + \frac{0.51\sigma_l^2\left(1 + 0.69\sigma_l^{12/5}\right)^{-5/6}}{(1 + 0.9d^2 + 0.62d^2\sigma_l^{12/5})^{5/6}} \right] - 1 \tag{5.75}$$

与对数正态分布模型相比,Gamma-Gamma 光强起伏概率分布的适用范围更广, 能较为准确地描述弱、中及强起伏区的光强起伏统计特征, 而且在概率分布的尾部与数值模拟及实验结果更吻合。Gamma-Gamma 分布概率密度函数如图 5-4 所示,图中湍流强度分别取弱、中和强湍流情况。

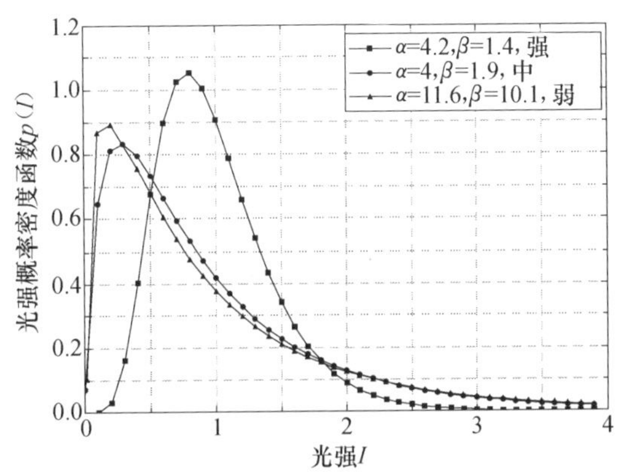

图 5-4 光强 Gamma-Gamma 分布概率密度函数曲线[10]

图 5-5 是依据式(5.75)得到的 Gamma-Gamma 分布模型光强闪烁指数 σ_I^2 随 Rytov 方差的变化曲线。由图 5-5 可看出：随着 Rytov 方差的增大，光强闪烁指数也逐渐增大到大于 1 的最大值，当因湍流导致的信道衰落达到饱和时，光强闪烁指数不再随 Rytov 方差的增加而增大。随着湍流强度的进一步增加,对数振幅扰动达到饱和，此时由相位扰动引起的湍流扰动又变成主要部分，光强闪烁指数几乎不再随 Rytov 方差发生变化，这与经典的大气光波闪烁理论的结果相吻合。

根据式(5.69)和式(5.70)，α和β值在不同湍流强度下的仿真见图 5-6。仿真中光接收机的直径 d=0，为点接收器。

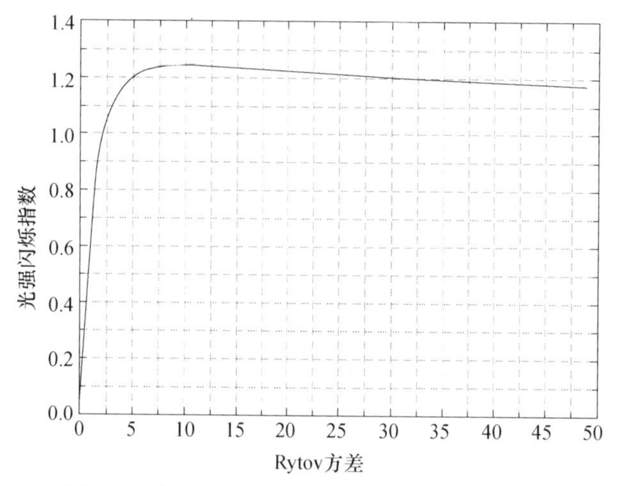

图 5-5　光强闪烁指数随 Rytov 方差变化曲线[10]

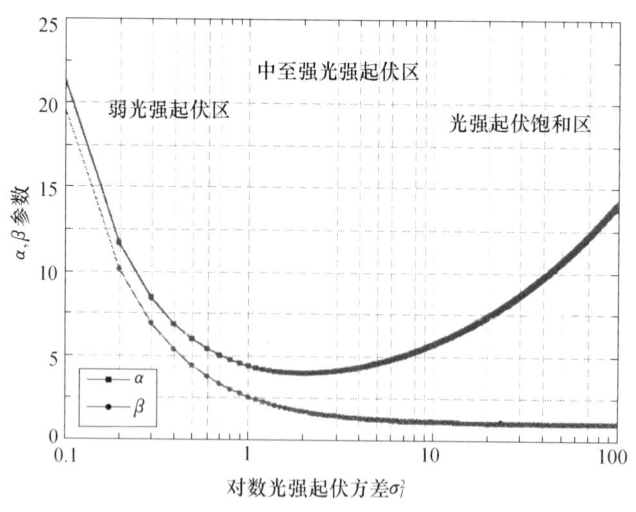

图 5-6　在不同湍流强度下的α和β值[10]

从图 5-6 可以看出：在湍流非常微弱的情况下，$\alpha \gg 1$，$\beta \gg 1$，说明大、小尺度散射元的有效数目都很多，当对数光强起伏方差逐渐增大(大于 0.2)时，α和β值迅速下降，当湍流强度超过中至强湍流区到达湍流强度饱和区时，β趋近于 1，说明小尺度散射元有效数目的最终值是由横向的空间相干性半径决定的[33]，而大尺度散射元的有效数目再次增加。

5.3.3 负指数分布湍流模型

人们发现，随着湍流强度的增加，正态分布模型与实验测量结果有很大的偏差。在这种情况下，光波的辐射场可以被近似为均值为 0 的高斯分布，因此光强分布近似于负指数分布，负指数分布只适合于饱和区。文献[27]通过实验证明了在强湍流情况下，光强起伏概率分布服从负指数分布:

$$p(I)=\frac{1}{I_0}\exp\left(-\frac{I}{I_0}\right),\quad I>0 \tag{5.76}$$

式中，$I_0=E[I]$为平均光强。在光强起伏达到饱和状态时，光强闪烁指数趋近于 1。其概率密度函数曲线如图 5-7 所示。

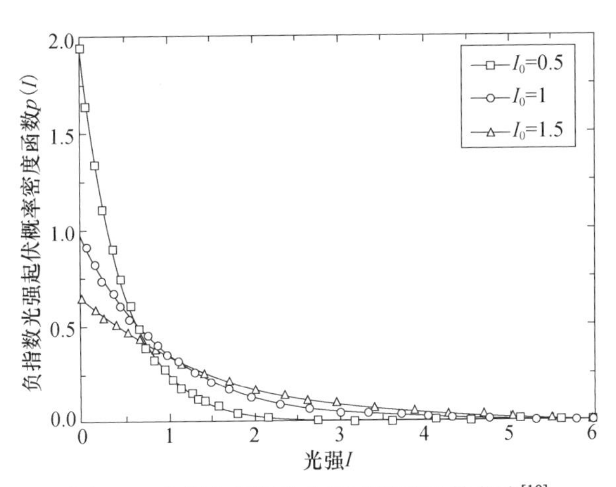

图 5-7 光强负指数分布概率密度函数曲线[10]

图 5-8 为平面波传播，Rytov 方差分别为 0.2、3.5 及 30 时，光强起伏概率分布曲线，同时给出对数正态分布与 Gamma-Gamma 分布的结果。由图可以看出：在弱湍流区，Gamma-Gamma 分布和对数正态分布比较接近；在强湍流区，Gamma-Gamma 分布逐渐趋近于负指数分布，而对数正态分布存在严重的偏差。因此，Gamma-Gamma 分布适用于较宽的湍流强度范围，而对数正态分布只适用于弱湍流情况。

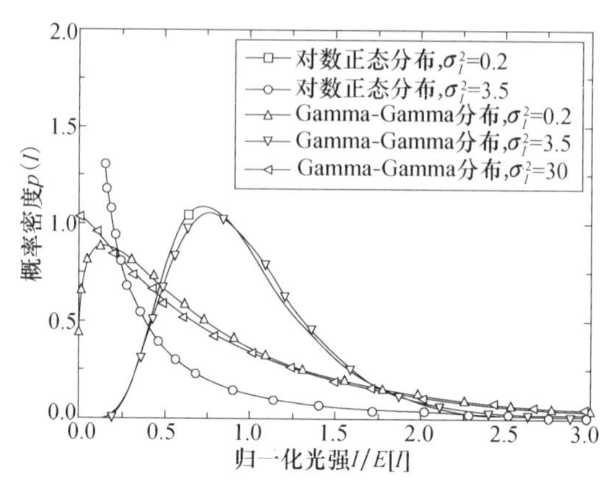

图 5-8　光强分布概率密度函数曲线[10]

5.3.4　湍流信道性能分析

1. 湍流信道的中断概率

当信道容量小于信息速率时，会导致通信中断。中断概率是系统误码率大于预置误码率阈值的概率($P_e > P_{th}$)，也可表示为接收机瞬时信噪比低于某一信噪比阈值的概率($\gamma < \gamma_{th}$)。中断概率可表示为[34]

$$P_{out}=P(P_e>P_{th})=P(\gamma<\gamma_{th}) \tag{5.77}$$

定义接收机的瞬时电信噪比为$\gamma=(\eta I)^2/N_0$, $\bar{\gamma}=\left(\eta E\left[I\right]\right)^2/N_0$为不受大气湍流影响的接收机平均电信噪比[35]。

弱湍流情况下，光强起伏服从对数正态分布，由式(5.62)可知瞬时信噪比的表达式为

$$p\left(\sqrt{\frac{\gamma}{\bar{\gamma}}}\right)=\frac{1}{\sqrt{2\pi}\sigma_s\sqrt{\frac{\gamma}{\bar{\gamma}}}}\exp\left[-\frac{\left(\ln\sqrt{\frac{\gamma}{\bar{\gamma}}}+\frac{\sigma_s^2}{2}\right)^2}{2\sigma_s^2}\right] \tag{5.78}$$

则中断概率为[34]

$$P_{out}=P\left(\gamma<\gamma_{th}\right)=P\left(\frac{\gamma}{\bar{\gamma}}<\frac{\gamma_{th}}{\bar{\gamma}}\right) \tag{5.79}$$

由式(5.78)和式(5.79)可得[34]

$$P_{\text{out}} = 1 - \frac{1}{2}\text{erfc}\left[\frac{-0.5\ln\left(\frac{\overline{\gamma}}{\gamma_{\text{th}}}\right) + \frac{\sigma_{\text{s}}^{2}}{2}}{\sqrt{2\sigma_{\text{s}}^{2}}}\right] \tag{5.80}$$

中、强湍流情况下，光强起伏服从 Gamma-Gamma 分布，由式(5.69)和式(5.77)可得中断概率为[34]

$$P_{\text{out}} = \int_{0}^{\sqrt{\frac{\gamma_{\text{th}}}{\gamma}}} \frac{2(\alpha\beta)^{\frac{\alpha+\beta}{2}}}{\Gamma(\alpha)\Gamma(\beta)}(I)^{\left(\frac{\alpha+\beta}{2}\right)-1} K_{\alpha-\beta}\left(2\sqrt{\alpha\beta I}\right)\text{d}I \tag{5.81}$$

式中，定义归一化阈值信噪比 $\text{SNR} = \gamma_{\text{th}}/\overline{\gamma}$ [27]。

在不同湍流强度条件下对信道中断概率与传输距离进行仿真研究[34]。仿真中，激光波长λ=1.55μm，大气折射率结构常数取值为 $C_n^2 = 5.02\times10^{-15}\text{m}^{-2/3}$ (弱湍流)、$8.04\times10^{-4}\text{m}^{-2/3}$(中湍流)、$1.26\times10^{-12}\text{m}^{-2/3}$(强湍流)，传输距离分别取 L=500m、1000m、1500m 及 2000m 四种情况。其中，在弱湍流下信道中断概率计算采用对数正态分布信道，中、强湍流下采用 Gamma-Gamma 分布信道。不同湍流强度以及不同传输距离下的中断概率仿真结果如图 5-9 所示。

由图 5-9 可以看出：随着归一化阈值信噪比 $\text{SNR} = \gamma_{\text{th}}/\overline{\gamma}$ 的增大，两种信道模型的中断概率都有所增大，说明光通信可靠性降低。当系统传输距离 L=500m 和 1000m 时，中断概率在同一归一化阈值信噪比下随着湍流强度的增加明显增大，而当传输距离达到 1500m 和 2000m 时，中、强湍流下的中断概率趋于相近。当 SNR=0.5dB 且 L=500m 时，由弱到强湍流的信道中断概率依次为 0.09、0.21 及 0.41，而当 SNR=0.5dB 且 L=2000m 时，中断概率依次为 0.39、0.41 和 0.41。仿真结果

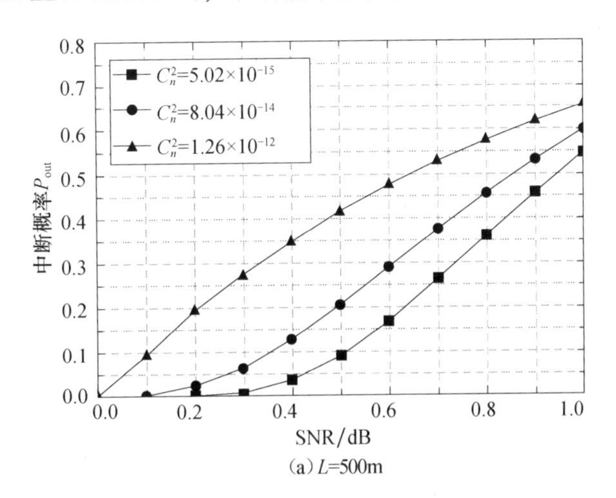

(a) L=500m

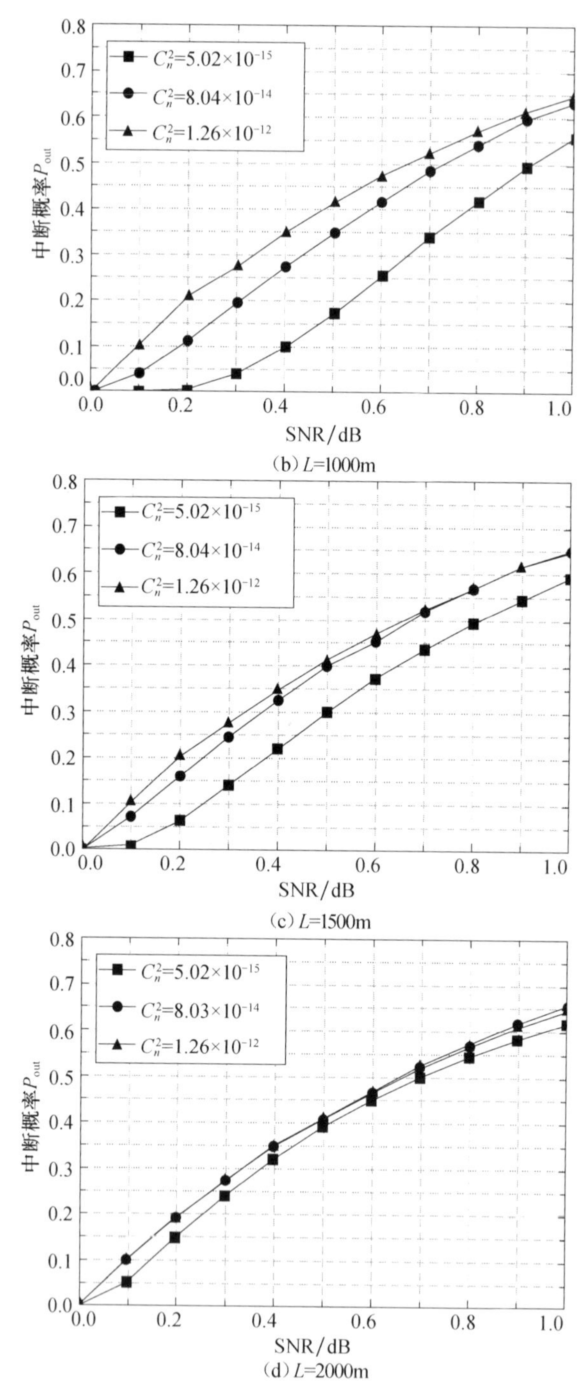

图 5-9　不同湍流强度及传输距离下的信道中断概率[10]

表明：当通信距离较近时，无线光通信系统可靠性变化受大气折射率结构常数的影响较大，而当增大通信距离时，中断概率受 C_n^2 变化的影响减小，通信距离对可靠光通信的影响同样是不可忽视的。

2. 湍流信道的平均信道容量

定义接收机的瞬时电信噪比为$\gamma=s^2/N_0=(\eta I)^2/N_0$，$\eta$为光电转换效率，$I$为归一化光强，$N_0$为高斯分布的方差，也即噪声的平均功率。在接收和发射端，理想信道状态信息的各态历经平均信道容量记为〈C〉，可用式(5.82)进行估算[29]：

$$\langle C\rangle=\int_0^{\infty}C_{\mathrm{AWGN}}\left(s,N_0\right)p\left(I\right)\mathrm{d}I=\int_0^{\infty}B\log_2\left(1+\bar{\gamma}\right)p\left(\gamma\right)\mathrm{d}\gamma \tag{5.82}$$

式中，$C_{\mathrm{AWGN}}(s, N_0)$为高斯信道容量，$C_{\mathrm{AWGN}}(s, N_0)=B\log_2[1+(s^2/N_0)]$；$B$为信道带宽；$p(\gamma)$为接收端光电转换后的瞬时信噪比概率密度函数。利用式(5. 82)可估计因大气湍流导致的光强起伏对平均信道容量的影响。

由文献[35]可知，对于对数正态分布，接收机电信噪比的概率密度函数为

$$p\left(\gamma\right)=\frac{1}{2\gamma\sigma_{\mathrm{s}}\sqrt{2\pi}}\exp\left\{-\frac{\left[\ln\left(\dfrac{\gamma}{\bar{\gamma}}\right)+\sigma_{\mathrm{s}}^2\right]^2}{8\sigma_{\mathrm{s}}^2}\right\} \tag{5.83}$$

对于 Gamma-Gamma 分布[34]则为

$$p\left(r\right)=\frac{\left(\alpha\beta\right)^{\frac{\alpha+\beta}{2}}}{\Gamma\left(\alpha\right)\Gamma\left(\beta\right)}\cdot\frac{\gamma^{\frac{\alpha+\beta}{4-1}}}{\bar{\gamma}^{\frac{\alpha+\beta}{4}}}\cdot K_{\alpha-\beta}\left(2\sqrt{\alpha\beta\sqrt{\frac{\gamma}{\bar{\gamma}}}}\right) \tag{5.84}$$

将式(5.83)和式(5.84)代入式(5.82)，采用高斯-拉盖尔数值积分法可得到两种不同信道模型下的平均信道容量。仿真结果见图 5-10 和图 5-11，其中弱湍流下对数正态分布模型光强闪烁方差取 $\sigma_{\mathrm{s}}^2=0.1,0.2,0.3$，Gamma-Gamma 分布模型分别对弱、中及强湍流情况进行仿真，其中参数α=11.6、β=10.1(弱湍流，$\sigma_{\mathrm{s}}^2=0.2$)，$\alpha$=4、$\beta$=1.9(中湍流，$\sigma_{\mathrm{s}}^2=1.6$)，$\alpha$=4.2、$\beta$=1.4(强湍流，$\sigma_{\mathrm{s}}^2=3.5$)。

图 5-10 和图 5-11 是在不同湍流强度下对对数正态分布和 Gamma-Gamma 分布的平均信道容量$\langle C\rangle/B$ 进行的仿真，其中横轴表示接收机平均电信噪比(SNR=$(\eta E[I])^2/N_0$)，纵轴为$\langle C\rangle/B$，单位为 bit/s/Hz。从图 5-10 和图 5-11 可以看出，湍流信道容量明显小于高斯信道容量(无湍流)，弱湍流下湍流信道容量逼近高斯信道容量；湍流链路平均信道容量随着接收机平均电信噪比的增大而增大，弱湍流下的信道容量明显大于强湍流。在图 5-10 中，当$\sigma_{\mathrm{s}}^2=0.1$且 SNR=10dB 时，

$\langle C\rangle/B$=3.3245，相对于高斯信道$\langle C\rangle/B$=3.7644降低了43%。图5-11中，强湍流α=4.2、β=1.4(相当于$\sigma_s^2=3.5$)且SNR=10dB时，$\langle C\rangle/B$=1.8367。从仿真图得出中、强湍流信道容量与弱湍流情况相比，随着SNR的增大信道容量递增的速度较慢，在较小的平均电信噪比下趋于饱和，说明湍流强度很大时，信道容量不再随SNR的增加而增大，而是趋于某一最大值。

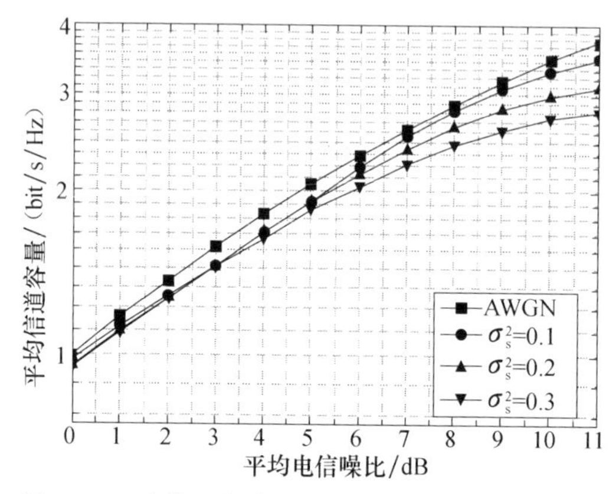

图5-10　对数正态分布湍流信道平均信道容量[10]

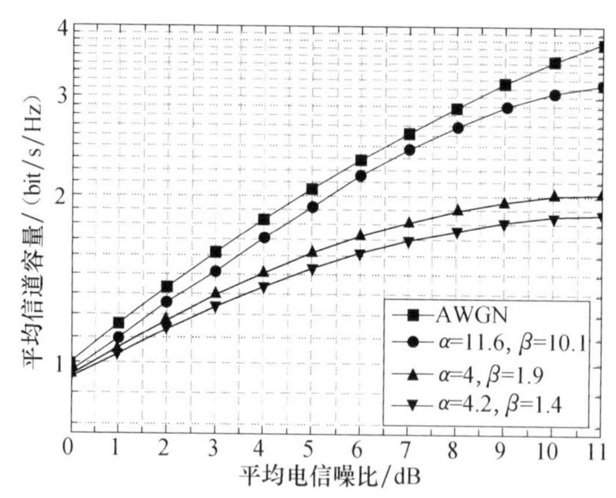

图5-11　Gamma-Gamma分布湍流信道平均信道容量[10]

对数正态分布模型最常用，在弱湍流区该模型能很好地符合实验数据；但在强湍流区，对数正态分布模型与实验数据有较大的偏差，并且在尾部尤为明显，这将直接影响最佳接收判决门限的选择和误码率的分析。Gamma-Gamma分布模型适用的湍流范围较广，而负指数分布仅适用于强湍流条件下。

5.4 大气色散及其对光信号传输的影响

大气色散会导致光脉冲在传输过程中发生展宽，使传输光信号的相邻码元部分发生混叠，产生码间串扰，因此有必要对大气色散引起的脉冲展宽进行相应的研究。

5.4.1 大气中光的色散

不同波长的光脉冲构成的脉冲包络在大气介质中传播时，脉冲宽度随着传播距离的变化而变化的现象，称为脉冲展宽。理想的单色光在大气介质中是没有色散现象的。实际的激光器发出的光谱并不是一个理想的线谱，而是具有一定线宽的窄带谱，因此这些激光器发出的脉冲在大气介质中传播时就会产生脉冲展宽的现象。

光脉冲在线性介质(linear dielectric)中的传输可以理解为不同频率(波长)、幅度、相位的平面波的线性叠加。线性介质指的是介质的宏观极化与电场成正比，即只与电场的一次项有关，而非线性介质是指介质的宏观极化与电场的一次项、二次项以及高次项都有关。如果介质是色散的，那么在介质中传播的光脉冲的相速度与它的频率有关，而光脉冲的能流速度是以它的群速度来表征的。光脉冲在色散介质中传播时，它的能流速度和相速度不同。这里考虑横向传播的偏振光，光脉冲的电场强度可以表示为[36]

$$E(z,t)=\int_{-\infty}^{\infty}A(k)\mathrm{e}^{\mathrm{j}[\omega(k)t-kz]}\mathrm{d}k \tag{5.85}$$

式中，k 为波矢；$A(k)$为平面波的振幅；$\omega(k)$为角频率。角频率ω与波矢 k 的关系可表示为

$$k=\omega\sqrt{\mu\varepsilon} \tag{5.86}$$

式中，μ和ε分别是介质的磁导率和电导率。

偏振激光脉冲的特性可以由它的中心频率ω_0 (对应的波矢为 k_0) 和线宽$\Delta\omega$ (波矢宽度Δk)来描述。典型的情况是 $A(k)$的峰值在 k_0 附近，且 $\Delta k \ll k_0$。将$\omega(k)$按照中心 k_0 泰勒展开，可得

$$\omega(k)=\omega_0+\left(\frac{\mathrm{d}\omega}{\mathrm{d}k}\right)_{\omega_0}(k-k_0)+\cdots \tag{5.87}$$

将式(5.87)代入式(5.85)中，可得

$$E(z,t)=\mathrm{e}^{\mathrm{j}(\omega_0 t-k_0 z)}\int_{-\infty}^{\infty}A(k)\exp\left\{\mathrm{j}\left[\left(\frac{\mathrm{d}\omega}{\mathrm{d}k}\right)_{\omega_0}t-z\right](k-k_0)\right\}\mathrm{d}k \tag{5.88}$$

式中,忽略了式(5.87)中 $k-k_0$ 的高次项，并作变量代换

$$\xi\left[\left(\frac{\mathrm{d}\omega}{\mathrm{d}k}\right)_{\omega_0}\right]=z-\left(\frac{\mathrm{d}\omega}{\mathrm{d}k}\right)_{\omega_0}t \tag{5.89}$$

将式(5.88)中的积分项看作包络函数 $V(\xi)$，即

$$V(\xi)\overset{\text{def}}{=}\int_{-\infty}^{\infty}A(k)\exp\left\{\mathrm{j}\left[\left(\frac{\mathrm{d}\omega}{\mathrm{d}k}\right)_{\omega_0}t-z\right](k-k_0)\right\}\mathrm{d}k \tag{5.90}$$

将式(5.90)代入式(5.88)可得

$$E(z,t)=\mathrm{e}^{\mathrm{j}(\omega_0 t-k_0 z)}V(\xi) \tag{5.91}$$

将光脉冲在传输方向上看成包络与相位函数的乘积，包络的速度与ξ有关。因此,定义脉冲的群速度为

$$v_{\mathrm{g}}=\left(\frac{\mathrm{d}\omega}{\mathrm{d}k}\right)_{\omega_0} \tag{5.92}$$

由式(5.92)可以看出：脉冲包络的传播速度与群速度有关。又因为脉冲能量与振幅包络的平方相关，所以脉冲能量的传播速度与群速度直接相关。在折射率为 n 的介质中，光传播的相速度为

$$v_{\mathrm{p}}=\frac{c}{n} \tag{5.93}$$

式中, c 为真空中的光速。在折射率为 n 的介质中，频率与波矢的关系可由式(5.86)表述为

$$k=n\frac{\omega}{c} \tag{5.94}$$

对式(5.94)两边求导，可得

$$\frac{\mathrm{d}k}{\mathrm{d}\omega}=\frac{\omega}{c}\frac{\mathrm{d}n}{\mathrm{d}\omega}+\frac{n}{c} \tag{5.95}$$

将式(5.92)和式(5.93)代入式(5.95)可得

$$\frac{1}{v_{\mathrm{g}}}-\frac{1}{v_{\mathrm{p}}}=\frac{\omega}{c}\frac{\mathrm{d}n}{\mathrm{d}\omega} \tag{5.96}$$

式中，介质折射率 n 为频率的函数。在色散介质中传播的光脉冲的群速度与相速度是不同的。当 $\mathrm{d}n/\mathrm{d}\omega>0$ 时，群速度小于相速度；当 $\mathrm{d}n/\mathrm{d}\omega<0$ 时，群速度大于相速度。

1. 大气中光的折射率函数

1930 年，美国普林斯顿大学帕尔默物理实验室的 Korff 等[37]对不同频率光在同种介质中的折射率进行了测量。1939 年，美国国家物理实验室计量部门的 Barrell 等[38]对大气中可见光的折射率做出了标定。在大气压为 101325Pa、温度为 0℃、水汽压为 0Pa 的标准环境中，可见光的大气折射率满足[38]：

$$n = 1 + \left(2876.04 + \frac{3 \times 16.288}{\lambda^2} + \frac{5 \times 0.136}{\lambda^4}\right) \times 10^{-7} \tag{5.97}$$

式中，λ为可见光波长(μm)。到 1966 年，瑞典隆德大学的 Edlén[39]对得到的实验数据进行测算，得到的大气折射率公式为

$$n = 1 + \frac{p(n_s - 1)}{96095.43} \frac{1 + 10^{-8}(0.613 - 0.00998t)p}{1 + 0.0036610t} \tag{5.98}$$

式中，p 为大气压强；t 为摄氏温度；n_s 为标准大气压时的折射率。标准空气含有 78.09%的氮气、20.95%的氧气、0.93%的氩气和 0.03%的二氧化碳。n_s 为波长的函数[39]：

$$n_s = 1 + \left(83.4213 + \frac{24060.3}{130 - \lambda^{-2}} + \frac{159.97}{38.9 - \lambda^{-2}}\right) \times 10^{-6} \tag{5.99}$$

1967 年，美国科罗拉多州电信科学与高层大气物理研究所的 Owens [40]发现 Edlén 得到的公式在低温(−30℃)和高温(45℃)时并不十分精确，并对其进行了修正。

1988～1994 年，英国米德尔塞克斯郡国家物理实验室的 Birch 等[41]对 Edlén 的大气折射率公式进行了总结性的修正，并提出了在二氧化碳含量改变、温度/大气压强改变和水汽压改变三种不同情况下的不同的大气折射率公式。

1996～1999年，澳大利亚国家计量实验室的Ciddor和美国国家海洋和大气管理局的 Hill 联合发文，指出现代的测量仪器精度已经超越了现有的折射率公式，因此引入了新的折射率函数[42]。自 1993 年起，国际大地测量协会开始着手组织相关专家对大气折射率进行标定。在 1999 年，澳大利亚新南威尔士大学的 Rüeger[43]对大气折射率函数进行了总结性的报告，报告指出大气折射率函数与光频率满足以下关系：

$$n = 1 + \left(\frac{273.15}{1013.25}\frac{p}{T}n_s - 11.27\frac{e}{T}\right) \times 10^{-6} \tag{5.100}$$

式中，p 为大气压强；T 为热力学温度；e 为水汽压强；n_s 为标准大气环境中的折射率。标准大气环境是指温度为 273.15K、大气压强为 1013.25Pa、二氧化碳含量为 0.0375%、水汽压为 0Pa 的大气环境。其中，n_s 为波长的函数[43]：

$$n_s = 1 + \left(287.6155 + \frac{1.62887}{\lambda^2} + \frac{0.01360}{\lambda^4}\right) \times 10^{-6} \tag{5.101}$$

2. 折射率与频率的函数关系

大气折射率 n 满足如下 Lorentz-Lorenz 关系[28]：

$$n = 1 + 77.6 \times \left(1 + \frac{7.52 \times 10^{-3}}{\lambda^2}\right)\frac{p}{T} \times 10^{-8} \tag{5.102}$$

式中，p 为大气压强(Pa)；T 为大气温度(K)；λ为光波波长(μm)。考察不同高度的温度变化情况，可近似认为在对流层中温度满足以下关系[28]：

$$T = T_0 + \beta h \tag{5.103}$$

式中，T_0 为地面的大气温度(K)；β为高度温度变化率；h 为距地面的高度。考察不同高度大气压强的变化情况，可近似认为在对流层中满足以下关系[28]:

$$P = P_0\left(1 + \frac{\beta h}{T_0}\right)^{-\frac{1000Mg}{R^* \beta}} \tag{5.104}$$

在恒温层中满足以下关系[28]：

$$P = P_1 \exp\left[\frac{-1000Mg(h - h_1)}{R^*(T_0 + \beta h_1)}\right] \tag{5.105}$$

式中，P_0 为地面大气压强(Pa)；M 为干燥空气分子量；R^*为理想气体常数；g 为重力加速度；h_1 为对流层顶部高度。大气折射率可以看成温度、高度和波长的函数。当只考虑光的色散时，如果介质是色散的，则可以认为光脉冲在色散介质中的传播可以表征为不同频率平面波的适当叠加，且相速度依赖于频率。相应的群速度 v_g 与相折射率可以表示为[36]

$$v_g = \frac{c}{n - \lambda \dfrac{dn}{d\lambda}} \tag{5.106}$$

对式(5.106)进行变形，可以得到不同频率的光在大气中的传播速率与真空光速的比率关系为

$$\frac{v_g - c}{c} = \frac{1}{n - \lambda \dfrac{dn}{d\lambda}} - 1 \tag{5.107}$$

可以看出：在大气色散信道中，光波群速度的变化率会随着波长的增大而减小。

5.4.2 光脉冲在大气湍流中的传播

为了表征脉冲包络的不同频率分量的传播速度，引入了群速度色散(group velocity dispersion, GVD)的概念[36]。群速度是许多不同频率的正弦电磁波的合成信号在介质中传播的速度，群速度是一个代表能量的传播速度。相速度色散是色散的一阶效应，而群速度色散是色散的二阶效应。群速度色散定义为群速度对角频率的导数。考虑式(5.87)中的二次项：

$$\omega(k)=\omega_0+\left(\frac{\mathrm{d}\omega}{\mathrm{d}k}\right)_{\omega_0}\left(k-k_0\right)+\frac{1}{2}\left(\frac{\mathrm{d}^2\omega}{\mathrm{d}k^2}\right)_{\omega_0}\left(k-k_0\right)^2+\cdots \tag{5.108}$$

将式(5.108)中的二次项代入式(5.91)中，可得

$$E(z,t)=\mathrm{e}^{\mathrm{j}(\omega_0 t-k_0 z)}\int_{-\infty}^{\infty}A(k)\exp\left\{\mathrm{j}\left[\left(\frac{\mathrm{d}\omega}{\mathrm{d}k}\right)_{\omega_0}t-z\right](k-k_0)+\frac{\mathrm{j}t}{2}\left(\frac{\mathrm{d}^2\omega}{\mathrm{d}k^2}\right)_{\omega_0}\left(k-k_0\right)^2\right\}\mathrm{d}k \tag{5.109}$$

相应的包络函数 $V(\xi)$就变为[36]

$$V(\xi)=\int_{-\infty}^{\infty}A(k)\exp\left\{\mathrm{j}\left[\left(\frac{\mathrm{d}\omega}{\mathrm{d}k}\right)_{\omega_0}t-z\right](k-k_0)+\frac{\mathrm{j}t}{2}\left(\frac{\mathrm{d}^2\omega}{\mathrm{d}k^2}\right)_{\omega_0}\left(k-k_0\right)^2\right\}\mathrm{d}k \tag{5.110}$$

式(5.110)意味着光脉冲在传输过程中，在中心频率ω_0(中心波矢 k_0)周围的频率分量会导致脉冲包络发生形变。当二次项积分大于零时，会导致脉冲展宽；当二次项积分小于零时，会导致脉冲压缩；显然，当二次项积分等于零时，脉宽不变。

线宽参数表征了该激光器所发射的激光的单色性。例如，已知的某种数字激光器，它的中心频率为ω_0，线宽为$\Delta\omega$，产生的脉冲包络在自由空间中传输时的包络函数可以表征为[44]

$$\tilde{A}(z,\omega)=\tilde{A}(0,\omega)\exp\left(\mathrm{j}kz\right) \tag{5.111}$$

式中，$\tilde{A}(z,\omega)$为频率为ω的光脉冲在传播距离 z 处的频域幅度函数；k 为波矢。对式(5.94)做变形，代入式(5.102)中，又因为$\lambda=2\pi c/\omega$，可将 $k(\omega)$表示为[44]

$$k(\omega)=\frac{\omega}{c}\left\{1+77.6\left[1+7.52\times10^{-3}\left(\frac{2\pi c}{\omega}\right)^{-2}\right]\frac{P}{T}\times10^{-6}\right\} \tag{5.112}$$

类似于式(5.87)，可将 $k(\omega)$按照中心频率ω_0进行泰勒展开可得[44]

$$k(\omega)=k_0+k_0'(\omega-\omega_0)+\frac{1}{2}k_0''(\omega-\omega_0)+\cdots \tag{5.113}$$

式中，$k(\omega)$的一阶导数 k_0'为之前介绍过的群速度的倒数；$k(\omega)$的二阶导数 k_0''表征了光波包络的群速度色散[44]:

$$k_0''=\left(\frac{\mathrm{d}^2k}{\mathrm{d}\omega^2}\right)_{\omega=\omega_0} \tag{5.114}$$

定义群速度色散系数 D:

$$D\overset{\mathrm{def}}{=}\frac{1}{z}\frac{\mathrm{d}t}{\mathrm{d}\lambda} \tag{5.115}$$

式中, t 为脉冲传输经过距离为 z 的色散介质所用的时间。显然有

$$t=\frac{z}{v_{\mathrm{g}}} \tag{5.116}$$

将式(5.115)代入式(5.116)中可得

$$t=z\left(\frac{n}{c}+\frac{\omega}{c}\frac{\mathrm{d}n}{\mathrm{d}\omega}\right)=z\left(\frac{n}{c}+\frac{\lambda}{c}\frac{\mathrm{d}n}{\mathrm{d}\lambda}\right) \tag{5.117}$$

将式(5.117)代入式(5.115)中得

$$D=-\frac{2\pi c}{\lambda^2}\frac{\mathrm{d}^2k}{\mathrm{d}\omega^2}=-\frac{\lambda}{c}\frac{\mathrm{d}^2n}{\mathrm{d}\lambda^2} \tag{5.118}$$

群速度色散系数 D 的物理意义可以解释为每单位带宽传输介质长度的脉冲展宽的度量标准。因此, 群速度色散导致的脉冲展宽时间 ΔT 可按照式(5.119)计算:

$$\Delta T=Dz\cdot\Delta\omega \tag{5.119}$$

1. 单纵模激光器的脉冲展宽

单纵模是指谐振腔内只有单一纵模(单一频率)进行振荡。假设激光器传输的光脉冲为高斯脉冲, 它的幅度函数为

$$A(0,t)=A_0\exp\left[-\frac{1}{2}\left(\frac{t}{T_0}\right)^2\right] \tag{5.120}$$

式中, A_0 为脉冲峰值幅度; T_0 为脉冲幅度 1/e 处的半宽。脉冲的 1/e 半宽与脉冲宽度的关系为

$$T_{\mathrm{pules\_width}}=2\sqrt{\ln 2}\times T_0\approx 1.665T_0 \tag{5.121}$$

对式(5.120)中的 $A(0,t)$ 做傅里叶变换得

$$\tilde{A}(0,\omega)=\sqrt{2\pi}A_0T_0\exp\left(-\frac{\omega^2T_0^2}{2}\right) \tag{5.122}$$

考虑到 $\tilde{A}(z,\omega)$ 与 $A(z,t)$是一对傅里叶变换对，因此:

$$\begin{aligned}A(z,t) &= \frac{1}{2\pi}\int_{-\infty}^{\infty}\tilde{A}(0,\omega)\exp\left(\mathrm{j}k_0z+\mathrm{j}k_0'z\Delta\omega+\frac{\mathrm{j}}{2}k_0''z\Delta\omega^2-\mathrm{j}\omega t\right)\mathrm{d}\omega \\ &= \frac{1}{2\pi}\int_{-\infty}^{\infty}\tilde{A}(0,\omega)\exp\left(\mathrm{j}\omega_0t+\mathrm{j}k_0'z\Delta\omega+\frac{\mathrm{j}}{2}k_0''z\Delta\omega^2-\mathrm{j}\omega t\right)\mathrm{d}\omega \\ &= \frac{1}{2\pi}\int_{-\infty}^{\infty}\tilde{A}(0,\omega)\exp\left(\mathrm{j}k_0'z\Delta\omega+\frac{\mathrm{j}}{2}k_0''z\Delta\omega^2-\mathrm{j}\Delta\omega t\right)\mathrm{d}\,\Delta\omega\end{aligned} \tag{5.123}$$

对式(5.123)积分得

$$A(z,t)=\frac{A_0T_0}{T_0^2-\mathrm{j}k_0''z}\exp\left(\frac{1}{2}\frac{t^2}{T_0^2-\mathrm{j}k_0''z}\right) \tag{5.124}$$

由式(5.124)可见，高斯脉冲经过长度为 z 的传输后，还是一个高斯脉冲，但经过传输后的高斯脉冲的幅度和脉宽都发生了变化。可将传输后的等效 1/e 脉冲半宽视为

$$T_\mathrm{D}=\sqrt{T_0^{\ 2}+\left(k_0''z\right)^2} \tag{5.125}$$

因此，经过传输后的脉宽与原始脉宽的比值为[44]

$$\frac{T_\mathrm{D}}{T_0}=\left[1+\left(\frac{k_0''z}{T_0^2}\right)^2\right]^{1/2}\overset{\mathrm{def}}{=}\left[1+\left(\frac{z}{L_\mathrm{D}}\right)^2\right]^{1/2} \tag{5.126}$$

这里定义 $L_\mathrm{D}=T_0^2/k_0''$ 为大气色散长度，意味着当光脉冲传输距离为 L_D 时，1/e 脉宽展宽倍数为 $\sqrt{2}$ 。这里为了更贴切地表示光脉冲能量的集中程度，引入均方根(root mean square, RMS)宽度 W[44]。用 W_0 来表征脉冲的初始均方根宽度，有 $W_0=T_0/\sqrt{2}$ 。此时，色散引起的脉冲均方根展宽为[44]

$$W=\sqrt{W_0^2+\left(k_2''zW_\omega\right)^2} \tag{5.127}$$

式中,W_ω为光源均方根谱宽。实际中, W_ω往往难以得到。因此，结合前面定义的群速度色散系数 D, 式(5.127)可变为

$$W=\sqrt{W_0^2+\left(Dz\Delta\omega\right)^2} \tag{5.128}$$

又因为

$$W\overset{\mathrm{def}}{=}\sqrt{W_0^2+W_\mathrm{D}^2} \tag{5.129}$$

所以得出

$$W_{\mathrm{D}} \equiv \Delta T = Dz\Delta\omega \tag{5.130}$$

式中，W_{D} 为脉冲展宽时间(ps)；D 为群速度色散系数(ps/(km·nm))；z 为传播距离(km)；$\Delta\omega$为激光器线宽(nm)。对于脉宽很窄的脉冲，可近似认为 $W\approx W_{\mathrm{D}}$。

2. 多纵模激光器的脉冲展宽

对于多纵模激光器，可以认为激光器发出的脉冲是不同频率光脉冲的叠加。这时，激光器发出的脉冲包络函数可以认为是

$$A(0,t) = \sum_{i=1}^{n} A_i \exp\left[-\frac{1}{2}\left(\frac{t}{T_i}\right)^2\right] \tag{5.131}$$

式中，$i\in[1,n]$，为激光器各个纵模的标号；A_i 为第 i 纵模脉冲的幅度；T_i 为第 i 纵模脉冲的 1/e 半宽。各个纵模的频率依次为$\omega_1,\omega_2,\cdots,\omega_n$。此时，衡量多纵模激光器脉冲传输时延的因素就应该有两点：①各个纵模在色散介质中传播时延不一致产生的脉冲展宽；②各个纵模的线宽在传输过程中产生的群时延色散。依据式(5.92)，不同纵模在大气中传播的群速度不同。因此，经过距离 z 的传播后，第 i 纵模的脉冲包络传播时间为

$$t_i = \frac{z}{v_{\mathrm{g}i}} = \frac{z}{c}\left(n_i - \lambda_i \frac{\mathrm{d}n_i}{\mathrm{d}\lambda}\right) \tag{5.132}$$

式中，n_i 为第 i 纵模的折射率；λ_i 为第 i 纵模的波长。因此，多纵模激光器各纵模间传播的时间差可以表示为

$$\Delta t = \max\left\{\Delta t_{i,j}\right\} = \max\left\{t_i - t_j\right\},\quad 1\leqslant i; j\leqslant N \tag{5.133}$$

由于各个纵模的脉冲可视为同时发出的高斯脉冲叠加而成的脉冲波形，当式(5.131)中的 T_i 满足 $T_1=T_2=\cdots=T_n=T$ 时，脉冲包络集合为

$$A(0,t) = \left(\sum_{i=1}^{n} A_i\right)\exp\left[-\frac{1}{2}\left(\frac{t}{T}\right)^2\right] \tag{5.134}$$

式(5.134)说明，等脉宽的高斯脉冲叠加之后仍然是高斯脉冲；经过时间 t 的传播后，第 i 纵模的脉冲包络由式(5.134)得

$$A_i(z_i,t) = \frac{A_i T}{T^2 - \mathrm{j}k_i'' z_i}\exp\left(\frac{1}{2}\frac{t^2}{T^2 - \mathrm{j}k_i'' z_i}\right) \tag{5.135}$$

因此，所有纵模脉冲包络的集合为

$$\sum_{i=1}^{n} A_i(z_i,t) = \sum_{i=1}^{n}\frac{A_i T}{T^2 - \mathrm{j}k_i'' z_i}\exp\left(\frac{1}{2}\frac{t^2}{T^2 - \mathrm{j}k_i'' z_i}\right) \tag{5.136}$$

可以看出，新的包络为一系列位置不同、脉宽不等的高斯脉冲组合。因此，计算多纵模激光器脉冲的展宽要考虑两个因素：一是各个纵模的脉冲展宽；二是由各个纵模的群速度不一致而导致的各纵模脉冲峰值时延差。

5.4.3　连续波在大气湍流中的传播

当用单纵模激光器采用模拟调制输出连续波时,假设模拟激光器的输出为加上直流偏置的正弦包络的集合。这里使用虚数指数函数来代替三角函数是为了简化计算。因此，激光包络的幅度函数可表示为

$$A(0,t)=\sum_{i=1}^{N}A_i\left[\cos(\omega_i t)-\mathrm{j}\sin(\omega_i t)\right]+D=\sum_{i=1}^{N}A_i\exp(\mathrm{j}\omega_i t)+D \tag{5.137}$$

式中，A_i为正弦信号的幅度；ω_i为正弦信号频率；D为直流偏置幅度。为了方便标记，将正弦号集合的频率排序，即

$$\omega_1<\omega_2<\cdots<\omega_i<\cdots<\omega_N,\quad 1\leqslant i\leqslant N$$

对式(5.137)中的$A(0, t)$做傅里叶变换得到$\tilde{A}(0,\omega)$：

$$\tilde{A}(0,\omega)=2\pi\left[\sum_{i=1}^{N}A_i\delta(\omega-\omega_i)+D\delta(\omega)\right] \tag{5.138}$$

式中，$\delta(\cdot)$为冲激函数。$\tilde{A}(0,\omega)$是一系列冲激函数的集合，零点处的冲激对应于直流偏置，沿着频率轴分布的冲激函数依次对应于$\omega_1, \omega_2, \cdots, \omega_N$。式(5.137)表征的连续波幅度函数调制的激光包络经过长度为z的色散介质传输后，得

$$\begin{aligned}A(z,t)&=\frac{1}{2\pi}\int_{-\infty}^{\infty}2\pi\left[\sum_{i=1}^{N}A_i\delta(\omega-\omega_i)+D\delta(\omega)\right]\exp\left[\mathrm{j}(\omega t-kz)\right]\mathrm{d}\omega\\&=\int_{-\infty}^{\infty}D\delta(\omega)\exp\left[\mathrm{j}(\omega t-kz)\right]\mathrm{d}\omega+\int_{-\infty}^{\infty}\sum_{i=1}^{N}A_i\delta(\omega-\omega_i)\exp\left[\mathrm{j}(\omega t-kz)\right]\mathrm{d}\omega\\&=D+A\end{aligned} \tag{5.139}$$

可以将激光包络的直流分量和频率分量分开描述。式中，D表示连续波包络的直流分量；A表示连续波包络的频率分量。将波矢$k(\omega)$以ω_0为中心泰勒展开，将式(5.111)代入式(5.139)中，就可以得到连续波包络的直流分量和频率分量的包络表达式。现在来考虑激光包络的直流分量：

$$\begin{aligned}D&=\int_{-\infty}^{\infty}D\delta(\omega_0+\Delta\omega)\exp\left[\mathrm{j}\left(\omega_0 t+\Delta\omega t-k_0 z-k_0'\Delta\omega z-\frac{1}{2}k_0''\Delta\omega^2 z\right)\right]\mathrm{d}(\omega_0+\Delta\omega)\\&=D\exp\left[\mathrm{j}(\omega_0 t-k_0 z)\right]\int_{-\infty}^{\infty}\delta(\omega_0+\Delta\omega)\exp\left[\mathrm{j}\left(\Delta\omega t-k_0'\Delta\omega z-\frac{1}{2}k_0''\Delta\omega^2 z\right)\right]\mathrm{d}\Delta\omega\end{aligned} \tag{5.140}$$

结合冲激函数的性质，对式(5.140)积分可得

$$
\begin{aligned}
D &= D\exp\left[\mathrm{j}\left(\omega_0 t - k_0 z\right)\right]\exp\left(-\omega_0 t + k_0'\omega_0 z - \frac{1}{2}k_0''\omega_0^2 z\right) \\
&= D\exp\left[-\mathrm{j}\left(k_0 - k_0'\omega_0 + \frac{1}{2}k_0''\omega_0^2\right)z\right]
\end{aligned}
\tag{5.141}
$$

可以看出：经过色散介质传播的直流分量可以看成直流包络与一个相移因子的乘积。在不考虑传输损耗的情况下，直流包络幅度不变。再来考虑激光包络的频率分量:

$$
\begin{aligned}
A &= \int_{-\infty}^{\infty}\sum_{i=1}^{N}A_i\delta(\omega_0+\Delta\omega-\omega_i)\exp\left[\mathrm{j}\left(\omega_0 t+\Delta\omega t-k_0 z-k_0'\Delta\omega z-\frac{1}{2}k_0''\Delta\omega^2 z\right)\right]\mathrm{d}(\omega_0+\Delta\omega) \\
&= \exp\left[\mathrm{j}\left(\omega_0 t-k_0 z\right)\right]\int_{-\infty}^{\infty}\sum_{i=1}^{N}A_i\delta(\omega_0+\Delta\omega-\omega_i)\exp\left[\mathrm{j}\left(\Delta\omega t-k_0'\Delta\omega z-\frac{1}{2}k_0''\Delta\omega^2 z\right)\right]\mathrm{d}\,\Delta\omega
\end{aligned}
\tag{5.142}
$$

同理，对式(5.142)积分可得

$$
\begin{aligned}
A &= \exp\left[\mathrm{j}\left(\omega_0 t-k_0 z\right)\right]\sum_{i=1}^{N}A_i\exp\left\{\mathrm{j}\left[\left(\omega_i-\omega_0\right)t-k_0'\left(\omega_i-\omega_0\right)z-\frac{1}{2}k_0''\left(\omega_i-\omega_0\right)^2 z\right]\right\} \\
&= \sum_{i=1}^{N}A_i\exp\left\{\mathrm{j}\left[\omega_i t-k_0'\omega_i z-\frac{1}{2}k_0''\omega_i^{\,2}z+k_0''\omega_i\omega_0 z\right]\right\}\exp\left[-\mathrm{j}\left(k_0-k_0'\omega_0+\frac{1}{2}k_0''\omega_0^{\,2}\right)z\right]
\end{aligned}
\tag{5.143}
$$

可以看出：经过色散介质传播的激光包络的频率分量可以看成发生了变化的频率分量与一个相位因子的乘积。忽略ω_i和ω_0之间的交叉项，再利用欧拉公式将式(5.143)展开,可得

$$
\begin{aligned}
A &= \sum_{i=1}^{N}A_i\exp\left[\mathrm{j}\left(\omega_i t-k_0'\omega_i z-\frac{1}{2}k_0''\omega_i^{\,2}z\right)\right]\exp\left[-\mathrm{j}\left(k_0-k_0'\omega_0+\frac{1}{2}k_0''\omega_0^{\,2}\right)z\right] \\
&= \sum_{i=1}^{N}A_i\cos\left(\omega_i t-k_0'\omega_i z-\frac{1}{2}k_0''\omega_i^{\,2}z\right)\exp\left[-\mathrm{j}\left(k_0-k_0'\omega_0+\frac{1}{2}k_0''\omega_0^{\,2}\right)z\right] \\
&\quad -\mathrm{j}\sum_{i=1}^{N}A_i\sin\left(\omega_i t-k_0'\omega_i z-\frac{1}{2}k_0''\omega_i^{\,2}z\right)\exp\left[-\mathrm{j}\left(k_0-k_0'\omega_0+\frac{1}{2}k_0''\omega_0^{\,2}\right)z\right]
\end{aligned}
\tag{5.144}
$$

可以看出:经过色散介质的传播，不但载波相位发生变化，还使余弦包络的相位发生变化，具体大小与波矢函数的各阶导数有关。

5.5 大气色散对 OFDM 信号的影响

在存在时间相关的情况下，相邻的码元之间会经历类似的信道传输特性。不妨做如下假设：①当信道状况不是快速改变时，使用一种很简单的基于导频信号的信道估计即可克服时间相关；②可以采用一定的编码技术来减少时间相关的影响,如使用交织技术可以提高系统对时间相关的免疫力。

5.5.1 对 FSO-OFDM 系统误码率的理论分析

1. 子载波的载波噪声加失真比分析

为了表征 OFDM 系统中各个子载波的统计特征，引入载波噪声加失真比(carrier to noise-plus-distortion rate, CNDR)的概念[45]。载波噪声加失真比就是该路载波上的有用信号与噪声和信号失真之和的功率比，所以接收端得到的 CNDR 平均到每一路子载波上的 CNDR_n 可以表示为[45]

$$\mathrm{CNDR}_n(I)=\frac{C}{\dfrac{N_0}{T_\mathrm{s}}+\sigma_{\mathrm{IMD}}^2} \tag{5.145}$$

式中，C 为所需的信号功率；σ_{IMD}^2 为三阶互调失真功率；N_0/T_s 为平均到每一路子载波上的光噪声功率。σ_{IMD}^2 可由式(5.146)计算得出[45]:

$$\sigma_{\mathrm{IMD}}^2=\frac{1}{2}\left[\frac{3}{4}a_3m_n^3D_2(N,n)+\frac{3}{2}a_3m_n^3D_3(N,n)\right]^2I_{\mathrm{ph}}^2 \tag{5.146}$$

式中，a_3 为 LD 的三阶非线性系数；m_n 为第 n 路载波的光调制系数(optical modulation index, OMI)；$D_2(N,n)$和$D_3(N,n)$为对第 n 路载波引起载波间互调的载波数目；I_{ph} 为接收到的光强的直流分量。$D_2(N,n)$和 $D_3(N,n)$可由式(5.147)和式(5.148)计算得出[45]:

$$D_2(N,n)=\frac{1}{2}\left\{N-2-\frac{1}{2}\left[1-(-1)^N\right](-1)^n\right\} \tag{5.147}$$

$$D_3(N,n)=\frac{n}{2}(N-n+1)+\frac{1}{4}\left[(N-3)^2-5\right]-\frac{1}{8}\left[1-(-1)^N\right](-1)^{N+n} \tag{5.148}$$

式(5.146)中的 I_{ph} 可由式(5.149)得出:

$$I_{\mathrm{ph}}=R_{\mathrm{PD}}LP(t)I \tag{5.149}$$

式中，R_{PD} 为光电二极管感光灵敏度；L 为考虑了集合大气湍流衰减、辐照强度衰减、能见度衰减和光束几何形状损失等因素后的光功率衰减系数；$P(t)$为 LD 的输出光功率; I 为经过大气湍流影响的归一化光强, 光强的概率密度函数已经由式(5.69)给出。假设在 OFDM 每一路子载波都采用的是 MQAM 调制且光调制度相同的情况下, m 可以表示为

$$m = \frac{m_\Sigma}{\sqrt{N}} \tag{5.150}$$

式中, m_Σ为总的光调制系数。这样, 对于每一个子载波所需的信号功率 C 就可表示为

$$C = \frac{1}{2} m^2 I_{\mathrm{ph}}^2 \tag{5.151}$$

2. OFDM 系统的码元差错概率与误码率

定义第 n 路子载波上的码元差错概率(symbol error probability, SEP), 即 $P_{\mathrm{s},n}$ 可以表示为[45]

$$P_{\mathrm{s},n}(I) = 2(1 - M^{-\frac{1}{2}})\,\mathrm{erfc}\left[\sqrt{\frac{3}{2(M-1)} \cdot \mathrm{CNDR}_n(I)}\right] \tag{5.152}$$

再将式(5.145)代入式(5.152)可得

$$\left\langle P_{\mathrm{s},n} \right\rangle = 2(1 - M^{-\frac{1}{2}}) \int_0^\infty f_I(I)\,\mathrm{erfc}\left[\sqrt{\frac{3}{2\left(M-1\right)} \frac{C}{\frac{N_0}{T_{\mathrm{s}}} + \sigma_{\mathrm{IMD}}^2}}\right] \mathrm{d}I \tag{5.153}$$

由式(5.153)可以计算出子载波采用 MQAM 调制的 OFDM 在第 n 路子载波上的码元差错概率, 但是, 式中的每一路子载波上的光噪声功率 N_0/T_{s} 却难以描述。因此, 为了得到式(5.153)中的积分结果, 进一步假设 CNDR 可由平均噪声和湍流失真近似表示[45], 即

$$\mathrm{CNDR}_n\left(X\right) \cong \frac{C}{\left(\left\langle \sigma_N^2 \right\rangle + \left\langle \sigma_{\mathrm{IMD}}^2 \right\rangle\right)} \tag{5.154}$$

因此, 式(5.153)就变为

$$\begin{aligned}
\left\langle P_{\mathrm{s},n} \right\rangle &= 2\left(1 - M^{-\frac{1}{2}}\right) \int_0^\infty f_I(I)\mathrm{erfc}\left[\sqrt{\frac{3}{2\left(M-1\right)} \frac{\mathrm{C}}{\left(\left\langle \sigma_{\mathrm{N}}^2 \right\rangle + \left\langle \sigma_{\mathrm{IMD}}^2 \right\rangle\right)}}\right] \mathrm{d}I \\
&= 2\left(1 - M^{-\frac{1}{2}}\right) \frac{2(\alpha\beta)^{\frac{\alpha+\beta}{2}}}{\Gamma(\alpha)\Gamma(\beta)} \int_0^\infty \mathrm{erfc}\left[\sqrt{\frac{3}{2\left(M-1\right)} \frac{\mathrm{C}}{\left(\left\langle \sigma_{\mathrm{N}}^2 \right\rangle + \left\langle \sigma_{\mathrm{IMD}}^2 \right\rangle\right)}}\right] \\
&\quad \cdot I^{\frac{\alpha+\beta}{2}-1} K_{\alpha-\beta}\left(2\sqrt{\alpha\beta I}\right) \mathrm{d}I
\end{aligned} \tag{5.155}$$

为了得到关于平均误码率更一般的表达式，引入 Meijer G 函数[39]。例如，$\mathrm{erfc}\left(\sqrt{z}\right)$ 可表示为 $\left(1/\sqrt{\pi}\right)G_{1,2}^{2,0}\left[z\middle|_{0,1/2}^{1}\right]$； $K_n\left(z\right)$ 可表示为 $\left(1/2\right)G_{0,2}^{2,0}\left[z^2/4\middle|_{n/2,-n/2,}^{-,-}\right]$。因此，式(5.155)可以进一步表示为[45]

$$\left\langle P_{\mathrm{s},n}\right\rangle=\frac{(1-M^{-\frac{1}{2}})(\alpha\beta)^{\frac{\alpha+\beta}{2}}}{\sqrt{\pi}\Gamma(\alpha)\Gamma(\beta)}\int_0^{\infty}G_{1,2}^{2,0}\left[\frac{3}{2(M-1)}\frac{\left(m\rho P_{\mathrm{r},0}\right)^2I^2}{\left\langle\sigma_{\mathrm{N}}^2\right\rangle+\left\langle\sigma_{\mathrm{IMD}}^2\right\rangle}\middle|_{0,\frac{1}{2}}^{1}\right]\cdot I^{\frac{\alpha+\beta}{2}-1}G_{0,2}^{2,0}\left(\alpha\beta I\middle|_{\frac{\alpha-\beta}{2},\frac{\beta-\alpha}{2}}^{-,-}\right)\mathrm{d}I \tag{5.156}$$

式中，$P_{\mathrm{r},0}$ 为无湍流影响时的接收光功率。引入 Meijer G 函数可以使式(5.156)进一步简化为如下封闭表达式:

$$\left\langle P_{\mathrm{s},n}\right\rangle=\frac{(1-M^{-\frac{1}{2}})\cdot2^{\alpha+\beta-1}}{\pi^{\frac{3}{2}}\Gamma(\alpha)\Gamma(\beta)}G_{5,2}^{2,4}\left[\frac{12}{(M-1)}\frac{\left(m\rho P_{\mathrm{r},0}\right)^2I^2}{\left(\left\langle\sigma_{\mathrm{N}}^2\right\rangle+\left\langle\sigma_{\mathrm{IMD}}^2\right\rangle\right)(\alpha\beta)^2}\middle|_{-,-,0,\frac{1}{2}}^{\frac{1-\alpha}{2},\frac{2-\alpha}{2},\frac{1-\beta}{2},\frac{2-\beta}{2},1}\right] \tag{5.157}$$

据此就可以计算第 n 载波上的误码率，表达式为[45]

$$\left\langle P_{\mathrm{b},n}\right\rangle=\frac{1}{\log_2 M}\left\langle P_{\mathrm{s},n}\right\rangle \tag{5.158}$$

若载波数目比较大，则基于大数定理，整个 OFDM 系统的平均误码率可以近似表示为各个子载波上误码率的算术平均，即

$$\left\langle P_{\mathrm{b}}\right\rangle=\frac{1}{N}\sum_{n=1}^{N}\left\langle P_{\mathrm{b},n}\right\rangle \tag{5.159}$$

5.5.2 脉冲时延对系统速率的限制

1. 大气色散对单纵模激光器脉冲展宽

将某公司生产的 Newport® LQD830-160E 数字激光器的参数代入进行仿真，LQD830-160E 激光器的具体参数由表 5-2 给出。根据式(5.135)可以得出激光器脉冲的展宽时间ΔT，进一步可以推测出系统的最高通信速率，因为对于脉冲通信系统，脉冲时延与比特速率之间必须满足如下关系：

$$4B\Delta T\leqslant 1 \tag{5.160}$$

因此,可以根据式(5.160)来计算在色散信道中脉冲通信系统的最高比特速率。对于 OOK 系统，最高比特速率也决定了系统带宽的大小。

表 5-2　LQD830-160E 激光器参数表[46]

LQD830-160E 激光器参数	数值
中心频率	830nm
输出功率	160MW
光束直径($1/e^2$)	1.5×5.25mm
发散角	＜1.5×0.7mrad
噪声	0.5%
功率稳定度	＜1%～8h
上升/下降时间	2ns
中频公差	±15nm
最大工作电流	3000mA
直径	1.5in(38.1mm)
长度	6.20in (15.748mm)
工作电压	4.8～12VDC
工作温度	0～40℃

根据表 5-2 提供的参数计算该激光器的发射脉冲在不同距离的展宽时间。其中，需要用到的物理量有：大气压(水平面)P=101325Pa，温度(标准室温)T=300K，激光器中心频率λ_0=0.83μm，对应的角频率$\omega_0=2.27\times10^{15}$rad/s，线宽$\omega_0$=15nm。注意到该激光器的线宽较宽，这会导致由大气色散引起的脉冲传播时延较大。

将上述数值代入式(5.112)中，可得

$$k(\omega)=3.34\times10^{-9}\omega+1.85\times10^{-45}\omega^{3} \tag{5.161}$$

进而由式(5.114)可得出 $k''(\omega)\big|_{\omega_0}=2.52\times10^{-29}\,\mathrm{s\cdot s/m}=2.52\times10^{-2}\,\mathrm{ps\cdot ps/km}$，再将 $k''(\omega)\big|_{\omega_0}$ 代入式(5.118)中，得到$|D|=6.90\times10^{-2}$ps/(km·nm)。因此，由式(5.130)得出的传播距离与脉冲时延的曲线如图 5-12 所示。

与 830nm 激光器对照的是一个相同参数的 1550nm 激光器，发现后者的脉冲传播时延要远小于前者：在 50km 距离上，LQD830-160E 数字激光器的时延会达到 51.7ps，而对照的 1550nm 激光器的脉冲时延只有 7.9ps，前者是后者的 6.5 倍。

得到了传播距离与脉冲时延的关系后，可以进一步通过式(5.160)来考察使用脉冲通信系统的最高比特速率容限与通信距离之间的关系。由式(5.160)确定的传播距离与脉冲比特速率容限的曲线如图 5-13 所示。

由图 5-13 可以看出，所考察的由 LQD830-160E 激光器构成的脉冲通信系统的比特速率容限由 10km 时的 24.2Gbit/s 降低到 50km 时的 4.8Gbit/s，而作为对照的 1550nm 激光器构成的脉冲通信系统的比特速率容限比前者要高一个数量级。

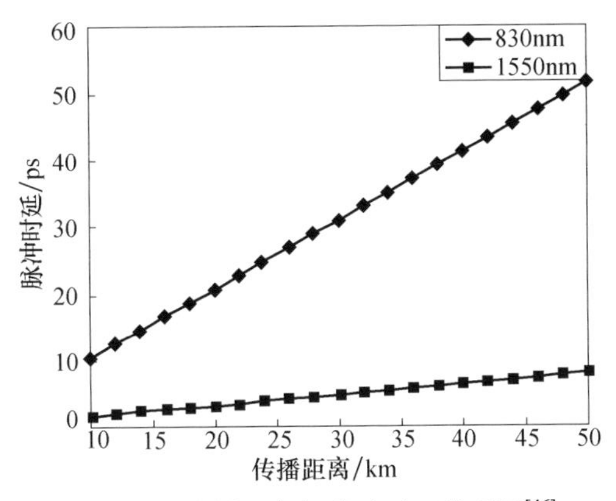

图 5-12 传播距离与脉冲时延关系图[46]

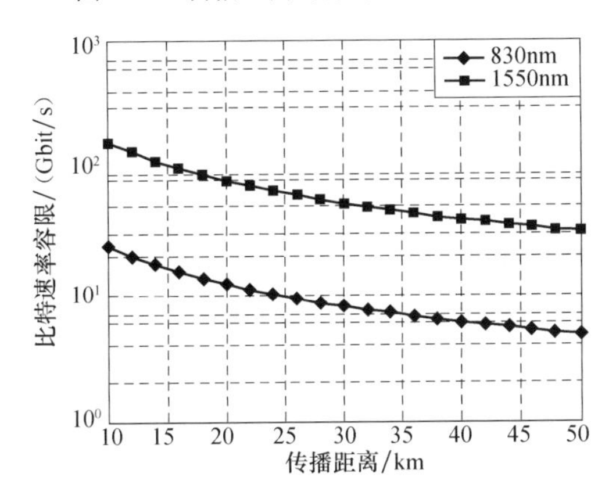

图 5-13 传播距离与脉冲比特速率容限关系图[46]

2. 大气色散对多纵模激光器脉冲展宽的仿真

多纵模激光器所发出的光脉冲为各个纵模的叠加。某种半导体激光器的光谱如图 5-14 所示。现在先来计算由群速度不一致引起的各纵模传播时延差。首先忽略各纵模线宽的影响，经过化简的光谱图如图 5-15 所示。依据图 5-15 可以得到该激光器各纵模波长与光功率的数据如表 5-3 所示。

依照表 5-3 中的参数，对该多纵模激光器发出的光脉冲进行仿真。假设 FSO 的通信比特速率为 10Gbit/s，即脉宽不大于 0.1ns 时，经过 40km 传输后脉冲包络的展宽情况如图 5-16 所示。

如图 5-16 所示，初始 1/e 半宽为 25ps(对应 $T_{\text{pules-width}}$=41.6ps)的脉冲包络传播 40km，即大约 133.5μs 时各个纵模的脉冲包络先后到达：最快到达的λ_7包络比最慢到达的λ_1包络快 6.3ps，总的脉冲包络峰值比出发时降低了 0.37%。纵模时延差使脉冲展宽了 6.3ps，光强脉冲的宽度仍在 0.1ns 以内(41.6ps×2+6.3ps<100ps)，因此不会影响系统 10Gbit/s 的最高速率。此时的光强度包络已经不是高斯脉冲，而是由峰值位置不同的若干高斯脉冲的叠加。

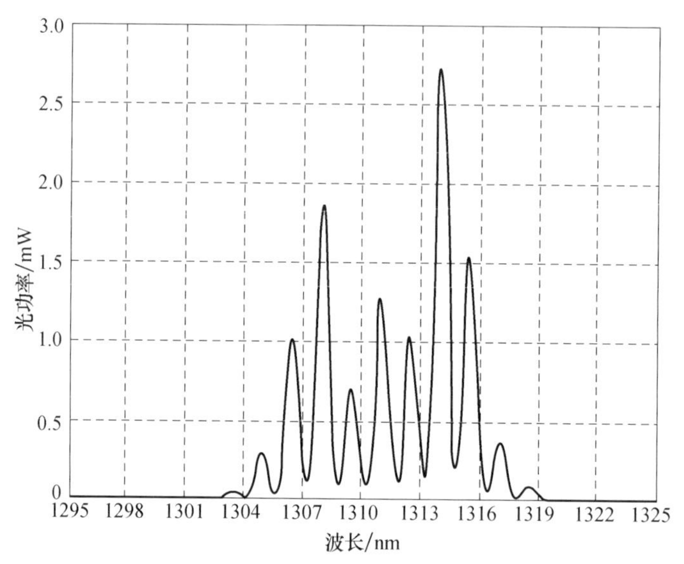

图 5-14　多纵模激光器的光谱图[46]

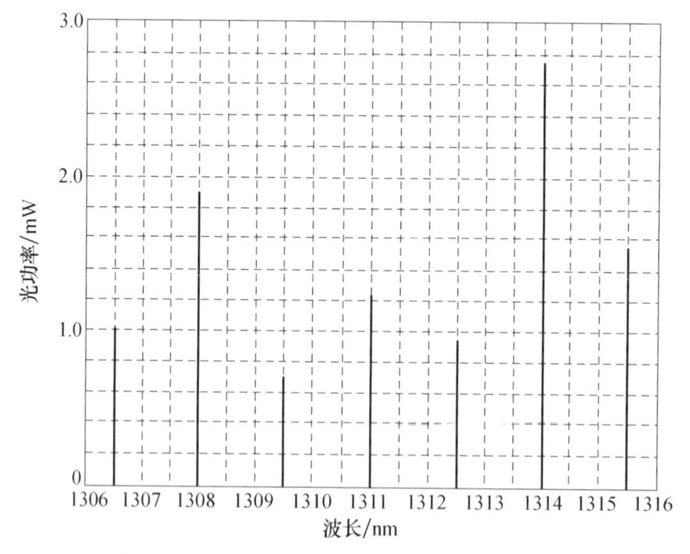

图 5-15　简化的多纵模激光器光谱示意图[46]

表 5-3　多纵模激光器经简化后的各纵模参数

纵模序号	对应波长/mm	光功率/mW
λ_1	1306.5	1.05
λ_2	1308.0	1.90
λ_3	1309.5	0.70
λ_4	1311.0	1.28
λ_5	1312.5	0.95
λ_6	1314.0	2.75
λ_7	1315.5	1.55

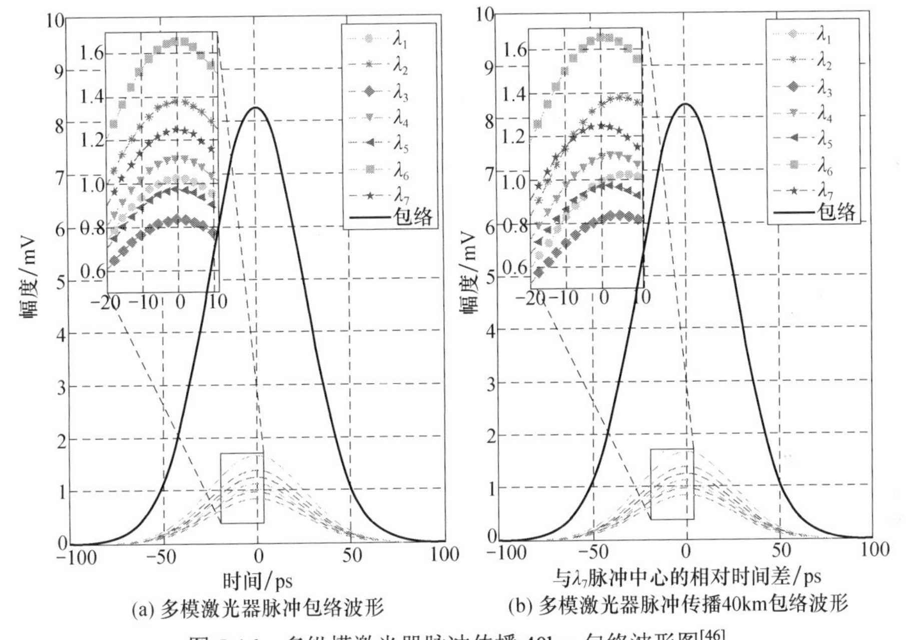

(a) 多模激光器脉冲包络波形　(b) 多模激光器脉冲传播40km包络波形

图 5-16　多纵模激光器脉冲传播 40km 包络波形图[46]

再来考虑各个纵模线宽的影响。根据图 5-14,假设各个纵模的线宽均为 1.5nm,由于大气折射率也可视为波长的函数，因此各个纵模的展宽时间是不一样的。经过数值计算发现，当线宽为 1.5nm 时，各个纵模的脉冲包络均展宽了 1ps 左右，具体数据列于表 5-4 中。

表 5-4　经过长距离传播后各个纵模脉宽增量[46]

纵模序号	脉宽增量/ps		
	距离 20km	距离 40km	距离 60km
λ_1	0.531	1.061	1.592
λ_2	0.529	1.057	1.586

（续表）

纵模序号	脉宽增量/ps		
	距离 20km	距离 40km	距离 60km
λ_3	0.527	1.054	1.581
λ_4	0.525	1.050	1.576
λ_5	0.523	1.047	1.570
λ_6	0.522	1.043	1.565
λ_7	0.520	1.040	1.560

传播 40km 的该多纵模激光器的脉冲波形如图 5-17 所示。该多纵模激光器脉冲包络的宽度展宽了 7.3ps。可以发现，若多纵模激光器有 N 条纵模，纵模间的脉冲时延差为$\Delta T_{i,j}$，其中，$1\leqslant i,j\leqslant N$；各个纵模自身由于受到线宽的影响产生的展宽量为$\Delta T_{\lambda k}$，同样有 $1\leqslant k\leqslant N$，则最终该激光器的脉冲展宽量ΔT_{Σ}可由式(5.162)计算得

$$\Delta T_{\Sigma}=\max\left\{\Delta T_{i,j}\right\}+\frac{1}{N}\sum_{k=1}^{N}\Delta T_k,\quad 1\leqslant i,j,k\leqslant N \tag{5.162}$$

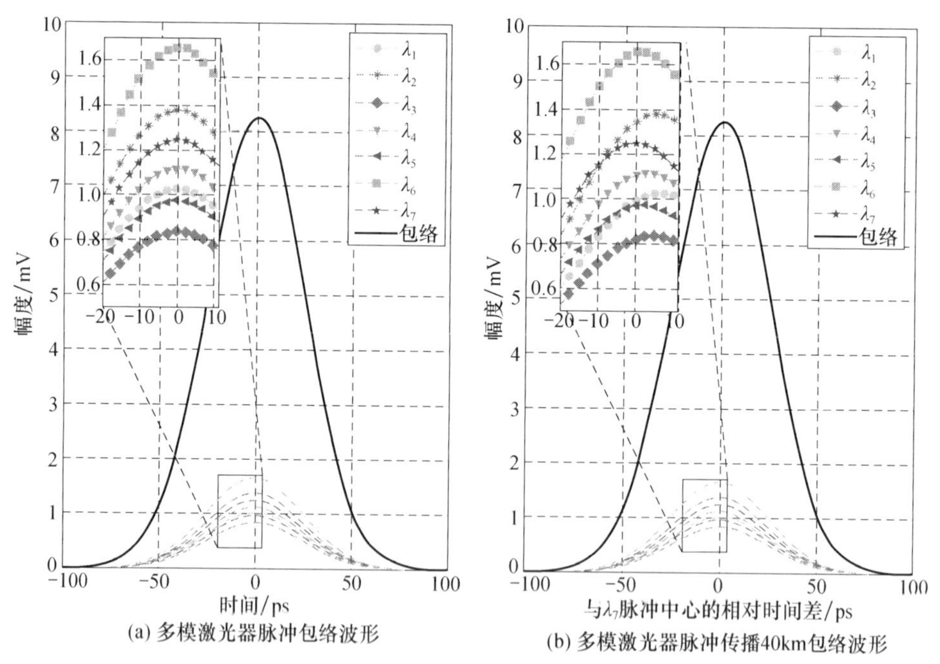

(a) 多模激光器脉冲包络波形　　(b) 多模激光器脉冲传播40km包络波形

图 5-17　考虑各纵模线宽后多纵模激光器脉冲传播 40km 包络波形图[46]

展宽后的脉冲包络与原始脉冲包络波形的比较如图 5-18 所示，在传播距离为 40km 时脉冲形变并不大，具体的形变差值曲线由图 5-19 给出。从图 5-19 可以

看出：①经过传播的多纵模激光脉冲已经不是高斯脉冲了，这一点可以由图 5-19(a)看出，图中的曲线不是偶对称的；②经过传播的脉冲包络的峰值要比初始脉冲峰值低；③在考虑线宽后，脉冲包络略微增宽了一点，这一点可以从图 5-19(b)中看出。对于用于地对地通信的 FSO 系统，40km 已经接近地表直视距离的极限了。

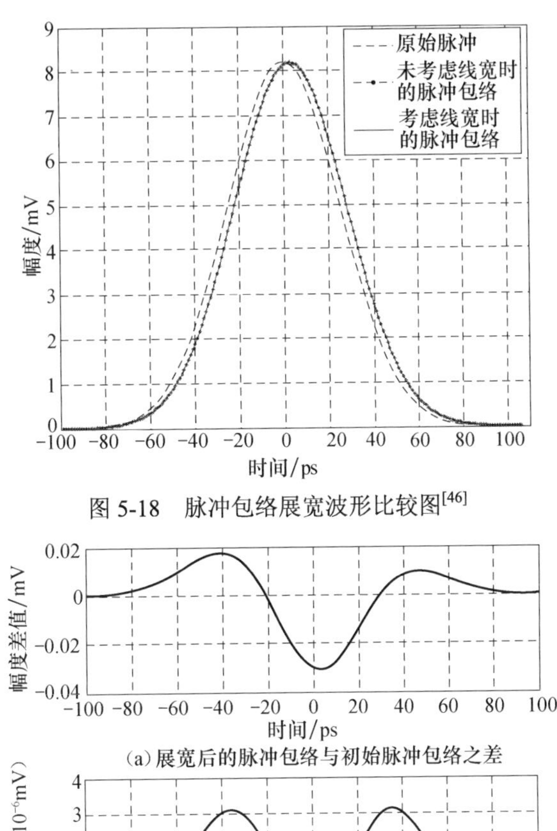

图 5-18 脉冲包络展宽波形比较图[46]

(a) 展宽后的脉冲包络与初始脉冲包络之差

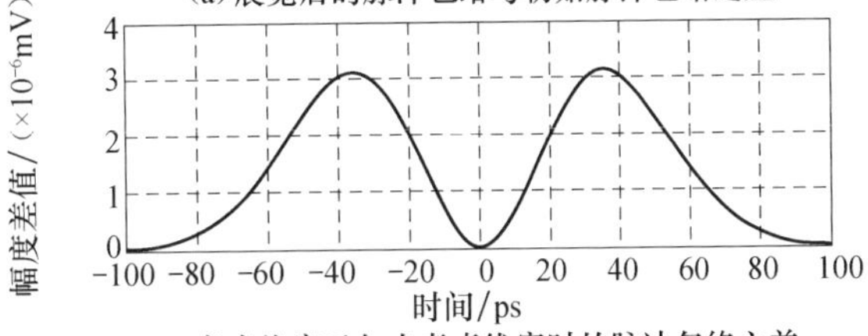

(b) 考虑线宽后与未考虑线宽时的脉冲包络之差

图 5-19 脉冲包络的增宽量曲线[46]

5.5.3 Gamma-Gamma 信道对信号传输的影响

1. Gamma-Gamma 影响信号眼图

对于 OOK 系统，信号只有“0”和“1”之分，因此 OOK 系统的眼图可以反映信道噪声影响码元变化的基本情况。考察 FSO-OOK 系统中的光强信号，相应的信号波形如图 5-20 所示。图中码元速率为 10Mbit/s，采样速率为 80Mbit/s，接收机电信噪比为 40dB，σ_R 为 0.2。

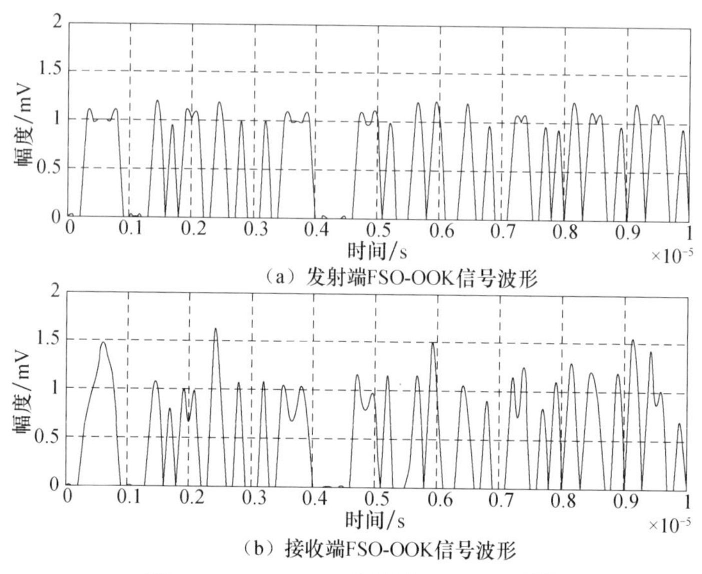

（a）发射端FSO-OOK信号波形

（b）接收端FSO-OOK信号波形

图 5-20　FSO-OOK 信号波形(σ_R=0.2)[46]

图 5-20 中的光强信号按位叠加生成的眼图分别如图 5-21 和图 5-22 所示。我们发现，服从 Gamma-Gamma 分布的乘性噪声与 AWGN 不同，它主要影响眼图中的“上眼睑”部分，当接收机电信噪比较高时，眼图的“下眼睑”比较清晰。

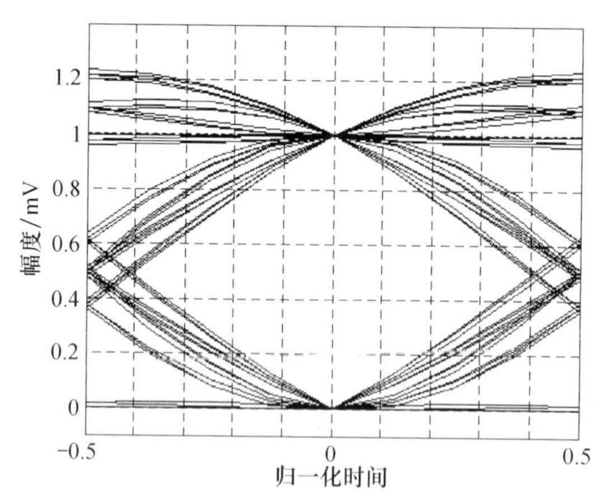

图 5-21　未加噪的 FSO-OOK 信号眼图[46]

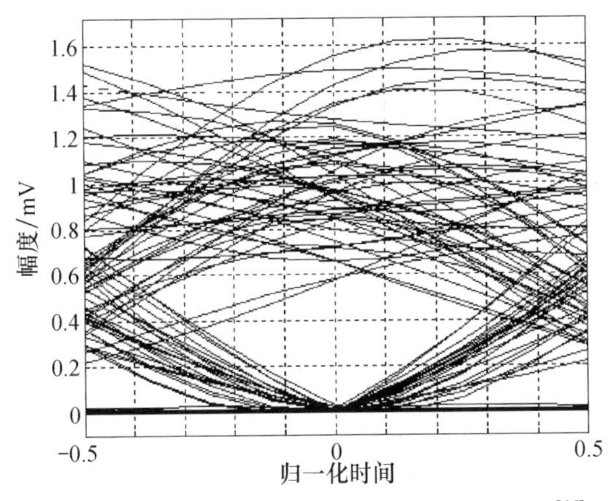

图 5-22　接收端 FSO-OOK 信号眼图(σ_R=0.2)[46]

当σ_R为 0.4 时，码元速率为 10Mbit/s，采样速率为 80Mbit/s，接收机电信噪比为 40dB 的 FSO-OOK 系统信号波形和眼图如图 5-23 和图 5-24 所示。验证了前面光强闪烁对眼图的分析。可以看出，当σ_R为 0.4 时，如图 5-24 所示，眼图闭合的程度更加严重了。由于接收机电信噪比参数(仍为 40dB)未发生改变，因此眼图“下眼睑”部分的变化并不大。

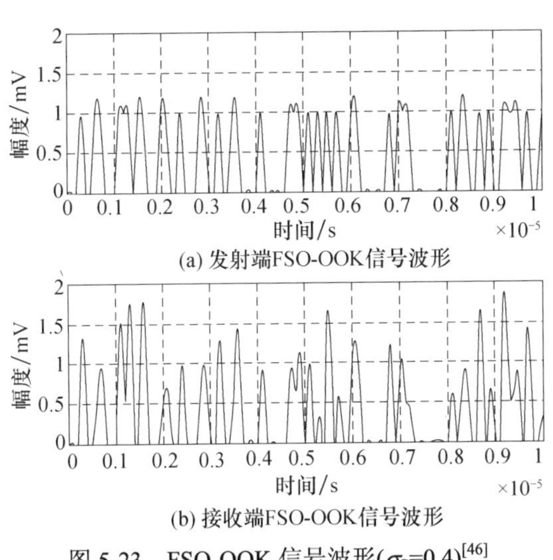

图 5-23　FSO-OOK 信号波形(σ_R=0.4)[46]

类似地，当σ_R为 0.6 时，码元速率为 10Mbit/s，采样速率为 80Mbit/s，接收机电信噪比为 40dB 的 FSO-OOK 系统信号波形和眼图如图 5-25 和图 5-26 所示。如图 5-26 所示，虽然此时的电信噪比很高，但是由于受到光强闪烁的影响，信号眼图已经完全闭合了，这就会使接收信号的载波噪声加失真比很低，导致解调信号的误码率很高。

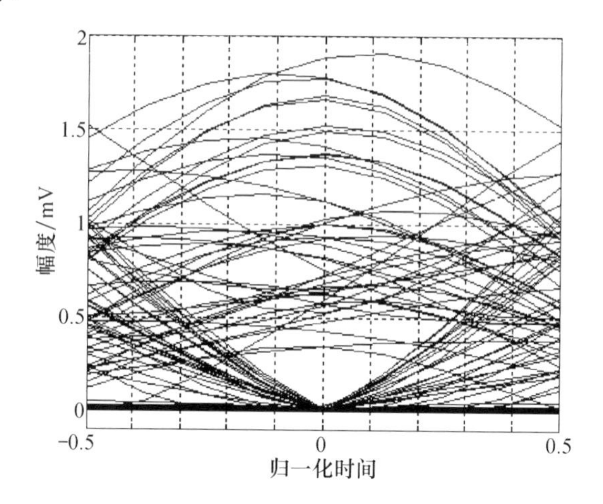

图 5-24　接收端 FSO-OOK 信号眼图(σ_R=0.4)[46]

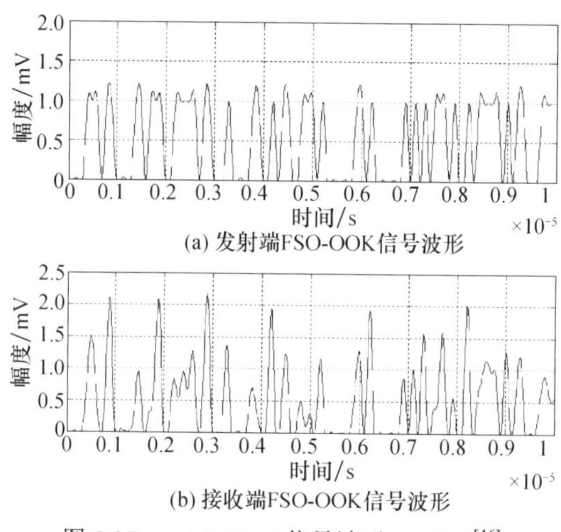

图 5-25　FSO-OOK 信号波形(σ_R=0.6)[46]

2. Gamma-Gamma 信道影响信号星座图

对于 OFDM 系统, 更加关心在接收端的各个子载波的 QAM 信号的星座图是否清晰, 这直接决定了 QAM 解调是否会发生误判, 从而决定了系统的误码率性能。因此, 对于前面仿真验证过的 FSO-OFDM 系统, 考察在接收端经过快速傅里叶变换之后待解调的各个子载波信号, 绘制信号的星座图, 观察光强闪烁对解调信号星座图的影响。

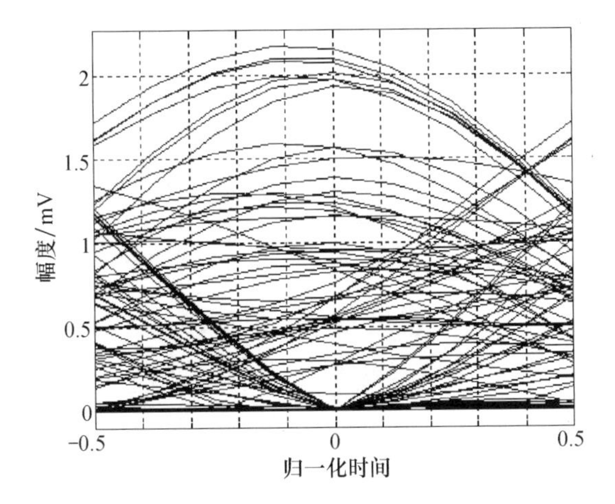

图 5-26 接收端 FSO-OOK 信号眼图(σ_R=0.6)[46]

当σ_R为 0.2 时，载波数为 128，子载波采用 4QAM 调制的 FSO-OFDM 系统解调信号星座图如图 5-27 所示，图中接收机的电噪声为 45dB。这时，星座点分得很清，系统误码率很低。

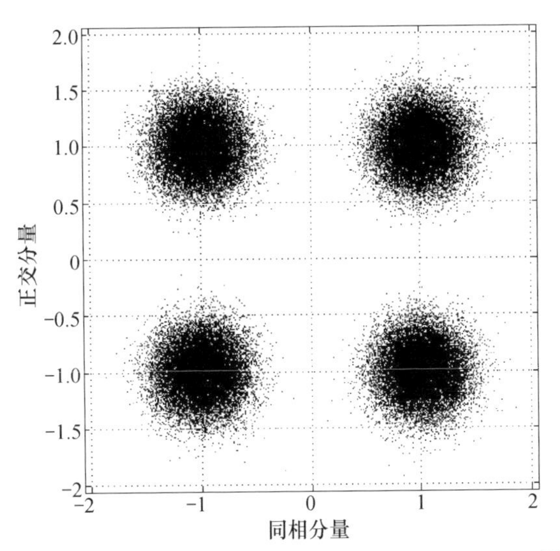

图 5-27 4QAM-FSO-OFDM 解调信号星座图(σ_R=0.2)[46]

当σ_R为 0.4 时，其他参数不变，4QAM 调制的 FSO-OFDM 系统解调信号的星座图如图 5-28 所示。可以发现，不但星座点发生了部分混叠，并且也发生了特殊的形变：与 AWGN 对星座图的影响不同，Gamma-Gamma 噪声使星座图上的点变成了指向原点的椭圆形，这对设计接收端的滤波器具有指导意义。

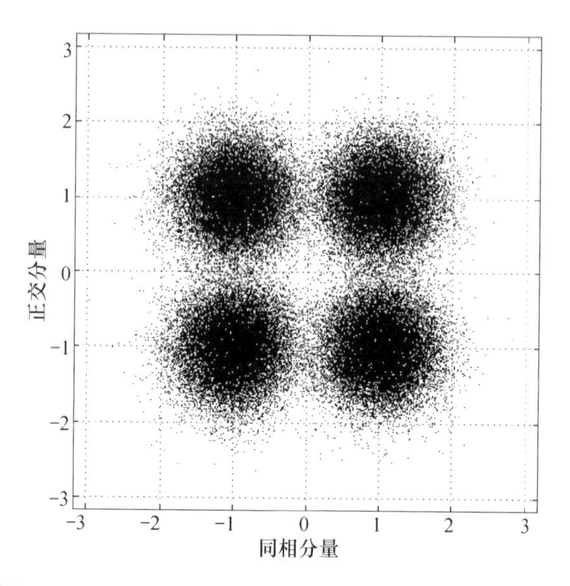

图 5-28　4QAM-FSO-OFDM 解调信号星座图(σ_R=0.4)[46]

当σ_R为 0.6 时，其他参数不变，FSO-OFDM 系统解调信号的星座图如图 5-29 所示，这时星座图上的点已经完全混叠到了一起。

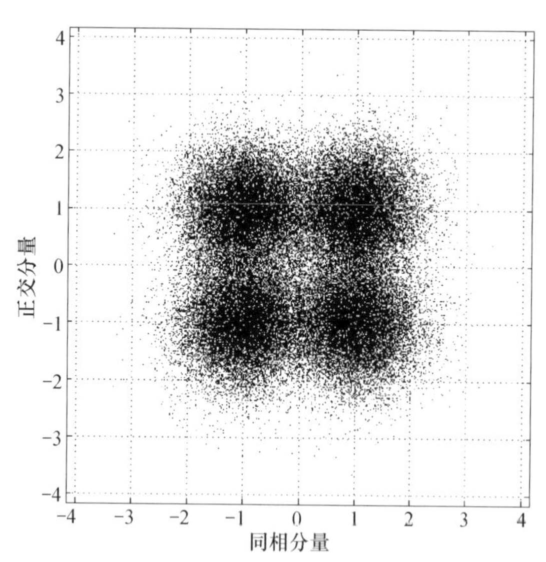

图 5-29　4QAM-FSO-OFDM 解调信号星座图(σ_R=0.6)[46,47]

从星座图上可以看出，Gamma-Gamma 信道的乘性噪声对解调星座图产生了特殊的形变，这一点与 AWGN 不同。满足 Gamma-Gamma 分布的乘性噪声对系统的影响很大，以致当采用高阶调制时，系统的误码就变得十分严重，影响系统的正常通信[47,48]。如图 5-30 所示，当σ_R为 0.2 时，16QAM-FSO-OFDM 系统的解调信号星座图的星座点已经发生了混叠，这时系统误码率仅为 $10^{-1}\sim10^{-2}$。当σ_R再增大时，星座点就会完全混叠到肉眼无法区分的地步。

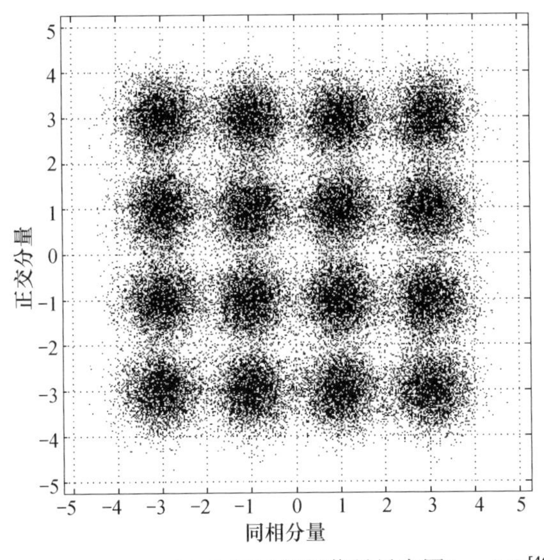

图 5-30 16QAM-FSO-OFDM 解调信号星座图(σ_R=0.2)[46,47]

5.6 雨对光信号传输的影响

在降雨、雾霾和沙尘等强散射天气下，接收光强信号的衰减和闪烁使 FSO 通信系统出现误码率提高、通信中断等情况[49]。降雨影响无线光通信，雨中光路发生衰减、闪烁等现象[50]。描述这些现象需要粒子散射和雨滴谱模型，对于可见光，常用米氏模型描述粒子散射[51]，雨滴尺寸分布(drop size distribution, DSD)则因雨势、地域的不同而不同[52]。Al-Gailani 等[53]对热带降雨环境下可见光的衰减进行了测量，并反演了当地的雨滴分布模型。宋博等[54]对各种雨滴谱模型中的光强衰减进行了比较，但对国内各地雨滴谱缺乏针对性。气象工作者对国内各地雨滴谱进行了长期测量，基于不同模型归纳出当地的雨滴谱分布经验函数[55-60]，所得结果可用于无线光信道建模。柯熙政等[61, 62]对各种天气条件下的 FSO 通信系统性能进行了长期测量，积累了大量的实测数据。然而，以往的研究主要集中在接收光强衰减，单纯研究衰减并不能解释实际中大雨光透过率大而 FSO 误码率也增大的现象。对于 FSO 通信，接收光强方差也会影响系统性能[63]。下面通过米氏模型和我国各地雨滴谱计算接收光强和方差的关系，并通过实测数据验证模型。

5.6.1 接收光强均值

光在发射机与接收机间视线传播时，接收机探测到的信号光强均值可为相干场与非相干场之和，光强衰减是由介质的吸收引起的[64]：

$$\frac{I_{\mathrm{t}}}{I_0}=\frac{I_{\mathrm{c}}+I_{\mathrm{i}}}{I_0}=\exp\left(-\rho\sigma_{\mathrm{a}}L\right) \tag{5.163}$$

式中，ρ 为粒子数密度；σ_{a} 是介质的吸收截面，其值为粒子总截面 σ_{t} 与散射截面 σ_{s} 之差；L 为传播距离。根据米氏散射理论，单个球形粒子的总截面和散射截面可表示为如下形式：

$$\sigma_{\mathrm{t}}=2\pi\sum_{n=1}^{\infty}\left(2n+1\right)\mathrm{Re}\left(a_n+b_n\right) \tag{5.164}$$

$$\sigma_{\mathrm{s}}=2\pi\sum_{n=1}^{\infty}\left(2n+1\right)\left(\left|a_n\right|^2+\left|b_n\right|^2\right) \tag{5.165}$$

$$\sigma_{\mathrm{a}}=\sigma_{\mathrm{t}}-\sigma_{\mathrm{s}} \tag{5.166}$$

式中，a_n 和 b_n 分别为两个无穷数列的第 n 项。计算中所需的各波长对应的水介质复折射率见文献[65]。

将光学截面 σ 与粒子截面积 S 之比记为粒子的散射系数，因此，针对粒子的散射截面、消光截面和吸收截面可分别计算粒子的散射截面系数 α_{s}、消光截面系数 α_{t} 和吸收截面系数 α_{a}。各系数与粒子尺度参数 x 之间的关系如图 5-31 和图 5-32 所示。

图 5-31 和图 5-32 中 σ_{a} 出现不连续的情况是由于计算 α_{t} 和 α_{s} 时产生的数值误差。对 α_{a} 进行线性拟合可得

$$\alpha_{\mathrm{a\_fit}}^{550}=6.655\times10^{-9}x+1.161\times10^{-7} \tag{5.167}$$

$$\alpha_{\mathrm{a\_fit}}^{650}=5.564\times10^{-8}x+3.577\times10^{-7} \tag{5.168}$$

计算中用式(5.167)和式(5.168)替代 α_{a} 可以简化计算。将 I_{t} 与 I_0 的比值转为单位为 dB/km 的单位长度的光强衰减系数，则有[66]

$$\frac{I_{\mathrm{t}}}{I_0}(\mathrm{dB/km})=4.343\times10^3\times\frac{\pi}{4}\int_{D_{\min}}^{D_{\max}}\alpha_{\mathrm{a}}(x,m)D^2N(D)\mathrm{d}D \tag{5.169}$$

式中，x 为粒子尺度参数；m 为介质复折射率；N 为粒子尺度分布函数；D 为粒子直径。

对于各种雨势下的雨滴粒子尺度分布函数，有许多符合当地实际情况的拟合公式，常见的雨滴粒子尺度分布为指数型分布，具体有 Marshall-Palmer(M-P)分布和 Gamma 分布等。我国气象工作者针对各地雨滴谱进行了长时间的测量，积累了大

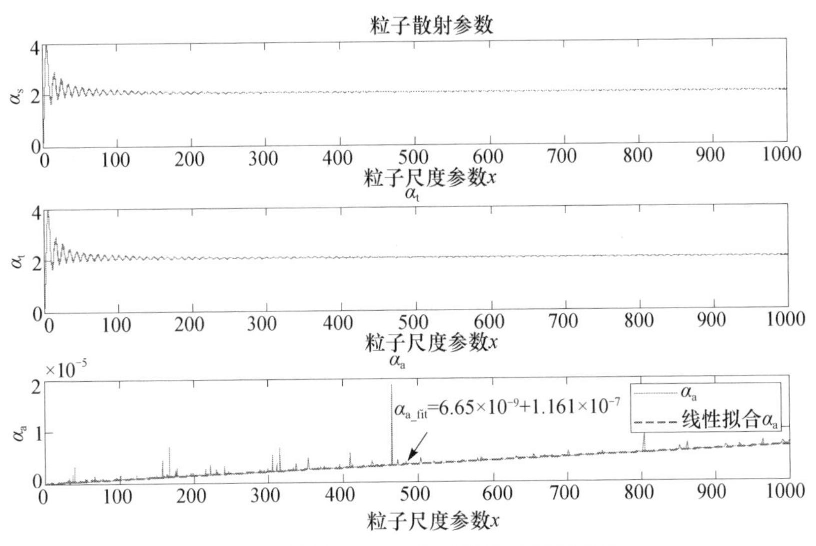

图 5-31 波长 550nm 光对粒子的散射参数

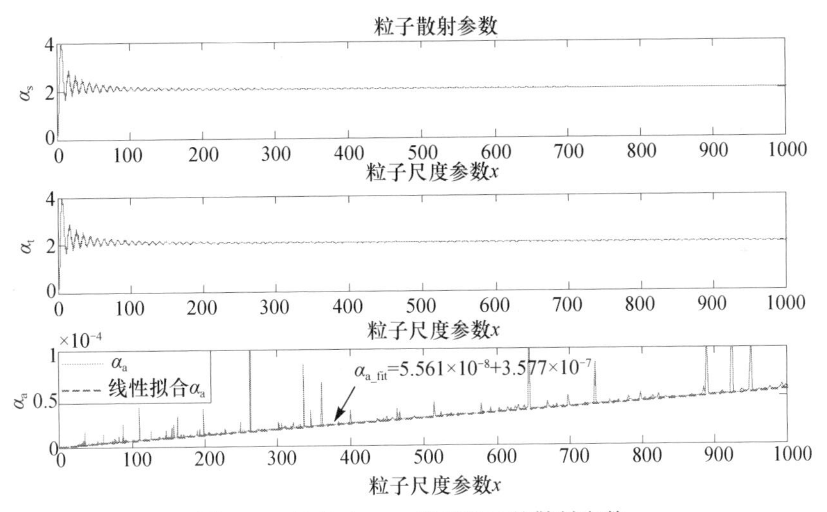

图 5-32 波长 650nm 光对粒子的散射参数

量的数据并对其进行了拟合，得到了不同的雨滴谱经验函数。目前可见于文献的雨滴尺度分布有广州、青岛、沈阳、长春、西安和宁夏部分地区[55-60]，各地雨滴谱分布函数详见表 5-5。

表 5-5 各地雨滴谱分布函数

分布地区	表达式/[个/(m³·mm)]
广州	$N(D)=230600p^{0.364}D^{-0.274}\exp(-7.411p^{-0.0527}D^{0.452})$
长春	$N(D)=2020p^{-0.2}\exp(-3.18p^{-0.28}D)$

（续表）

分布地区	表达式/[个/(m^3·mm)]
沈阳	$N(D)=13829.7p^{0.1}\exp(-4.56p^{-0.16}D)$
青岛	$N(D)=1387p^{0.4052}\exp(-2.38p^{-0.0877}D)$
宁夏部分地区	$N(D)=5688.2p^{0.3996}\exp(-4.05p^{-0.1213}D)$
西安	$N(D)=257p^{0.315}(8315p^{-0.202})^2D/2K_0(8315p^{-0.202}D/2)$
M-P 分布	$N(D)=8000\exp(-4.1p^{-0.21}D)$

将各种雨滴谱代入式(5.169)中，计算得到光在不同降雨率下传播时光强总衰减如图 5-33 和图 5-34 所示。

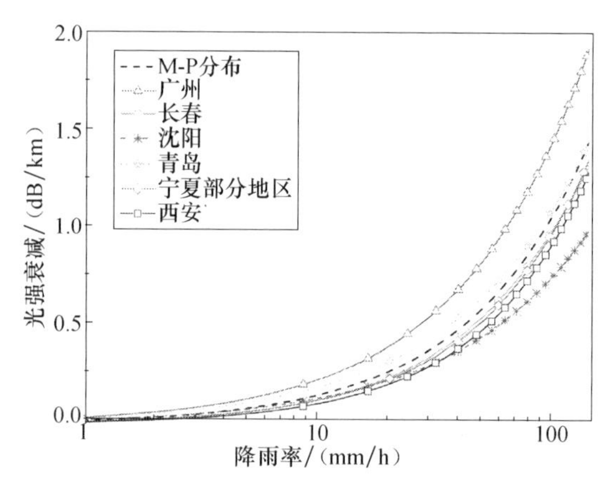

图 5-33　波长 550nm 光传输总衰减随各地降雨率的变化

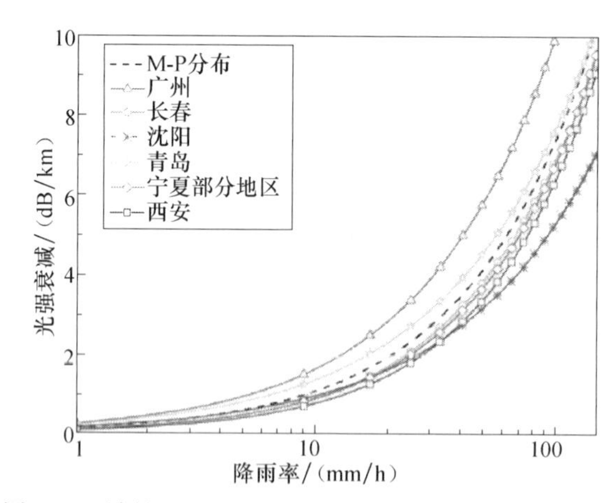

图 5-34　波长 650nm 光传输总衰减随各地降雨率的变化

由图5-33和图5-34可以看出，由雨滴吸收引起的光强衰减随着降雨率的增加而增加。与M-P分布相比，各地降雨光强衰减可分为两组：广州和青岛的单位距离光强衰减大于M-P分布；其他地区的单位距离光强衰减小于M-P分布。这表明广州、青岛两地在相同降雨率下雨滴对光的吸收能力更强。对比图5-33和图5-34，由于水的复折射率虚部在可见光波段随着波长的增加而增大，650nm红光比550nm绿光被水介质吸收得更多，单位距离内的衰减更大。

5.6.2 相干场和非相干场的统计特性

相干场衰减可认为光在传播路径上由介质光学厚度产生的等比例衰减。根据比尔朗伯定理，有

$$\frac{I_{\mathrm{c}}}{I_0}=\exp\left(-\rho\sigma_{\mathrm{t}}L\right) \tag{5.170}$$

与式(5.169)类似，将I_{c}与I_0的比值转为以dB/km为单位的光强衰减系数，可得

$$\frac{I_{\mathrm{c}}}{I_0}\left(\mathrm{dB}\right)=4.343\times10^3\times\frac{\pi}{4}\int_{D_{\min}}^{D_{\max}}\alpha_{\mathrm{t}}\left(x,m\right)D^2N\left(D\right)\mathrm{d}D \tag{5.171}$$

根据米氏散射理论计算σ_{t}，代入各地的雨滴谱，不同降雨率下的光传输衰减如图5-35所示。

从图5-35中可以看出，光强衰减总体随着降雨率的增加而增加。对于可见光，雨滴粒子的尺度参数普遍较大，大部分粒子的消光截面系数约等于2，因此波长对相干场衰减的影响不大。550nm光传输相干场衰减与图5-35几乎完全一致。各地的雨滴谱与M-P分布比较，青岛和沈阳两市雨中的消光率与M-P分布很接近；广州的雨中消光率大于M-P分布；当降雨率大于11mm/h时，宁夏部分地区的

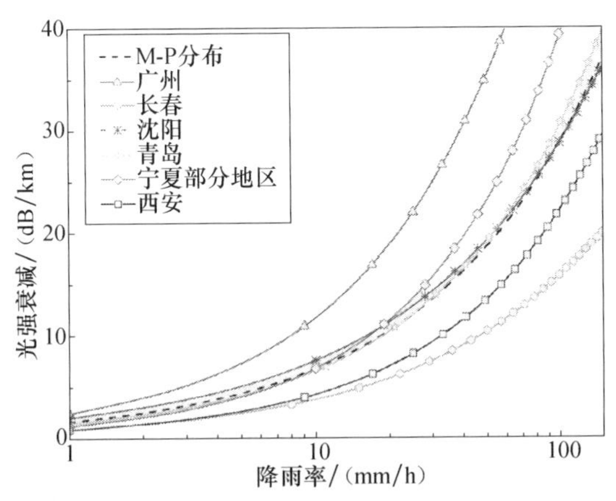

图5-35 波长650nm光传输相干场衰减随各地降雨率变化图

雨中消光率也大于M-P分布，当降雨率小于11mm/h时，消光率略小于M-P分布；西安和长春两市的雨中消光率明显小于M-P分布。图5-35也说明，在相同的降雨率下，为了达到相等的接收信噪比，在广州需要比长春更大的发射功率。由于光强信号具有非负性，因此散射导致的光强起伏也具有均值。光强起伏均值为[66]

$$\frac{I_{\mathrm{i}}}{I_0}=\exp\left(-\rho\sigma_{\mathrm{a}}L\right)-\exp\left(-\rho\sigma_{\mathrm{t}}L\right) \tag{5.172}$$

式(5.172)为式(5.169)与式(5.171)之差，计算波长650nm的红光在雨中的非相干场衰减如图5-36所示，散射光强均值随着降雨率的增大先增大再降低。这可能是因为由小雨向中雨变化时，雨滴分布谱中雨滴粒子半径增大而数密度增加不大，此时前向散射强度会随着粒子的增大而增大；当降雨率继续增加时，雨滴粒子半径增大不明显而数密度急剧增长，雨滴粒子总的光学厚度增大使散射光强均值降低。

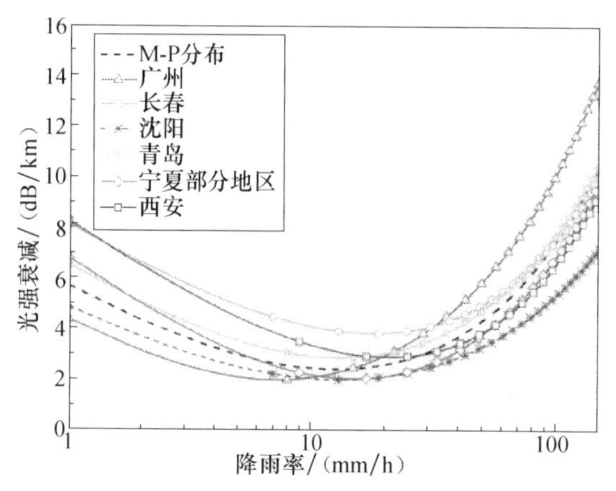

图5-36　波长650nm光传输非相干场衰减随各地降雨率的变化

散射光强均值先增加再降低，因此存在极值，极值点与波长及雨滴谱有关。不同波长雨滴的复折射率不同，不同雨滴谱的影响可从图5-36中看出，对于650nm红光，M-P分布的雨中散射光强极大值出现在12mm/h处，其他地区雨滴谱分布下极值点出现时的降雨率分别为：广州7mm/h，沈阳和青岛13mm/h，宁夏部分地区15mm/h，长春18mm/h，西安21mm/h。同理，计算波长550nm绿光的非相干场衰减，如图5-37所示。复折射率不同使介质对不同波长光的吸收能力不同，相应的极值点也发生变化。对比图5-36和图5-37可知，绿光的散射光强在雨中的衰减小于红光。结果也说明在降雨过程中，接收散射光强随着降雨率的增大会出现先增大再降低的过程，具体极值点与传输波长及不同的雨滴谱分布有关。

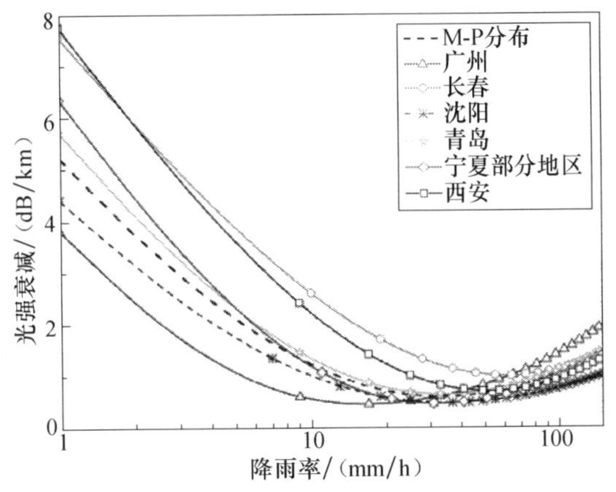

图 5-37 波长 550nm 光传输非相干场衰减随各地降雨率的变化

虽然由散射导致的非相干场也将能量由发射端传至接收端，但是由于散射介质的随机运动会导致非相干场发生随机变化。实际环境中测量到的光强信号在散射介质中发生间歇性的消光和增强现象，可认为是由运动介质散射引起的。实际环境中的散射光强不是恒值，非相干场场强随时间随机变化。

5.6.3 非相干场的频谱特性和方差

运动介质产生时变的散射场，静止状态下微分截面为 σ_d 的单个粒子以速度 V 运动时，其时间相关微分散射截面可写为[64]

$$\sigma_d(\tau)=\sigma_d\left\langle\exp\left(\mathrm{i}k_s\cdot V\tau\right)\right\rangle \tag{5.173}$$

式中，k_s 为散射波矢；τ为时差。将速度 V 分解为平均速度 U 与速度起伏 V_f之和:

$$\sigma_d(\tau)=\sigma_d\left\langle\exp\left(\mathrm{i}k_s\cdot V_f\tau\right)\right\rangle\exp\left(\mathrm{i}k_s\cdot U\tau\right) \tag{5.174}$$

微分散射截面与总散射截面的关系为

$$\sigma_s=\int_{4\pi}\sigma_d\mathrm{d}\omega \tag{5.175}$$

式中，ω 为空间立体角。运动粒子散射场强的时间相关函数 B_u 为

$$B_u(\tau)=\left\langle u_f(r,t_1)u_f^*(r,t_2)\right\rangle=\int_V\sigma_d\left\langle\exp(\mathrm{i}k_s\cdot V_f\tau)\right\rangle\exp(\mathrm{i}k_s\cdot U\tau)\exp(-\gamma_0-\gamma')\rho\mathrm{d}V \tag{5.176}$$

对 $B_u(\tau)$进行傅里叶变换得到散射场强的功率谱:

$$W_u(\omega)=2\int_{-\infty}^{\infty}B_u(\tau)\mathrm{e}^{\mathrm{j}\omega\tau}\mathrm{d}\tau=\left(4\rho\sigma_sL\right)\left(\frac{\pi\alpha}{k^2U^2}\right)^{\frac{1}{2}}\exp\left(-\gamma-\frac{\alpha_p\omega^2}{k^2U^2}\right) \tag{5.177}$$

将前面的雨滴尺度分布代入式(5.177)中得

$$W_{\mathrm{u}}(\omega)=\int_{D_{\min}}^{D_{\max}} N(D)\mathrm{d}D4\sigma_{\mathrm{s}}L\left[\frac{\pi\alpha_{\mathrm{p}}(D)}{k^2U^2(D)}\right]^{\frac{1}{2}}\exp\left[-\int_{D_{\min}}^{D_{\max}} N(D)\sigma_{\mathrm{t}}L\mathrm{d}D-\frac{\alpha_{\mathrm{p}}(D)\omega^2}{k^2U^2(D)}\right] \tag{5.178}$$

式中，$\alpha_{\mathrm{p}}(D)=\dfrac{2.77}{(1.02\lambda/D)^2}$。雨滴速度与雨滴直径有如下近似关系[63]:

$$U(D)=200.8\left(\frac{D}{2}\right)^{\frac{1}{2}} \tag{5.179}$$

例如，设降雨率p=12.7 mm/h，将各种雨滴谱代入式(5.178)得到不同雨势下的散射场强频谱如图 5-38 所示。M-P 分布下的频谱带宽为 12.43kHz，比 M-P 分布带宽小的模型有长春(10.1kHz)、青岛(11.16kHz)和西安(11.8kHz)；比 M-P 分布带宽大的模型有广州(13.38kHz)、宁夏部分地区(13.9kHz)和沈阳(14kHz)。各个模型对雨滴粒子数目估计的不同导致带宽计算的结果各不相同，影响雨中频谱展宽的主要因素是雨滴谱中大权重粒子的速度。

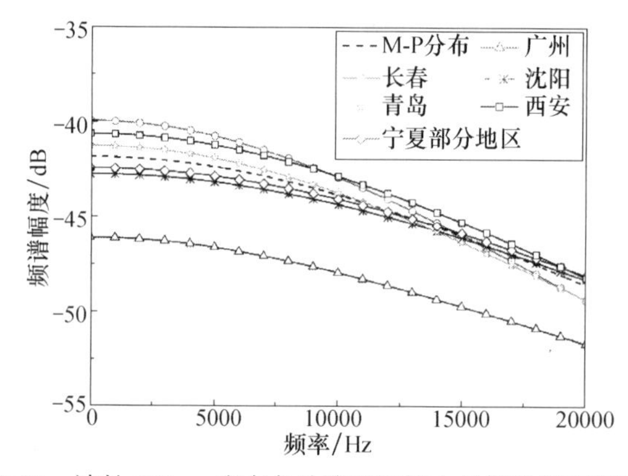

图 5-38　波长 650nm 光在各地降雨环境中的散射场强频谱[67]

从散射场频谱中可得散射场的场强方差，当 ω=0 时，由式(5.117)可得

$$W_{\mathrm{u}}(0)=2\int_{-\infty}^{\infty} B_{\mathrm{u}}(\tau)\mathrm{d}\tau=2\int_{-\infty}^{\infty}\left\langle u_{\mathrm{f}}(r,t)u_{\mathrm{f}}^{*}(r,t)\right\rangle \mathrm{d}\tau \tag{5.180}$$

对于接收机采集到的离散光强信号，式(5.180)可以表示为

$$W_{\mathrm{u}}(0)=2\sum u_{\mathrm{f}}^2 \tag{5.181}$$

散射场的场强方差可表示为

$$D(u_{\mathrm{f}})=E\left[u_{\mathrm{f}}^2-E^2(u_{\mathrm{f}})\right] \tag{5.182}$$

在弱湍流环境下可认为场强均值为 0，场强方差与 $W_{\mathrm{u}}(0)$成正比:

$$D(u_{\mathrm{f}}) \propto W_{\mathrm{u}}(0) \tag{5.183}$$

令 ω=0, 通过式(5.178)计算 650nm 红光在不同降雨率下传播的散射场强方差如图 5-39 所示。由图 5-39 可看出, 散射场方差随着降雨率的增大先增大后减小。从雨滴谱模型上看, 随着降雨率的增加, 首先是占权重大的小雨滴增大导致散射增强, 然后雨滴增大到一定程度便不再增大, 此时改为数量增多从而增大降雨率, 粒子数量增加的结果是光学厚度增加, 导致散射场方差随之减小。

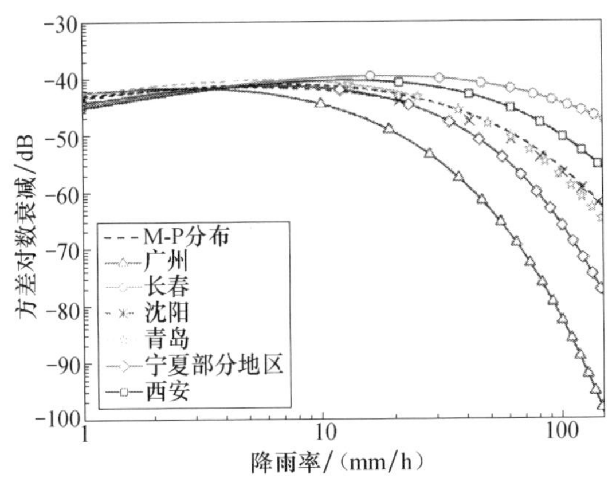

图 5-39 波长 650nm 光在各地各种雨势下传播的接收方差[67]

结合图 5-34 与图 5-39 可知接收光强均值、场强方差与降雨率的关系。对于没有记录的外场降雨率的 FSO 接收光强, 可以将接收光强与场强方差联系起来。引用西安某地 2007～2014 年间 7～9 月的部分降雨天气下的 650nm 红光 FSO 实测数据[61,62], 验证光强均值与方差的关系, 如图 5-40 所示, 图中由于大部分方差的数值都很小, 因此参照式(5.180)的定义, 将方差数值转换为对数。有限的实验数据表明, 光强方差随着光强均值的增大而减小, 趋势与 M-P 分布以及各地分布都较为吻合, 这些实验数据可以验证各模型中光强均值与方差的关系。但是由于实验数据存在电路噪声、对准误差等因素, 结果存在一定的散布, 因此如何区分各模型的差异还有待于进一步的研究。此外, 图中实测数据的方差数值会在光强均值不变的情况下出现大幅度的变化, 是因为在降雨环境中接收光会出现短时间的衰落或增强。由于出现的时长很短, 对统计得出的均值影响不大, 但是会使方差或大或小地偏离中值。这体现了湍流介质中光传播的时变非平稳等特性。由结果可以发现散射光强均值会随着降雨率的增加出现先减弱再增强的过程, 极值点与波长和不同雨滴分布有关。通过散射场的相关函数计算了接收光强信号的频谱, 代入雨滴粒子速度后得到了接收光强的频谱展宽。计算不同降雨率下的零频衰减定性分析了散射场强的方差, 结果表明散射场光强方差同样依赖不同的雨滴谱分布。随着降雨率的增大,接收方差先增大后减小。最后通过实验数据验证模型, 实测数据可以验证上述模型中光强均值与方差的关系。

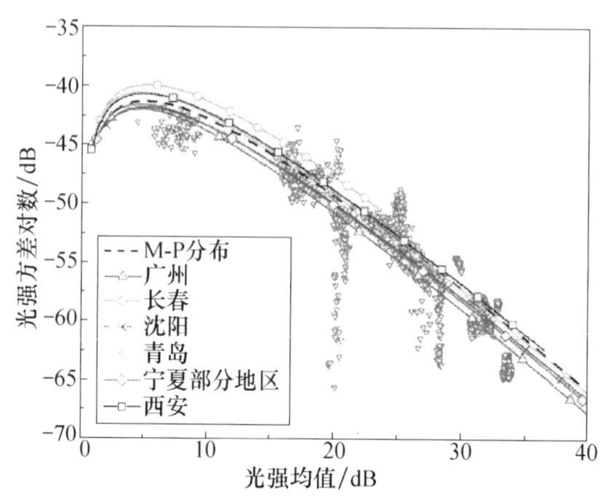

图 5-40　波长 650nm 实测光强衰减与方差的关系[67]

5.7 小　　结

大气影响可分为三种主要形式：大气衰减、大气散射和大气湍流效应。大气分子对光波的吸收依赖波长；大气散射按照散射粒子的尺度数可分为大气分子的散射和大气微粒的散射；大气吸收和大气散射效应造成到达光接收机的激光功率密度降低，即大气衰减。大气消光系数等于大气吸收系数和大气散射系数之和。在工程计算时，很难获得实际的大气吸收系数和散射系数值，通常使用大气能见度来近似计算大气消光系数。大气多次散射除了降低激光功率密度外，还会造成同一激光脉冲的光子经历不同路径到达接收端，从而使激光脉冲在接收端出现一个长时间的拖尾，即激光脉冲时间展宽。激光脉冲时间展宽的程度表征了大气信道的传输带宽；当数据信号的带宽大于信道传输带宽时，数据信号将出现畸变，形成码间串扰。

分析了对数正态分布、Gamma-Gamma 分布和负指数分布模型的特性及适用范围。其中，对数正态分布模型最常用，在弱湍流区，该模型能很好地符合实验数据，但在强湍流区，对数正态分布模型与实验数据有较大的偏差，并且在尾部尤为明显，这将直接影响最佳接收判决门限的选择和误码率的分析。Gamma-Gamma 分布模型适用的湍流范围较广，而负指数分布模型仅适合于强湍流条件。

对 OFDM 信号在大气中的传输性能进行了分析，解释了 Gamma-Gamma 模型对大气湍流描述的宽适用性：①子载波采用低阶调制的 OFDM 系统误码率性能优于 OOK 系统; ②Gamma-Gamma 信道模型引入的乘性噪声与普通高斯噪声不同; ③建立了雨衰减对无线激光通信的影响。

参 考 文 献

[1] Pottie G J. Trellis codes for the optical direct-detection channel.IEEE Transactions on Communications, 1991, 39(8): 1182, 1183.

[2] 吴建, 乐时晓. 随机介质中光的传播理论. 成都: 电子科技大学出版社, 1988.

[3] 杨臣华, 梅遂生, 林钧挺, 等. 激光和红外技术手册. 北京: 国防工业出版社, 1990.

[4] 邓代竹. 大气随机信道对无线激光通信的影响[硕士学位论文]. 成都:西南交通大学, 2004.

[5] Kurse P W. Elements of Infrared Technology: Generation, Transmission and Detection. New York: John Wiley & Sons, 1962.

[6] 娄岩, 姜会林, 陈纯毅, 等. 空间光通信大气信道数值模拟与实验分析. 系统仿真技术及其应用学术会议, 黄山, 2010.

[7] Buffton L,Tyler R S.Scintillation statistics caused by atmophereric turbulence and speckle in satellite laser ranging. Applied Optics,1977,16(9):2408-2414.

[8] Frederic G S. Atmospheric Propagation of Radiation, Vo1.2, The Infrared & Electro-Optical Systems Handbook. Bellingham: SPIE Press, 1993.

[9] Moffatt H K. GK batchelor and the homogenization of turbulence. Annual Review of Fluid Mechanics, 2002, 34: 19－35.

[10] 陈丹. 无线光副载波调制及大气影响抑制技术研究[博士学位论文]. 西安: 西安理工大学, 2011.

[11] Karp S, Gagliardi R M, Moran S E,et al. Optical Channels: Fibers,Clouds,Water and the Atmosphere. NewYork: Plenum Press, 1998.

[12] Tatarskii V I.Wave Propagation in a Random Medium.New York:McGraw-Hill, 1961.

[13] Hill R J, Clifford S F. Modified spectrum of atmospheric temperature fluctuations and its application to optical propagation. Journal of the Optical Society of America, 1978, 68: 892.

[14] Andrews L C. Analytical model for the refractive index power spectrum and its application to optical scintillations in the atmosphere. Journal of Modern Optics, 1992, 39: 1849, 1850.

[15] Brown W P, Fry S C, Valley G C. Simulation of ground-to-space optical propagation. Hughes Research Labs, 1982.

[16] Kolmogorov A N.A refinement of previous hypotheses concerning local structure of turbulence in viscous incompressible fluid at high Reynolds number.Journal of Fluid Mechanics, 1962, 13(1): 82－85.

[17] Williams R M, Paulson C A. Microscale temperature and velocity spectra in the atmospheric

boundary layer. Journal of Fluid Mechanics, 1977, 83(3): 547－567.
[18] 陈纯毅. 无线光通信中的大气影响机理及抑制技术研究[博士学位论文]. 长春: 长春理工大学, 2009.
[19] 吴健, 杨春平, 刘建斌. 大气中的光传输理论. 北京: 北京邮电大学出版社, 2005.
[20] 陈纯毅, 杨华民, 终首峰, 等. 飞机对巨星激光通信仁行链路建模与功率分析. 通信学报, 2008, 29(1), 125－131.
[21] 张晓芳, 俞信, 阎吉祥, 等. 人气湍流对光学系统图像分辨力的影响. 光学技术, 2005, 31(2): 263－265.
[22] Zhu X, Kahn J. Performance bound for coded free-space optical communication through turbulence channel. IEEE Transactions on Communication, 2003, 51(8): 1233－1239.
[23] 饶瑞中, 王世鹏, 刘晓春, 等. 湍流大气中激光束漂移的实验研究. 中国激光, 2000, 27(11): 1011－1015.
[24] Nuber R M, Shanmugan K S. Modeling the atmosphere as an unguided optical communications channel. IEEE International Conference on Communications, 1989, 3 :1480－1484.
[25] Clifford S F. The classical theory of wave propagation in a turbulent medium//Laser Beam Propagation in the Atmosphere. Berlin: Springer-Verlag, 1978: 9－41.
[26] Andrews L C, Phillips R L. Laser Beam Propagation through Random Media. 2nd ed. Bellingham: SPIE Press, 2005.
[27] Osche G R. Optical Detection Theory for Laser Applications. New Jersey: Wiley, 2002.
[28] 张逸新, 迟泽英. 光波在大气中的传输与成像. 北京: 国防工业出版社, 1997.
[29] Tatarski V I.Wave Propagation in a Turbulent Medium. New York: McGraw-Hill, 1961.
[30] Flatte S M, Bracher C, Wang G Y. Probability density functions of irradiance for waves in atmospheric turbulence calculated by numerical simulations. Journal of the Optical Society of America, 2003, (11) : 2080－2092.
[31] 吴晗玲, 李新阳, 严海星. Gamma-Gamma 湍流信道中大气光通信系统误码特性分析. 光学学报, 2008, 12(28): 99－104.
[32] Andrews L C, Phillips R L, Hopen C Y.Laser Beam Scintillation with Applications. Bellingham: SPIE Press, 2001.
[33] Al-Habash M A, Andrews L C, Phillips R L.Mathematical model for the irradiance probability density function of a laser beam propagating through turbulent media. Optical Engineering, 2001, 40: 1554－1562.
[34] Chen D, Ke X Z, Sun Q. Outage probability and average capacity research on wireless optical communication over turbulence channel. IEEE 2011 10th International Conference on Electronic Measurement and Instruments, Chengdu, 2011.
[35] Zhu X, Kahn J M. Free-space optical communication through atmospheric turbulence channels.

IEEE Transactions on Communication, 2002, 50 (8): 293－1300.

[36] Yariv A, Yeh P. 光子学——现代通信光电子学. 陈鹤鸣, 施伟华, 汪静丽, 等, 译. 北京: 电子工业出版社, 2009.

[37] Korff S A, Stewart J Q. A sensitive method for determining refractive indices. Review of Scientific Instruments, 1930, 1(6): 341－346.

[38] Barrell H, Sears J E. The refraction and dispersion of air for the visible spectrum, philosophical transactions of the royal society of London, series A.Mathematical and Physical Sciences, 1939, 238(786): 1－64.

[39] Edlén B. The refractive index of air. Metrologia, 1966, 2(2):71－80.

[40] Owens J C. Optical refractive index of air: Dependence on pressure, temperature and composition. Applied Optics, 1967, 6(1): 51－59.

[41] Birch K P, Downs M J. An updated Edlén equation for the refractive index of air. Metrologia, 1993, 30(3): 155－162.

[42] Ciddor P E, Hill R J. Refractive index of air: 2 group index.Applied Optics, 1999, 38(9): 1663－1667.

[43] Rüeger J M. Refractive indices of light, infrared and radio waves in the atmosphere, report of the Ad-Hoc working party of the IAG special commission SC3 on fundamental constants, 1993－1999. The 22nd General Assembly of IUGG, Birmingham, 1999.

[44] 原荣. 光纤通信. 北京: 电子工业出版社, 2002.

[45] Bekkali A, Naila C B, Kazaura K, et al. Transmission analysis of OFDM-based wireless services over turbulent radio-on-FSO links modeled by Gamma-Gamma distribution. Photonics Journal, IEEE, 2010, 2(3): 510.

[46] 解孟其. 大气色散对 FSO-OFDM 系统的影响研究[硕士学位论文].西安:西安理工大学, 2012.

[47] 赵黎, 柯熙政, 任安虎. 散射效应对FSO-OFDM系统的影响研究与仿真. 激光技术, 2010, 02: 185－188.

[48] 赵黎, 雷志勇, 柯熙政, 等. 基于 QAM 的 FSO-OFDM 系统性能分析. 红外与激光工程, 2011, 40(07): 1323－1327.

[49] Ghassemlooy Z, Arnon S, Uysal M, et al. Emerging optical wireless communications-advances and challenges.IEEE Journal on Selected Areas in Communications, 2015, 33(9): 1738－1749.

[50] 吴晓军, 王红星, 李笔锋, 等. 不同传输环境下大气湍流对无线光通信衰落特性影响分析. 中国激光, 2015, 42(5): 0513001.

[51] 孙贤明, 韩一平. 冰水混合云对可见光的吸收和散射特性.物理学报, 2006, 55(2): 682－687.

[52] Grabner M, Kvicera V. Multiple scattering in rain and fog on free-space optical links.Lightwave Technology Journal, 2014, 32(3): 513－520.
[53] Al-Gailani S A, Mohammad A B, Sheikh U U,et al. Determination of rain attenuation parameters for free space optical link in tropical rain. Optik, 2014, 125: 1575－1578.
[54] 宋博, 王红星, 刘敏, 等. 雨滴谱模型对雨衰减计算的适用性分析. 激光与红外, 2012, 42(3): 310－313.
[55] 赵振维. 广州地区雨滴尺寸分布模型及雨衰减预报. 电波科学学报, 1995, 10(4): 33－37.
[56] 陈德林, 古淑芳. 大暴雨雨滴平均谱研究. 气象学报, 1989, 47(1): 124－127.
[57] 郑娇恒, 陈宝君. 雨滴谱分布函数的选择: M-P和Gamma分布的对比研究.气象科学, 2007, 27(1): 17－25.
[58] 黄捷, 胡大璋. 青岛地区尺寸分布模型.电波科学学报, 1991, (增刊 1): 177－180.
[59] 牛生杰, 安夏兰, 桑建人. 不同天气系统宁夏夏季降雨谱分布参量特征的观测研究. 高原气象, 2004, 21(1): 37－44.
[60] 孟升卫, 王一平, 黄际英. K 分布雨滴谱的应用.电波科学学报, 1995, 10(3): 15－19.
[61] 柯熙政, 杨利红, 马冬冬. 激光信号在雨中的传输衰减. 红外与激光工程, 2008, 37(6): 1021－1024.
[62] 朱耀麟, 安然, 柯熙政. 降雨对无线激光通信的影响.光学学报, 2012, 32(12): 1206003.
[63] 解孟其, 柯熙政. 大气湍流对无线光通信系统信噪比的影响研究.激光与光电子学进展, 2013, 50(11): 110102.
[64] Ishimaru A. 随机介质中波的传播和散射. 黄润恒等, 译. 北京: 科学出版社, 1986.
[65] 麦卡特尼 E J. 大气光学分子和粒子散射. 潘乃先等, 译. 北京: 科学出版社, 1998.
[66] 董庆生, 赵振维, 从洪军. 沙尘引起的毫米波衰减. 电波科学学报, 1996, 11(2): 29－32.
[67] 解孟其, 柯熙政. 中国不同地区降雨中光强衰减与方差特性研究. 西安理工大学学报, 2016, 01: 1－7.

第 6 章　OFDM 系统的同步技术

由于信道存在多径效应，数字信号传输时会产生时延扩展，造成接收信号前后码元交叠，产生符号间干扰，造成错误判决，严重影响传输质量。在码元速率较高的情况下，时延扩展会跨越多个码元，造成严重的码间干扰。码元速率较高时信号带宽较宽，当信号带宽接近和超过信道的相干带宽时，信道的时间弥散将对接收信号造成频率选择性衰落。没有准确的同步就不可能进行可靠的数据传输，它是信息可靠传输的前提。本章讨论 OFDM 中的时间同步。

6.1　OFDM 中的时间同步

图 6-1 给出了 FSO-OFDM 系统内的同步概念图。

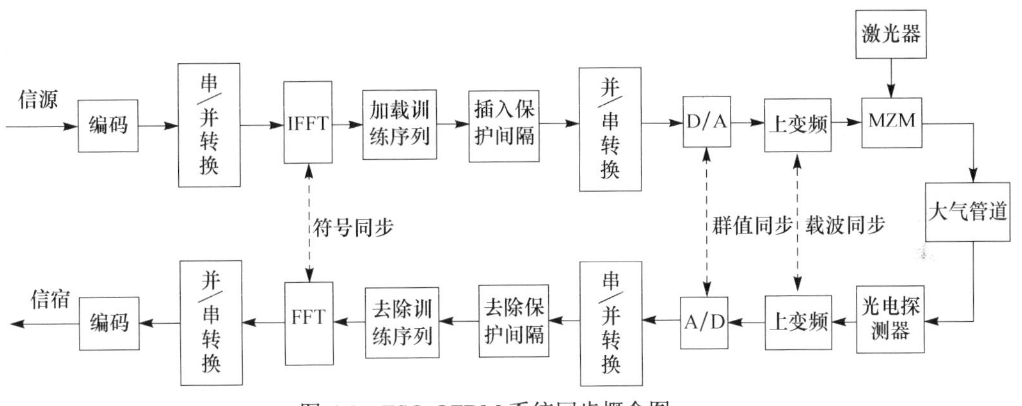

图 6-1　FSO-OFDM 系统同步概念图

图 6-1 表示 FSO-OFDM 系统存在三种同步及其在系统中的位置。符号同步是为了区分各个符号的边界，使 IFFT 和 FFT 的起止时刻一致。相对于单载波系统，OFDM 系统抑制频率选择性衰落的能力很强，但由于子载波之间的正交性，载波频率的偏移会导致子信道之间产生干扰，对系统性能造成非常严重的地板效应。所以接收端与发送端载波不同步所带来的偏差使系统性能的劣化程度远远大于单载波。载波同步是为了信号解调，接收端的信号频率要求与发送端的载波同频同相。样值同步是为了使接收端的取样时刻与发送端完全一致。

6.2 同步偏差对 OFDM 系统性能的影响

6.2.1 符号定时偏差对系统性能的影响

发送信号经过信道传输后，由于受信道特性的影响，在接收端会出现 FFT 观察窗口和发送窗口不一致，这将导致载波间干扰和符号间干扰。为了正确地解调数据，要找到OFDM符号的起始位置，使FFT窗口起始位置对准OFDM符号的起始点，从而使 FFT 窗口包含当前 OFDM 符号的 N 个样点，实现正确的解调。如果定时估计不准确，FFT 窗口的起始位置不在当前 OFDM 符号的第一个样点上，那么 FFT 窗口就会包含相邻两个 OFDM 符号的样点，从而引起符号间干扰[1]。

图6-2已标出理想的FFT窗口起始位置应在OFDM符号的循环前缀后第一个样值。如果 FFT 窗口起始位置落在循环前缀内(见图 6-2 中“情况 1”)，可以看出，截取的信号中并不含有其他已知数据符号的信息，因而不会产生符号间干扰。又由于错误循环前缀的信息和被错误截去的有用的数据信息是对应的，因此 FFT 窗口仍然包括当前 OFDM 符号的 N 个样点，只是相对于正确的信号做了个循环移位。根据傅里叶变换的性质，FFT 输出的结果仅相当于使各个子载波产生一个相位偏转，而不会破坏子载波之间的正交性。这种相位旋转可以表示为

$$\varphi_k = 2\pi f_k \tau = 2\pi \frac{k}{N}\tau \tag{6.1}$$

式中，f_k 为第 k 个子载波的载波频率；τ 为定时偏差；N 为子载波个数。经过 FFT 解调后，接收到的频域信号就变为

$$Y(k) = y(k)\mathrm{e}^{\mathrm{j}2\pi\frac{k}{N}\tau} \tag{6.2}$$

式中，$Y(k)$为接收的信号；$y(k)$为原发送信号。这种相位偏转可以通过差分解调或者相位估计方法去除。

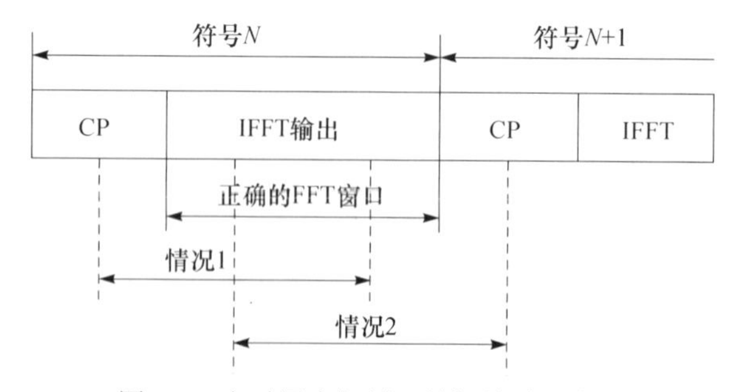

图 6-2 定时同步与循环前缀关系示意图

如果 FFT 窗口起始位置落在数据区内(见图 6-2 中 "情况 2")且这种偏移大于一个抽样间隔，则 FFT 窗口中就会包含相邻两个符号的内容，引起符号间干扰。下面具体分析这种情况下符号定时偏差对解调性能的影响[1]。

假定 OFDM 系统的定时偏差为τ, FFT 窗口中包含了第 i 个 OFDM 符号的样点($\tau \sim N-1$)以及第 $i+1$ 个 OFDM 符号的样点($0\sim\tau-1$)，进行 FFT 则有

$$\begin{aligned} Y_{i,k} &= \frac{1}{N}\left(\sum_{n=0}^{\tau-1} r_{i+1,N-L-1+n}\cdot \mathrm{e}^{-\mathrm{j}\frac{2\pi nk}{N}} + \sum_{n=\tau}^{N-1} r_{i,n}\cdot \mathrm{e}^{-\mathrm{j}\frac{2\pi nk}{N}}\right) \\ &= \frac{1}{N}\left[\sum_{n=0}^{N-1} r_{i,n}\cdot \mathrm{e}^{-\mathrm{j}\frac{2\pi nk}{N}} + \sum_{n=0}^{\tau-1}(r_{i+1,N-L-1+n}-r_{i,n})\cdot \mathrm{e}^{-\mathrm{j}\frac{2\pi nk}{N}}\right] \\ &= y_{i,k}+I_k+W_k \end{aligned} \tag{6.3}$$

式中，$Y_{i,k}$为第 i 个 OFDM 符号的第 k 个子载波的 FFT 输出值；$y_{i,k}$为原发送信号；W_k为白噪声项；I_k为定时偏差τ引起的符号间干扰：

$$I_k = \sum_{n=0}^{\tau-1}\left(\hat{r}_{i+1,N-L-1+n}-\hat{r}_{i,n}\right)\cdot \mathrm{e}^{-\mathrm{j}\frac{2\pi nk}{N}} \tag{6.4}$$

式中，$\hat{r}_{i,n}$表示 $r_{i,n}$减去白噪声后的信号部分。定时偏差的存在使有用信号相位旋转了 $2\pi\tau k/N$，同时产生了 ISI 干扰项，使解调端信噪比下降。如果不考虑$\hat{r}_{i,n}$与$\hat{r}_{i+1,N-L-1+n}$的相关性，那么可以近似得到存在符号定时偏差时的信噪比：

$$\mathrm{SNR} = \frac{E_\mathrm{c}}{N_0+\dfrac{2\tau}{N}E_\mathrm{c}} = \frac{\dfrac{E_\mathrm{c}}{N_0}}{1+\dfrac{2\tau}{N}\cdot\dfrac{E_\mathrm{c}}{N_0}} \tag{6.5}$$

$$\mathrm{SNR}_\mathrm{d} = 10\log_{10} 1+\frac{2\tau}{N}\frac{E_0}{N} \tag{6.6}$$

根据式(6.6)，图 6-3 给出了 OFDM 系统存在定时偏差时下降的信噪比。

由图 6-3 可以看出：定时偏差的存在将引起严重的 ISI，使解调性能恶化，因此必须精确地估计定时偏差。实际上，OFDM 符号之间一般都加循环前缀，循环前缀的存在不仅可以使 OFDM 符号避免由于多径干扰而引起的 ISI，而且降低了对定时估计的要求[2]，当定时估计位置存在偏差时，只要它处于循环前缀区间，那么 FFT 窗口中仍然包含当前 OFDM 符号的 N 个样点，定时偏差的影响只是对有用信号产生相位的旋转。对于相位的旋转，可以通过差分解调或者相位估计的方法消除相位偏转的影响。在多径衰落信道下，部分循环前缀区间将受到 ISI 破坏，因此，只有当定时估计位置落在循环前缀区中尚未遭受 ISI 破坏的部分时，才不会受到ISI的影响，而当FFT窗口的起始位置落到其他位置时，窗口中就会包含相邻两个符号的样点，避免引起符号间干扰。

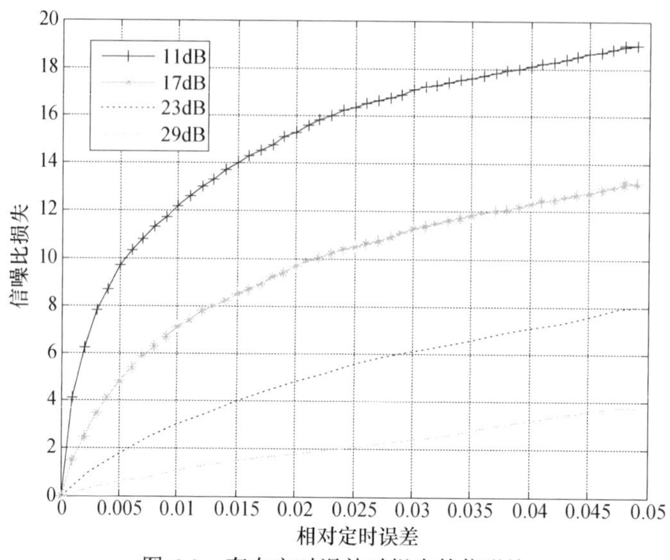

图 6-3　存在定时误差时损失的信噪比

6.2.2　载波频率偏差对系统性能的影响

OFDM 系统要求各个子载波相互之间保持严格正交，当接收端与发送端的载波存在频偏时，OFDM 各子载波之间的正交性遭到破坏，引起严重的载波间干扰，每个子载波上的数据都将遭受其余子载波上数据的干扰，使解调性能大大恶化。

频偏一般采用相对频偏 ε (实际频偏与子载波频率间隔的比值)来表示。ε 可以分成两部分：整数部分和小数部分。如果相对频偏是整数 k，虽然子载波间仍然能够保持正交性，但是频率采样值已经偏移了 k 个子载波的位置，造成映射在 OFDM 频谱内的数据符号的误码率高达 0.5。如果相对频偏不是整数，则在子载波间就会存在能量的泄露，导致子载波间的正交性遭到破坏，从而在子载波间引入干扰，使系统的误码性能恶化[3]。图 6-4 给出了 OFDM 信号的频谱示意图，其中，图 6-4(a)为没有频率偏差时的情况，图 6-4(b)则为存在频率偏差时的情况。从图中可以看出，当没有频率偏差时，各个子载波之间不会存在干扰，而当存在频率偏差时，子载波之间就会存在相互的干扰。

因为整数频偏对解调结果的影响是周期移位，下面具体分析小数频偏对解调性能的影响。

当存在频率偏差时，接收端 FFT 后的结果可表示为[4]

$$Y(k)=s(k)\frac{\sin(\pi\varepsilon)}{N\sin\left(\frac{\pi\varepsilon}{N}\right)}\cdot \mathrm{e}^{\mathrm{j}\pi\varepsilon\left(1-\frac{1}{N}\right)}+I_k+W_k,\quad k=0,1,\cdots,N-1 \tag{6.7}$$

式中，第一项为有用信号，I_k 为 ε 引起的载波间干扰：

$$I_k = \frac{1}{N}\sum_{i=0,i\neq k}^{N-1} s(i)\frac{\sin\left[\pi(i+\varepsilon-k)\right]}{N\sin\left[\dfrac{\pi(i+\varepsilon-k)}{N}\right]}\cdot \mathrm{e}^{\mathrm{j}\pi(i+\varepsilon-k)\left(1-\frac{1}{N}\right)} \tag{6.8}$$

W_k 为高斯白噪声解调的结果：

$$W_k = \frac{1}{N}\sum_{m=0}^{N-1} W(m)\cdot \mathrm{e}^{-\mathrm{j}\frac{2\pi km}{N}} \tag{6.9}$$

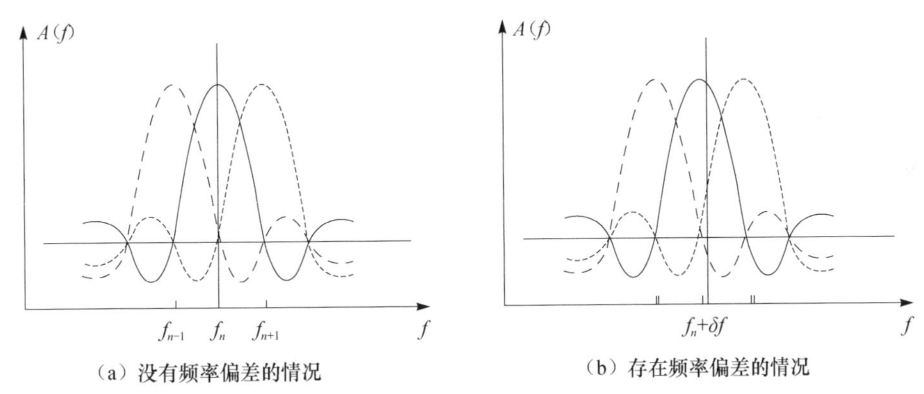

（a）没有频率偏差的情况　　（b）存在频率偏差的情况

图 6-4　载波同步与载波不同步情况的示意图

综上可见，当存在小数频偏时，有用信号的幅度衰减了 $\dfrac{\sin(\pi\varepsilon)}{N\sin(\pi\varepsilon/N)}$，相位偏移了 $\pi\varepsilon(1-1/N)$，同时子载波的正交性被破坏，引起了 ICI，使信噪比降低。文献[5]给出了一个信噪比的估计公式：

$$\mathrm{SNR} \leqslant \left(\frac{E_\mathrm{c}}{N_0}\right)\left[\frac{\sin(\pi\varepsilon)}{\pi\varepsilon}\right]^2 \Bigg/ \left\{1+0.5947\frac{E_\mathrm{c}}{N_0}\left[\sin(\pi\varepsilon)\right]^2\right\},\quad |\varepsilon|\leqslant 0.5 \tag{6.10}$$

式中，E_c/N_0 为原来的信噪比。当 ε 较小时，式(6.10)比较接近实际情况下的信噪比。因此可以得到，当存在频偏 ε 时，解调端损失的信噪比为

$$\mathrm{SNR_d} = 20\log_{10}\left[\sin(\pi\varepsilon)/(\pi\varepsilon)\right] - 10\log_{10}\{1+0.5947(E_\mathrm{c}/N_0)[\sin(\pi\varepsilon)]^2\} \tag{6.11}$$

根据式(6.10)，图 6-5 给出了 E_c/N_0 分别为 11dB、17dB、23dB、29dB 时，在不同 ε 下解调端的损失信噪比。

由图 6-5 可以看出：当存在相同的频偏时，信噪比越高，损失的信噪比也越大；在相同的信噪比下，频偏越大，损失的信噪比也越大，当频偏大于 4%时，损失的信噪比比较大，因此一般需要使之降到 4%之内。为了获得更好的性能，需要进一步降低，控制在 1%之内。

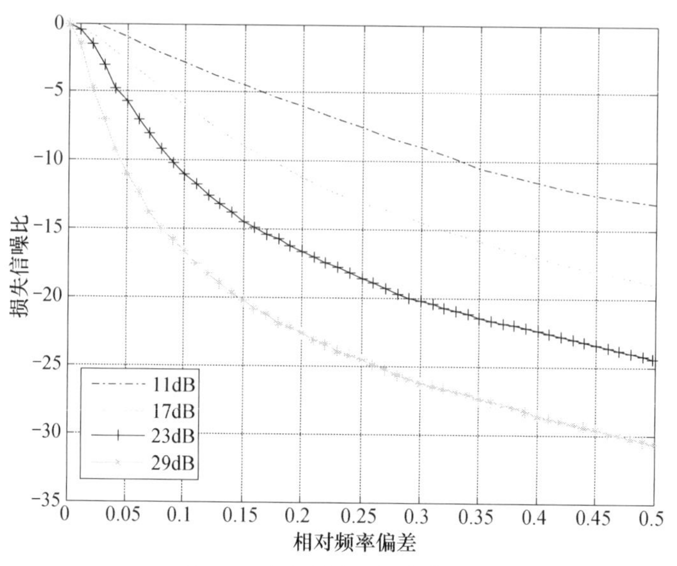

图 6-5　存在频偏的损失信噪比

6.2.3　抽样时钟偏差对系统性能的影响

在完成符号同步和载波同步以后，系统中还存在采样率误差，它会引起 ICI，还会进一步导致符号定时漂移并使符号同步恶化。接收端的抽样周期需要与实际的 OFDM 样点时间间隔一致，才能正确地接收到 N 个样点，恢复发送的数据。实际中由于振荡器的频率不稳定，抽样时钟的频率会有偏差，频率的偏差也将引起相位的偏差，因此要进行抽样时钟同步。抽样时钟同步的目的是使接收端的采样时钟频率与发射端一致，通常是在符号同步完成的基础上，利用 FFT 之后的数据获得采样率误差的估计值，再利用锁相环控制压控振荡器(voltage control oscillator, VCO)的输出，调整接收端的采样频率，这种方法通常称为直接方法。实际应用中，实现采样率同步还可以采用间接的补偿方法[6]：采样率误差对信号的影响包括定时相位偏差和频率偏差两部分。相位偏差的影响和符号偏差的影响类似，因此可将其归并到符号同步中；而频率偏差$\beta=\Delta t/T$(T 为发射端采样间隔)对信号的影响可以表示为

$$Y_{n,k}=\mathrm{e}^{\mathrm{j}2\pi nk\beta\left(\frac{T_{\mathrm{s}}}{T_{\mathrm{u}}}\right)}X_{n,k}H_{n,k} \tag{6.12}$$

可见采样率频率偏差对第 k 个子载波引入$\Delta f-k\beta$的载波频偏。因此，应对接收信号在频域内估计各子载波上的频偏，并加以补偿，这样就会减少采样率失步造成的影响。

6.2.4　OFDM 的同步算法原理

信号 $x(t)$和 $y(t)$的互相关函数定义为

$$R_{x,y}(\tau)=\lim_{T\to\infty}\frac{1}{T}\int_0^T x(t)y(t+\tau)\mathrm{d}t \tag{6.13}$$

式中, T 为平均时间。互相关函数相当于两个信号时间的乘积平均, 其中一个信号在时间上移动了 τ, τ 称为时差。通常情况下, 式(6.13)可以由式(6.14)代替:

$$R_{x,y}(\tau)=\frac{1}{T}\int_0^T x(t)y(t+\tau)\mathrm{d}t \tag{6.14}$$

两个信号的互相关函数可以用来了解两个未知信号之间的相关程度, 或者两个已知信号之间的时间关系。如果两个信号是相关的, 那么只需调整它们之间的时差, 就可以求得 $R_{x,y}(\tau)$ 的最大值, 从而获得它们之间的时间延时。如果用信号与它本身进行相关, 就得到自相关函数为

$$R_{x,x}(\tau)=\frac{1}{T}\int_0^T x(t)x(t+\tau)\mathrm{d}t \tag{6.15}$$

对于一个具有自相关结构的信号, 可以通过求其自相关函数的峰值来确定相关部分的起始位置。OFDM 系统中的同步正是利用这种相关性原理进行同步的。实际上, OFDM 系统中要传输的有效数据本身是不具备这种相关特性的, 因此必须引入一些数据使传输的 OFDM 信号具有部分自相关性。

1) 训练序列的设计

训练序列的相关特性对基于相关搜索的同步方案的性能具有决定性的作用, 因此从序列出发也是提高同步方案性能的一个突破点, 希望这种同步序列能够有尖锐的自相关性以及尽可能小的互相关性, 并且在工程上易于实现。

2) m 序列

最大长度线性移位寄存器序列(简称 m 序列)是一类重要的伪随机序列, 也是目前研究最深入的伪随机序列[7]。m 序列具有较理想的伪随机特性, 自相关函数尖锐, 为二值函数。

$$R_x(l)=\begin{cases} N, & l=0(\mathrm{mod}/N) \\ -1, & l\neq 0(\mathrm{mod}/N) \end{cases} \tag{6.16}$$

将 m 序列用到符号同步算法中时, 发现该序列对频偏的抑制力较差。当归一化频偏增大时, 序列的相关性变差。而对于同步算法, 最好各个同步环节之间不存在循环依赖关系, 例如, 频率同步算法要求首先完成符号定时同步, 而符号同步算法又以频率同步作为其工作的前提, 这就造成了循环依赖。因此, 希望找到一个序列, 该序列对频偏具有较高的抑制力。

3) FH 序列

Heimiller[8]给出了一个构造长度 $L=N^2$(N 是相位个数)的序列的方法, 简称这类序列为 FH 序列。首先取一个 N 次本原单位根 $\omega=\mathrm{e}^{\mathrm{j}\frac{2\pi M}{N}}$, 其中, M、N 互素, 做阵列:

$$F_N=\left[\omega^{ik(\mathrm{mod}\,N)}\right]=\begin{bmatrix}\omega^0 & \omega^0 & \omega^0 & \cdots & \omega^0\\ \omega^0 & \omega^1 & \omega^2 & \cdots & \omega^{N-1}\\ \omega^0 & \omega^2 & \omega^4 & \cdots & \omega^{2(N-1)}\\ \vdots & \vdots & \vdots & & \vdots\\ \omega^0 & \omega^{N-1} & \omega^{2(N-1)} & \cdots & \omega^{(N-1)^2}\end{bmatrix},\quad i,k=0,1,2,\cdots,N-1 \tag{6.17}$$

式中，$\omega^N=\omega^0=1$，将上述阵列按行或列依次串行排列得到长为 $L=N^2$ 的序列，即为 FH 序列。

用有限域序列来表示多相序列，有一个多相序列 u，则就有一个对应的有限域序列 a，并且 $u_i=\omega^{a_i}(i=0,1,2,\cdots,L-1)$。FH 序列自相关函数在零时的延时可表示为

$$R_a(0)=\sum_{i=0}^{L-1}\left|\omega^{a_i}\right|^2=N^2=L \tag{6.18}$$

自相关函数的旁瓣为

$$\begin{aligned}R_a(l)&=\sum_{i=0}^{L-1}\omega^{a_i-a_{i+1}}=\sum_{k=0}^{N-1}\sum_{i=kN}^{(K+1)N-1}\omega^{ik-(i+1)k}\\&=\sum_{k=0}^{N-1}\sum_{i=kN}^{(K+1)N-1}\omega^{-lk}=N\sum_{k=0}^{N-1}\omega^{-lk}\\&=N\frac{(1-\omega^{-Nl})}{(1-\omega^{-l})}\\&=0\end{aligned} \tag{6.19}$$

这说明了 FH 序列自相关旁瓣等于 0。图 6-6 为几种常见的训练序列的自相关函数。

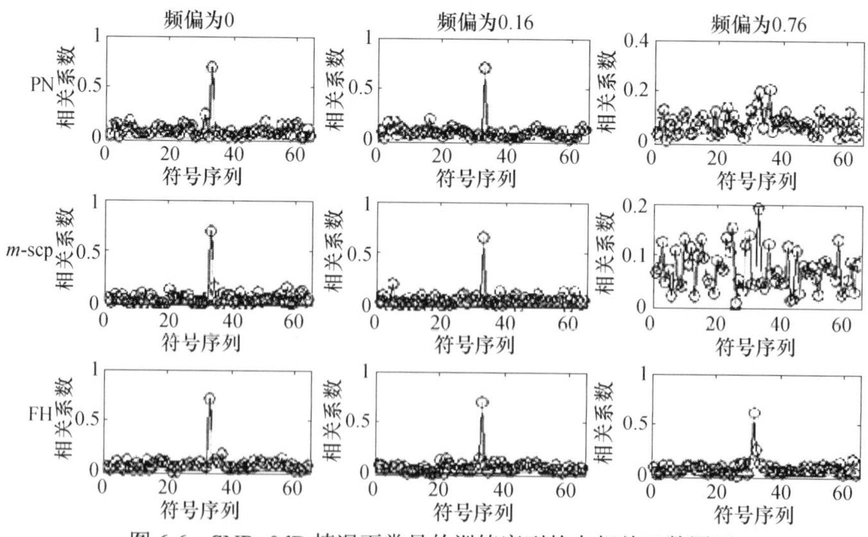

图 6-6　SNR=0dB 情况下常见的训练序列的自相关函数图形

从图6-6中可以看出，在SNR为0dB的情况下，对于一般的PN序列和m序列，当频偏超过0.5时，相关峰值几乎无法辨认；而FH序列即使在频偏较大的情况下，峰值依然很明显。

6.3　FSO-OFDM系统符号同步

估计频率偏移和定时偏移的同步算法主要可以分为两类：一类是基于训练序列的同步算法，另一类是盲同步算法，即不基于训练序列的同步算法，完全依赖于OFDM信号本身或其频谱特性进行同步的方法。

基于训练序列的OFDM同步算法大致可以分为两种：第一种是利用循环前缀的算法[9,10]，主要用于连续传输系统，如欧洲数字音频广播系统(digital audio broadcasting, DAB)；第二种是利用训练序列的算法[11-14]，比较适用于突发式传输的系统如无线局域网(wireless LAN, WLAN)。1994年，Moose[5]最早使用重复的训练序列实现载波最大似然估计，发送端发送的是重复的序列，经过FFT后在频域中计算频偏。当相同部分的长度为$N/2$(N是OFDM信号的长度)时，可以估计± 1个子载波间隔之内的频率偏移，通过缩短相同部分的长度，可以扩大频率偏移估计的范围，但是会降低频偏估计的精度，因为平均的采样点数目少了。Classen等[11]提出了联合定时和频偏的同步算法，但其运算量很大，因为要在整个频率捕获范围内搜索，直到找到正确的频偏。Schmidl等[12]对Classen等 的方法做了修改，使其简化。在Schmidl等的方法中，一个OFDM符号内的重复信号是通过在偶数载波上传送数据，奇数载波上不传送数据得到的。使用两个训练序列分两步得到时间和频率同步，这两个训练序列放在帧的开始。其时间同步是通过搜索一个序列内前半部分和后半部分的相关性而得到的，同时频偏被部分修正(1/2子载波间隔)，然后经过FFT在频域中将前一个序列与后一个序列相关，得到整数倍子载波间隔的频偏。Minn等[13]对Schmidl等的方法进行了改进，利用第二个相同部分的负号来降低定时算法的方差。Park等[14]通过设计时域对称的训练序列得到类似冲激函数的定时尖峰，但是存在两个比较高的副峰，影响定时性能。

采用循环前缀的同步方法有 Sandell等[15]提出的联合最大似然定时和频偏估计方法，该方法可以不用导频而在加性高斯白噪声条件下仿真。仿真表明：频偏估计可以用于跟踪模式(频偏小于1/2载波间隔)，定时估计可用于捕获模式。这种估计对信道做了预先的假定，由于保护间隔受到ISI的影响，在色散信道下估计的性能较差。

盲估计方法有 Tureli 等[16]的 ESPRIT 方法和 Tureli 等[17]的多重信号分类(multiple signal classification, MUSIC)方法，都是基于信号子空间的方法，MUSIC方法利用子载波的正交性，将频偏的估计问题等效为多项式求根问题。这两种方法都具有超分辨性能，但因其运算量大而影响了在工程上的实用性。

6.3.1 传统的符号同步算法

下面主要介绍两种经典的符号同步算法：Schmidl&Cox 算法[15]和 Minn[12]算法。

1. Schmidl&Cox 算法

在 Schmidl&Cox 算法中使用了一个特殊的字符。在这个字符中，其中一半的样本值是另一半的复制。这种算法可以用于突发数据传输方式，找到突发传输的起始位置。该算法的关键是在时域内找到一个前后两半样本值相同的字符。这个字符经过信道后，前后两半除了由于频偏引起的相位差别外依然相同。可以通过在奇数频率点上传输一个伪随机序列，而在偶数频率点上传输零值，再通过 IFFT 就可以获得一个时域内前后两半样本值对应相同的训练字符。还有一种方法可以用来产生这样的训练字符。用训练字符长度一半的 IFFT 对 PN 序列进行变换，再把变换后的字符重复一遍即可得到所需的训练字符。

考虑到在时域内训练字符的前半段和后半段相同，它们在时域内的接收字符除了由频偏引起的相位差别外也相同。如果在接收字符的前半段样本中任取一个样本值，取它的共轭与后半段中相应的样本值相乘，则可以消除信道的影响，相乘的结果的相位近似为$\phi=\pi T\Delta f$。在帧的起始位置，每对相应的样本相乘，所得结果的相位都近似相等，因此总和的幅度值将很大。训练序列的等效时域结构如图 6-7 所示。

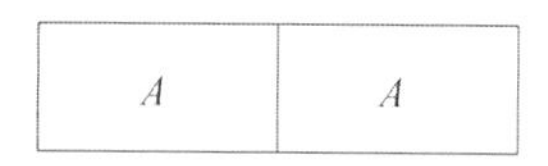

图 6-7　训练序列时域结构图

假设训练序列(循环前缀除外)的一半长度为 L，对每对相应样本的乘积求和：

$$P(d)=\sum_{m=0}^{L-1}(r_{d+m}^{*}r_{d+m+L}) \tag{6.20}$$

式(6.20)可以用式(6.21)进行迭代计算：

$$P(d+1)=P(d)+(r_{d+L}^{*}r_{d+2L})-(r_{d}^{*}r_{d+L}) \tag{6.21}$$

式中，d 表示一个具有 L 个样本窗口中第一个样本对应时间的下标。当接收机搜索第一个训练字符时，窗口随着时间滑动。定义第二段字符的接收能量为

$$R(d)=\sum_{m=0}^{L-1}\left|r_{d+m+L}\right|^{2} \tag{6.22}$$

式(6.22)也可以用迭代进行计算。$R(d)$可以作为自动增益控制回路(automatic gain control, AGC)的一部分。定义一个定时尺度公式:

$$M(d)=\frac{\left|P(d)\right|^2}{\left[R(d)\right]^2} \tag{6.23}$$

当 $M(d)$取得最大值时对应的 d 为 d_{max}, d_{max} 就是所要寻找的定时同步位置。图 6-8 是该算法在 AWGN 信道中子载波数为 1024、时间延时为 529、载波频率偏移为 0.25 时的定时尺度曲线。Schmidl&Cox 算法是依靠判断定时度量的最大值来实现定时同步的。这个方法的合理性可以由 $P(d)$来解释。当接收到噪声时，由于噪声信号的相关值为 0，输出的$P(d)$将是一个零均值的随机变量，这将保证数据帧到来之前 $M(d)$的低电平。当数据帧开始被接收到时, $P(d)$是第一个符号前后两半的相关值，它使 $M(d)$迅速跳变到很大的值。但从图中可以看出：时间尺度曲线有一个平缓段，在这个平缓段内没有 ISI 的影响。这个平缓段的长度就等于循环前缀的长度减去信道冲激响应的长度。因此这个平缓段的存在会使定时同步存在偏差。也就是说，信道响应的长度越长，这个平缓段就越短，定时同步判断越准确。对于 AWGN 信道，这个平缓段的长度就等于循环前缀的长度。

2. Minn 算法

从图 6-8 中可以看到：由于循环前缀的存在，在峰值处存在一个平坦区间，而且平坦区的长度不是固定的，它与循环前缀和多径信道延时有关，引起定时估计的不准确性, Minn 对 Schmidl&Cox 算法进行了改进，在训练序列后半部分使用了前半部分的相反数，训练序列结构如图 6-9 所示。

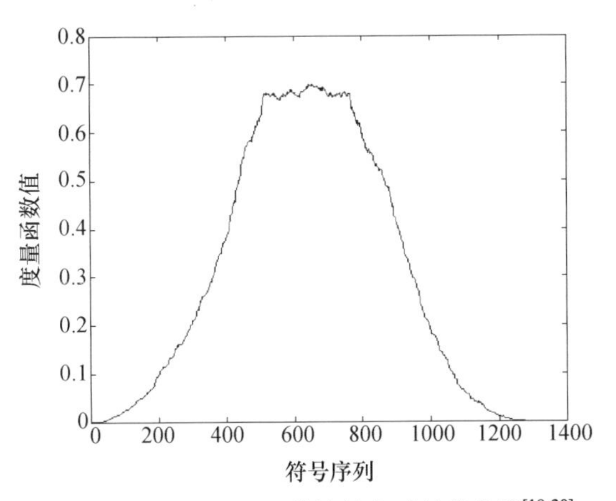

图 6-8　Schmidl&Cox 算法的定时尺度曲线[18-20]

设 OFDM 的有效符号长度为 L，与 Schmidl&Cox 算法相同, Minn 算法使用了一个特殊的字符作为训练序列，在时域内找到一个前后两半样本值相同的字符。这个字符经过信道后，前后两半除了由于频偏引起的相位差别外依然相同。可以通过在奇数点上传输一个伪随机序列，而在偶数频率点上传输零值，在 Schmidl &Cox 算法中用训练序列长度一半的 IFFT 对 PN 序列进行变换，再把变换后的字符重复一遍即可以得到所需的训练字符。Minn 算法与 Schmidl&Cox 算法的不同之处在于，取训练序列长度的 1/4 进行 IFFT，得到的结果即为图 6-9 中的 A 值，然后根据图 6-9 构造训练序列，这样得出训练序列还是满足前一半和后一半相同，依然可以利用训练序列的相关性进行定时偏移估计。定时尺度的表达式如下：

$$M_{\text{Minn}}(d)=\frac{\left|P_{\text{Minn}}(d)^2\right|}{\left[R_{\text{Minn}}(d)\right]^2} \tag{6.24}$$

式中

$$P_{\text{Minn}}(d)=\sum_{m=0}^{1}\sum_{k=0}^{\frac{L}{4}-1}r^*\left(d+\frac{L}{2}m+k\right)r\left(d+\frac{L}{2}m+k+\frac{L}{4}\right) \tag{6.25}$$

$$R_{\text{Minn}}(d)=\sum_{m=0}^{1}\sum_{k=0}^{\frac{L}{4}-1}\left|r\left(d+\frac{L}{2}m+k+\frac{L}{4}\right)\right|^2 \tag{6.26}$$

A	A	$-A$	$-A$

图 6-9 Minn 算法训练序列结构图

图 6-10 为此算法在 AWGN 信道中子载波数为 1024，时间延时为 529，载波频率偏移为 0.25 时的定时尺度曲线。

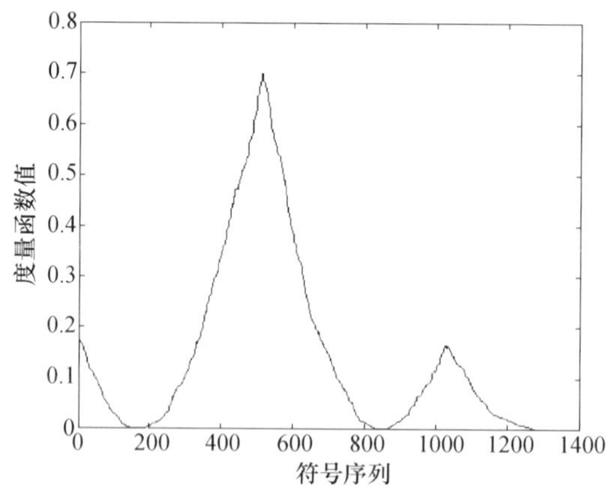

图 6-10 Minn 算法的定时尺度曲线[18-20]

图 6-11 为 Minn 算法相关函数计算示意图。与 Schmidl&Cox 算法相同，在正确

的符号起始位置，各个样值相互对应，此时获得非常好的相关性；在不正确的符号起始位置，部分样值不能互相对应(如图中的虚线箭头所示 $a \leftrightarrow -a$，$-a \leftrightarrow *$)，其余部分仍然互相一一对应(如图中实线箭头所示 $b \leftrightarrow b$，$c \leftrightarrow c -b \leftrightarrow -b$，$-c \leftrightarrow -c$)。这样，在正确起始位置附近得到的相关值虽然比正确位置处的相关值要小，但仍接近。由于信道衰落和噪声的影响，将会呈现峰值，造成时间同步错误。

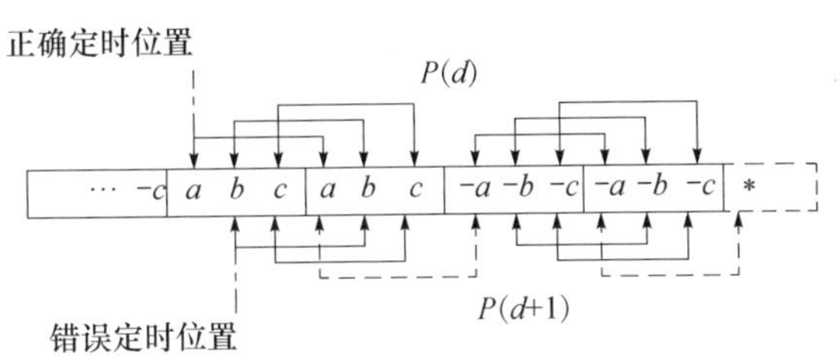

图 6-11　Minn 算法相关函数计算示意图[18-20]

从图 6-10 和图 6-12 可以看出：Minn 算法有小的峰值，从而获得比较准确的符号同步，解决了 Schmidl&Cox 算法的定时模糊问题。在定时同步位置，$M_{\mathrm{Minn}}(d)$ 达到最大值，这是由于后一半训练符号的负号减小了 $M_{\mathrm{Minn}}(d)$在不正确定时点的值，当定时同步位置超前理想位置且落在循环前缀内时，由图 6-11 也可以知道，后一半训练符号的负号消除了 Schmidl&Cox 算法定时估计中的峰值平坡现象。但同时从图 6-10 中也可以看出，在定时估计曲线的主峰值旁出现了较大的旁瓣，这样在信道衰落和噪声影响的情况下，很容易出现误判。Minn 算法通过在 Schmidl&Cox 算法重复结构的训练符号的基础上引入负号，虽然在一定程度上提高了定时估计的准确性，但也并不是最佳的。

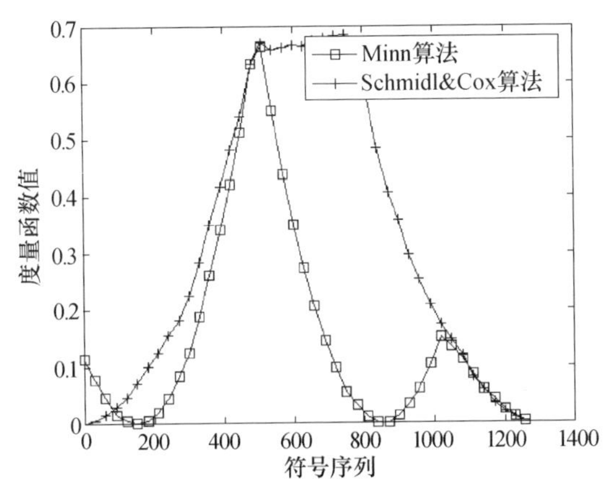

图 6-12　Schmidl&Cox 算法和 Minn 算法定时尺度曲线比较图[18-20]

6.3.2 改进的同步算法

符号同步一般首先由相关法获得同步信号，再通过一定的检测方法得到符号的起始位置。各种方法之间不同的地方主要有以下方面：一是产生相关信号的序列不同；二是产生相关信号的结构不同；三是产生相关信号的关系式不同。

1. 对称 FH 序列符号定时同步算法

在改进算法中，同步数据块包括等长的两个 FH 序列，后一个序列是前一个序列中数据的倒序复制。同步数据块的结构如图 6-13 所示。

$s(0)$ $s(1)$ $s(2)$ $\cdots$ $s(L-1)$	$s(L-1)$ $\cdots$ $s(2)$ $s(1)$ $s(0)$

图 6-13　同步数据块结构

同步数据块的对称性带来了很大的相关性，如果不考虑信道噪声的影响，同步数据块中两个序列之间存在如下关系：

$$r(2L-1-k)=r(k)\mathrm{e}^{\mathrm{j}2\pi\varepsilon\frac{2L-1-k}{L}},\quad k\in[0,L-1] \tag{6.27}$$

式中，$r(k)$为接收端同步数据块中的第 k 个样值。

定义一个定时尺度公式为

$$M(d)=\frac{P(d)}{R(d)} \tag{6.28}$$

式中

$$P(d)=\left|\sum_{k=0}^{L-1}r^{*}(2L-1-k+d)r(k+d)\right| \tag{6.29}$$

$$R(d)=\sum_{k=d}^{d+2L-1}\left|r(k)\right|^{2} \tag{6.30}$$

d 为同步数据块第一个样值的位置。$M(d)$取得最大值时所对应的 $d_{\max}$ 即为 OFDM 符号的起始同步位置。

图 6-14(a)为 AWGN 信道中子载波数为 1024，时间时延为 529，载波频率偏移为 0.25 的结果,图 6-14 (b)为在多径信道中衰减系数为[0 0 0.2 0.3]时的定时尺度曲线。

图 6-15 为在 AWGN 信道中 Schmidl&Cox 算法和改进算法的定时估计均方误差比较图。

从图 6-14 中可以看出，该改进算法无论在高斯信道中，还是在多径信道中的定时尺度曲线的峰值非常尖锐，克服了 Schmidl&Cox 算法定时尺度曲线存在的平坡问题，可以很好地克服无线信道带来的多径干扰，定时尺度曲线的峰值越尖锐，峰值检测就越准确，而且该峰值即为 OFDM 符号第一个样值的起始位置，是一种有效的符号定时同步方案。从图 6-15 可以看出：改进算法的定时均方误差明显小于 Schmidl&Cox 算法，定时估计性能明显优于 Schmidl&Cox 算法，因此，利用这种 FH 序列构造的具有对称结构的训练序列进行定时同步的算法比 Schmidl&Cox 算法具有更高的定时同步精度，在存在多径衰落的无线信道中，可以完全准确地实现定时同步。

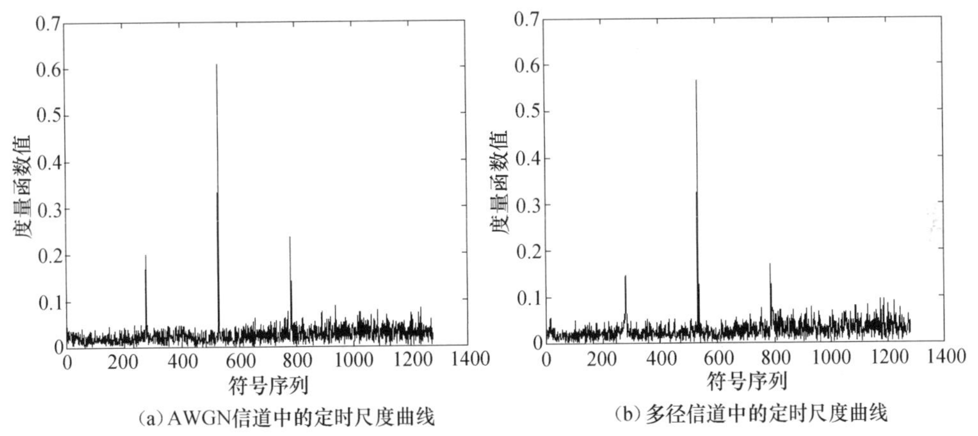

图 6-14 改进算法的定时尺度曲线[18-20]

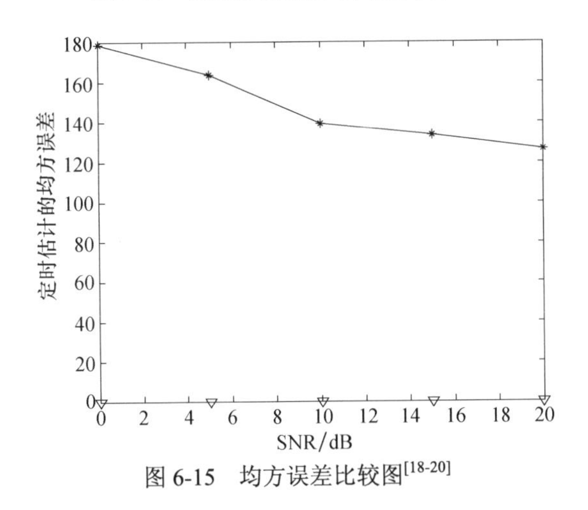

图 6-15 均方误差比较图[18-20]

2. 共轭对称 FH 序列符号定时同步算法 1

训练序列的结构如图 6-16 所示。其中 A 是长度为 $L/4$ 的 FH 序列时域表示形式，B 是 A 的共轭对称序列。

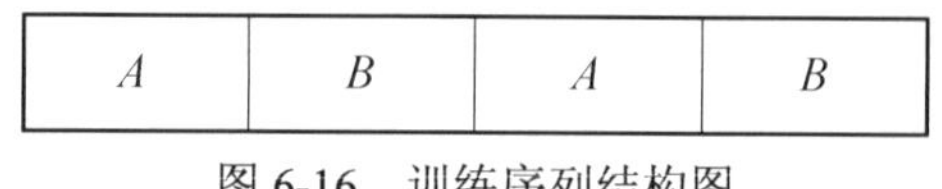

图 6-16　训练序列结构图

根据训练序列的共轭对称性，在接收端定义符号定时偏移估计函数为

$$M(d)=\frac{\left|P(d)\right|^2}{\left[R(d)\right]^2} \tag{6.31}$$

式中

$$P(d)=4\sum_{k=0}^{\frac{L}{4}-1}r(k+d)r(L+d-k-1)+r\left(\frac{L}{4}+k+dr\right)\left(\frac{3L}{4}+d-k-1\right) \tag{6.32}$$

$$R(d)=\sum_{k=0}^{\frac{L}{4}-1}\left|r(k+d)\right|^2+\left|\frac{L}{4}+k+d\right|^2+\left|\frac{L}{2}+k+d\right|^2+\left|\frac{3L}{4}+k+d\right|^2 \tag{6.33}$$

则定时偏移估计为

$$\theta=\arg\max_{d}[M(d)] \tag{6.34}$$

图 6-17 为该改进算法与 Schmidl&Cox 算法和 Minn 算法在 AWGN 信道中子载波数为 1024，时间时延为 500，载波频率偏移为 0.25 时的定时偏移估计函数比较图。

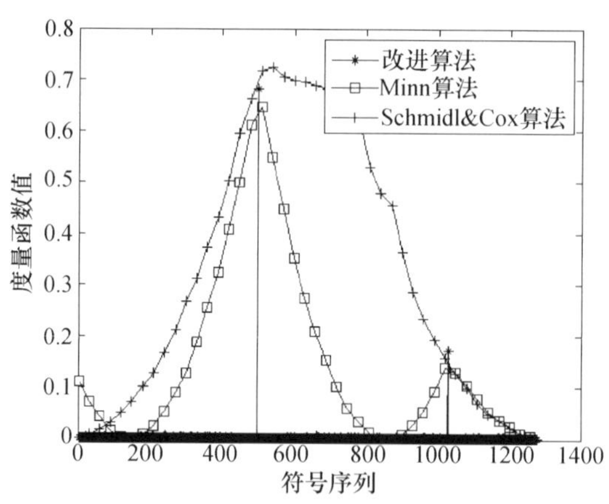

图 6-17　定时偏移估计函数比较[18-20]

图 6-18 为在多径信道中衰减系数为[0　0　0.2　0.3]时改进算法的定时偏移估计函数图。

从图 6-17 可以看出，Minn 算法避免了 Schmidl&Cox 算法中符号定时测度的平坡问题，但在正确定时点附近的值下降得比较慢，性能不是很理想。改进算法的定时曲线在正确定时点时达到最大值，而且具有冲激响应特性，而其他时刻对应的定时偏移估计值非常小，因此，应用此训练序列结构，在一定的时间窗搜索这个最大值就可以找到准确的 FFT 窗口起始点。从图 6-18 可以看出，该算法在多径信道中克服了无线信道带来的多径干扰，仍然能够得到非常尖锐的峰值，找到符号起始点的位置。因此，利用 FH 序列构造的具有共轭对称性质的训练序列，在接收端通过该算法可以十分准确地估计出 OFDM 符号的起始位置，在自由空间光通信中，该算法是一种有效的符号定时同步方案。

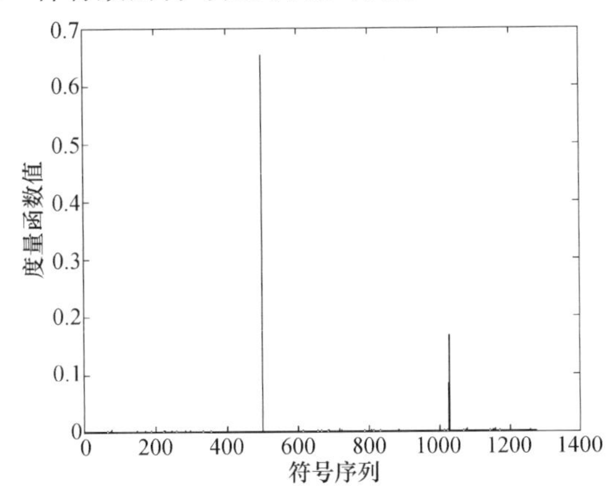

图 6-18　改进算法在多径信道中的定时偏移函数

图 6-19 是改进算法的相关函数 $P(d)$计算示意图。由图 6-19 可以很直观地看出，导致符号定时测度性能不理想的主要原因如下：Minn 算法中，在计算定时测度时，相邻两点的定时测度计算式中大部分的求和项都是相同的，而仅有两项不同，这必然导致相邻点的定时测度函数值十分接近，从而使定时测度曲线不够尖锐，导致符号定时同步容易出现误差。改进算法避免了这一问题的出现，在正确的符号起始位置，各个样值相互对应，此时获得非常好的相关性；在不正确的符号起始位置，样值均不能相互对应(如图中虚线箭头所示)，从而使定时测度曲线

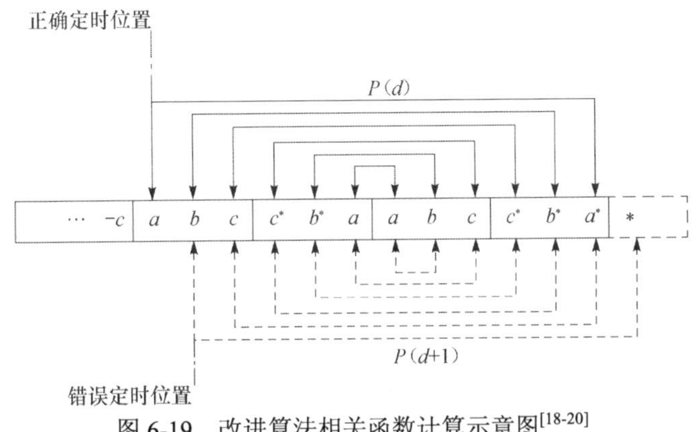

图 6-19　改进算法相关函数计算示意图[18-20]

有一个很尖锐的峰值，能够准确定时。

3. 共轭对称 FH 序列符号定时同步算法 2

利用 FH 序列受频率偏差影响较小的特点，在改进算法中，训练序列由 FH 序列构成，其结构如图 6-16 所示。其中，A 为时域的长度为 $L/4$ 的 FH 序列，序列 B 和序列 A 是共轭对称的，即 $A(k)=B^*(L/4+1-k)$，其中，$k\in[1, L/4]$。定义 $P(d)$、$R(d)$分别为

$$P(d)=\sum_{k=0}^{\frac{L}{2}-1} r_{d+k} r_{L+d-k-1} \tag{6.35}$$

$$R(d)=\sum_{k=0}^{\frac{L}{2}} \left|r_{d+k}\right|^2 \tag{6.36}$$

则

$$M_1(d)=\frac{P^2(d)}{R^2(d)} \tag{6.37}$$

定义定时尺度公式为

$$M_2(d+1)=4\left[M_1\left(d+\frac{L}{4+1}\right)-M_1(d)\right] \tag{6.38}$$

$$\theta=\arg\max_d[M_2(d)>0] \tag{6.39}$$

式中，d 为时间搜索变量；θ为 OFDM 符号正确起始点位置。

仿真系统参数设置为：子载波数目为 1024，数据调制方式为 QPSK，循环前缀为 256 个采样点，时间时延为 200 个采样点，相对频率偏差为 0.25，多径信道中的衰减系数为[0 0 0.2 0.3]。不同定时算法的定时性能仿真曲线如图 6-20 和图 6-21 所示。

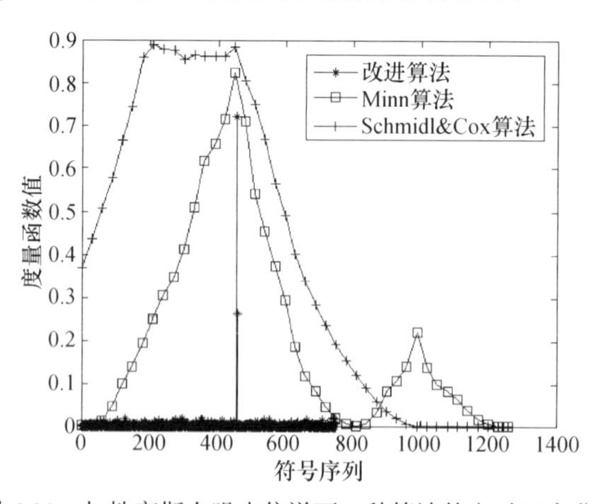

图 6-20　加性高斯白噪声信道下三种算法的定时尺度曲线

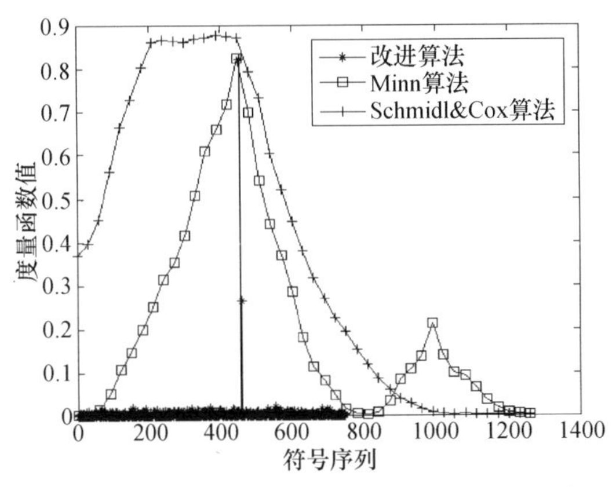

图 6-21　多径信道下三种算法的定时尺度曲线

从图 6-20 和图 6-21 可以看出：在加性高斯白噪声信道中，由于循环前缀的影响，Schmidl&Cox 算法中的定时尺度曲线出现了一个与循环前缀长度相同的平坡；在多径信道中，由于循环前缀的部分区间受到符号间干扰的破坏，因此平层的长度小于循环前缀的长度，为定时估计带来了不确定性。Minn 算法消除了 Schmidl&Cox 算法存在的平坡问题，在相应的时刻出现了一个峰值，但定时尺度曲线在正确起始点两端变化缓慢，也出现了副峰，使符号定时出现误差。改进算法无论是在加性高斯白噪声信道还是在多径信道中，只在正确的时刻出现类似冲激响应的定时尖峰，从而可以有效地消除符号定时误差，提高定时估计精度，其性能明显优于 Schmidl&Cox 算法和 Minn 算法，是一种更有效的符号定时方案。

从图 6-22 和图 6-23 可以看出：随着信噪比的增大，Schmidl&Cox 算法和 Minn 算法的定时估计偏差均值逐渐减小，但在信噪比为 20dB 时仍然存在定时估计偏

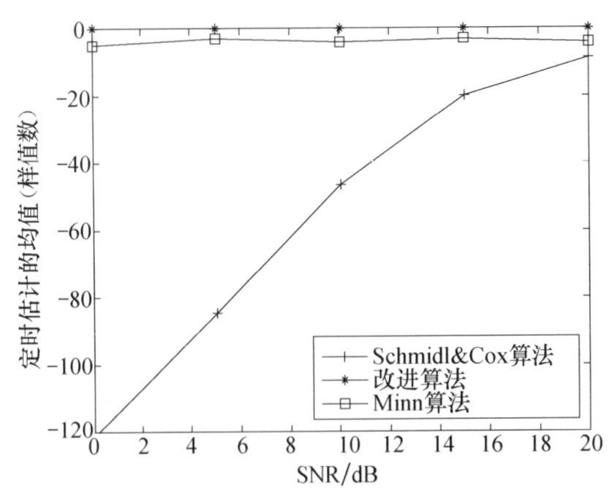

图 6-22　加性高斯白噪声信道下三种算法的定时估计均值

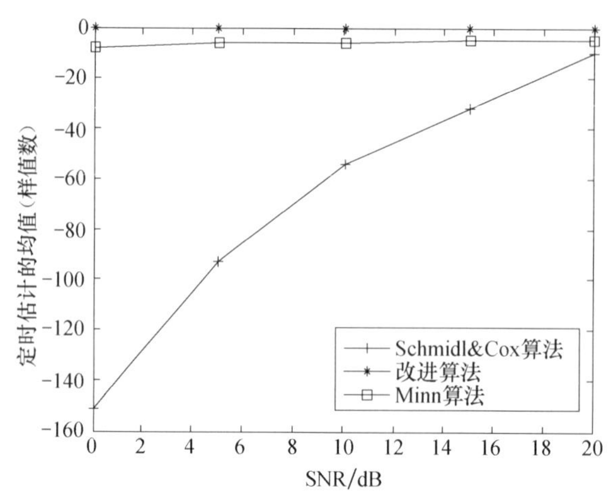

图 6-23 多径信道下三种算法的定时估计均值

差，导致在 FFT 之后整数倍频率偏差估计会受到定时不准确产生的相位噪声以及信道随机噪声的影响。而改进算法的定时估计偏差均值明显小于 Schmidl&Cox 算法和 Minn 算法，且估计偏差值为 0。因此，该改进算法相对于其他两种算法，性能有了很大的改善，适合于自由空间通信中低信噪比情况下的同步系统。

6.4 频率同步算法

6.4.1 载波频率偏差估计算法

由于 OFDM 各子信道带宽较小，对载波频偏的敏感程度较高，因此需要非常精确的载波同步。为了能够有效地利用有限的数据，在比较宽的范围内捕捉到参数，并对其实现高精度的同步，可以把频率同步过程分为多个实现过程。在粗同步模式中，同步器将参数的较大初始偏差减小到一个较小范围内，但并不要求实现完全精确的同步。在精确同步模式中，同步器将参数的剩余误差进一步减小，以提高估计的精度。当精确估计出频偏后，由于多普勒效应以及其他因素的影响，频率又会产生漂移，因此还需要对频率进行跟踪。

频偏可分解为整数部分和小数部分，这里的整数部分和小数部分是相对于子载波间隔而言的。所谓整数部分是等于子载波间隔的整数倍的那一部分频偏；小数部分是指小于子载波间隔的那一部分频偏，小数部分可以利用数据的保护间隔带来的多余度来估计。整数部分仅使信息符号在子信道上平移，并不破坏各子载波之间的正交性，但它却导致整个解调结果完全错误；小数部分则会造成子信道干扰，破坏了各子载波之间的正交性，导致系统的误比特率下降。一般来说，OFDM 系统中频率粗同步主要对整数倍频偏进行估计和补偿，而频率细同步则是针对小数部分的估计和补偿。

Beek 等[21]提出的利用循环前缀的最大似然算法计算量小、实现简单，且可以用于符号定时。但该算法的频率估计范围小，定时估计较为粗糙，且易受多径信道的影响，很难直接用于实际系统。Moose[5]的频域相关算法通过比较两个重复 OFDM 训练序列符号子载波间的相位差来进行频偏估计，实现简单，但开销大，频偏估计范围只能达到载波间隔的一半。Classen 等[22]利用自相关函数对频偏和时间进行联合同步，但频偏采用步长搜索方法，计算量特别大。Schmidl 等[12]对 Classen 等的方法做出了改进：在不降低时间和频率同步精度的情况下提高了算法的速度，较好地解决了 OFDM 系统的时间和频率的联合同步，然而在符号同步方面存在模糊性，进一步影响频偏估计，并且仅适用于 AWGN 信道。Hsieh 等[23]将估计载波频率偏差的算法分为如下三类：

(1) 数据辅助(data-aided)算法：基于发送信号内的特定训练信息进行估计；

(2) 非数据辅助(non data-aided)算法：通过分析频域的接收信号进行估计；

(3) 基于循环前缀的算法：利用 OFDM 符号的结构特征，循环前缀进行估计。

6.4.2　基于循环前缀的最大似然同步算法

基于循环前缀的最大似然(maximum likelihood, ML)估计算法，即最大似然估计算法，是一种利用循环前缀所携带的信息，采用最大似然估计的方法来完成符号定时同步和载波频率同步的方法。该算法是在假定信道为加性高斯白噪声信道的前提下推导出的。考虑子载波数为 N，循环前缀长度为 L 的 OFDM 系统，则每个 OFDM 符号的长度实际为 $N+L$ 个样值，经过信道传输后，在接收端，符号定时偏移通常表示为接收信号的时延，频率偏移通常表示为时域上接收信号的相位失真，则接收到的存在定时偏移和频率偏移的时域信号可表示为

$$r(n)=s(n-d)\mathrm{e}^{\mathrm{j}\frac{2\pi\Delta f_{\mathrm{c}}n}{N}}+\eta(n) \tag{6.40}$$

式中，$s(n)=\dfrac{1}{\sqrt{n}}\sum\limits_{k=0}^{N-1}S_k\,\mathrm{e}^{\mathrm{j}\frac{2\pi nk}{N}}$；$d$ 为符号定时同步点，即 OFDM 符号的起始位置，但系统并不知晓；Δf_{c} 为相对频偏；$\eta(n)$为均值为零的高斯白噪声。

假定经过星座映射的复数数据 S_k 是独立的，则经过 IFFT 后，$s(n)$为独立同分布的随机变量的线性组合。如果子载波数足够大，由中心极限定理可知，$s(n)$近似为一个复高斯过程，并且其实部和虚部是相互独立的。然而，$s(n)$引入循环前缀后，每对间隔为 N 的样值之间具有相关性，那么接收到的信号 $r(n)$包含定时偏差 d 和频率偏移Δf_{c}的信息，这就为联合估计 d 和Δf_{c}提供了可能。

如图 6-24 所示，观察 $2N+L$ 个连续样值 $r(n)$，其中这些样值中包含一个完整的 $N+L$ 个样值 OFDM 符号。定义两个集合：

$$I = \{d, d+L-1\}$$
$$I' = \{d+N, d+N+L-1\} \tag{6.41}$$

式中, 集合 I 为第 i 个符号的循环前缀, 包含与集合 I' 中相同的元素。将 $2N+L$ 个观察点作为一个向量 r:

$$r = (r(1), r(2N+L))^{\mathrm{T}} \tag{6.42}$$

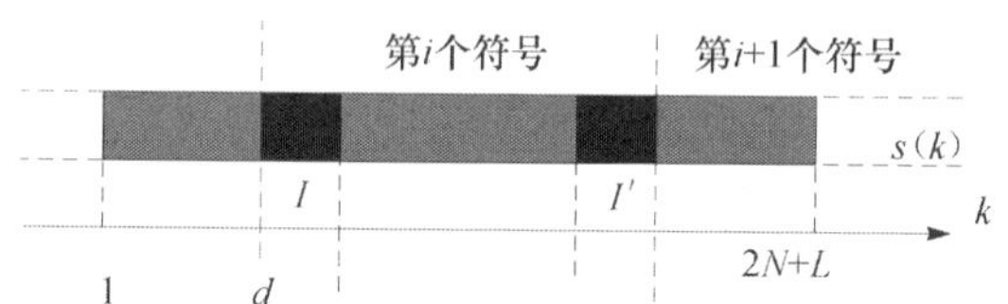

图 6-24　带有循环前缀的 OFDM 符号结构图

集合 I' 和集合 I 中的元素是对应相同的, 因此存在如下相关特性:

$$E\left[r(n)r^*(n+m)\right] = \begin{cases} \sigma_s^2 + \sigma_n^2, & m = 0 \\ \sigma_s^2 \mathrm{e}^{-\mathrm{j}2\pi\Delta f_c}, & m = N \\ 0, & \text{其他} \end{cases} \tag{6.43}$$

式中, $\sigma_s^2 = E\left[\left|s(n)^2\right|\right]$, $\sigma_s^2 = E\left[\left|\eta(n)^2\right|\right]$, 分别为有用信号和加性高斯白噪声的能量; Δf_c 为要估计的符号定时同步位置和载波频率偏差。

关于 d 和 Δf_c 的对数似然函数 $\Lambda(d, \Delta f_c)$ 定义为在给定 d 和 Δf_c 的条件下, $\vec{r}$ 中 $2N+L$ 个观察样值的联合概率密度函数 $f(\vec{r}/d, \varepsilon)$ 的对数。由于 $2N+L$ 个样值中只有集合 I 和集合 I' 中的对应元素存在相关性, 其他各点之间可以看成相互独立的, 且为了表达简洁, 后面直接用 $f(r(k))$ 表示条件概率密度函数 $f(r(k)/d, \Delta f_c)$, 所以对数似然函数 $\Lambda(d, \Delta f_c)$ 可写为

$$\begin{aligned} \Lambda(d, \Delta f_c) &= \log f\left(\frac{\vec{r}}{d}, \Delta f_c\right) = \log\left\{\prod_{n\in I} f(r(n), r(n+N)) \prod_{n\in I\cup I'} \left[f(r(n))\right]\right\} \\ &= \log\left[\prod_{n\in I} \frac{f(r(n), r(n+N))}{f(r(n))f(r(n+N))} \prod_n f(r(n))\right] \end{aligned} \tag{6.44}$$

式(6.44)既使用了一维的概率密度分布函数, 也使用了二维的概率密度分布函数。乘积项 $\prod_n f(r(n))$ 是对所有 $2N+L$ 个点求乘积, 故其值与符号起点 d 无关。又假设信息源为独立等概分布, 则 $r(n)$ 的实部和虚部相互独立, 所以 $\prod_n f(r(n))$ 值也与频率偏移 Δf_c 无关。最大似然估计是要求估计能够使 $\Lambda(d, \Delta f_c)$ 最大的 d 和 Δf_c

的取值，因此省去 $\prod_{n} f(r(n))$ 并不会影响对 d 和 Δf_{c} 的最大似然估计。因此，式(6.44)可以简化为

$$\Lambda(d,\Delta f_{\mathrm{c}})=\log\prod_{n\in I}\frac{f(r(n),r(n,n+N))}{f(r(n))f(r(n+N))}=\sum_{n=d}^{d+L-1}\log\frac{f(r(n),r(n,n+N))}{f(r(n))f(r(n+N))} \tag{6.45}$$

由于 $r(n)$ 是复高斯随机信号，因此 $f(r(n),r(n+N))$ 为二维的复高斯分部概率密度函数，利用式(6.40)中的相关特性可以得到：

$$f(r(n),r(n,n+N))=\frac{\exp\left\{-\dfrac{|r(n)|^2-2\rho\,\mathrm{Re}\left[\mathrm{e}^{\mathrm{j}2\pi\Delta f_{\mathrm{c}}}\,r(n)r^*(n+N)\right]+|r(n+N)|^2}{(\sigma_s^2+\sigma_n^2)(1-\rho^2)}\right\}}{\pi^2(\sigma_s^2+\sigma_n^2)(1-\rho^2)} \tag{6.46}$$

式中，ρ 为 $r(n)$ 和 $r(n+N)$ 相关系数的幅度：

$$\rho=\left|\frac{E\left[r(k)r^*(k+N)\right]}{\sqrt{E\left[|r(k)|^2\right]E\left[|r(k+N)|^2\right]}}\right|=\left|\frac{\sigma_s^2\,\mathrm{e}^{-\mathrm{j}2\pi\Delta f_{\mathrm{c}}}}{\sigma_s^2+\sigma_n^2}\right|=\frac{\sigma_s^2}{\sigma_s^2+\sigma_n^2}=\frac{\mathrm{SNR}}{\mathrm{SNR}+1} \tag{6.47}$$

式中，SNR 是信噪比。$f(r(n))$ 是一维复高斯分布概率密度函数，因此：

$$f(r(n))=\frac{1}{\pi(\sigma_s^2+\sigma_n^2)}\exp\left[-\frac{|r(n)|^2}{\sigma_s^2+\sigma_n^2}\right] \tag{6.48}$$

将式(6.46)和式(6.48)代入式(6.45)，经过一些代数运算处理后，得到：

$$\Lambda(d,\ \Delta f_{\mathrm{c}})=c_1+c_2|\gamma(d)|\cos[2\pi\Delta f_{\mathrm{c}}+\angle\gamma(d)]-\rho\phi(d) \tag{6.49}$$

式中，$\angle\gamma(d)$ 表示复数 $\gamma(d)$ 的辐角；c_1 和 c_2 都是常数，并且 $c_2>0$，因此对最大似然判决绝不会产生影响。式(6.49)简化后可以表示为

$$\Lambda(d,\ \Delta f_{\mathrm{c}})=|\gamma(d)|\cos[2\pi\Delta f_{\mathrm{c}}+\angle\gamma(d)]-\rho\phi(d) \tag{6.50}$$

式中

$$\gamma(d)=\sum_{n=d}^{d+L-1}r(n)r^*(n+N) \tag{6.51}$$

$$\phi(d)=\frac{1}{2}\sum_{n=d}^{d+L-1}|r(n)|^2+|r(n+N)|^2 \tag{6.52}$$

ρ 为 $r(n)$ 和 $r(n+N)$ 之间的相关系数的幅度；$\angle\gamma(d)$ 为复数 $\gamma(d)$ 的辐角。$\gamma(d)$ 为连续 L 个相距为 N 个样值对之间的相关值之和，式(6.50)等号右边的第一项为 $\gamma(d)$ 的加权模值，其中权值由频率偏差来决定，第二项是独立于频率偏差的能量项，它取决于相关系数 ρ。

最大似然算法要同时估计符号定时同步位置和载波频率偏差，因此上述对数似然函数的最大化过程应该分两步来完成，即

$$\max_{(d,\Delta f_{\mathrm{c}})} \Lambda(d,\Delta f_{\mathrm{c}}) = \max_{(d)} \max_{(\Delta f_{\mathrm{c}})} \Lambda(d,\Delta f_{\mathrm{c}}) = \max_{d} \Lambda\left[d,\Delta \hat{f}_{\mathrm{ML}}(d)\right] \tag{6.53}$$

就频率偏差Δf_{c}而言，要实现式(6.53)的最大化，首先应使公式(6.50)中的cos项为1，即$2\pi\Delta f_{\mathrm{c}}+\angle\gamma(d)=2n\pi$，$n$为整数。以此得到频率偏差$\Delta f_{\mathrm{c}}$的最大似然估计：

$$\Delta \hat{f}_{\mathrm{ML}}(d) = -\frac{1}{2\pi}\angle\gamma(d) + n \tag{6.54}$$

在一般情况下，载波频率偏差应该在一个较小的范围内，故取n=0，于是

$$\Delta \hat{f}_{\mathrm{ML}}(d) = -\frac{1}{2\pi}\angle\gamma(d) \tag{6.55}$$

定时偏差d的最大似然函数为

$$\Lambda\left[d,\Delta \hat{f}_{\mathrm{ML}}(d)\right] = \left|\gamma(d)\right| - \rho\phi(d) \tag{6.56}$$

式(6.56)只与d有关，则$\Lambda\left[d,\Delta \hat{f}_{\mathrm{ML}}(d)\right]$最大化可得到$d$的最大似然估计$\hat{d}_{\mathrm{ML}}$，再将$\hat{d}_{\mathrm{ML}}$代入$\Delta \hat{f}_{\mathrm{ML}}(d) = -\frac{1}{2\pi}\angle\gamma(d)$，即可得到频率偏差$\Delta f_{\mathrm{c}}$的最大似然估计值$\Delta \hat{f}_{\mathrm{ML}}$，所以$d$和$\Delta f_{\mathrm{c}}$的联合最大似然估计就变为

$$\hat{d}_{\mathrm{ML}} = \arg\max_{d}\left[\left|\gamma(d)\right| - \rho\phi(d)\right] \tag{6.57}$$

$$\Delta \hat{f}_{\mathrm{ML}}(d) = -\frac{1}{2\pi}\angle\gamma(d) \tag{6.58}$$

由式(6.57)和式(6.58)可以看出，最大似然联合估计算法中定时估计是关键，定时估计的准确度决定了频偏估计的准确度。

最大似然符号同步和载波频率同步的方框图如图 6-25 所示，每次将接收信号的$2N+L$个抽样点存储在缓存里，分别按式(6.51)、式(6.52)计算$\gamma(d)$和$\phi(d)$，最后按式(6.57)、式(6.58)进行估计。有两个因素可以影响到上述判断结果：一个是循环前缀的样值个数，另一个是由 SNR 确定的相关系数ρ。前者是已知的，而后者也可以是固定的。基本上$\gamma(d)$可以提供符号定时d和Δf_{c}的估计。$\gamma(d)$的模值与能量项$\phi(d)$加权相加，会在$\hat{d}_{\mathrm{ML}}$时刻出现峰值，而此时$r\left(\hat{d}_{\mathrm{ML}}\right)$的相位就正比于$\Delta \hat{f}_{\mathrm{ML}}$。

图 6-25 是最大似然估计原理框图，是在 AWGN 信道中联合确定符号定时与载波频率偏差的信号示意图，其中包括N=1992个子载波，保护间隔长度L=56，载波频率偏差Δf=0.25，并且 SNR=15dB。图 6-26(a)给出按照式(6.57)确定符号定时

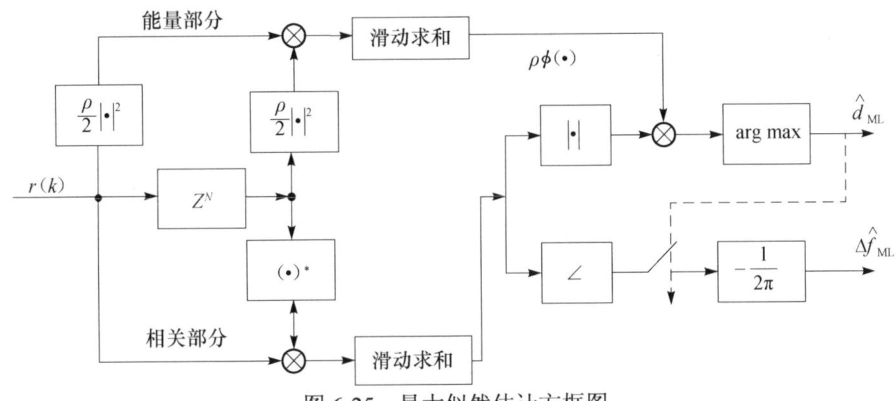

图 6-25　最大似然估计方框图

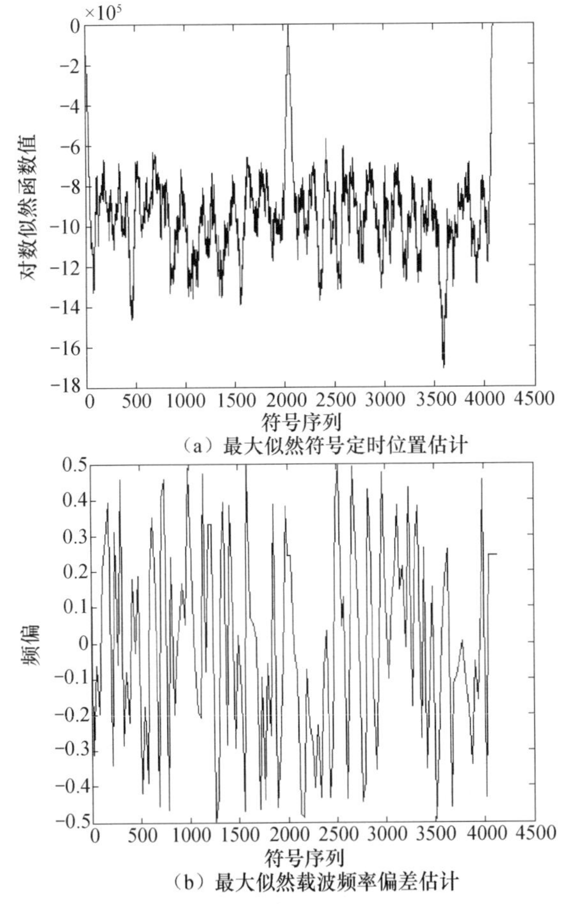

图 6-26　最大似然估计联合确定符号定时与载波频偏的示意图[18-20]

位置 $\hat{d}_{\mathrm{ML}}$ 的示意图，图 6-26(b)给出在此确定位置上，可以按照式(6.58)得到载波频率偏差的最大似然估计 $\Delta\hat{f}_{\mathrm{ML}}$ 。

由图 6-26 可以看出，在定时判决函数 $\Lambda\left[d,\Delta\hat{f}_{\mathrm{ML}}(d)\right]$ 曲线的最大值处，都可以得到符号定时同步的位置，基于这一正确的符号定时点，又可以得到频率偏差的正确估计值。

从图 6-27 中可以看出，估计频偏与实际频偏的偏差很小，说明在 AWGN 信道中，最大似然联合估计算法对频偏的估计性能是很理想的。

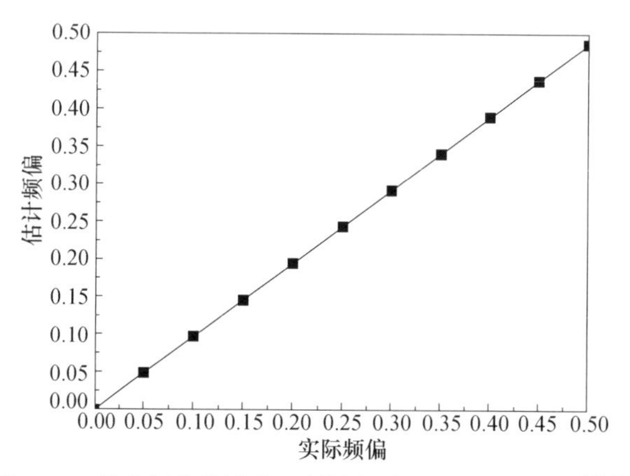

图 6-27　最大似然算法实际频偏与估计频偏的比较图[18-20]

定时估计是最大似然估计算法的关键，循环前缀的样值个数影响判断的结果。图 6-28 为 L=56 和 L=512 时的符号定时位置估计。从图中可以看出：循环前

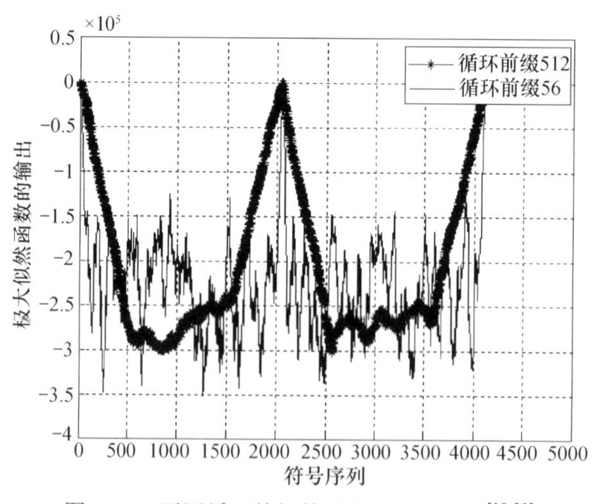

图 6-28　不同循环前缀符号定时位置估计[18-20]

缀太短，在符号定时起始点处旁瓣对主峰值的影响太大，但循环前缀的长度又不能太长，太长会影响信号的传输速率，而且循环前缀的长度长到一定限制时就会出现地板效应。

从图 6-29 可以看出：符号定时的位置与每个 OFDM 符号的起始位置有不同程度的误差，这是因为该算法是利用循环前缀与 OFDM 符号中被复制部分两者间的相关性实现的，在 AWGN 信道中，集合 I 和 I' 内的数据对之间存在很好的相关性，而经过多径信道传输之后，数据对之间的相关性就会遭到破坏，从而影响 ML 算法的性能，使其在衰落信道中的性能有所下降。

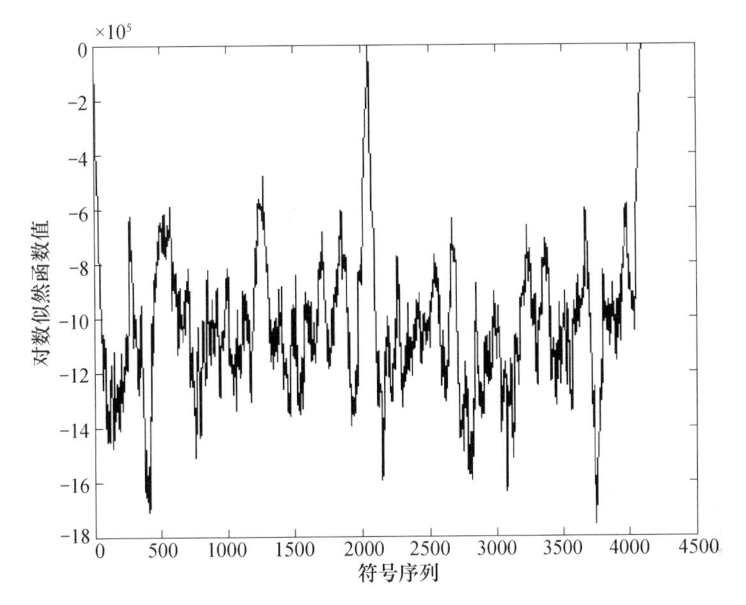

图 6-29　多径信道中符号定时位置估计 [18-20]

ML 算法的复杂度低，能同时实现符号定时同步和载波频偏估计，但 ML 算法也存在如下缺点：

(1) ML 算法本质上是利用循环前缀(cyclic prefix,CP)的相关性进行计算的，从而估计出定时和频率的偏差，其计算精度也直接依赖 CP 的长度，但 CP 只是对传输信号的简单复制，并不具备尖锐的自相关特性，于是，按照ML算法计算出来的在定时点 d 处及两旁若干点的自相关值都比较大，当有噪声影响时，将导致定时不精确。另外，由式(6.58)可知，ML 算法对频偏的估计是依赖时偏的，一旦误判定时，则对频偏的估计也很难精确。

(2) ML 算法的一个很大问题是它基本上只能用于 AWGN 信道。CP 的作用是克服多径效应产生的时散的影响，而 ML 算法对时偏和频偏的估计是以假定

AWGN 信道为前提的。在多径时散信道中, CP 中的信号受到前一符号信号的干扰, 大大影响了算法的性能。由于符号间干扰的存在, ML 算法在多径信道中的实用性不好。

(3) 由于在推导的过程中无法确定 n, 取 n=0, 因此频偏捕获范围太小, 只有子载波间隔的一半, 根本无法直接用于实际系统, 只能用于估计小数频偏, 因此必须配合其他整数频偏估计算法才能完成完整频偏估计。

综上所述, 从准确度和估计范围上来看, 利用循环前缀的 ML 算法的计算量小, 算法实现简单, 且可以用于频率和符号定时同步, 但该算法的频率估计范围过小, 定时估计也较为粗糙, 一般很难直接用于实际系统。

6.4.3　ML 算法改进

1. 连续符号的 ML 算法

传统的 ML 估计中, 也就是说所得到的估计器只是根据当前符号所承载的信息, 生成每个符号的符号定时和频率偏差的最大似然估计。Fernandez-Getino 等[24]在 ML 估计算法的基础上, 提出了一种连续符号平均的算法, 其主要思想在于计算相应位置下每个符号的相关值, 然后对 M 个符号求平均, 最后根据其实部与虚部的模值和的最大值判定符号的同步位置。此算法利用多个 OFDM 符号的信息来生成稳定的符号时钟和振荡器频率, 改善估计器的性能。假设考虑 M 个连续的 OFDM 符号, 如图 6-30 所示。

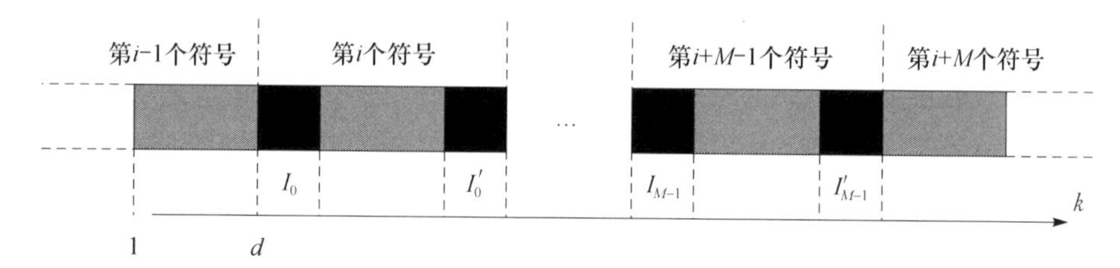

图 6-30　M 个连续的 OFDM 符号[18-20]

接收信号的模型可定义为

$$r(k)=\tilde{s}(k-d)\exp\left(\mathrm{j}\frac{2\pi\Delta fk}{N}\right)+n(k),\quad -\infty<k<\infty \tag{6.59}$$

式中, d、Δf 以及 $n(k)$与上述对应相同。假设观测周期内包含 M 个完整的 OFDM 符号。I_m 和 I'_m 分别为第 $m(m=0, 1,\cdots, M-1)$个 OFDM 符号的循环前缀及其副本:

$$\begin{aligned}I_m&=\{m(N+L)+d,\cdots,m(N+L)+d+L-1\}\\I'_m&=\{m(N+L)+d+N,\cdots,m(N+L)+d+N+L-1\}\end{aligned} \tag{6.60}$$

定义集合：

$$I \equiv \prod_{m=0}^{M-1} I_m,\quad I' \equiv \prod_{m=0}^{M-1} I_m' \tag{6.61}$$

接收信号样值 $r(k)$可以被分为两部分，即成对的 $k \in I \cup I'$的样值 $r(k)$，以及其他相互独立的 $k \notin I \cup I'$的样值 $r(k)$，由此按照传统 ML 算法中的方法，得到似然函数为

$$\prod_{k\in I} \frac{f(r(k), r(k+N))}{f(r(k))f(r(k+N))} = \prod_{m=0}^{M-1}\left[\prod_{k\in I_m} \frac{f(r(k), r(k+N))}{f(r(k))f(r(k+N))}\right] \tag{6.62}$$

因此可以得到对数似然函数为

$$\begin{aligned}\Lambda(d,\Delta f) &= \sum_{m=0}^{M-1}\sum_{k=d}^{d+L-1} \mathrm{Re}[\mathrm{e}^{-\mathrm{j}2\pi\Delta f} r^*(k+m(N+L))r(k+m(N+L)+n)] \\ &\quad - \frac{\rho}{2}\sum_{m=0}^{M-1}\sum_{k=d}^{d+L-1}\left[\left|r(k+m(N+L))\right|^2 + \left|r(k+m(N+L)+N)\right|^2\right] \\ &= \left|\Gamma_N(d)\right|\cos\left[2\pi\Delta f + \angle\Gamma_N(d)\right] + \Gamma_0(d)\end{aligned} \tag{6.63}$$

式中

$$\Gamma_N(d) = \sum_{m=0}^{M-1}\gamma_N[d+m(N+L)] \tag{6.64}$$

$$\Gamma_0(d) = \sum_{m=0}^{M-1}\gamma_0[d+m(N+L)] \tag{6.65}$$

最大似然估计为

$$\hat{d}_{\mathrm{serial}} = \arg\max_d\left[\left|\Gamma_N(d)\right| + \Gamma_0(d)\right] \tag{6.66}$$

$$\Delta\hat{f}_{\mathrm{serial}} = -\frac{1}{2\pi}\angle\Gamma_N\left(\hat{d}_{\mathrm{serial}}\right) \tag{6.67}$$

图 6-31 为 M 个连续 OFDM 符号的载波和符号定时估计器框图。由图 6-32 可以看出：使用 12 个符号平均进行符号定时同步可以减小循环前缀的长度，能达到与使用循环前缀长 512 一样精确的同步定时效果，同时提高信号的传输效率和信号的频谱效率，但是该算法的计算复杂度较高。

2. 部分 CP 相关算法

部分 CP 相关算法是一种改进的基于 CP 的 ML 估计算法[25]。该算法舍去了受污染较严重的部分循环前缀，采用相关算法，在多径信道下的性能与传统 ML 算法相比有了一定的提高。定时估计和频率偏移改进为

$$\hat{d}_{\mathrm{ML}} = \arg\max\left[\left|\gamma(d) - \rho\phi(d)\right|\right] \tag{6.68}$$

$$\Delta\hat{f}_{\mathrm{ML}} = -\frac{1}{2\pi}\angle\gamma\left(\hat{d}_{\mathrm{ML}}\right) \tag{6.69}$$

式中

$$\gamma(m) = \sum_{n=m}^{m+L-1} r(n)r^*(n+N) \tag{6.70}$$

$$\phi(m) = \frac{1}{2}\sum_{n=m}^{m+L-1}\left|r(n)\right|^2 + \left|r(n+N)^2\right| \tag{6.71}$$

可以看到：部分 CP 相关算法选择长度固定的相关窗 L'进行部分 CP 相关，在每个 CP 期间将得到一段连续峰，然后选取了每段连续峰的中点作为 FFT 窗的起始位置，即可实现符号同步。

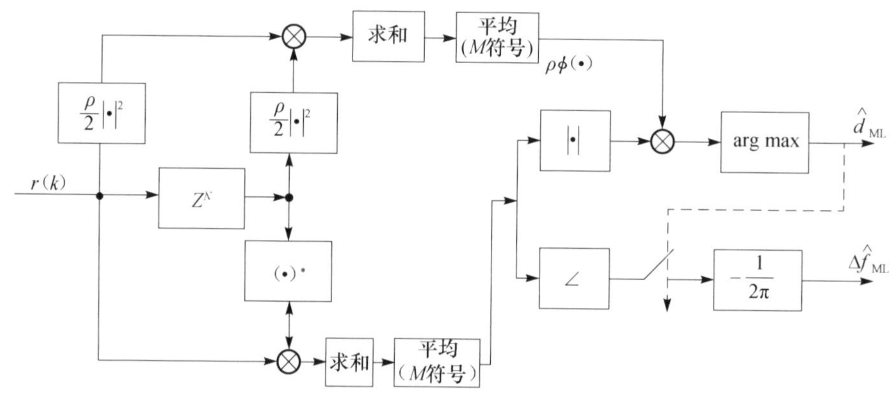

图 6-31　M 个连续 OFDM 符号的载波和符号定时估计器框图

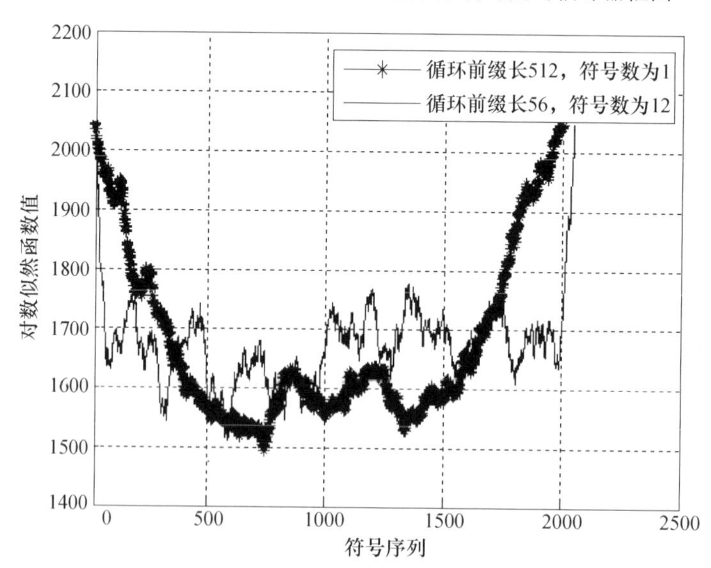

图 6-32　不同符号个数和循环前缀的最大似然估计算法的符号定时位置估计[18-20]

部分 CP 相关算法有两个特点：一是只使用部分循环前缀来进行运算；二是运算法则选用自相关运算。可以明显看到这种算法有两个好处：一是相关点数减少，运算量也因此减少；二是以相关值连续峰的中点作为 FFT 窗的起始位置，省略 ML 算法中搜索最大值的步骤。

3. 基于训练序列的频偏估计算法

频率偏移估计通常分为两步进行：小数倍子载波间隔频偏估计和整数倍子载波间隔频偏估计。在时域内利用部分 CP 相关算法估计小数倍频偏，在频域上利用共轭对称 FH 序列符号定时同步算法 2 的训练序列估计整数倍频偏。

整数倍频偏会使 FFT 后输出的信息符号在子信道上循环移位，即偏移了多少个载波间隔的整数倍，就移了多少位，并不破坏各子载波间的正交性，但导致整个解调结果完全错误，系统的误码率几乎为 0.5。整数倍频偏估计的基本思想是在接收端根据训练序列第一部分与第二部分的共轭对称关系估计出归一化的整数倍频偏。频偏判决函数为

$$\varepsilon_2 = \frac{\text{angle}\left[\sum_{k=0}^{\frac{L}{4}-1} y(k) y\left(\frac{L}{2}-k\right)\right] N}{2\pi \frac{N}{32}} \tag{6.72}$$

式中，$y(k)$为纠正小数频偏并进行 FFT 后的频域数据。

图 6-33 给出了该算法实际频偏与估计频偏的比较图。图 6-34 为改进算法在多径衰落信道下，衰减系数为[0 0 0.2 0.3]，归一化频率偏差为 2 时整数倍频偏估计均方误差图。

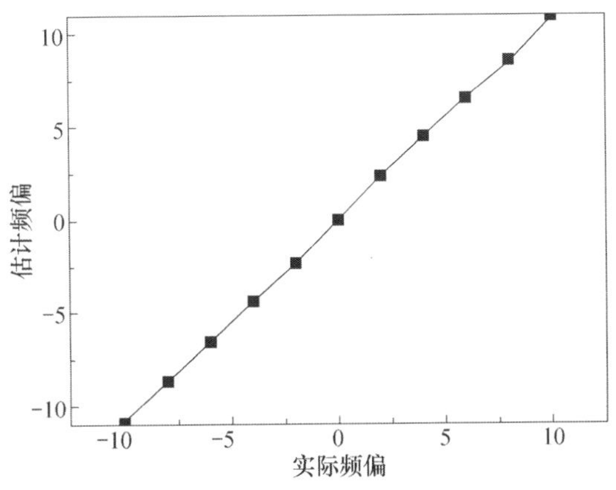

图 6-33　实际频偏与估计频偏的比较图[18-20]

从图 6-33 可以看出基于训练序列的频偏估计算法的频偏估计范围为-10~10，且估计频偏与实际频偏之间的误差很小。从图 6-34 可以看出整数倍频偏估计的均方误差很小，该算法估计整数倍频偏的性能很好，在增大信噪比的情况下，系统的性能没有明显的改善，所以该算法适合自由空间通信中低信噪比情况下的同步系统。

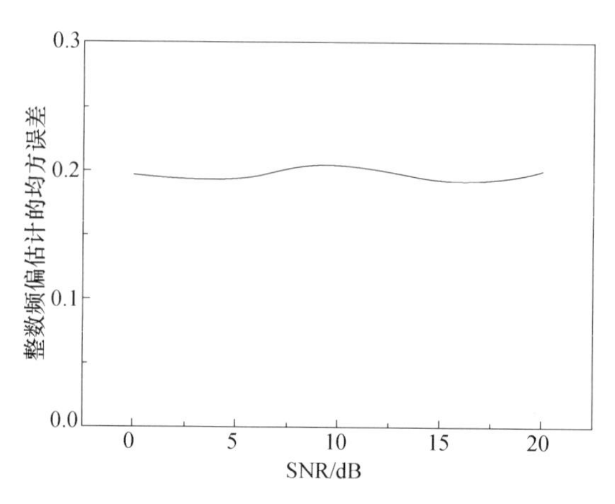

图 6-34　整数倍频偏估计均方误差图[18-20]

表 6-1 给出了在训练序列长度相同的条件下，用子载波频率间隔归一化后几种算法频偏估计范围的比较。由表 6-1 可以看出，基于训练序列的频偏估计算法的频偏估计范围大于 Schmidl&Cox 算法和 Minn 算法。

表 6-1　三种算法归一化频偏估计范围比较

算法	Schmidl&Cox 算法	Minn 算法	基于训练序列的频偏估计算法
频偏估计范围	$\vert \varepsilon \vert \leqslant 1$	$\vert \varepsilon \vert \leqslant 2$	$\vert \varepsilon \vert \leqslant 10$

6.5　小　　结

本章讨论了三种基于 FH 序列的符号定时同步算法：对称 FH 序列符号定时同步算法、共轭对称 FH 序列符号定时同步算法 1 和共轭对称 FH 序列符号定时同步算法 2。这三种算法不但克服了 Schmidl&Cox 算法定时尺度曲线存在自相关平坡的问题，还解决了 Minn 算法定时位置两旁尺度曲线峰值下降速度慢和旁瓣的影响，其中共轭对称 FH 序列符号定时同步算法 2 的定时尺度曲线只在正确定时点处出现了一个具有冲激响应特性的尖峰，而其他时刻对应的值都非常小，因此在一定时间窗通过搜索这个最大值就可以找到准确的 FFT 窗口起始点。

本章利用对频偏有较强抑制力的 FH 序列构造具有共轭对称性质的训练序列，

讨论了一种基于 FH 共轭对称序列的频偏估计算法。该算法估计出的频偏范围和训练序列的长度有关，只要训练序列长度设计合适，就可以达到比较大的频偏估计范围。

参 考 文 献

[1] Roberts R D. Qualitative analysis of the impact of clock timing error and/or frequency offsets on an OFDM waveform demodulator. Southcon/96 Conference Record, IEEE, Orlando, 1996.

[2] Shelswell P. The COFDM modulation system: The heart of digital audio broadcasting. Electronics & Communication Engineering Journal, 1995, 7(3): 127－136.

[3] Gudmundson M, Anderson P O. Adjacent channel interference in an OFDM system. IEEE the 46th Vehicular Technology Conference, Atlanta, 1996.

[4] 尹长川, 罗涛. 多载波宽带无线通信技术. 北京: 北京邮电大学出版社, 2004.

[5] Moose P H. A technique for orthogonal frequency division multiplexing frequency offset correction. IEEE Transactions on Communications, 1994, 42 (1): 2908－2914.

[6] Yang B, Letaief K, Cheng R S, et al. Timing recovery for OFDM transmission. IEEE Journal on Selected Areas in Communications, 2000, 18(11): 2278－2291.

[7] 樊昌信. 通信原理. 北京: 国防工业出版社, 2002.

[8] Heimiller R C. Phase Shift pulse cooles with good periodic correlation properties. Information Transactions on Theory, 1961, 7(4):254－257.

[9] Daffara F, Adami O. A new frequency detector for orthogonal multicarrier transmission techniques. IEEE Vehicular Technology Conference, Chicago, 1995.

[10] Neustein S M, Kahn P, Krellenstein D J, et al. Frame synchronization of OFDM systems in frequency selective fading channels. IEEE Vehicular Technology Conference, Phoenix, 1997.

[11] Classen F, Meyr H. Frequency synchronization algorithms for OFDM systems suitable for communication over frequency selective fading channel.IEEE Vehicular Technology Conference, Stockholm, 1994.

[12] Schmidl T M, Cox D C. Robust frequency and timing synchronization for OFDM.IEEE Transactions on Communications,1997, 45(12):1613－1621.

[13] Minn H, Zeng M, Bhargava V K. On timing offset estimation for OFDM systems.IEEE Communication Letters, 2000, 4(7): 242－244.

[14] Park B, Cheon H, Kang C, et al. A novel timing estimation method for OFDM systems. IEEE Communications Letter, 2003, 7(5): 239－241.

[15] Sandell M, Beek J J V D, Brjesson P O. Timing and frequency synchronization in OFDM systems using the cyclic prefix.Proceedings of International Symposium on Synchronization,

1995, 4(16): 16－19.

[16] Tureli U, Liu H, Zoltowski M D. OFDM blind carrier offset estimation: ESPRIT.IEEE Transactions on Communications, 2000, 48(9):1459－1461.

[17] Tureli U, Liu H, Zoltowsk M D. A high efficiency carrier estimator for OFDM communications. IEEE Communication Letters, 1997, (2): 104－106.

[18] 吴瑞. FSO-OFDM 同步技术的研究[硕士学位论文]. 西安: 西安理工大学, 2009.

[19] 柯熙政, 吴瑞, 赵黎. 一种基于 FH 序列的 FSO-OFDM 符号同步方案. 半导体光电, 2009, 04: 586－589.

[20] 柯熙政, 罗文亮, 赵黎, 等. 一种改进的 FSO-OFDM 时间频率同步方案. 激光杂志, 2009, 04: 44－46.

[21] Beek J J V D, Sandell M, Isaksson M, et al. Low-complex frame synchronization in OFDM systems.IEEE International Conference on Universal Personal Communications, Toyoko, 1995.

[22] Classen F, Meyr H. Synchronization algorithms for an OFDM system for mobile communication. ITG Fachtaggung, 1994.

[23] Hsieh M H, Wei C H. Channel estimation for OFDM systems based on comb-type pilot arrangement in frequency selective fading channels. IEEE Transactions on Consumer Electronics, 1998, 44(1): 217－225.

[24] Fernandez-Getino G M J, Edfors O, Paez-Borrallo J M. Frequency offset correction for coherent OFDM in wireless Systems. IEEE Transactions on Consumer Electronics, 2001, 47(1): 187－193.

[25] 李绪诚. OFDM 传输系统中同步问题研究[硕士学位论文]. 贵阳: 贵州大学, 2007.

第 7 章　FSO-OFDM 调制系统中的峰均比

OFDM 系统最主要的不足就是 PAPR 较高，PAPR 过高会导致 OFDM 信号通过放大器时容易产生非线性失真，破坏子载波之间的正交性，使系统的误码率增大。本章研究 FSO-OFDM 系统中存在着的高 PAPR 问题。

7.1　峰均比的定义及统计特性

7.1.1　峰均比的定义

在无线通信中，需要传输的数据频率通常是低频的，如果按照数据本身的频率来传输，则不利于接收和同步。使用载波传输可以将数据的信号加载调制到一个高频载波的信号上。接收方按照载波的频率来接收数据信号，通过波幅的不同将需要的数据信号提取出来。与其他 MCM 系统一样，OFDM 系统也面临着 PAPR 过高的问题。一般将在一段时间内最大峰值功率与平均功率的比值称为 PAPR。由于 OFDM 符号是由多个独立经过调制的子载波信号叠加而成的，当各个子载波相位相同或者相近时，叠加信号便会受到相同初始相位信号的调制，从而产生较大的瞬时功率峰值，由此进一步带来较高的 PAPR。由于一般功率放大器的动态范围都是有限的，因此 PAPR 较大的信号极易进入功率放大器的非线性区域，导致信号产生非线性失真，造成明显的频谱扩展干扰以及带内信号畸变，导致整个系统性能严重下降。高 PAPR 已成为 OFDM 的一个主要技术瓶颈。

考虑理想的情况，这里不进行插入导频和信道编码等操作。输入的数据首先进行串/并转换，然后通过 4QAM 映射为频域符号。频域信号表示为

$$X=(X_0, X_1,\cdots, X_K,\cdots, X_N) \tag{7.1}$$

式中，N 为子载波个数。设第 K 个子载波频域信息为 $X_K=a_K+\mathrm{j}b_K$，则经过 IFFT 后，输出的 OFDM 时域信号为

$$x(n)=\sum_{k=0}^{\frac{N}{2}-1}2\left(a_k\cos\frac{2\pi kn}{N}-b_k\frac{2\pi kn}{N}\right),\quad n=0,1,\cdots,N-1 \tag{7.2}$$

在 FSO 系统中，由于 OFDM 信号是正的实信号，因此，其 PAPR 可以定义为[1]

$$\mathrm{PAPR}=10\lg\frac{\max\left[|x(n)|^2\right]}{E\left[|x(n)|^2\right]} \tag{7.3}$$

式中, $E[\cdot]$为求数学期望。假设某个时刻信道处于极特殊情况, 即所有 N 个子载波处于同一相位, 则

$$\mathrm{PAPR(dB)}=10\lg N \tag{7.4}$$

当 N 个子信道都以相同的相位求和时, 所得到的信号峰值功率将会是平均功率的 N 倍, 因而可以认为基带信号的 PAPR=10lg$N$, 例如, 在 N=256 的情况下, 系统的 PAPR=24dB, 当然这是一种非常极端的情况, OFDM 系统内的 PAPR 通常不会达到这一数值。

7.1.2　峰均比的统计特性

一般情况下, 一个信号 $x(n)$的峰值就是其包络 $|x(n)|$ 的最大值。但通常情况下, 出现峰值的概率非常小, 如图 7-1 所示, 因此采用 $|x(n)|$ 来对信号的峰值进行定义是没有太大实际意义的。

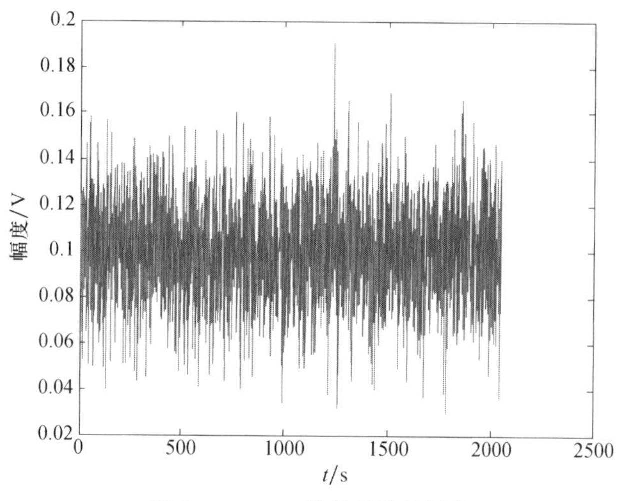

图 7-1　OFDM 信号的信号幅度

一般采用 OFDM 信号的峰值功率与平均功率之比的统计特性来描述 OFDM 系统中的 PAPR 性能。可以有效衡量 OFDM 系统中 PAPR 分布的函数主要有两个: 累积分布函数(cumulative distribution function, CDF)和互补累积分布函数(complementary cumulative distribution function, CCDF)[2]。

CDF 定义为信号的幅值小于某一峰均比值的累积函数, 也可以定义为 PAPR 值小于某一门限值的概率。CCDF 定义为信号的 PAPR 大于某一门限值的概率。两者有如下关系: CCDF=1−CDF。FSO-OFDM 系统的峰值大于某一门限值 z 的概率分布为[3]

$$P(\text{power} > z) = 1 - P(\text{power} \leqslant z) \tag{7.5}$$

对于一个包含 N 个子载波的 OFDM 系统，由中心极限定理可知，对于较大的子载波数 N, $x(n)$的实部和虚部样点服从均值为 0、方差为 0.5 的高斯分布，因此，OFDM 符号的幅度服从瑞利分布，功率服从有中心的、具有 2 个自由度的χ^2分布(均值为 0，方差为1)，所以可以得到其 CDF 为

$$P(\text{power} \leqslant z) = F_{\text{power}}(z) = \int_0^z \mathrm{e}^{-y}\mathrm{d}y = 1 - \mathrm{e}^{-z} \tag{7.6}$$

实际上，PAPR 的性能通常用 CCDF 来衡量，即计算 PAPR 超过某一个门限 PAPR_0 的概率。

对于奈奎斯特采样下的 OFDM 信号，各样点之间是不相关的，则 OFDM 信号的 PAPR 超过门限值 z 的概率分布为

$$\text{CCDF(PAPR)} = P(\text{PAPR} > \text{PAPR}_0) = 1 - (1 - \mathrm{e}^{-\text{PAPR}_0})^N \tag{7.7}$$

根据式(7.7)可知，随着子载波数目N的增加，出现高于门限值z的概率会增大，即出现高 PAPR 的概率也会增大。

7.1.3　高峰均比产生的原因及后果

PAPR 的高低直接影响着系统的运行成本和效率。在 FSO-OFDM 系统中，产生高 PAPR 的主要原因是 OFDM 信号在时域上为 N 个正交的子载波叠加。当子载波的个数 N 达到一定程度后，由中心极限定理可知：OFDM 符号波形将会是一个高斯随机过程，其包络具有很大的不稳定性，当这 N 个子载波正好都以峰值点累加时，将会产生最大的峰值，从而造成高的 PAPR。这种现象会使 OFDM 信号经过半导体激光器时，产生非线性失真，从而破坏子载波间的正交性，进一步恶化传输的性能，使系统误码率增加。

人们期望激光器尽可能工作在线性区域，以保证信号的传输质量。但由于激光器具有阈值特性，过低或过高的加载区域都会带来非线性失真。PAPR 较高是 FSO-OFDM 系统必须面对的一个问题，应该采取措施来减少出现大峰值功率信号的概率，从而避免信号通过激光器时产生非线性失真。

7.2　降低峰均比的方法

7.2.1　限幅类技术

限幅类技术是最简单、直接的降低 OFDM 系统 PAPR 的方法。其基本思想是：在电信号被送到光电调制器之前，对其进行非线性处理，也就是对大峰值信号进行预畸变处理，使其不超过光电调制器的动态范围，从而避免系统出现高的

PAPR。最常用的限幅类技术有限幅滤波、峰值加窗。

1. 限幅滤波

图 7-2 为限幅法原理示意图。其中，横坐标 x 是限幅前信号的幅值，纵坐标 y 是限幅后信号的幅值。由图 7-2 可以看出：限幅后信号的幅值控制在 $\pm A_{\max}$ 内。当使用限幅技术降低信号的 PAPR 时，信号幅度超过设定门限值时就会被过滤掉。

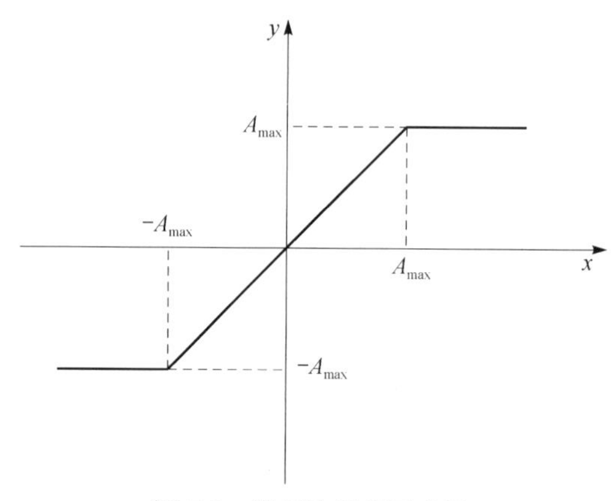

图 7-2　限幅法原理示意图

在 OFDM 信号中，出现大峰值的概率很小，虽然限幅是一种很直接并且有效的 PAPR 降低方法，然而，限幅的过程是非线性的，限幅过程可以看成让原始的 OFDM 信号经过一个矩形窗函数，这个窗函数的幅度定为期望信号的最大幅值，引入这个窗函数必然会导致很严重的带内干扰及带外噪声，从而增加了 FSO-OFDM 系统整体的误比特率。

2. 峰值加窗

限幅采用非线性操作以达到降低信号幅值的目的，这就会带来带内干扰及带外辐射。限幅的过程可以看成 OFDM 信号和一个矩形函数相乘的过程，当 OFDM 信号幅度小于给定的门限值时，将矩形函数的值定为 1，而当 OFDM 信号幅度大于给定的门限值时，将矩形函数的值定为小于 1。

限幅后的 OFDM 信号频谱是限幅前的 OFDM 信号频谱和窗函数频谱的卷积，其带外的频谱特性主要是由矩形窗函数的频谱决定的。在时域中，窗函数的带宽不应该太宽，这是因为如果时域里窗函数的带宽比较大，则意味着更多的信号样点受到影响，从而增加系统的误比特率，降低了系统的性能。

7.2.2　编码类技术

编码类技术[4]是在 OFDM 传输系统中通过选择不同种类的码型，将 PAPR 性能较好的编码组作为 OFDM 符号进行传输，舍弃其他性能比较差的编码组合。这种技术是对 OFDM 信号进行的线性操作，理论上可以比较完美地解决 OFDM 系统的高 PAPR 问题。但由于此类方法所选择的编码方式一般都比较复杂，并且在利用编码方法处理 OFDM 信号时，随着子载波的不断增加，编码长度也会大幅增加，从而产生大量无用的编码，当 OFDM 系统子载波数目比较多时，编码技术会选取一组有用的编码进行传输，而其他无用编码组就会被舍弃，降低了 OFDM 系统的资源利用率，使系统的传输效率降低。常用的编码类方法有分组编码法(bok coding)、Golay 互补序列 (Golay complementary sequence, GCS) 和里德-缪勒 (Reed-Muller)码等[5]。

Golay 互补序列是由 Golay[6]在 1961 年提出的具备互补特性的一类二进制序列。序列 $x=(x_0,x_1,\cdots,x_{N-1})$和 $y=(y_0,y_1,\cdots,y_{N-1})$为一对长度为 N 的序列，移位自相关函数定义为

$$C_x(i)=\sum_{k=0}^{N-1}x_k x_{k+i} \tag{7.8}$$

若满足：

$$C_x(i)+C_y(i)=\begin{cases}2N, & i=0\\ 0, & i\neq 0\end{cases} \tag{7.9}$$

则序列 x 与序列 y 组成了一对 Golay 互补序列对，x 和 y 分别是一对 Golay 互补序列。对式(7.9)两边分别进行傅里叶变换可以得到

$$|X(f)|^2+|Y(f)|^2=2N \tag{7.10}$$

式中，$|X(f)|^2$ 表示的是 x 的功率谱，也就是自相关函数的 DFT，即有

$$X(f)=\sum_{n=0}^{N-1}x(n)\mathrm{e}^{-\mathrm{j}\frac{2\pi}{N}f} \tag{7.11}$$

式中，$\dfrac{2\pi}{N}$ 是序列 x 的采样间隔。由频谱的条件可知其功率谱上界是 $2N$，即有

$$|X(f)|^2\leqslant 2N \tag{7.12}$$

假设序列 x 的功率是 1，则式(7.11)中 $X(f)$的平均功率是 N。因此采用 Golay 互补序列得到的 OFDM 的 PAPR 值满足：

$$\text{PAPR}\leqslant\frac{2N}{N}=2=3\text{dB} \tag{7.13}$$

然而，当子载波数个数较大时，为了保证在一定的编码速度条件下同时降低系统的 PAPR，可以通过对子载波进行分组的 Golay 互补序列编码，这会导致检纠错能力下降。

综上所述，采用编码方法降低 OFDM 系统 PAPR 具有系统相对简单、稳定、容易实现等优点，从而获得良好的 PAPR 抑制性能，但也会引入大量无用的码组。

7.2.3　概率类技术

概率类技术着眼于降低 OFDM 信号高 PAPR 出现的概率，其基本思想是利用多个序列来表征同一个传输的信息，在给定 PAPR 门限值下，从中选一组比给定门限值低且具有最小的 PAPR 的信号用于后续的传输，从而降低大峰值功率信号出现的概率。图 7-3 为降低 PAPR 的概率类技术的原理图。

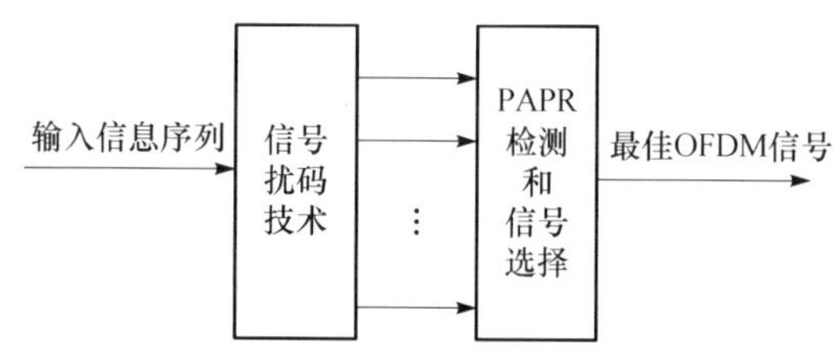

图 7-3　概率类技术降低 PAPR 的原理图

概率类技术是通过线性变换 $Y_n=A_n X_n+B_n(0\leqslant n\leqslant N-1)$对输入的数据进行相关的映射，$Y_n$ 是信号经过 N 点 IFFT 后的输入向量，X_n 是原始的频域数据。此方法的关键是寻找最优的 N 点向量 A 和 B，从而使待传输的时域 OFDM 符号 y=IFFT(Y)的峰值较小。若原始信号的 CCDF 是 $P\{\text{PAPR}>\text{PAPR}_0\}$，$\text{PAPR}_0$ 为 PAPR 的门限，该方法是通过 M 个并行的离散傅里叶逆运算产生 M 个可供选择的信号，这些可供选择的信号携带相同的信息，然后选择一个 PAPR 最低并且低于所给定门限值的信号来进行传输。在这 M 个信号中，最优信号的 CCDF 是 $\left[P\{\text{PAPR}>\text{PAPR}_0\}\right]^M$，从而 PAPR 大于某一给定门限的概率就会尽可能小。同时需要正确传送边带信息来确保在接收端能够正确地解调出原始信号。概率类技术是能够有效降低 OFDM 信号出现峰值较高的概率，具有较好的 PAPR 特性，且其适用于任意的星座调制种类和任意的子载波数，因此是一种很好的降低 OFDM 系统 PAPR 的技术。

属于这类技术的有选择性映射(selected mapping, SLM)、部分传输序列(partial transmitted sequences, PTS)、PS(pulse shaping)、TI(tone injection)、TR(tone rejection)等。其中 SLM 和 PTS 着眼于选择恰当的向量 A。它们都利用了 N 个 A 向量中的元素具有单位幅度的限制，即

$$A_n=\mathrm{e}^{\mathrm{j}\theta_n},\quad \theta\in[0,2\pi];\ 1\leqslant n\leqslant N \tag{7.14}$$

这即为纯相位旋转。相对来讲，SLM 和 PTS 技术的复杂度较低且易于实现，是概率类技术的最典型代表，7.3 节将对这两种技术方案进行详细讨论。

7.3　降低 OFDM 系统中峰均比的概率类方法

概率类技术是最大限度地降低信号峰值出现的概率，并且由于该技术是线性变换，不会带来信号的畸变，因此该类技术能够有效地降低信号的 PAPR。

7.3.1　部分传输序列方法

PTS 的主要思想[7]是将待输入的数据 X 分解成 V 组相互不重叠的子块 $X=\sum_{v=1}^{V}X_v$，选择适合的相位因子序列$\{b_v=\exp(\mathrm{j}\phi_v),v=1,2,\cdots,V\}$对上述分块后的 V 个子块进行相位调整然后再叠加得到

$$Y=\sum_{v=1}^{V}b_vX_v \tag{7.15}$$

对 Y 进行傅里叶逆变换并根据傅里叶逆变换的线性性质可以得到

$$y=\mathrm{IFFT}\{Y\}=\mathrm{IFFT}\left\{\sum_{v=1}^{V}b_vX_v\right\}=\sum_{v=1}^{V}b_v\mathrm{IFFT}\{X_v\} \tag{7.16}$$

利用旋转相位因子对子数据块的相位进行适当的调整，使调整后的子块再进行叠加所生成的 OFDM 信号的 PAPR 比原始 OFDM 信号的 PAPR 有所降低。图 7-4 是其原理图。

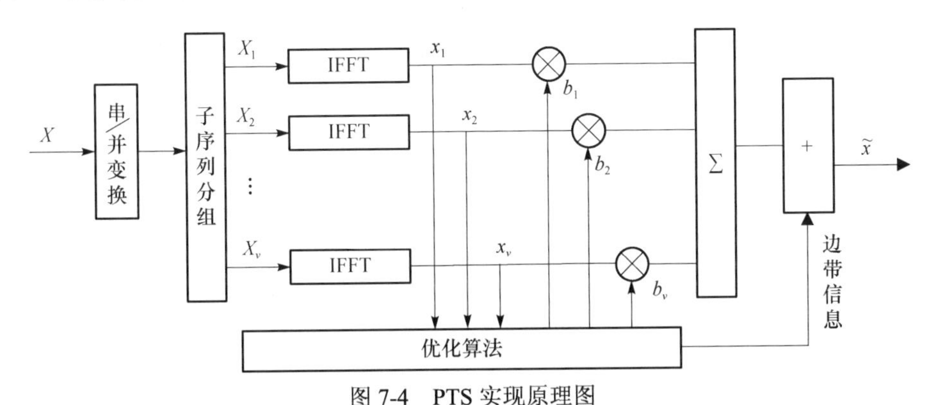

图 7-4　PTS 实现原理图

传统 PTS 的主要思想是：将待传输的数据符号分割成若干互不相同的子块，选取一组使信号的 PAPR 达到最低的相位旋转因子序列，该组相位因子称为最优

相位旋转因子序列。

传统 PTS 方法的缺点如下:理论上, $(b_1,b_2,\cdots,b_V)$可以在$\{0,2\pi\}$之间取任何数值，但是一般$(b_1,b_2,\cdots,b_V)$可以在离散的相位集中取值，当采用 PTS 方法对序列进行 V 组分割且相位取值为 W 时, $(b_1,b_2,\cdots,b_V)$的取值有 W^V 种。每实施1次 PTS，需要计算 VW^V 个 IFFT，计算每个 N点的 IFFT 需要的复数乘法及复数加法的计算量分别为

$$\begin{aligned} n_{\text{mul}} &= \frac{N}{2}\log_2 N \\ n_{\text{add}} &= N\log_2 N \end{aligned} \tag{7.17}$$

总运算量为

$$\begin{aligned} n_{\text{mul}} &= VW^V \frac{N}{2}\log_2 N \\ n_{\text{add}} &= VW^V N\log_2 N \end{aligned} \tag{7.18}$$

这对于 OFDM 系统来说需要高性能的硬件来做支撑，所以需要对传统的 PTS 方法做出新的改进，改进的方法在抑制 PAPR 有效性的同时，也要大大降低运算的复杂度，提高该方法的实用性。

接收机必须要确切地知道发送机所使用的具体旋转因子，该旋转因子通常通过边带信息的形式来通知接收机。因此边带信息必须被小心保护，准确无误地发送给接收机，以确保 PTS-OFDM 系统的正常工作。

PTS 方法的主要目的就是搜索满足式(7.19)的相位旋转因子序列:

$$\left\{b_1^*,b_2^*,\cdots,b_V^*\right\} = \underset{(b_1,b_2,\cdots,b_V)}{\arg\min}\left(\max_t\left|\sum_{v=1}^{V} b_v \text{IFFT}\left\{X_v\right\}\right|\right) \tag{7.19}$$

式中，argmin(·)为函数取最小值时所使用的判决条件[8]。最后，具有最小 PAPR 的 OFDM 信号将被传输。为了使接收端能够识别出不同的相位，一般需要把相位因子作为边带信息(side information, SI)传送至接收端。

由式(7.19)可以看出，降低 PTS 方法的计算复杂度，除了可以限制$(b_1,b_2,\cdots,b_V)$的取值范围之外(如只在 $\exp\{\pm 1,\pm \text{j}\}$中取值)，还可以考虑采用适当的分割方法或最佳相位因子搜索方法以及通过 PAPR 计算优化技术来降低计算的复杂度[9]。

Muller 等[10]提出的 OBPS 算法具体实现了上述理论，该算法将相位旋转因子取值限制为 0 或π, b_v 也就在$\{\pm 1,+\text{j}\}$中取值，计算出全部相位旋转因子组合后的信号的PAPR，然后采用全搜索法得到使系统PAPR降到最低的那一组相位旋转因子组合。全搜索方法的复杂度随着子块数目的增加呈指数关系增长，因此对于子块数目较大的 OFDM 系统是一个很大的负担。所以需要对分块数、相位因子取值范围、载波数的大小进行合理的选择来达到降低系统 PAPR 的同时，把计算复杂度降到合理的范围内。一般需要把相位因子作为边带信息传送至接收端。

1) 不同分割方法下 OFDM 的性能比较

在 OFDM 系统中，首先使用向量来定义数据符号 $X=(X_1,X_2,\cdots,X_n)$，然后将这些向量分割成 V 组，用 $\{X_v,v=1,2,\cdots,V\}$ 表示，分割的方式有相邻分割、交织分割、随机分割(计算机只能做到伪随机)三种。图 7-5～图 7-7 为三种分割方式的示意图。

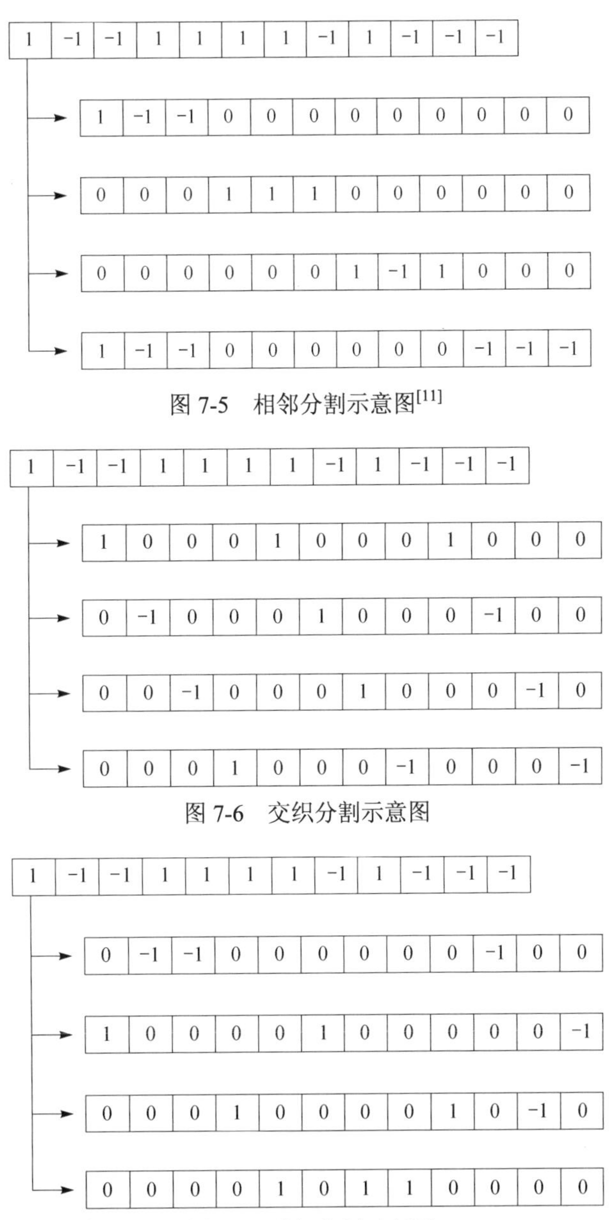

图 7-5 相邻分割示意图[11]

图 7-6 交织分割示意图

图 7-7 随机分割示意图

相邻分割是把 N/V 个相邻子载波划到一个子序列中。交织分割是将间隔大小为 V 的子序列分到一个子序列中。随机分割是将每一个子载波随机地分到 V 个子序列内。以上三种分割方式都遵循一个原则：每一个子载波只出现在一个子序列中，而且这 V 个子序列里所含的子载波数相等。

采用不同分割方法的 PTS 方法在降低 OFDM 系统中 PAPR 效果上是不同的。三种分割方式中，随机分割方式在经过 IFFT 后所得到的子序列的自相关性是最低的，因此在同一条件下，采用随机分割方式得到的系统 PAPR 降低性能比另外两种分割方式要好。虽然单从降 PAPR 的性能上来看，随机分割是最好的，相邻分割次之，交织分割最差，但交织分割能够有效降低 PTS-OFDM 系统的计算复杂度，而相邻分割方式的实现最简单。

在此给出一个简单的子载波划分的示例，假设 OFDM 系统中含有 12 个子载波，被划分为 4 个子序列，则每个子序列含有 12/4=3 个子载波。

图 7-8 为不同分割方式下的 PAPR 性能对比。从图 7-8 中可以看出：在降低 PAPR 方面，采用随机相邻分割方法很接近于随机分割。随机相邻分割方法在降低 PAPR 性能上要优于相邻分割方法，且在降低算法复杂度上要优于随机分割方法，所以仿真时采用随机相邻分割方法。该仿真结果也表明任何 PTS 方法的性能都要远优于传统的 OFDM。

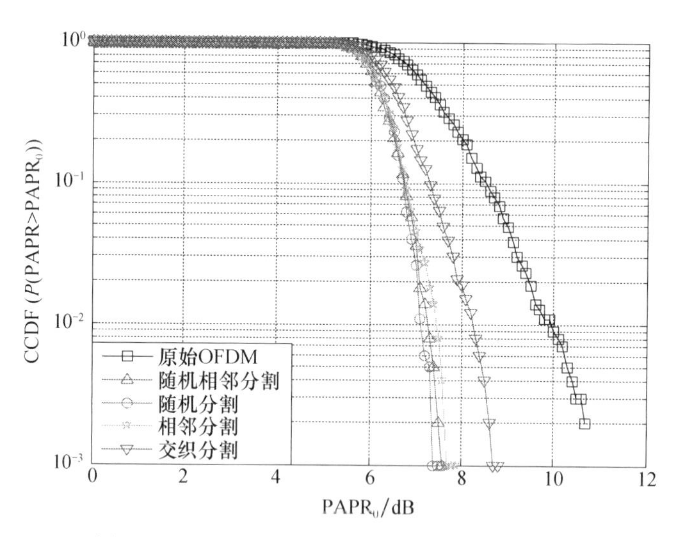

图 7-8　不同分割方式下的 PAPR 性能对比(V=4)

2) 优化分块数下 OFDM 的性能比较

采用不同的分块数，分别仿真验证 V=2,4,6,8 时对系统性能的影响，参数如表 7-1 所示。

表 7-1　不同分块数的仿真参数指标

仿真参数	类型/值
随机产生的 OFDM 数	10000
子载波数 N	128
分块数 V	2, 4, 8
过采样率 L	4
子块分割方法	随机相邻分割
调制方式	4QAM
相位因子 P	1,−1,j,−j

图 7-9 为在子载波数 N=128、采用随机相邻分割方法、V=2,4, 8 情况下得到的 PAPR 的 CCDF。

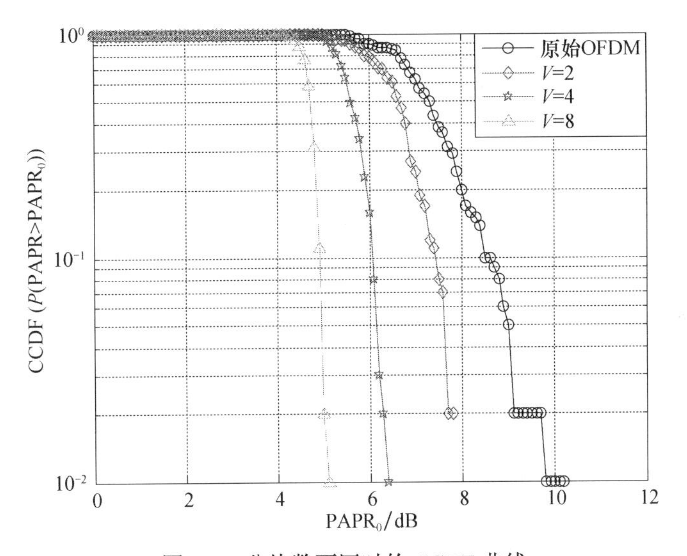

图 7-9　分块数不同时的 CCDF 曲线

从图 7-9 中可以看出，随着所分的子块数的增加，PAPR 降低得越多。在 CCDF=10^{-2}, V=8 处, PAPR 的性能较原始的 OFDM 信号最大改善 4.5dB。同时随着 V 的不断增大，系统的复杂度越来越大，曲线变化率越来越小，也就是对系统的改善能力也在减小。综上所述，在使用 PTS 方法时，在系统性能和计算复杂度上折中考虑，子块数取 V=4 是比较合适的。

3) 不同载波数下 OFDM 的性能比较

采用不同的子载波数，分别仿真验证 N=64,128,256 时对系统性能的影响，参数如表 7-2 所示。

表 7-2　不同载波数的仿真参数指标

仿真参数	类型/值
随机产生的 OFDM 数	10000
子载波数 N	64, 128, 256
分块数 V	4
过采样率 L	4
子块分割方法	随机相邻分割
调制方式	4QAM
相位因子 P	1,−1, j,−j

图 7-10 为在子分块数 V=4、采用随机相邻分割方法、N=64,128,256 情况下得到的 PAPR 的 CCDF。

从图 7-10 中可以看出，随着子载波数 N 的增加，系统的 PAPR 越来越高。原因是子载波数 N 越大，在不同子载波数的情况下出现相同相位的概率就越大，而对相同相位的子载波进行叠加时就会产生较高的 PAPR。在 CCDF=10^{-2}, N=64 处，PTS-OFDM 系统的 PAPR 性能较原始的 OFDM 信号最大改善 3dB。同时随着子载波数 N 的不断增大，系统的计算复杂度不断增大。该仿真结果也表明，PTS 方法对任意的子载波个数都适合。

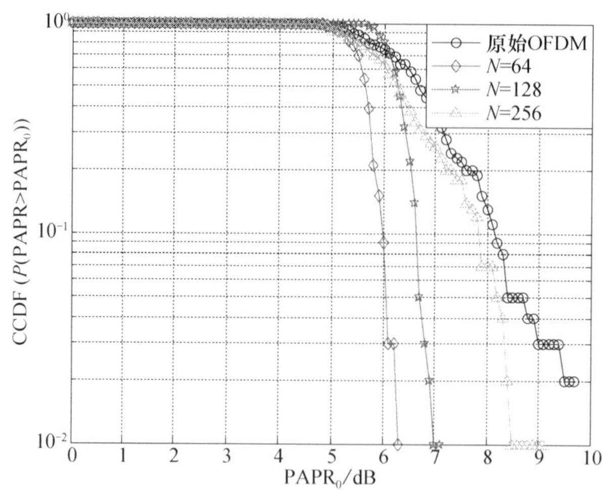

图 7-10　载波数目不同时的 CCDF 曲线

4) 不同相位因子下 OFDM 的性能比较

PTS 方法将载波信息分割成若干组，再对信息的相位进行一定的调整，通过对信息乘以一个相位因子来旋转其相位达到控制系统的 PAPR 性能。

采用不同的相位因子数 P，分别仿真验证 P=2,4,8 时对系统性能的影响，参数如表 7-3 所示。

图 7-11 为在子载波数 N=128、采用随机相邻分割方法、P=2,4,8 情况下得到的 PAPR 的 CCDF。

表 7-3　不同相位因子数的仿真参数指标

仿真参数	类型/值
随机产生的 OFDM 数	10000
子载波数 N	128
分块数 V	4
过采样率 L	4
子块分割方法	随机相邻分割
调制方式	4QAM
相位因子 P	2, 4, 8

从图 7-11 中可以看出：随着所取的相位因子的增加，PAPR 降低得越来越多。因为 P 越大，辅助相位因子选择的种类就越多，PTS-OFDM 系统的性能越好。但要增加更多的相位旋转，也意味增加系统的计算复杂度。理论上，加权相位可以在[0,2π]内任意选择，但若相位因子集 W=[±1,±j]，则可以避免复数间的乘法运算，大大降低系统的复杂度，所以最终实验时所加的相位因子是[±1,±j]。

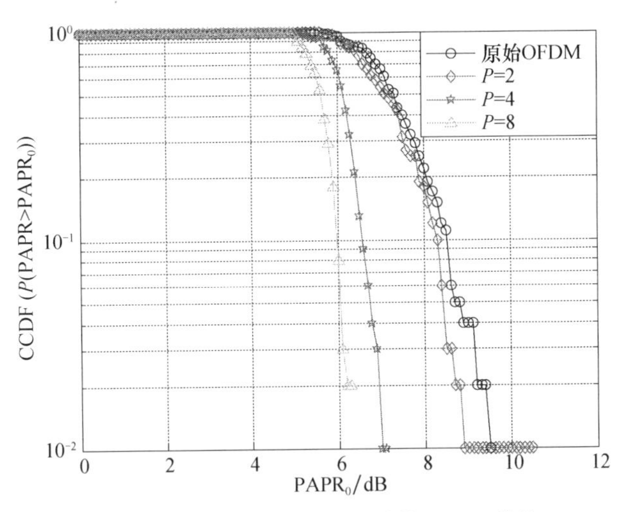

图 7-11　相位因子数目不同时的 CCDF 曲线

通过前面的分析和总结，可以得出对系统的 PAPR 产生影响的因素如下：

(1) OFDM 信号所采用的分割方法。传统的 PTS 分割方法有随机分割、相邻分割、交织分割三种。随机分割在降低系统 PAPR 性能上的效果最好，但是系统复杂度最大；交织分割的系统复杂度最低，但在降低 PAPR 性能上的效果最差，相邻分割在降低 PAPR 性能上比交织分割好。

(2) 载波的分块数。在载波的分块数 V 为 2，4，8 时，采用随机相邻分割的方法，系统的 PAPR 性能随着载波分块数的增加而变得更优。因为随着分块数的增加，相位因子的种类也随着增加，所以相位的选择更多。这样，系统在众多相位因子备选的条件下，更能选择使系统的 PAPR 性能最小的一组数据进行传输。

(3) 相位因子的数量。在相位因子数 P 为 2，4，8 时，采用随机相邻分割的方法，系统的 PAPR 性能随着相位因子数的增加而变得更优。因为随着备选相位因子数目的增多，找到使系统 PAPR 性能提高的最优相位因子的可能性也就越大。

(4) 子载波的数量。在采用 PTS 方法的系统中，当子载波数增加时，也就意味着有同一相位的高峰值叠加到一起的可能性增加，这样就使系统的 PAPR 呈下降的趋势。但多载波系统一旦采用 PTS 方法后，得到的 PAPR 结果肯定比传统 OFDM 系统好。

图 7-12 显示的是原始 OFDM 系统和 PTS-OFDM 系统 PAPR 分布的 CCDF 曲线对比图。这里用 CCDF 性能曲线来描述 PAPR 的抑制情况。综合以上分析，仿真参数设置为：10000 个随机独立的 OFDM 信号，4QAM 调制方式，N=128，随机相位序列的取值为$\{\pm 1 \pm \mathrm{j}\}$，过采样率为 4。

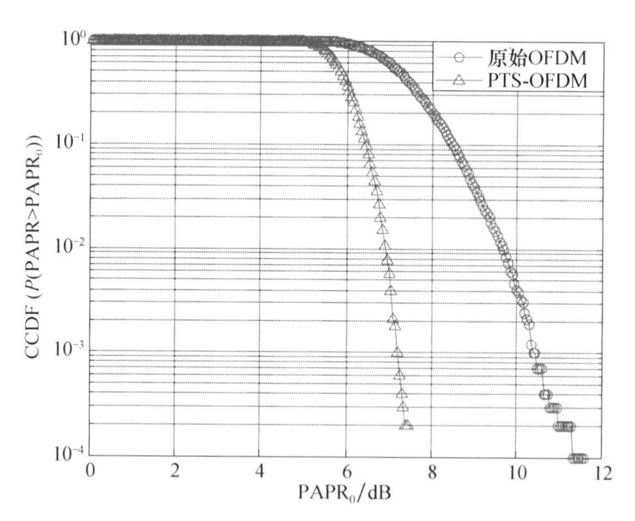

图 7-12　OFDM 和 PTS-OFDM 降低 PAPR 的 CCDF 曲线对比(V=4)

图 7-12 中，纵坐标 CCDF 是指系统中 PAPR 值超过某一门限值的概率，横坐标表示的是门限值 PAPR$_0$。在 CCDF=10^{-4} 处，原始 OFDM 的峰值平均功率比为 11.5dB，优化的 PTS-OFDM 的峰值平均功率比为 7dB 左右。采用优化的 PTS 方法的峰值平均功率比明显降低了约 4.5dB，结果表明 PTS 方法能够有效地降低

FSO-OFDM 系统的 PAPR。

7.3.2　选择性映射方法

SLM 的基本思想[12]是利用 M 个统计独立的向量 $X^{(k)}(k=1,2,\cdots,M)$表示相同信息，选择其对应的 OFDM 时域序列 x_k 中具有最低 PAPR 的一路序列进行传输。图 7-13 是其原理图。

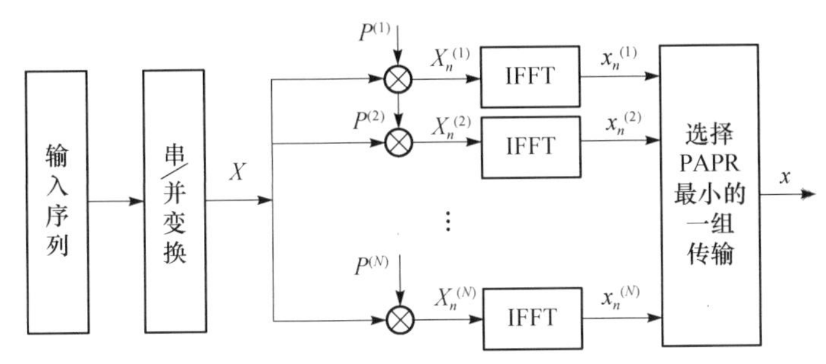

图 7-13　选择映射方法的原理框图

FSO-OFDM 系统发射机内的信号可以表示为

$$x_k = \text{IFFT}[X_n],\ n,k=0,1,\cdots,N-1 \tag{7.20}$$

假设存在 M 个长度为 N 的不同随机的相位序列矢量，如式(7.21)所示：

$$P^{(\mu)} = \left(P_0^{\mu}, P_1^{\mu}, \cdots, P_{N-1}^{\mu}\right),\quad \mu = 1,2,\cdots,M \tag{7.21}$$

式中，$P_i^{\mu} = \exp\left(\mathrm{j}\varphi_i^{\mu}\right)$，$\varphi_i^{\mu}$ 在 $[0,2\pi)$ 内是均匀分布的。将这 M 个相位的矢量分别与 IFFT 的输入序列 X 进行对应的点乘，会得到 M 个不同的输出序列 $X^{(\mu)}$，即

$$\begin{aligned} X^{(\mu)} &= \left(X_0^{\mu}, X_1^{\mu}, \cdots, X_{N-1}^{\mu}\right) = \left\langle XP^{\mu}\right\rangle \\ &= \left(X_0 P_0^{(\mu)}, X_1 P_1^{(\mu)}, \cdots, X_{N-1} P_{N-1}^{(\mu)}\right) \end{aligned} \tag{7.22}$$

式中，$\langle\cdot\rangle$ 表示信号之间的点乘。随后对得到的 M 个不同的序列 $X^{(\mu)}$分别进行 IFFT 计算，随之得到 M 个不同的输出序列$\left(X_0^{\mu}, X_1^{\mu}, \cdots, X_{N-1}^{\mu}\right)$。

在给定 PAPR 门限值的条件下，从这 M 个时域信号序列内选择 PAPR 有最小 PAPR 的一路进行传送。在接收端，首先将接收到的信号进行快速傅里叶变换，接着根据接收到的边带信息进行与发送端相反的操作进行原始信号的恢复。SLM 方法抑制 PAPR 的性能只取决于相位因子的设计，对各种调制方法都适用，且对系统中的子载波数目也没有苛刻要求。

如果 PAPR 的门限大于 PAPR_0，则原始 OFDM 序列的 PAPR 超过门限值的概

率定义为 $P(\mathrm{PAPR}>\mathrm{PAPR}_0)$，因此，这 M 个序列 $X^{\mu}(\mu=0,1,\cdots,M-1)$ 的 PAPR 都超过门限值的概率就会变为 $[P(\mathrm{PAPR}>\mathrm{PAPR}_0)]^M$，根据 OFDM 系统内 PAPR 分布的 CCDF 可表示为

$$\left[P(\mathrm{PAPR}>\mathrm{PAPR}_0)\right]=1-(1-\mathrm{e}^{-\mathrm{PAPR}_0})^K \tag{7.23}$$

采用 SLM 方法后，OFDM 系统 PAPR 分布的 CCDF 为

$$\left[P\left(\mathrm{PAPR}>\mathrm{PAPR}_0\right)\right]^M=\left[(1-\mathrm{e}^{-\mathrm{PAPR}_0})^K\right]^M \tag{7.24}$$

式中，M=1 时为原始 OFDM 系统 PAPR 分布的 CCDF。SLM 方法具有很明显的 OFDM 信号 PAPR 抑制能力。

图 7-14 描述的是相位序列 M 取不同值时的 PAPR 情况，用 CCDF 性能曲线来描述 PAPR 抑制情况。取仿真参数：10000 个随机独立的 OFDM 信号，4QAM 调制方式，载波数为 128，过采样率为 4。从图 7-14 可以看出：当 M=32 时，在 CCDF=10^{-4} 时，经过 SLM 方法改进后系统的 PAPR 性能比原始信号降低了大约 5dB。随着随机相位数的增加，在 M 取值为 2、4、8、16、32 时，PAPR 是逐渐降低的，可以看出，随着 M 值的增多，PAPR 抑制性能越来越好，但是当 M 值增加到一定的程度后，抑制 PAPR 的效果在逐渐减弱。

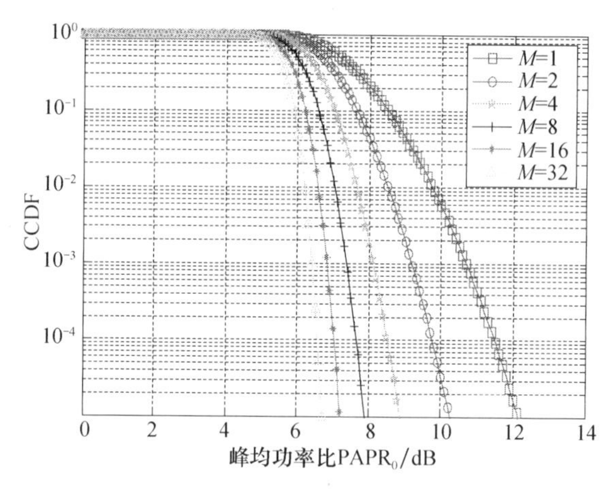

图 7-14　SLM 系统中相位矢量 M 不同的条件下 PAPR 的 CCDF 仿真曲线

理论上，SLM 方法可以大大降低系统的 PAPR，却是以增加系统复杂度为代价的。其一，需要额外计算 M−1 次 N 点傅里叶逆变换，增加了计算的复杂度；其二，需要额外传送边带信息来确保系统的接收端能够完整地恢复出发送的信号，因此降低了系统的数据传输速率。SLM 方法是通过引入边带信息来减少 OFDM 系统中峰值出现的概率，并不是直接将峰值信号削减掉，从而降低了系统的误码率，并且也不存在带内、带外噪声。

7.3.3 信道仿真分析

下面分别进行 Gamma-Gamma 信道下乘性噪声与加性高斯白噪声共同作用的混合噪声情形下的 FSO-OFDM 系统与 PTS-OFDM 系统的星座图对比分析及 FSO-OFDM 系统与 SLM-OFDM 系统的星座图对比分析。

1. 信道模型

为了研究 FSO-OFDM 系统的性能，我们首先讨论信道中噪声的影响。

噪声模型如图 7-15 所示。假定信号为 $s(t)$，噪声为 $n(t)$，如果混合叠加波形是 $s(t)+n(t)$形式，则称 $n(t)$为加性噪声；如果叠加波形为 $s(t)k(t)+n(t)$的形式，其中 $k(t)$为乘性噪声，信号上同时叠加 $n(t)$和 $k(t)$时，则表示混合噪声作用于系统。AWGN 是最基本的噪声与干扰模型。它的幅度分布服从高斯分布，而功率谱密度是均匀分布的。我们定义乘性噪声是服从 Gamma-Gamma 分布的信道模型[13]。噪声模型可以用式(2.56)表示。

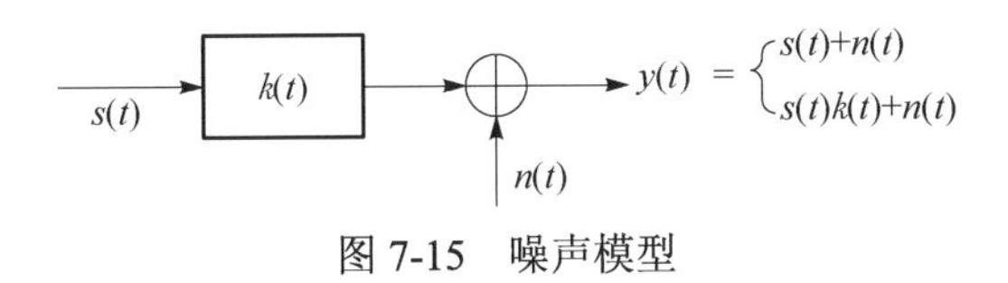

图 7-15　噪声模型

1) 高斯白噪声对系统星座图的影响

图 7-16～图 7-18 给出了在 CCDF＝10^{-4}概率处，原始 OFDM 系统的 PAPR 为 11.5dB, SLM-OFDM 系统的 PAPR 降到 6.5dB 的条件下，同时又将 OFDM 信号和

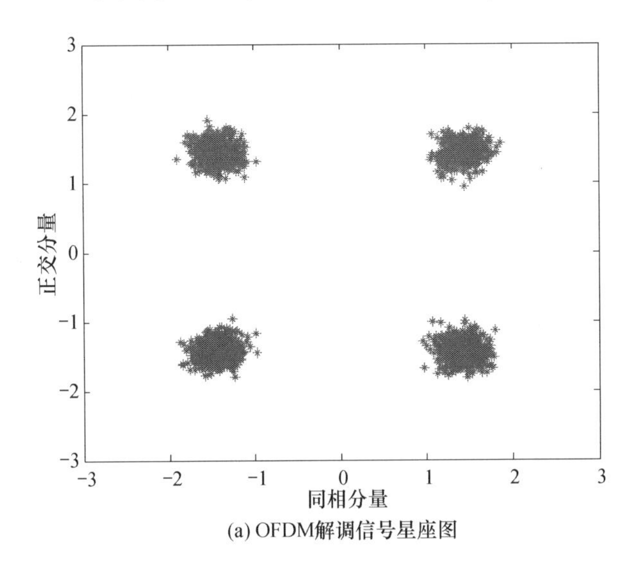

(a) OFDM解调信号星座图

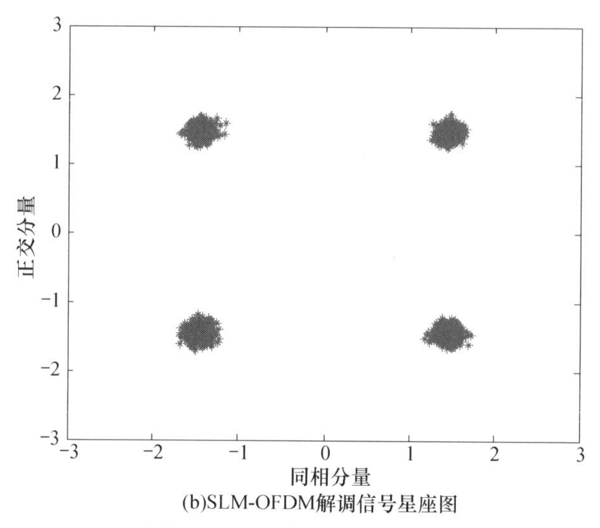

(b)SLM-OFDM解调信号星座图

图 7-16　SNR=20dB 情况下 OFDM 和 SLM-OFDM 解调信号的星座图[14, 15]

SLM-OFDM 信号的幅值都归一化到同一区间内，分析在 AWGN 信道下加性噪声的 SNR=20dB、SNR=15dB 和 SNR=10dB 的情况下，OFDM 系统和 SLM-OFDM 系统解调端星座图，其中横坐标表示 I 路信号的幅值，纵坐标表示 Q 路信号的幅值，横坐标和纵坐标都是无量纲量。

图 7-16 为在 AWGN 信道下加性噪声的 SNR=20dB 的情况下，OFDM 系统和 SLM- OFDM 系统接收端解调信号的星座图。

图 7-17 为在 AWGN 信道下加性噪声的 SNR=15dB 的情况下，OFDM 系统和 SLM- OFDM 系统接收端解调信号的星座图。

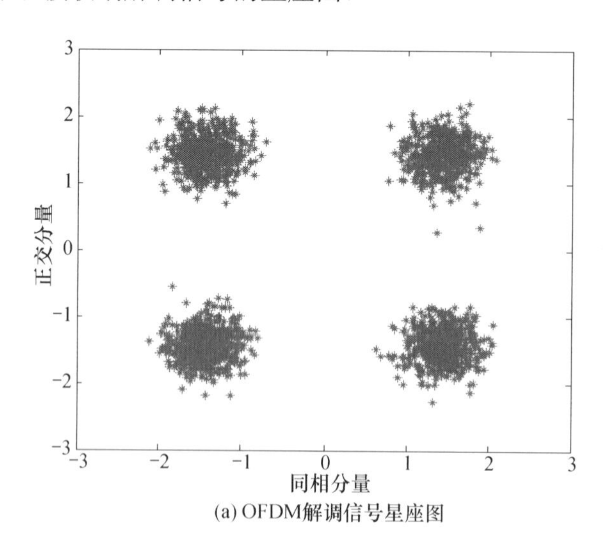

(a) OFDM解调信号星座图

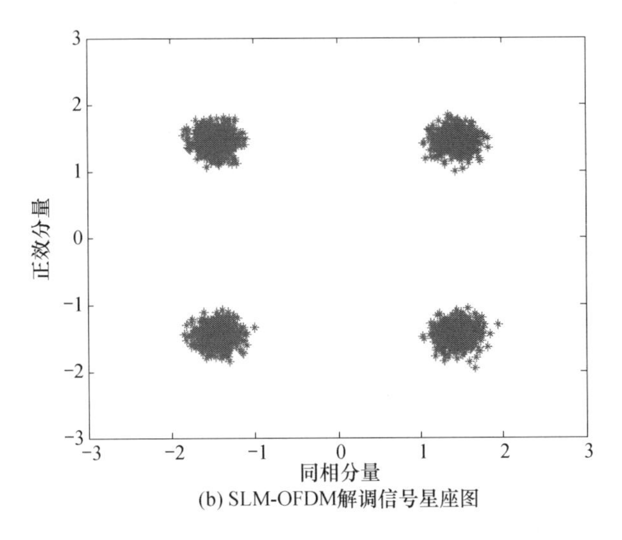

(b) SLM-OFDM解调信号星座图

图 7-17　SNR=15dB 情况下 OFDM 和 SLM-OFDM 解调信号的星座图[14, 15]

图 7-18 为在 AWGN 信道下加性噪声的 SNR=10dB 的情况下，OFDM 系统和 SLM-OFDM 系统接收端解调信号的星座图。

对比图 7-16～图 7-18 可知：OFDM 系统和 SLM-OFDM 系统受到信道中高斯白噪声的影响之后，星座图中每个星座点的聚合度会受到一定程度的影响，其中 SNR 越大，系统受到的影响越小，星座点聚合程度越高。同时对比图 7-16～图 7-18 中(a)和(b)发现，在相同 SNR 的情况下，(b)的星座点聚合度比(a)高，说明加上 SLM 方法后的系统，抗高斯白噪声干扰的能力增加，系统的误码率减小。

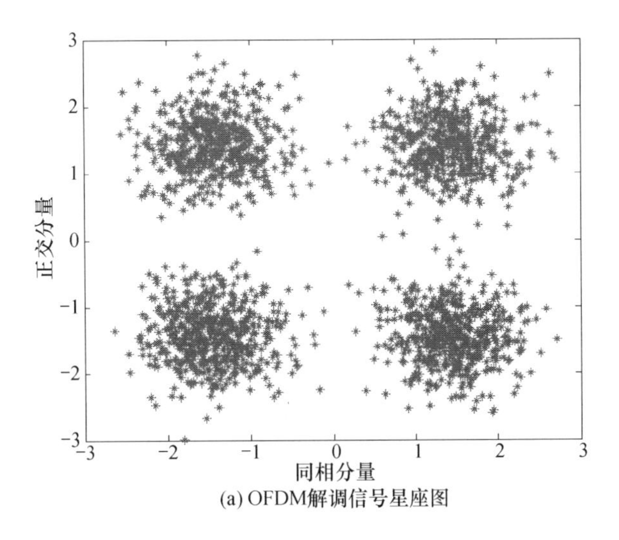

(a) OFDM解调信号星座图

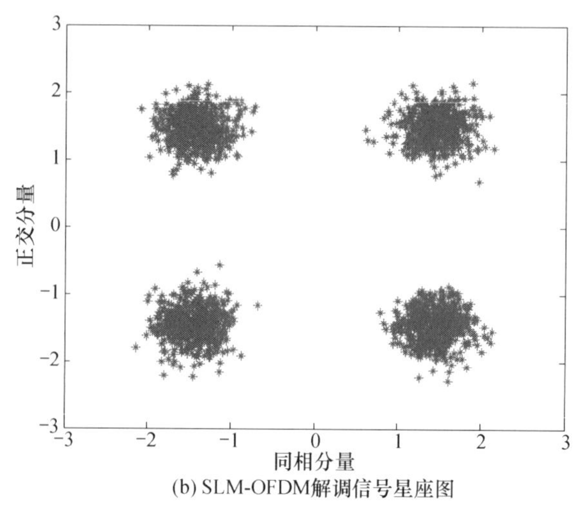

(b) SLM-OFDM解调信号星座图

图 7-18　SNR=10dB 情况下 OFDM 和 SLM-OFDM 解调信号的星座图[14, 15]

2) 乘性噪声对系统星座图的影响

OFDM 信号经过服从 Gamma-Gamma 分布的大气信道，信号受到乘性噪声的影响。在 Gamma-Gamma 分布大气湍流信道模型以及弱湍流和中湍流特性下，分析 OFDM 信号和 SLM-OFDM 信号对接收端星座图的影响。图 7-19～图 7-21 给出了在 CCDF＝10^{-4}概率处，原始 OFDM 系统的 PAPR 为 11.5dB，SLM-OFDM 系统的 PAPR 降到 6.5dB 的条件下，同时又将 OFDM 信号和 SLM-OFDM 信号的幅值都归一化到同一区间内，分析不同光强起伏方差下 OFDM 系统和 SLM-OFDM 系统解调端的星座图。

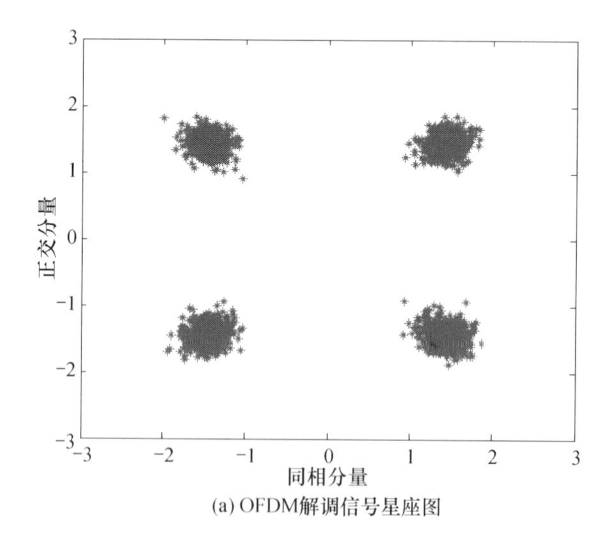

(a) OFDM解调信号星座图

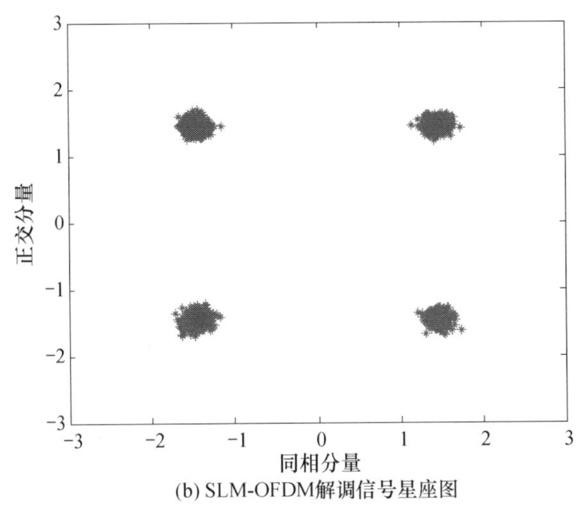

(b) SLM-OFDM解调信号星座图

图 7-19　$\sigma_R^2=0.1$ 情况下 OFDM 和 SLM-OFDM 解调信号的星座图[14, 15]

图 7-19 为在 Gamma-Gamma 信道且乘性噪声的光强起伏方差 σ_R^2 =0.1 的情况下, OFDM 系统和 SLM-OFDM 系统接收端解调信号的星座图。

图 7-20 为在 Gamma-Gamma 信道且乘性噪声的光强起伏方差 σ_R^2 =0.3 的情况下, OFDM 系统和 SLM-OFDM 系统接收端解调信号的星座图。

图 7-21 为在 Gamma-Gamma 信道且乘性噪声的光强起伏方差 σ_R^2 =0.5 的情况下, OFDM 系统和 SLM-OFDM 系统接收端解调信号的星座图。

对比图 7-19～图 7-21 可以看出, 在弱湍流下, 调制信号的星座图收敛状态较好, 中湍流相比弱湍流调制信号的星座图较为分散。同时, 在弱湍流和中湍流条

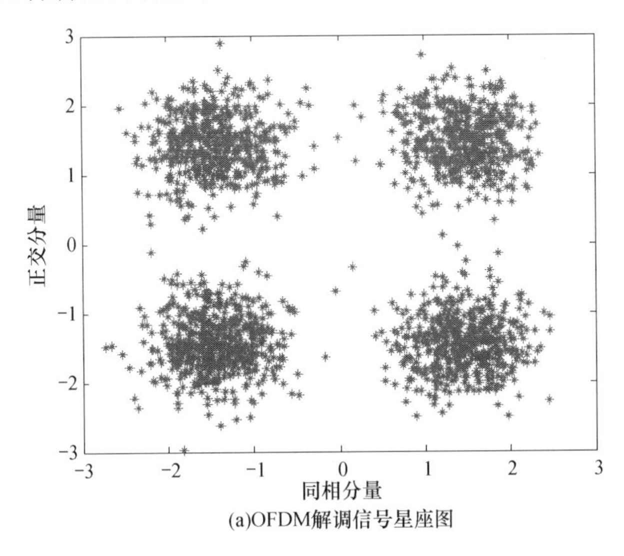

(a)OFDM解调信号星座图

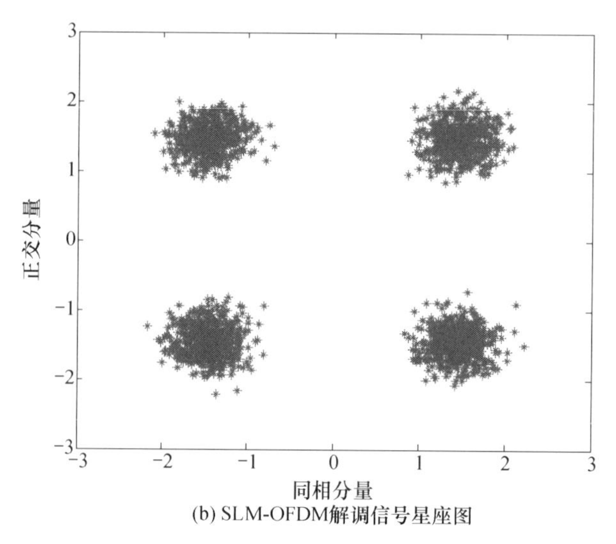

(b) SLM-OFDM解调信号星座图

图 7-20　$\sigma_R^2=0.3$ 情况下 OFDM 和 SLM-OFDM 解调信号的星座图

件下，分析对比图 7-19～图 7-21 中的(a)和(b)发现：在相同光强起伏方差情况下，(b)的星座点聚合度比(a)好，说明加上 SLM 方法后，SLM-OFDM 系统对 Gamma-Gamma 信道的大气湍流影响有很好的抑制作用。

3) 混合噪声对系统星座图的影响

考虑 AWGN 信道下加性噪声和 Gamma-Gamma 信道下乘性噪声共同作用的混合噪声信道模型下，分析 OFDM 系统和 SLM-OFDM 系统对接收端解调信号星座图的影响。图 7-22～图 7-24 为在 CCDF＝10^{-4} 概率处，原始 OFDM 系统的 PAPR

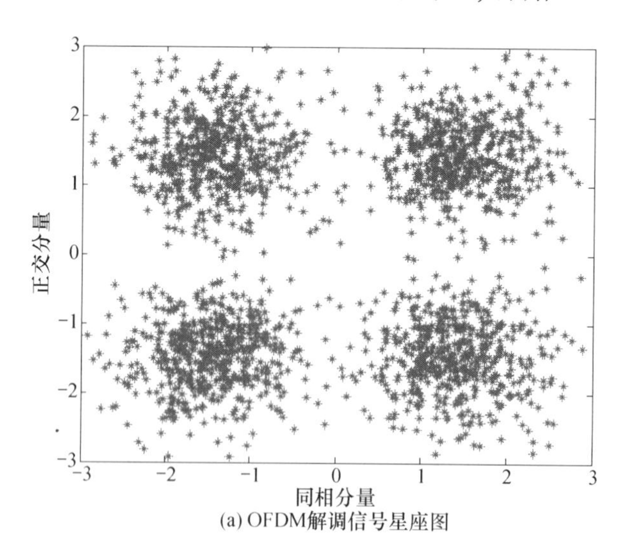

(a) OFDM解调信号星座图

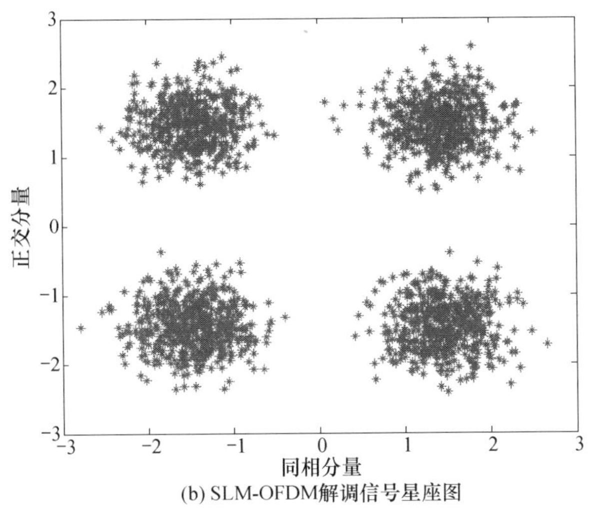

(b) SLM-OFDM解调信号星座图

图 7-21　σ_R^2=0.5 情况下 OFDM 和 SLM-OFDM 解调信号的星座图[14, 15]

为 11.5dB, SLM-OFDM 系统的 PAPR 降到 6.5dB 的条件下，同时又将 OFDM 信号和 SLM-OFDM 信号的幅值都归一到同一区间内，分析不同的 SNR 和光强起伏方差作用于 OFDM 系统和 SLM-OFDM 系统的解调端星座图。

图 7-22 为在 AWGN 信道下加性噪声的 SNR 值取 25，同时 Gamma-Gamma 信道下乘性噪声的光强起伏方差 $\sigma_R^2 = 0.1$ 的情况下, OFDM 系统和 SLM-OFDM 系统接收端解调信号的星座图。

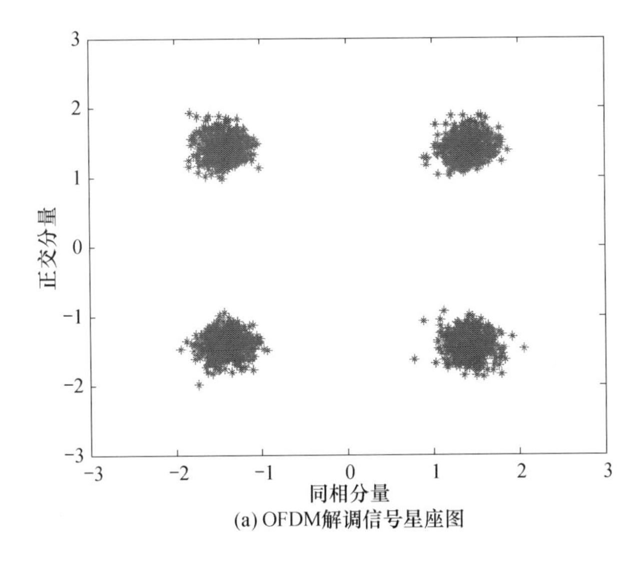

(a) OFDM解调信号星座图

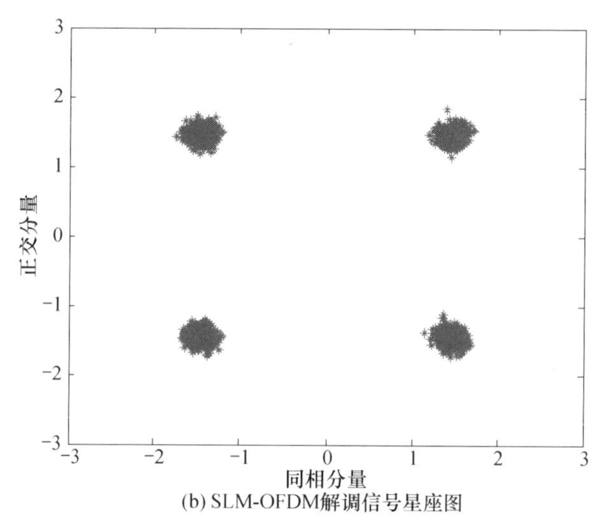

(b) SLM-OFDM解调信号星座图

图 7-22　SNR=25, σ_R^2=0.1 情况下 OFDM 和 SLM-OFDM 解调信号的星座图[14, 15]

图 7-23 为在 AWGN 信道下加性噪声 SNR 值取 20, Gamma-Gamma 信道下乘性噪声光强起伏方差 $\sigma_R^2=0.1$ 的情况下, OFDM 系统和 SLM-OFDM 系统接收端解调信号的星座图。

图 7-24 为在 AWGN 信道下加性噪声 SNR 值取 20, Gamma-Gamma 信道下乘性噪声光强起伏方差 $\sigma_R^2=0.3$ 的情况下, OFDM 系统和 SLM-OFDM 系统接收端解调信号的星座图。

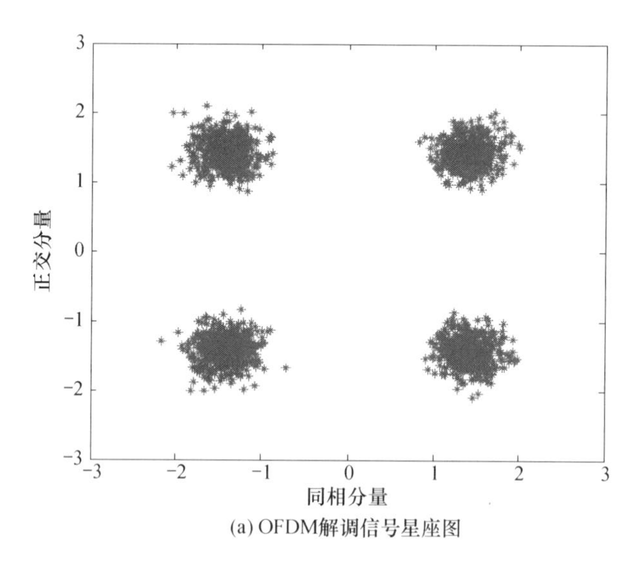

(a) OFDM解调信号星座图

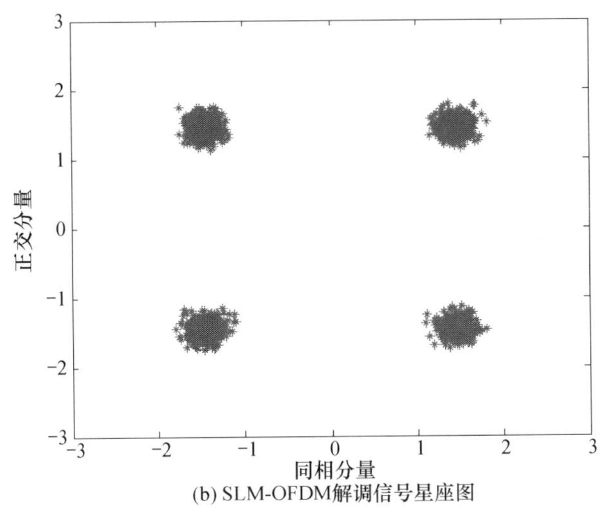

(b) SLM-OFDM解调信号星座图

图 7-23　SNR=20, σ_R^2=0.1 情况下 OFDM 和 SLM-OFDM 解调信号的星座图[14, 15]

图 7-22～图 7-24 给出了信道的光强起伏方差 $\sigma_R^2=0.1$ 和 $\sigma_R^2=0.3$ 的情况下, SNR 分别取 25 和 20 时的混合噪声对解调端星座图的影响情况。对比图 7-22 和图 7-23 可以看出：当光强起伏方差相等时, SNR 越大, 星座图中点的聚合度越高, 系统性能越好。对比图 7-23 和图 7-24 可以看出：将光强起伏方差 σ_R^2 值由 0.1 增大到 0.3 时, 随着光强起伏方差的增大, 星座点的聚合度越来越低, 系统性能也越来越差。同时, 在弱湍流和中湍流条件下, 分析对比图 7-22～图 7-24 中的(a)和(b)发现, 在相同 SNR 值和光强起伏方差共同作用于系统的条件下, (b)的星座点聚合

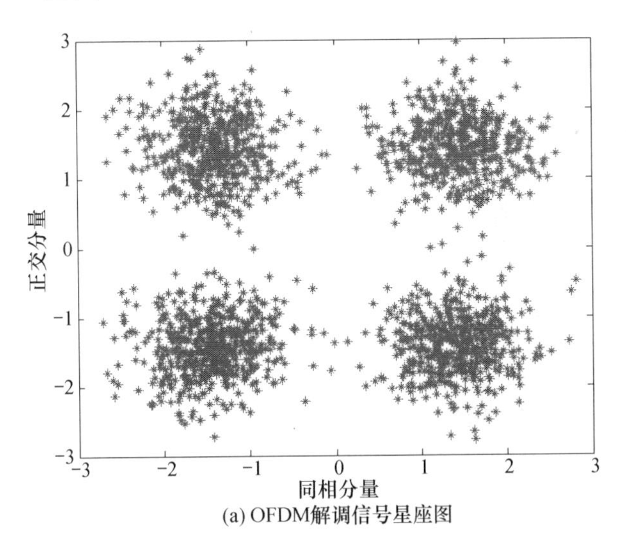

(a) OFDM解调信号星座图

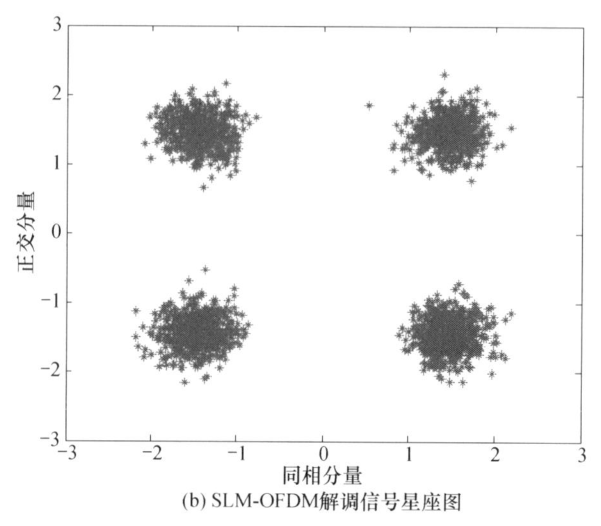

(b) SLM-OFDM解调信号星座图

图 7-24　SNR=20，$\sigma_R^2=0.3$ 情况下 OFDM 和 SLM-OFDM 解调信号的星座图 [14, 15]

度比(a)高，说明加上 SLM 方法后的系统的抗混合噪声干扰的性能也增加，系统的误码率减小。

2. 眼图分析

在 AWGN 信道下加性噪声和 Gamma-Gamma 信道下乘性噪声共同作用的混合噪声信道模型下，通过分析 OFDM 系统和 SLM- OFDM 系统接收端解调信号眼图的闭合情况来进一步验证 SLM 方法降低 PAPR 的可行性。图 7-25～图 7-27 为在 CCDF＝10^{-4} 概率处，原始 OFDM 系统的 PAPR 为 11.5dB，SLM-OFDM 系统的 PAPR 降到 6.5dB 的条件下，同时又将 OFDM 信号和 SLM-OFDM 信号的幅值都归一化到同一区间内，分析不同 SNR 和光强起伏方差作用于 OFDM 系统和 SLM-OFDM 系统的解调端眼图。

图 7-25 为在 AWGN 信道下，加性噪声的 SNR 值取 25，同时 Gamma-Gamma 信道下乘性噪声的光强起伏方差 $\sigma_R^2=0.1$ 的情况下，OFDM 系统和 SLM-OFDM 系统接收端解调信号的眼图。

在 AWGN 信道下加性噪声的 SNR 值取 15，同时 Gamma-Gamma 信道下乘性噪声的光强起伏方差 $\sigma_R^2=0.1$ 的情况下，OFDM 系统和 SLM-OFDM 系统接收端解调信号的眼图如图 7-26 所示。

在 AWGN 信道下加性噪声的 SNR 值取 15，同时 Gamma-Gamma 信道下乘性噪声的光强起伏方差 $\sigma_R^2=0.3$ 的情况下，OFDM 系统和 SLM-OFDM 系统接收端解调信号的眼图如图 7-27 所示。

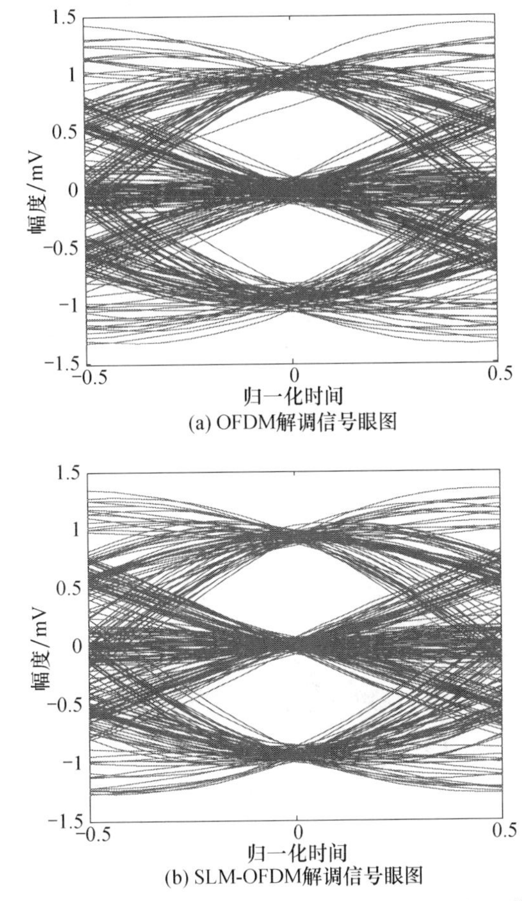

(a) OFDM解调信号眼图

(b) SLM-OFDM解调信号眼图

图 7-25　SNR=25, σ_R^2=0.1 情况下 OFDM 和 SLM-OFDM 解调信号的眼图[14,15]

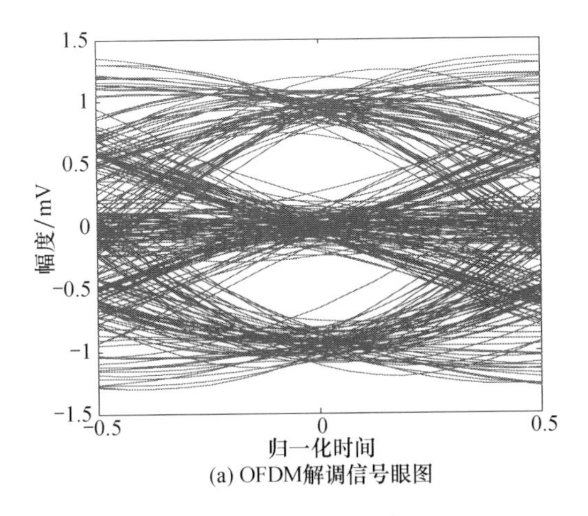

(a) OFDM解调信号眼图

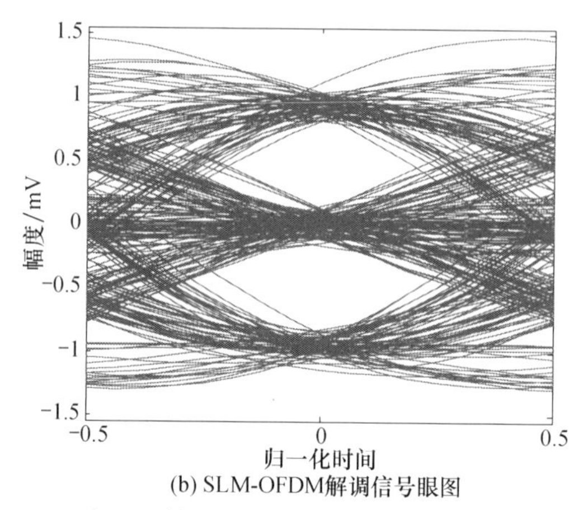

(b) SLM-OFDM解调信号眼图

图 7-26　SNR=15，$\sigma_R^2=0.1$ 情况下 OFDM 和 SLM-OFDM 解调信号的眼图[14,15]

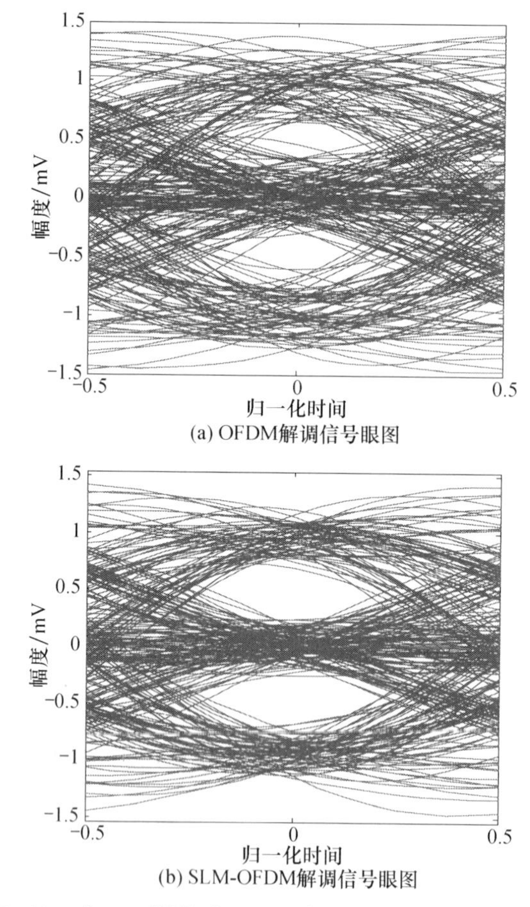

(a) OFDM解调信号眼图

(b) SLM-OFDM解调信号眼图

图 7-27　SNR=15，$\sigma_R^2=0.3$ 情况下 OFDM 和 SLM-OFDM 解调信号的眼图[14,15]

观察不同噪声情况下的眼图，可以分析出信道噪声对无线光通信系统的性能影响。对比图 7-25 和图 7-26 可以看出：当光强起伏方差相等时，SNR 越大，眼图中点的聚合度越高，系统性能越好。对比图 7-26 和图 7-27 可以看出：当 SNR=15，而 σ_R^2 值由 0.1 增大到 0.3 时，OFDM 系统下的眼图闭合得很大，所以系统受乘性噪声的影响较大。对比图 7-25～图 7-27，在弱湍流和中湍流条件下，SLM-OFDM 解调信号比 OFDM 解调信号整体“眼睛”张开的程度要大，眼图线迹也比较清晰，说明加上 SLM 方法后的 OFDM 信号在抗信道噪声上比原始 OFDM 信号要好。同时又由于将信号的幅值都归一化到同一个区间内，此时在同等噪声的条件下，SLM-OFDM 信号的平均功率就增加了，也就提高了信噪比，从而 SLM-OFDM 系统的抗噪声性能增加，验证了该算法的有效性。

3. 误码率分析

图 7-28 为在 CCDF＝10^{-4} 概率处，在没对原始 OFDM 信号进行 PAPR 控制时，系统的 PAPR 为 11.5dB，加了 SLM 方法后，SLM-OFDM 系统的 PAPR 降到 6.5dB 的条件下，不同的 SNR 和光强起伏方差 $\sigma_R^2=0.5$ 时作用于原始 OFDM 系统和 SLM-OFDM 系统的误码率对比曲线图。

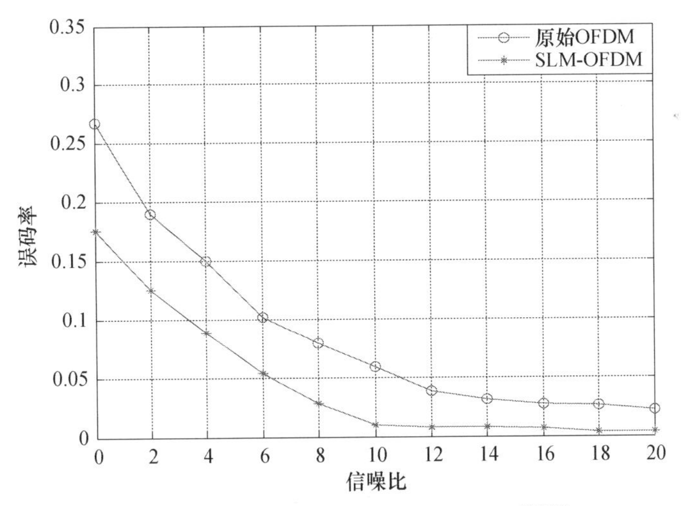

图 7-28　混合噪声情况下误码率曲线图[14,15]

由图 7-28 可以看出，当信噪比较高时，由于受大气湍流的影响，原始 OFDM 系统和 SLM-OFDM 系统的误码率不会随着信噪比的增大而进一步减小，而是分别收敛于一个值附近。例如，当 $\sigma_R^2=0.5$，信噪比高于 15dB 时，原始 OFDM 系统的误码率达到 0.02，SLM-OFDM 系统的误码率达到 0.003。当信噪比低于 10dB 时，两种系统受加性噪声的影响都大。同时也可以明显看出, SLM- OFDM 系统误码率曲线一直在 OFDM 系统误码率曲线的下方, 所以经过 SLM 方法改进后的 OFDM 系统的误码率与原始的 OFDM 系统相比有明显的降低。

7.3.4　实验结果分析

在短距离情况下进行实验, 测试信号长度取 10000 个点。在接收端利用 MATLAB 对采集到的数据进行解调, 然后通过星座图及眼图对 FSO-OFDM 系统的性能进行对比分析。SO-OFDM 无线激光通信系统测量原理图 7-29 所示。

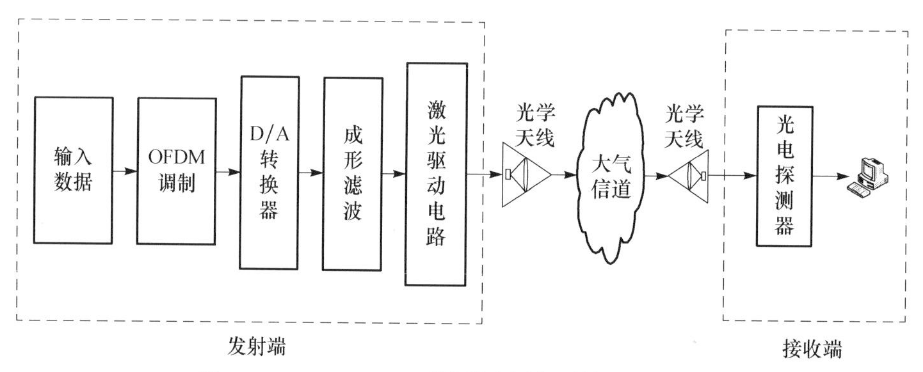

图 7-29　FSO-OFDM 无线激光通信系统测量原理图

1. 星座图分析

图 7-30 为在 CCDF$=10^{-4}$ 概率处, 原始 OFDM 系统的 PAPR 为 11.5dB, SLM-OFDM 系统的 PAPR 降到 6.5dB 的条件下, 同时又将 OFDM 信号和 SLM-

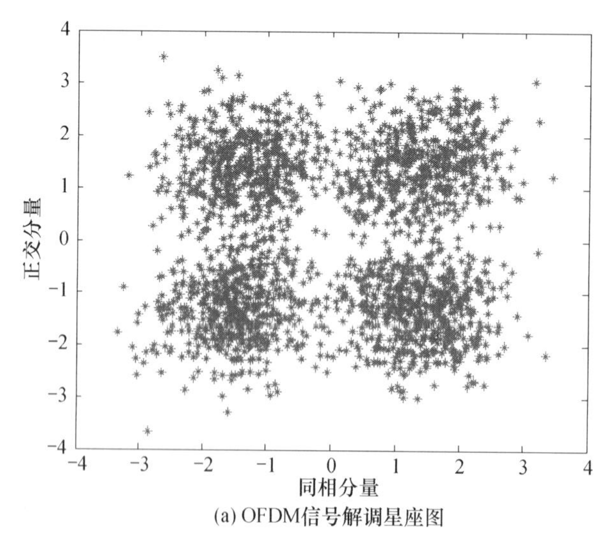

(a) OFDM信号解调星座图

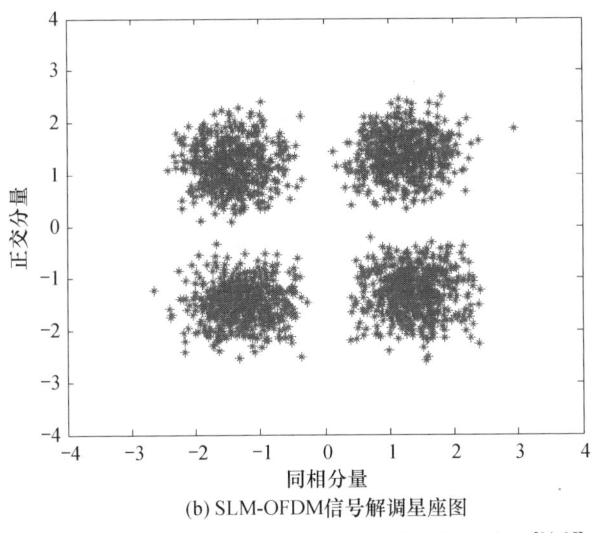

(b) SLM-OFDM信号解调星座图

图 7-30　OFDM 和 SLM-OFDM 解调信号的星座图[14, 15]

OFDM 信号的幅值都归一化到同一区间内，然后进行短距离实验的 OFDM 系统和 SLM-OFDM 系统解调端的星座图。

图 7-30(a)和图 7-30(b)分别是实验后 OFDM 信号和 SLM-OFDM 信号的解调星座图，通过星座图的聚合程度可以看出，实验测得的 SLM-OFDM 信号的星座图要比 OFDM 信号的星座图聚合，所以在经过 SLM 方法改进后，降低了系统的 PAPR，同时又在同等噪声的条件下，将信号的幅值都归一化到同一区间内，使 SLM-OFDM 信号的平均功率大于 OFDM 信号的平均功率，进而提高了信噪比，降低了系统的误码率。实验结果也验证了在进行信道传输时，经过 SLM 方法改进后的 OFDM 信号较原始的 OFDM 信号质量有所改善。

2. 眼图分析

图 7-31 为在 CCDF＝10^{-4} 概率处，原始 OFDM 系统的 PAPR 为 11.5dB，SLM-OFDM 系统的 PAPR 降到 6.5dB 的条件下，同时又将 OFDM 信号和 SLM-OFDM 信号的幅值都归一化到同一区间内，然后进行短距离实验的 OFDM 系统的解调端眼图和 SLM-OFDM 系统解调端眼图。

观察图 7-31 可以明显看到 SLM-OFDM 解调信号比 OFDM 解调信号的“眼睛”张开的高度要大，并且比较端正，线迹也较为清晰，说明加上 SLM 方法后的 OFDM 信号在抗信道噪声上比原始 OFDM 信号要好，使接收端进行误判的概率减小，从而降低了系统的误码率。实验也验证了该算法实际应用的可行性与有效性。

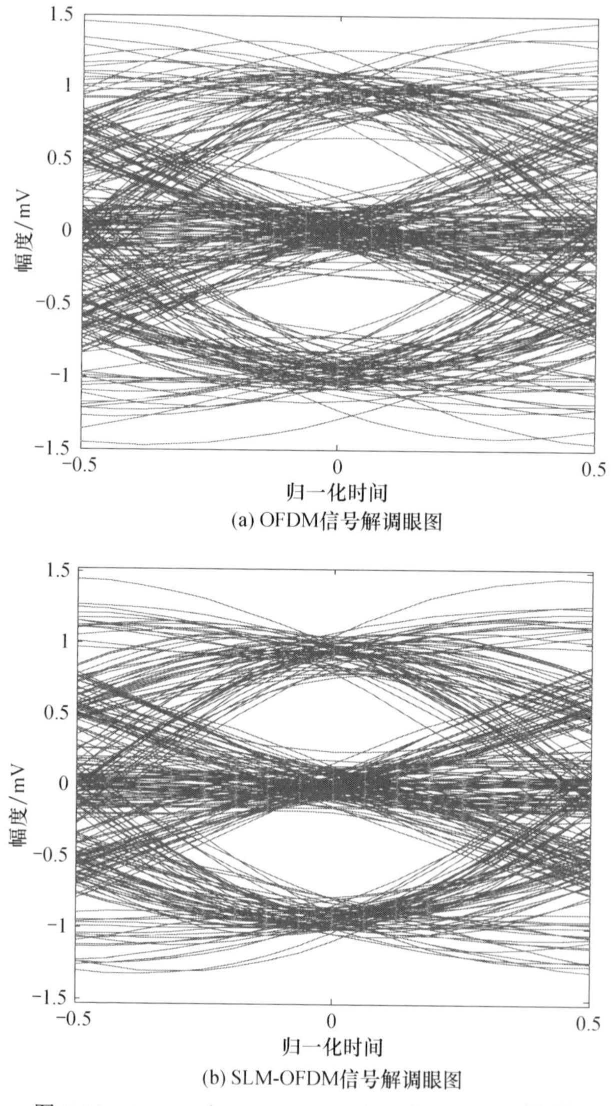

(a) OFDM信号解调眼图

(b) SLM-OFDM信号解调眼图

图 7-31　OFDM 和 SLM-OFDM 解调信号的眼图[14, 15]

7.4　降低峰均比的编码类技术

多载波符号是由多个相互独立的子载波经过调制后的产物，因此，可以通过编码方法，使低峰值的码字被选择用于传输，从而有效地降低多载波系统的PAPR。本节研究利用编码的方法来降低大气激光多载波调制系统的 PAPR 算法，并进行系统性能分析。采用编码方法来减小 PAPR 的方法，实际就是选择或者构造那些 PAPR 小的码字作为传输码字。这个思想也可以称为 PRC(peak reduction coding)。编码类技术是以降低信息的传输速率为代价来获得多载波信号 PAPR 的改善。

OFDM 技术不仅可以提高频谱的利用率，而且可以有效地抑制多径效应[16]。但 OFDM 信号是由多个独立的经过调制的子载波信号合成的，根据中心极限定理，它的时域信号近似服从高斯分布，合成信号就可能产生较大的峰值功率，因此会带来较高的 PAPR。较高的 PAPR 自然就要求系统中的 A/D、D/A 以及高功率放大器具有较大的线性范围，否则就会造成传输信号的频谱扩展以及带内失真而引起误码率的增加，致使系统的复杂度增加。因此，降低 PAPR 是 OFDM 系统的关键技术之一。国内外不少学者都针对这个问题做了大量的研究，提出了很多解决方法。这些方法按照其原理不同大致可分为信号预畸变、符号扰码、信号空间扩展和信号编码等[17-20]。信号预畸变会引起信号的失真以及增加带外辐射[17]。符号扰码需要增加辅助的边带检测信息，增加了系统的冗余度[18]。信号空间扩展需要得到最佳的映射表，当载波数较大时，其运算量巨大[19]。信号编码是一种无失真的技术，它通过寻求码字组合中 PAPR 较低的进行发送。通常，要求的 PAPR 越低，可以选择的码组就越少。具体涉及分组编码、Golay 互补序列和 RM 码[20]。

7.4.1　几种分组编码方法

1. *分组编码方法*

用分组编码(block coding, BC)方法降低 OFDM 系统 PAPR 的方案最初是由 Jones 等提出的[21]。通过在码字中引入一个奇校验位，从 BPSK 调制的 4 个子载波组成的 OFDM 系统可能存在的 16 种码字中选择 PAPR 最低的八种码字进行传输。BC 方法的编码规则为

$$b_4 = b_1 \oplus b_2 \oplus b_3 \oplus 1$$

式中：$b_i(i=1,2,3)$为信息比特；b_4为奇校验位编码比特；$\oplus$为二进制的加。表 7-4 为 BPSK 调制的 4 个子载波组成的 OFDM 系统在分组编码前后可能存在的码字及码字对应的 PAPR，其中，过采样因子 L=8。经分组编码后，原始系统可能存在的 16 种码字中，只有 PAPR 为 2.48 的八种码字允许传输，而其他 PAPR 的码字被舍弃。

分组编码方法可以适应于子载波数目是 4 的整数倍的 OFDM 系统。假设可能使用的码字的数量为 C_{poss}，而经分组编码后允许使用的码字数量为 C_{perm}。图 7-32 给出了不同 $C_{\text{perm}}/C_{\text{poss}}$ 情况下可以得到的 PAPR，这些数值都是通过计算所有可能码字的 PAPR 得到的。例如，对于 BPSK 调制的 8 个子载波的 OFDM 系统，如果

允许使用的码字等于可能的码字数量，即没有采用分组编码时，OFDM 系统的 PAPR 为 9.03dB。如果可能的码字中存在 3/8 的码字允许使用，相当于编码效率为 0.82，则所得到的 PAPR 为 4.01dB。如果只有 1/4 的码字允许使用，即编码效率为 3/4，则得到的 PAPR 为 3.01dB。

表 7-4　OFDM 系统可能的码字及码字对应的 PAPR(BC)

码字	未编码 $b_1\,b_2\,b_3\,b_4$	PAPR/dB	分组编码 $b_1\,b_2\,b_3\,b_4$	PAPR/dB
1	0000	6.02	0001	2.48
2	0001	2.48	0001	2.48
3	0010	2.48	0010	2.48
4	0011	3.73	0010	2.48
5	0100	2.48	0100	2.48
6	0101	6.02	0100	2.48
7	0110	3.73	0111	2.48
8	0111	2.48	0111	2.48
9	1000	2.48	1000	2.48
10	1001	3.73	1000	2.48
11	1010	6.02	1011	2.48
12	1011	2.48	1011	2.48
13	1100	3.73	1101	2.48
14	1101	2.48	1101	2.48
15	1110	2.48	1110	2.48
16	1111	6.02	1110	2.48

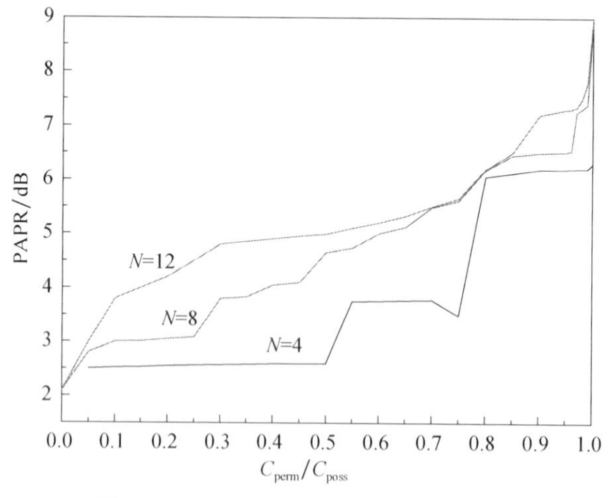

图 7-32　不同 C_{perm}/C_{poss} 情况下的 PAPR

从图 7-32 中可以看出：随着子载波数目的增加，必须要减少 C_{perm}/C_{poss} 才可

以达到期望的 PAPR，因此分组编码方法有一定的局限性。如果利用

$$R = 1 + \frac{1}{N}\log_2 \frac{C_{\text{perm}}}{C_{\text{poss}}}$$

把 $C_{\text{perm}}/C_{\text{poss}}$ 转换为编码效率 R，则可以得到图 7-33 所示的结果。图 7-33 显示了不同编码效率下，OFDM 系统可以得到的 PAPR。从图 7-33 中可以看出：适当的编码效率可以显著改善 OFDM 系统的 PAPR 性能。此外，在编码效率和 PAPR 之间存在折中问题，即编码效率越高，能达到的 PAPR 就会越高；编码效率越低，能达到的 PAPR 就会越低。

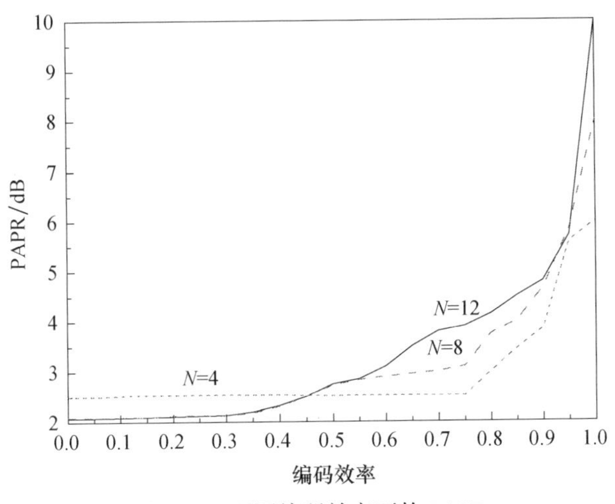

图 7-33　不同编码效率下的 PAPR

表 7-5 为不同子载波数目的 OFDM 系统经分组编码方法获得的 PAPR 性能改善，其中 PAPR_{rd} 表示编码后 PAPR 的改善值。从表中可以看出，随着子载波数目的增加(对应的编码效率也随之增加)，分组编码方法改善 PAPR 的性能越来越差。对于子载波数目较大的 OFDM 系统，可以通过查表的方法从所有可能的码字中选择所需 PAPR 的码字进行传输，但随着子载波数目的增加，查表的方法变得复杂且不现实。

表 7-5　分组编码方法 PAPR 性能改善

子载波个数 N	未编码 PAPR/dB	编码效率 R	分组编码 PAPR/dB	PARR_{rd}/dB
4	6.02	3/4	2.48	3.54
8	9.03	7/8	6.53	2.50
12	10.79	11/12	9.21	1.58
16	12.04	15/16	10.88	1.16
20	13.01	19/20	12.09	0.92

2. 简单分组编码方法

文献[22]提出通过简单分组编码(simple block coding, SBC)方法来降低不同子载波数目 OFDM 系统的 PAPR。通过在信息位的末位添加一位补码字，将长度为 $N-1$ 的码字扩展成长度为 N 的码字。SBC 方法的编码规则为

$$b_N = \bar{b}_{N-2}$$

即 SBC 方法是将信息位的倒数第 2 位求补后添加到信息位的末位，$\bar{b}_{N-2}$ 表示求第 $N-2$ 个信息位的补，从而可以降低 $N-1$ 个子载波组成的 OFDM 系统的 PAPR，对应的编码效率位为$(N-1)/N$。

对于 BPSK 调制的 4 个子载波组成的 OFDM 系统，经 SBC 方法后码字长度为 5，编码效率为 4/5。由 4 个信息位组成的 16 种可能的码字组合经 SBC 编码后，变为码字长度为 5 的 16 种码字组合。SBC 与 BC 的区别如下：SBC 不是从所有可能的码字组合中找出 PAPR 最低的码字进行传输，它是通过在信息末位添加一位补码位实现降低码字组合的最高 PAPR。虽然对于个别码字来讲，编码后码字的 PAPR 增加，但总体上编码后码字的 PAPR 是很低的[21]。如果把编码位也当作信息位，对于 BPSK 调制码字长度为 5 的 OFDM 系统，可能的码字组合有 32 种，而对于由 4 比特码字经 SBC 后形成的 OFDM 系统，可能的码字组合只有 16 种，相当于从 32 种码字组合选择 16 种合适的码字进行传输，而摒弃其他码字。

3. 求补分组编码方法

在分组编码方法中，补码比特的个数均为 1，且补码比特都是单独分开的，不存在补码比特相连的情况。如果在 SBC 方法中增加补码比特的个数，并改变补码比特的位置，且补码比特是相连在一起，就可以降低任意子载波数目的 OFDM 系统的 PAPR，还可实现不大于 $N-1/N$ 的编码效率[20-22]。

对于 BPSK 调制一定子载波数目的 OFDM 系统的码字来讲，增加码字序列中补码比特的个数或者改变补码比特的位置，都可以改变系统的 PAPR。为了分析方便，下列描述中，码字序列都由两部分组成：信息比特序列和补码比特序列。如果码字序列的长度为 N，补码比特的个数为 m，则信息比特的个数为 $N-m$。当增加码字序列中补码比特的个数时，可以改变系统的 PAPR。例如，对于未编码的原始输入信息序列{11111111}，当过采样因子 $L=8$ 时，其对应的 PAPR 为 9.03dB。当补码比特的个数分别为 1，2，3 时，编码后的码字序列为{11111110}、{11111100}和{11111000}，其对应的 PAPR 为 6.53dB、5.22dB 和 5.99dB，其编码前后的峰值情况如图 7-34 所示[22]。当码字长度一定时，改变码字序列中补码比特的个数，可以改变序列中补码比特的个数，从而改变系统的 PAPR，但降低 PAPR 的能力并不随着补码比特个数的增加而增强。图 7-34 中，补码比特个数为 3 的码字的 PAPR 大

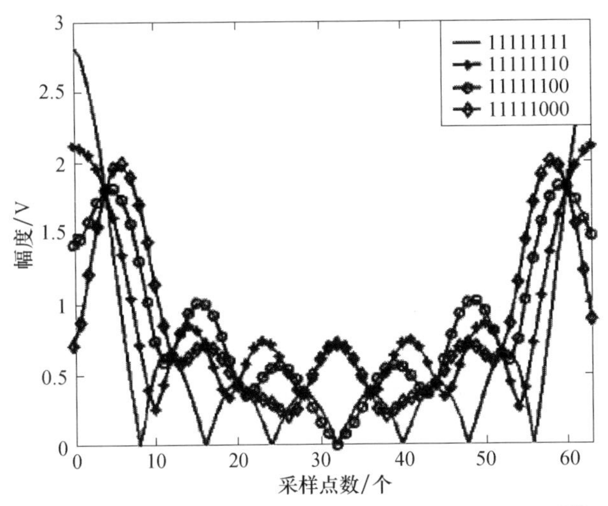

图 7-34　不同补码比特个数下 OFDM 信号峰值情况[22]

于补码比特个数为 2 的码字。

当补码比特个数一定时，改变补码序列的位置可以获得不同的 PAPR 性能改善，其中补码序列的位置定义为补码序列的第一个比特位在码字序列中的起始位置。例如，当补码比特的个数为 2 时，改变补码序列的位置，可以得到不同的码字序列，当码字序列为{11111111}、{11111100}、{11111001}、{11110011}和{11100111}时，对应的 PAPR 值分别为 9.03dB, 5.22dB, 3.01dB, 4.15dB 和 5.35dB。图 7-35 为补码比特个数为 2 但位置不同时的峰值情况。由图 7-35 可以看出，在其他条件不变的情况下，改变补码序列的位置可以改变系统的 PAPR。由以上分析可知，改

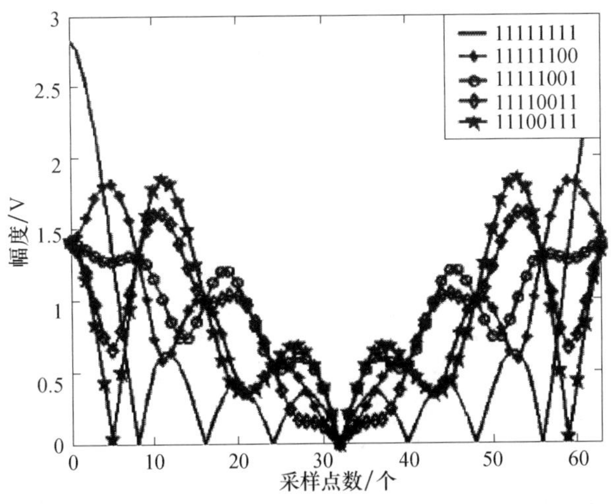

图 7-35　补码序列不同位置的 OFDM 信号峰值情况[23]

变补码比特的个数或者补码序列的位置都可以获得 PAPR 性能的改善。

7.4.2　基于 Golay 互补序列和 RM 码的编译码算法

Golay 提出了一种具有互补特性的二进制序列[24]：设有一对等长有限序列 $a=(a_0,a_1,\cdots,a_i,\cdots,a_{N-1})$和 $b=(b_0, b_1,\cdots,b_i,\cdots,b_{N-1})$，若二者的自相关特性满足：

$$\sum_{i=0}^{N-1-n} a_i a_{i+n}^* + \sum_{i=0}^{N-1-n} b_i b_{i+n}^* = 2N\delta(n) = \begin{cases} 2N, & n=0 \\ 0, & \text{其他} \end{cases} \tag{7.25}$$

则称 a 与 b 互为互补序列。式中, N 为序列长度; $\delta(n)$是冲激函数; n 为间隔长度。Golay 互补序列有如下性质：

性质 7.1　满足以下条件中的任何一种情况所得到的序列都是一对 Golay 互补序列。

(1) 交换之后的 a 与 b 也是一对 Golay 互补序列;

(2) a 的逆序与 b 是一对 Golay 互补序列;

(3) b 的逆序与 a 也是一对 Golay 互补序列;

(4) a 取反后与 b 是一对 Golay 互补序列;

(5) b 取反后与 a 也是一对 Golay 互补序列。

依据性质 7.1, 对于给定的 Golay 互补序列对 a={01100101}和 b={00101010}，可以产生如下新的 Golay 互补序列对:

{00101010}和{01100101}，　{10100110}和{00101010}

{01010100}和{01100101}，　{10011010}和{00101010}

{11010101}和{01100101}

性质 7.2　互补序列长度为 2 的平方数之和。

性质 7.3　若 $a=(a_0, a_1,\cdots, a_i, \cdots, a_{N-1})$和 $b=(b_0, b_1,\cdots, b_i,\cdots, b_{N-1})$为 Golay 互补序列对, 则序列 P 和 Q 也是 Golay 互补序列对, 其中, $P=ab=\{a_0, a_1,\cdots, a_i,\cdots, a_{N-1}, b_0, b_1,\cdots, b_i,\cdots, b_{N-1}\}$和 $Q=a\bar{b}=\left\{a_0,a_1,\cdots,a_i,\cdots,a_{N-1},\bar{b}_0,\bar{b}_1,\cdots,\bar{b}_i,\cdots,\bar{b}_{N-1}\right\}$，$\bar{b}$ 表示 b 的取反。

性质 7.4　若 $a=(a_0, a_1,\cdots, a_i,\cdots, a_{N-1})$ 和 $b=(b_0, b_1,\cdots, b_i,\cdots, b_{N-1})$ 为 Golay 互补序列对，则其交织后 U 和 V 也是 Golay 互补序列对，其中，$U=\{a_0b_0,a_1b_1,\cdots,a_ib_i,\cdots,a_{N-1}b_{N-1}\}$, $V=\left\{a_0\bar{b}_0,a_1\bar{b}_1,\cdots,a_i\bar{b}_i,\cdots,a_{N-1}\bar{b}_{N-1}\right\}$。

这些性质在应用 Golay 互补序列降低 PAPR 方面有着极其重要的地位。互补序列对的瞬时功率可以分别表示为

$$\begin{aligned} P_a(t) &= \sum_{k=0}^{N-1} a_k \mathrm{e}^{\mathrm{j}2\pi k\Delta ft}\left(\sum_{m=0}^{N-1} a_k \mathrm{e}^{\mathrm{j}2\pi m\Delta ft}\right)^* = \sum_{k=0}^{N-1}\sum_{m=0}^{N-1} a_k a_m^* \mathrm{e}^{\mathrm{j}2\pi(k-m)\Delta ft} \\ &= N + 2\sum_{u=1}^{N-1} R\left[A_a(n)\right]\mathrm{e}^{\mathrm{j}2\pi u\Delta ft} \end{aligned} \tag{7.26}$$

$$P_b(t) = N + 2\sum_{u=1}^{N-1} R\left[A_b(n)\right]\mathrm{e}^{\mathrm{j}2\pi u\Delta f t} \tag{7.27}$$

将式(7.26)与式(7.27)相加可得

$$P_a(t) + P_b(t) = 2N + 2\sum_{u=1}^{N-1}\left\{R\left[A_b(n)\right] + R\left[A_a(n)\right]\right\}\mathrm{e}^{\mathrm{j}2\pi u\Delta f t} \leqslant 2N \tag{7.28}$$

式中, $A_a(n)$为 a 的自相关函数; $A_b(n)$为 b 的自相关函数。

因为瞬时功率 $0\leqslant p_b(t)\leqslant 2N$ 和 $0\leqslant p_a(t)\leqslant 2N$, 且其平均功率 $P_{\mathrm{ave}}=N$, 则 Golay 互补序列的 PAPR $\leqslant \dfrac{2N}{N} = 2(3\mathrm{dB})$ 。

文献[25]已证明, 可通过 RM 码编码方法来构造 Golay 互补序列。RM 码是一种高效的编码方法, 它通过将非二进制的 RM 码分为若干陪集把 PAPR 较高的码字分开, 从而达到降低 PAPR 的目的。根据文献[24]中介绍的如下两个推论对输入的二进制序列进行编码, 形成 Golay 互补序列[23, 24]。

推论 7.1　在 $\mathrm{ZRM}_{2^h}(2,m)$ 中, 每个 RM(1, m)有 $\dfrac{m!}{2}$ 个陪集(coset), 并且有共同的陪集表达式: $2^{h-1}\sum\limits_{k=1}^{m-1} x_{\pi(k)}x_{\pi(k+1)}$, 它形成了长度为 2^m 的 $2^{h(m+1)}$个 Golay 互补序列, 其中, $\mathrm{RM}_{2^h}(r,m)$ 代表 r 阶 2^h 进制、长度为 2^m 的 RM 码, π是$\{1,2,\cdots,m\}$的一个排列(permutation), m 为码长, h 为调制深度且 $h\geqslant 1$。

推论 7.2　对于符号 $\{1,2,\cdots,m\}$ 的任意排列π, 取 c, $c_k \in Z_{2^h}$, 那么 $a(x_1,x_2,\cdots,x_m) = 2^{h-1}\sum\limits_{k=1}^{m-1} x_\pi(k)x_\pi(k+1) + \sum\limits_{k=1}^{m} c_k x_k + c$ 是 Z_{2^h} 上的长度为 2^m 的 Golay 互补序列。

1. 编码算法

Golay 互补序列有很多优良的性质, 它在降低 PAPR 方面有着非常大的潜力, 利用它们可以实现对 Golay 互补序列的扩展。具体的编码算法如下:

(1) 设子载波数为2^m, 输入的二进制序列数为 $w+h(m+1)$, 取 $w = \mathrm{INT}\left(\log_2 \dfrac{m!}{2}\right)$, 采用 $M=2^h$ 进制星座映射。取输入序列的前 w 位形成一个十进制数 d, 对于剩下的 $h(m+1)$位输入序列, 分别依次取 h 位, 形成 $m+1$ 组十进制信息符号: $u_1, u_2,\cdots, u_{m+1}$, $u \in Z_{2^h}$ 。

(2) 产生生成矩阵。对于 $\mathrm{RM}_{2^h}(r,m)$, 其中, $0\leqslant r\leqslant m$, 对于每一对整数 r 和 m, 有一个长为 2^m 的 r 阶 RM 码, 称为码长为 2^m 的 r 阶 RM 码, 则相应的生成矩阵为 $G=[G_0G_1\cdots G_l\cdots G_r]^{\mathrm{T}}$。其中, G_0 是码长为 $n=2^m$ 的全 “1” 向量; G_1 是 $m\times 2^m$ 阶矩阵,

它的第 i 个行向量是这样的：2^{m-i} 个 0 后紧跟 2^{m-i} 个 1，再在这一行中将此结果重复 2^{i-1} 次(i=1,2,⋯,m)。G_l 是一个 $\binom{m}{l}\times 2^m$ 阶的矩阵，G_l 的行是由所有 G_l 的 l 个行向量作内积所得的向量组成的。$u_1,u_2,\cdots,u_{m+1}$ 分别与 $\mathrm{RM}_{2^h}(r,m)$ 的每一个行向量相乘后再按照模 2^h 相加，即可以得到 S，$S=\sum_{i=1}^{m}u_i x_i+u_{m+1}\left(\bmod 2^h\right)$。

(3) 根据推论 7.1，由十进制数值 d 来选择陪集矩阵中第 d+1 行向量，与 S 按照模 2^h 相加，从而形成 Golay 互补序列。

2. 译码算法

在线性码中，衡量一种编码方案的纠错检错能力的重要依据是汉明距离[25-27]。在由多个等长码字构成的码字集合中，定义任意两个码字之间距离的最小距离为最小汉明距离。设 $a=(a_0,a_1,\cdots,a_{N-1})$是长度为 N 的序列，$a\in Z_H$，则俚重定义为 $\sum_{i=0}^{N-1}\min(a_i,H-a_i)$，其中，$H$ 表示 Z 格上的长度。因此，译码算法成立的条件是：如果满足 $wt_{2^k}(e)<2^{m+k-2}$ (k=0,1,⋯,N−1)，则即可正确地将 r 译为 c。其中，e 表示错误码序列，r 表示接收端解映射后的 Golay 互补序列，c 表示初始编码序列；$wt_{2^k}(e)$ 为错误序列 e 模 2^k 的俚重，定义为 $wt_{2^k}(i)=\min\left[i\bmod 2^k,2^k-(i\bmod 2^k)\right]$。对于 $h\geqslant 1$ 的 $\mathrm{RM}_{2^h}(1,m)$，具体的译码算法如下：

(1) 接收端接收到的长度为 2^m 序列 $r\in Z_{2^k}$，令 k=0, r_0=r;

(2) 定义序列 y，其中，y_i 为 $y_i=2^{k-1}-wt_{2^{k+1}}((r_k)_i),i=0,1,\cdots,2^m-1$；

(3) 令 $\hat{y}$ 是 y 的快速哈达码变换，在 $j\in Z_{2^m}$ 中，确定 $\hat{y}$ 幅度的最大值，即 $(\hat{y})_j$。根据 $(\hat{y})_j$ 的正负，令 w 为 0 或者 1，j 的二进制表示为 $w_1, w_2,\cdots,w_m$。用 w 和 j 确定 f_k，即

$$f_k=\left(\sum_{i=1}^{m}w_i x_i+w\right)\bmod 2^{h-k} \tag{7.29}$$

(4) 如果 $k=h-1$，则译码输出为 $(2^{h-1}f_{h-1}+2^{h-2}f_{h-2}+\cdots+f_0)\bmod 2^h$。否则，令 $r_{k+1}=(r_k-2^k f_k)\bmod 2^h$。增加 k 值，转到第(2)步继续计算，直至 $k=h-1$。

该译码算法属于硬判决法，既简单又容易实现，但随着码长的增加，译码的阶数增加，计算复杂度也相应地增加。

3. 系统性能分析

采用 QPSK(h=2)调制及 16 个子载波，编码方法如下。

首先，构造 RM(1,4)的生成矩阵。令 $m=4$, $n=2^m=16$, $r=1$，构造一个 1 阶 RM 码。其生成矩阵的 2 个矩阵为[28]

$$G_0=[1111111111111111]=[x_0] \tag{7.30}$$

$$G_1=\begin{bmatrix}0000000011111111\\0000111100001111\\0011001100110011\\0101010101010101\end{bmatrix}=\begin{bmatrix}x_1\\x_2\\x_3\\x_4\end{bmatrix} \tag{7.31}$$

接着，构造 RM(1,4)的(4!/2=12)个陪集：

$$\begin{aligned}
&(0002002000022202)=2(x_1x_2+x_2x_3+x_3x_4)\\
&(0002022000022022)=2(x_1x_3+x_2x_4+x_3x_4)\\
&(0000022000220202)=2(x_1x_3+x_2x_3+x_2x_4)\\
&(0002020000200222)=2(x_1x_3+x_3x_4+x_2x_4)\\
&(0000022002020022)=2(x_1x_4+x_2x_4+x_2x_3)\\
&(0002002002000222)=2(x_1x_4+x_3x_4+x_2x_3)\\
&(0002000200202202)=2(x_1x_2+x_3x_4+x_1x_3)\\
&(0002000202002022)=2(x_1x_2+x_1x_4+x_3x_4)\\
&(0000002202200202)=2(x_2x_3+x_1x_3+x_1x_4)\\
&(0000020202200022)=2(x_2x_4+x_1x_3+x_1x_4)\\
&(0000020200222002)=2(x_2x_4+x_1x_3+x_1x_2)\\
&(0000002202022002)=2(x_2x_3+x_1x_4+x_1x_2)
\end{aligned} \tag{7.32}$$

最后，确定输入信息量(bit)：因为 $w=\log_2(4!/2)=3$，而 $h(m+1)=10$，则输入的二进制信息为 13bit，以前 3bit 选择陪集中的一个码字，与后 10bit 构造此陪集中的一个码字。例如，输入为(0111011010001)，用(011)选择第 3 个陪集(0000022000220202)，用后 10bit 选择线性组合 $2x_1+3x_2+x_3+0x_4+x_0$=(1122001133002233)，再利用 $S=\sum_{i=1}^{m}u_ix_i+u_{m+1}(\bmod 2^k)$ 得到码字(1122023133222031)。这样即得到第 3 个陪集中的一个 Golay 互补序列码字。以{0, 1, 2, 3}对应 QPSK 调制的{±1±j}就可以得到 IFFT 的输入信号。

以采用 QPSK(h=2)调制及 16(m=4)个子载波的多载波系统为例。仿真次数为 1000 次，过采样率为 16。对编码前后系统的性能进行分析，如图 7-36 和图 7-37 所示。由图可得：在未采用编码前，其 PAPR 有的甚至接近 10.5dB；而采用编码后，其 PAPR 可以被有效地降低至 3dB 以下。

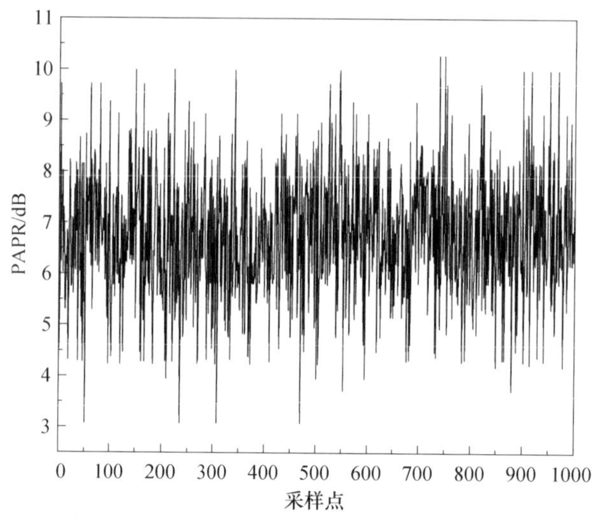

图 7-36　未编码 PAPR 的变化曲线[29]

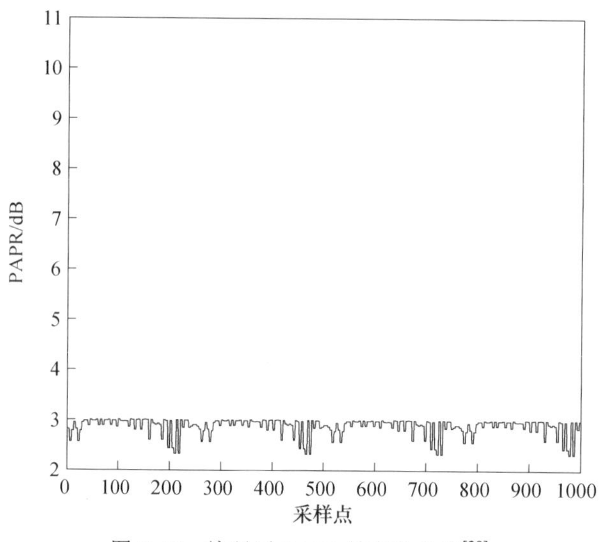

图 7-37　编码后 PAPR 的变化曲线[29]

Golay 互补序列和 RM 码可以将 PAPR 较高的码字分开，从而降低 PAPR，但是该方法有一定局限性，它要受到星座种类的影响。由推论可以知道：该方法只适用恒包络的 MPSK 调制，而不适用变包络的 MQAM 调制。现在再以采用 QAM 调制及 16(m=4)个子载波的多载波系统为例。仿真次数为 1000 次，过采样率为 16。对编码前后系统的性能进行分析。由图 7-38 和图 7-39 可以看出：采用编码方式前，在采用 QAM 调制下的 PAPR 集中在 9dB 左右，最大的达到 14dB，最小的也在 5dB 左右，远远超过 3dB。经过编码后，PAPR 的性能有所改善，但是仍

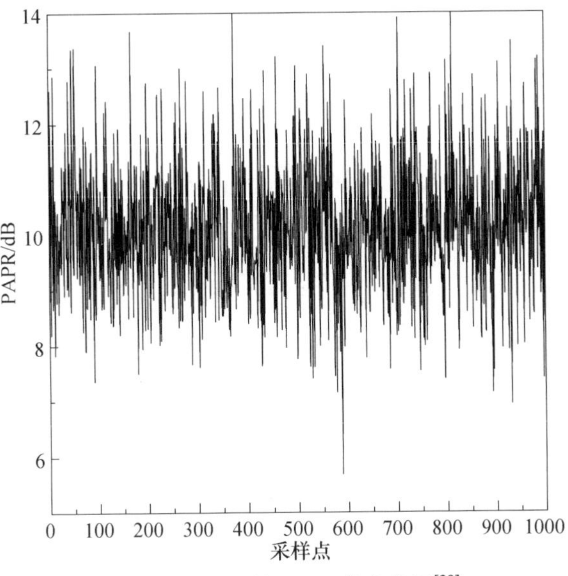

图 7-38　编码前 QAM 的曲线图[29]

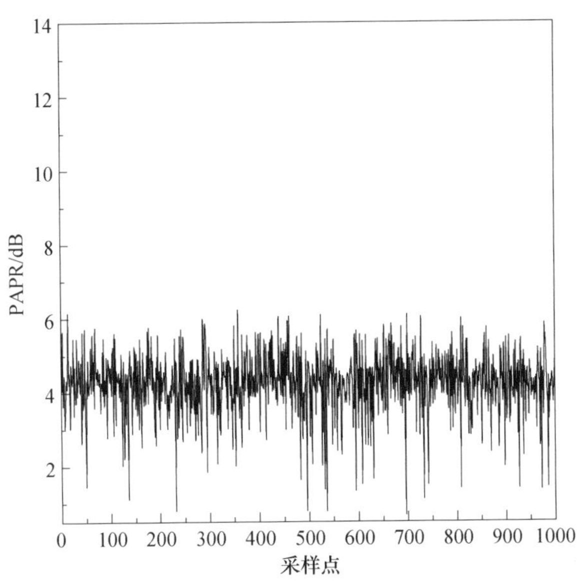

图 7-39　16 倍过采样编码后 QAM 的曲线图[29]

集中在 4.5dB 左右。

调制深度和码长的大小对编码效率有影响。采用 Golay 互补序列和 RM 编码法，用 $w=\mathrm{INT}\left(\log_2\dfrac{m!}{2}\right)$ 比特选择 $\dfrac{m!}{2}$ 个陪集中的一个，用 m+1 比特去选择各陪集

中 2^{m+1} 码字中的一个。该分组码的编码效率(简称码率)为 $R=\dfrac{w+h(m+1)}{2^m h}$。式中, w 为采用的 Golay 互补序列列数, m 为码长, h 为调制深度。

当 h=1 时, 使用的是 BPSK；当 h=2 时, 使用的是 QPSK；当 h=3 时, 使用的是 8PSK。图 7-40 为码率随调制深度变化的曲线, 图 7-41 为码率随码长的变化曲线。图 7-40 为在码长分别为 2、4 和 8 的情况下, 码率随调制深度的变化关系。由图 7-40 可见：在任意调制深度下, 码长越长, 码率越低；而在相同的码长下, 随着调制深度的增加, 码率变化不大。图 7-41 为调制方式分别为 BPSK、QPSK 和 8PSK 的情况下, 码率随码长的变化关系。由图 7-41 可见：在任意码长下, 调制深度越深, 码率就越低；而在相同调制深度下, 当码长 m 增加时, 码率呈指数状下降。

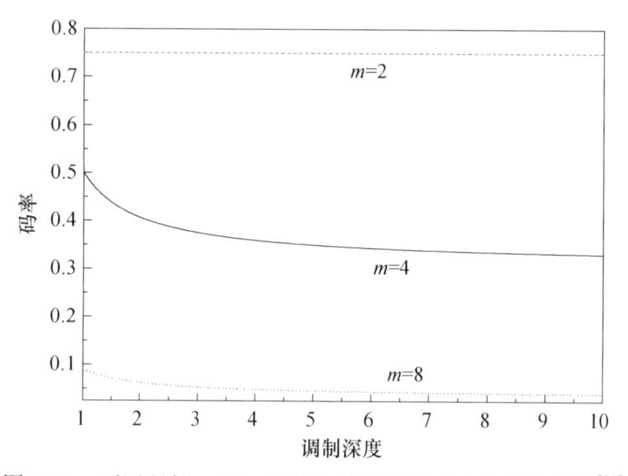

图 7-40　不同码长 m 下, 码率 R 随调制深度 h 的变化曲线[29]

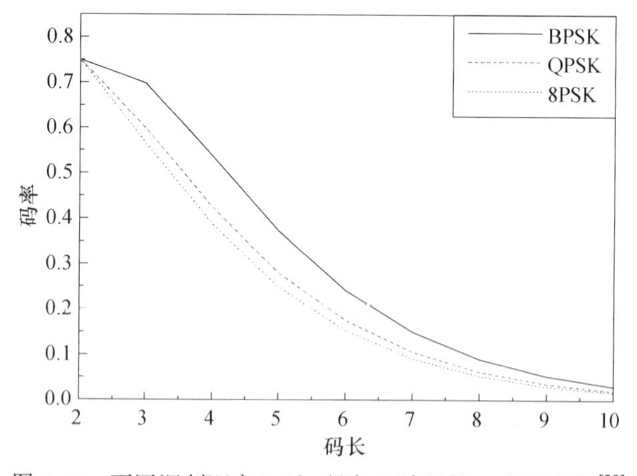

图 7-41　不同调制深度 h 下, 码率 R 随码长 m 变化曲线[29]

利用多载波系统既能够有效抑制干扰，又能够提高频谱利用率，而 PAPR 过高的问题却严重制约了它的应用。而这种基于 Golay 互补序列和 RM 码相结合的方法，对降低多载波信号的 PAPR 是十分有效的。研究结果表明[30]，该方法不但可以将 PAPR 降低至 3dB 以下，而且可提高系统的纠检错能力。但是这种编码方法对星座的种类有一定的限制。通过仿真可以看出：这种编码方法只适用于恒包络的 MPSK 调制，而不适用变包络的 MQAM 调制，且当子载波数目很大时，码率就会变得很低，为了不使码率过低，应该通过选择合适的调制深度来提高码率。

7.5　小　　结

本章分析了 FSO-OFDM 系统产生高 PAPR 的原因及降低 FSO-OFDM 系统 PAPR 的方法。重点介绍了 SLM 算法和 PTS 算法，并验证了这两种算法的有效性。

通过星座图分析了 SLM 算法和 PTS 算法对 FSO-OFDM 系统的影响，实验验证了 SLM 算法应用于 FSO-OFDM 系统的有效性。

结果表明：无线光 OFDM 信号在大气中传输时会受到大气湍流及大气分子散射的影响，而在发送端采用 SLM 算法能够有效地降低无线光 OFDM 信号的 PAPR，同时将 SLM-OFDM 信号和 FSO-OFDM 信号的幅值归一化到同一区间后，提高了 SLM-OFDM 信号的平均功率，进而提高了信噪比，也就降低了信道噪声对无线光 OFDM 系统的影响。

参 考 文 献

[1] 宋铁成，尤肖虎，沈连丰. 基于 BCM 降低 OFDM 系统 PAPR 的方法. 应用科学学报，2002, 20(4):399－403.

[2] Chen H, Haimovish M. Iterative estimation and cancellation of clipping noise for OFDM signals. IEEE Communications Letters, 2003, 7(7):305－307.

[3] Hattori K H.Reduced complexity of spread OFDM for PAPR reduction and its basic performance. TECON 2009-2009 IEEE Region 10 Conference IEEE, Singapore, 2010.

[4] Jones A E, Wilkinson T A, Bajrton S K. Block coding scheme for reduction of peak to mean envelope power ratio of multicarrier transmission schemes. Electronics Letters, 1994, 30(25): 2098, 2099.

[5] Yeongeheol Y, Seok C. A novel scheme to reduce peak to average power in OFDM based on standard arrays of linear block codes. IEEE International Symposium on Information Theory, Yokohama, 2003.

[6] Golay M J E. Complementary series. IRE Transactions on Informtion Theory, 1961, IT(7): 82－87.

[7] Heung-Gyoon R,Kyoung-Jae Y.A new PAPR reduction scheme:SPW(subblock phase weighting). IEEE Transactions on Consumer Electronics, 2002, 48(1):81－89.

[8] Lim D W, Heo S J,No J S. A new PTS OFDM scheme with low complexity for PAPR reduction. IEEE Transactions on Broadcasting, 2006, 52(1):77－82.

[9] Muller S H, Huber J B. OFDM with reduced peak-to-average power ratio by optimum combination of partial transmit sequences. Electronics Letters, 1997, 33(5):368, 369.

[10] Muller S H, Huber J B. A novel peak power reduction scheme for DFDM. The IEEE International Symposium on Personal, Indoor and Waves of the Year, 2002, 3:1091－1094.

[11] Kang S G, Kim J G, Joo E K. A novel subblock partition scheme for partial transmit sequence OFDM. IEEE Transactions on Broadcasting, 1999, 45(3):333－338.

[12] Bauml R W, Fischer R F H, Huber J B.Reducing the peak-to-average power ratio of multicarrier modulation by selected mapping.IEEE electronics Letters, 1996, 32(22):2056, 2057.

[13] 解孟其. 大气色散对 FSO-OFDM 系统的影响研究[硕士学位论文]. 西安: 西安理工大学, 2012.

[14] 柯熙政, 亢烨, 刘娟. FSO-OFDM 系统中峰均比控制方法的实验研究. 红外与激光工程, 2017, 46(06):180－186.

[15] 刘娟. FSO-OFDM 系统中峰均比控制方法的实验研究[硕士学位论文]. 西安: 西安理工大学, 2016.

[16] 尹长川, 罗涛, 乐光新. 多载波宽带无线通信技术. 北京: 北京邮电大学出版社, 2004.

[17] Huang X, Lu J.Reduction of peak-to-average power ratio of OFDM signals with companding transform. Electronics Letters, 2001,37(8):506,507.

[18] Muller S H, Huber J B. SLM, peak-to-average power ratio by optimum combination of partial sequences. Electronics Letters, 1997,33(5):368, 369.

[19] Sumasu A, Ue T, Uesugi M,et al. A method to reduce the peak power with signal space expansion(ESPAR) for OFDM system.Electronics Letters, 2000,1:405－409.

[20] Olfat M, Liu K J R. Low peak to average power ratio cyclic Golay sequences for OFDM systems. IEEE Communication Society, Paris, 2004.

[21] Jones A E, Wilkinson T A, Barton S K. Block coding scheme for reduction of peak to mean envelope power ratio of multicarrier transmission schemes[J]. Electronics Letters, 1994, 30(25):2098, 2099.

[22] Fragicomo S, Matrakidis C, O'Reilly J J. Multicarrier transmission peak to average power reduction using simple block code. Electronics Letters, 1998, 34(10):953, 954.

[23] 丁敏华, 刘元安. 采用基于互补序列分组编码的 OFDM 系统性能分析与仿真.电路与系统学报, 2003, (3):7－12.

[24] Golay M J E. Sieves for low autocorrelation binary sequences. IEEE Transactions on Information Theory, 1997, 23(1): 43－51.

[25] Davis J A, Jedwab J. Peak-to-mean power control in OFDM, Golay sequences and Reed-Muller codes. IEEE Transactions on Information Theory, 1999, 11(45):2397—2417.

[26] 王新梅, 肖国镇. 纠错码——原理与应用. 西安: 西安电子科技大学出版社, 2001.

[27] 陈琳, 郭振民, 华继钊, 等. 一种基于格雷互补序列抑制峰均功率比的方法. 数字电视和数字视频, 2003, 12:25－27.

[28] 杨茂磷. OFDM 系统中峰值平均功率比降低技术研究[硕士学位论文]. 兰州: 兰州大学, 2006.

[29] 张宏伟. 无线空间光通信多载波调制降低峰均比的研究与实现[硕士学位论文]. 西安:西安理工大学, 2008.

[30] 赵黎, 柯熙政, 孙林丽. 降低 FSO-OFDM 系统峰值平均功率比研究. 红外与激光工程, 2011, 40(09):1749－1753.

第 8 章　信道估计与信道分配

无线光 OFDM 信道主要受灰尘、雨雪、雾等粒子散射的影响，大气信道不像有线信道那样固定并可预期，而是具有较大的随机性，这导致信号经过大气信道后会产生失真，时延也会影响 OFDM 符号，依靠提高发射功率抑制光信号的衰减影响效果也不明显。本章介绍信道估计及信道分配的常用算法。

8.1　无线光 OFDM 信道估计

信道估计就是从接收数据中将假定的某个信道模型的模型参数估计出来的过程。如果信道是线性的，那么信道估计就是对系统冲激响应进行估计。需要强调的是信道估计是信道对输入信号影响的一种数学表示，而“好”的信道估计则是使某种估计误差最小化的估计算法[1]。因此信道估计的主要任务就是通过一定的方法对信道进行准确辨识或估计进而得到时域或频域传输特性的过程。对于无线光 OFDM 系统而言，就是估计出各个子载波上的频率响应值 $\hat{H}_k$，k=0，1，2,⋯，N−1, N 为子载波个数。图 8-1 是 OFDM 信道估计一般模型的框图。

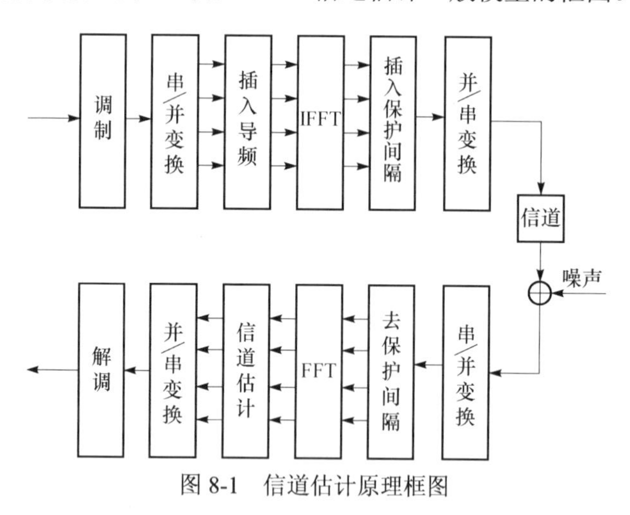

图 8-1　信道估计原理框图

无线光 OFDM 信道估计分为频域估计和时域估计。在 FFT 之前进行的是大气信道的时域估计，在 FFT 之后进行的是大气信道的频域估计，也可以将二者联合起来同时进行估计，使其各自的优点得到充分发挥。

8.1.1　信道估计的分类

根据 OFDM 信道资源的不同，一般将 OFDM 信道估计分为以下四类[2]:

(1) 基于训练序列的判决估计。为了对时变信道进行较好的估计，需要周期性地发送训练符号。如果信道变化很快，实际信道会与最初估计的信道之间产生很大的差异。这样使无线光 OFDM 符号误码更容易产生，进而训练序列数目就得增加。为了解决这个问题，人们提出了基于判决的信道估计。这种算法对数据解调、解码和判决是利用上一次的信道估计值来完成的，即相当于在接收机中有一级负反馈，判决结果对接收机的精度也会有很大的影响。

(2) 盲信道估计。盲信道估计方法是利用调制信号本身固有的、与具体承载信息比特无关的一些特征，或是采用判决反馈的方法来进行信道估计的方法。

(3) 半盲信道估计。半盲信道估计是结合盲信道估计与基于训练序列估计这两种方法优点的信道估计方法。一般来讲，通过设计训练序列或在数据中周期性地插入导频符号来进行估计的方法比较常用。而盲信道估计和半盲信道估计算法不需要或者需要较短的训练序列，频谱效率高，因此获得了广泛的研究。但是一般盲信道估计和半盲信道估计方法的计算复杂度较高，且可能出现相位模糊(基于子空间的方法)、误差传播(如判决反馈类方法)、收敛慢或陷入局部极小等问题，需要较多的观察数据，这在一定程度上限制了它们的实用性。

(4) 基于参考信号的估计。该类算法按一定估计准则确定待估参数，或者按某些准则进行逐步跟踪和调整待估参数的估计值。其特点是需要借助参考信号(导频)或训练序列。

基于训练序列和导频序列的估计算法统称为基于参考信号的估计算法。基于训练序列的信道估计算法适用于突发传输方式的系统。通过发送已知的训练序列，在接收端进行初始的信道估计。当发送有用的信息数据时，利用初始的信道估计结果进行判决更新，完成实时的信道估计。

基于导频符号的信道估计适用于连续传输的系统。通过在发送的有用数据中插入已知的导频符号，可以得到导频位置的信道估计结果；接着利用导频位置的信道估计结果，通过内插得到有用数据位置的信道估计结果，完成信道估计[3-6]。

8.1.2　基于 LS 准则的信道估计算法

在基于导频的信道估计方法中，目的是获得导频位置处的信道响应 $\hat{H}(n_p, k_p)$，导频所在的具体位置用坐标$(n_p,\ k_p)$表示。在常用的估计准则中，有最小二乘(least square, LS)估计准则和最小均方误差(minimum mean-square error, MMSE)估计准则。下面给出 OFDM LS 的信道估计方程，这里只考虑导频子载波处的接收方程。

$$Y_m(k)=X_m(k)H_m(k)+W_m(k) \tag{8.1}$$

式中, $m=0,1,2,\cdots,M-1$ 为子载波, 一共 M 个子载波; 接收到的频域信号表示为 $Y_m(k)$; 发送的频域信号表示成 $X_m(k)$; 频域的信道冲激响应函数表示为 $H_m(k)$; 系统接收端的噪声表示为 $W_m(k)$。根据 LS 的定义给出代价函数[7-9]为

$$J_{\mathrm{LS}}=(Y_m-\hat{H}_m X_m)^*(Y_m-\hat{H}_m X_m) \tag{8.2}$$

式中, J_{LS} 为目标代价函数; *代表共轭运算; $0\leqslant m\leqslant M-1$, M 是导频数目; Y_m、$\hat{H}_m$ 和 X_m 分别为接收端收到的第 m 个导频位置上的信号值、估计的信道响应值和发送的导频信号值。根据式(8.2)可以得到 LS 的频率响应 $\hat{H}_m(k)$的推导公式为

$$\hat{H}_m(k)=\frac{Y_m(k)}{X_m(k)}=H_m(k)+\frac{W_m(k)}{X_m(k)} \tag{8.3}$$

式中, $\hat{H}_m(k)$为频域上估计的信道响应值; $Y_m(k)$、$X_m(k)$和 $W_m(k)$分别为频域接收到的信号、发送信号和导频位置处的噪声信号。这样, 导频子载波处的信道响应就可以通过此求得。如果求时域的冲激响应 $\hat{h}_m(n)$, 进行 FFT 后可将 $\hat{H}_m(k)$写成

$$\hat{h}_m(n)=\frac{1}{M}\sum_{m=0}^{m-M-1}\hat{H}_m(k)\exp\left(\mathrm{j}\frac{2\pi m}{M}\right) \tag{8.4}$$

时域的冲激响应用 $\hat{h}_m(n)$表示, $m=0,1,2,\cdots,M-1$。在获得了导频子载波处的信道值后, 就需要对所有位置处的信道响应值利用插值法来求解。

基于导频的 LS 算法步骤包括: ①导频结构的设计; ②导频处的信道值通过 LS 准则来获得; ③利用插值法或其他方法根据导频处的值求出其余位置的信道响应值。常用的导频结构有梳状导频。假设每个 OFDM 符号总共有 N 个子载波, 每隔固定数目的子载波插入的导频数目为 N_p 个, 可用公式描述为

$$X(k)=X\left(m\frac{N}{N_p}+j\right)=\begin{cases}\text{Pilot}, & j=0\\ \text{Data}, & j=1,2,\cdots,N/N_p-1\end{cases};0\leqslant m\leqslant N_p-1 \tag{8.5}$$

可以看出: 如果噪声较小, LS 准则估计的结果比较理想。

8.1.3 基于 MMSE 准则的信道估计算法

根据 MMSE 准则定义代价函数为[7]

$$J_{\mathrm{MMSE}}=E\left[(H_p-\hat{H}_p)^*(H_p-\hat{H}_p)\right] \tag{8.6}$$

在一定的条件下也可以采用线性MMSE来对信道参数进行估计, 称为 Wiener 滤波。其基本思想就是寻求使输出波形与输入之间满足最小均方误差情况下的最佳传递函数的方法。图 8-2 为 Wiener 滤波的系统框图。

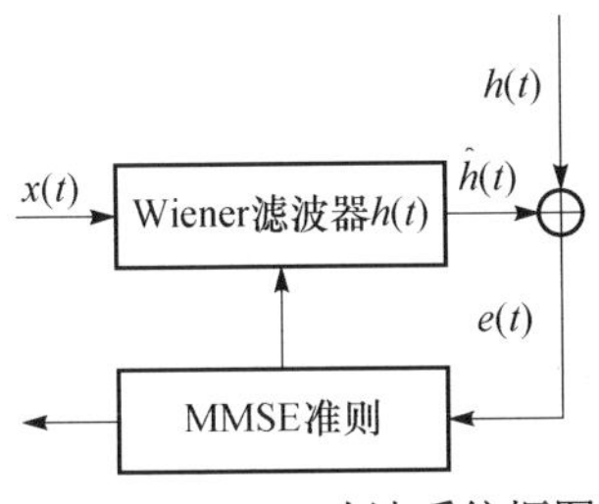

图 8-2　Wiener 滤波系统框图

假设待估计的参数 $\hat{H}$ 根据 Wiener 理论可表示为

$$\hat{H}=\sum_{p=1}^{M}w_pY_p=W_p^{\mathrm{T}}Y_p \tag{8.7}$$

式中，$Y_p=(Y_1,Y_2,\cdots,Y_M)^{\mathrm{T}}$ 为接收到的导频信号；$W_p=(w_1,w_2,\cdots,w_M)^{\mathrm{T}}$ 为 Wiener 滤波器的抽头系数；M 为导频符号个数。下面可以推导使 J_{MMSE} 代价函数最小时，传递函数所满足的关系。

令 $e_p=H_p-\hat{H}_p=H_p-W_p^{\mathrm{T}}Y_p, w_k=a_k+\mathrm{j}b_k$，将前面的代价函数 J_{MMSE} 对 w_k 求偏导有

$$\begin{aligned}\frac{\partial J_{\mathrm{MMSE}}}{\partial w_k}&=\frac{\partial\left\{E\left[\left(H_p-\hat{H}_p\right)^*\left(H_p-\hat{H}_p\right)\right]\right\}}{\partial w_k}=\frac{\partial\left\{E\left[e_p^*e_p\right]\right\}}{\partial w_k}\\&=\frac{\partial\left\{E\left[e_p^*e_p\right]\right\}}{\partial a_k}+\mathrm{j}\frac{\partial\left\{E\left[e_p^*e_p^*\right]\right\}}{\partial b_k}\\&=E\left\{-e_p^*\frac{\partial e_p}{\partial a_k}-e_p\frac{\partial e_p^*}{\partial a_k}+\mathrm{j}\left(e_p^*\frac{\partial e_p}{\partial b_k}+e_p\frac{\partial e_p^*}{\partial b_k}\right)\right\}\\&=E\left\{-e_p^*Y_k-e_pY_k^*+\mathrm{j}\left[e_p^*\left(-\mathrm{j}Y_k\right)+e_p\left(\mathrm{j}Y_k^*\right)\right]\right\}\\&=-2E\left[e_pY_k^*\right]\end{aligned} \tag{8.8}$$

式中，$\frac{\partial J_{\mathrm{MMSE}}}{\partial w_k}$ 为代价函数 J_{MMSE} 对 w_k 求偏导；e_p 为信道估计产生的误差；a_k 和 b_k 分别为噪声信号的实部和虚部；e_p^* 为误差信号的共轭。令 $\frac{\partial J_{\mathrm{MMSE}}}{\partial w_k}=0$，则

$$\begin{aligned}E[e_pY_k^*]&=E\left[\left(H_p-W^{\mathrm{T}}Y_p\right)Y_k^*\right]\\&=E\left[H_pY_k^*\right]-W^{\mathrm{T}}E\left[Y_pY_k^*\right]\\&=0\end{aligned} \tag{8.9}$$

式中，$E[Y_pY_k^*]$和$E[H_pY_k^*]$分别为导频信号与信道响应、接收导频信号的互相关函数矩阵。式(8.9)用矩阵可表示为

$$WR_{YY} = R_{HY} \Rightarrow W = R_{HY}R_{YY}^{-1} \tag{8.10}$$

式中，符号⇒代表推导出。将式(8.10)代入式(8.8)有

$$\hat{H}_P = W^{\mathrm{T}}Y_p = R_{HY}R_{YY}^{-1}Y_p \tag{8.11}$$

式中，R_{HY}为导频信号的冲激响应函数与接收信号的互相关函数；R_{YY}为接收到的导频信号的自相关函数；$R^{-1}{}_{YY}$为自相关函数矩阵的逆运算；W^{T}为 Wiener 滤波器的抽头系数。则R_{HY}可表示为

$$R_{HY} = E\left[H_pY_p^{\mathrm{H}}\right] = E\left[H_p\left(X_pH_p+N\right)^{\mathrm{H}}\right] = R_{HH}X_p^{\mathrm{H}} \tag{8.12}$$

$$\begin{aligned} R_{YY} &= E[H_pY_p^{\mathrm{H}}] = E[(X_pH_p+N)(X_pH_p+N)^{\mathrm{H}}] \\ &= X_pR_{HH}X_p^{\mathrm{H}} + \sigma^2 I \end{aligned} \tag{8.13}$$

式中，X_p=diag$(X_1,X_2,\cdots, X_M)^{\mathrm{T}}$为对角阵，对角阵符号是由$M$个导频符号$X_1, X_2,\cdots$, X_M组成的；X_p^{H}为发送导频信号矩阵的共轭转置；σ^2为噪声的方差值；I为M阶的单位矩阵。将式 (8.12) 和式 (8.13) 代入式 (8.11) 中，有

$$\begin{aligned} \hat{H}_p &= R_{HY}R_{YY}^{-1}Y_p = R_{HH}X_p^{\mathrm{H}}\left(X_pR_{HH}X_p^{\mathrm{H}}+\sigma^2 I\right)^{-1}Y_p \\ &= R_{HH}\left[X_p^{-1}\left(X_pR_{HH}X_p^{\mathrm{H}}+\sigma^2 I\right)\left(X_p^{\mathrm{H}^{-1}}\right)\right]^{-1}X_p^{-1}Y_p \\ &= R_{HH}\left[R_{HH}+\sigma^2\left(X_p^{\mathrm{H}}X_p\right)^{-1}\right]X_p^{-1}Y_p \\ &= R_{HH}\left[R_{HH}+\sigma^2\left(X_p^{\mathrm{H}}X_p\right)^{-1}\right]\hat{H}_{\mathrm{LS}} \end{aligned} \tag{8.14}$$

为了将运算过程简化，将$\left(X_p^{\mathrm{H}}X_p\right)^{-1}$用期望$E\left[\left(X_p^{\mathrm{H}}X_p\right)^{-1}\right]$代替。假设信号以等概率传输，则可写为

$$E\left[\left(X_p^{\mathrm{H}}X_p\right)^{-1}\right] = E\left[\left|1/x_k\right|^2 I\right] \tag{8.15}$$

假如平均信噪比表示为 SNR=$E[|x_p|^2]/\sigma^2$，则式 (8.14) 可写为

$$\hat{H}_p = R_{HH}\left(R_{HH}+\frac{\beta}{\mathrm{SNR}}I\right)^{-1}\hat{H}_{\mathrm{LS}} \tag{8.16}$$

式中，信道估计值$\hat{H}_p$是由 MMSE 算法得到的，$\beta=E[|X_p|^2]E[|1/X_p|^2]$是一个因调制方式不同而不同的量；$\hat{H}_{\mathrm{LS}}$代表通过LS算法得到的信道值。如果用$Q$代替式(8.16)中的$R_{HH}(R_{HH}+\beta I/\mathrm{SNR})^{-1}$，则 MMSE 准则可以理解为 Wiener 信道估计是在 LS 的

基础上利用 Q 矩阵滤波得到的。事实上，式(8.16)只和所选的训练序列的数学统计特性有关，而与具体的取值关系不太大，即使训练序列变化了，也只需计算一次即可，这样也使 MMSE 信道估计的复杂度得到很大程度的减少。

8.2 粒子滤波算法

对于线性、噪声服从高斯分布的滤波问题，卡尔曼滤波可以实现贝叶斯(Bayesian)算法下的最优解；对于弱非线性系统，卡尔曼滤波不能直接满足要求，但是通过对非线性系统线性化可以使用扩展卡尔曼滤波(extended Kalman filter, EKF)来解决，但对于强非线性系统会导致发散。近年来，Julier 等[8]也提出了另一种非追踪卡尔曼滤波(unscented Kalman filter, UKF)，该算法避免了非线性系统线性化过程中引入的误差，而且比扩展卡尔曼滤波有更好的性能，但是此方法仍需要求期望的概率密度函数满足高斯分布。

8.2.1 贝叶斯估计方法

1. 贝叶斯原理

贝叶斯分析方法提供了一种计算假设概率的方法。该方法是基于假设的先验概率、给定假设下观察到不同数据的概率以及观察到的数据本身而得出的。该方法将关于未知参数的先验信息与样本信息综合，再根据贝叶斯公式，得出后验信息，然后根据后验信息去推断未知参数。贝叶斯理论的实质是利用已知的测量信息去估计一个系统状态变量的后验概率密度[9]，再通过修正系统的状态变量新得到的观察值，可用公式表述为

$$p(b \mid a)=\frac{p(a \mid b)p(b)}{p(a)} \tag{8.17}$$

式中，$p(b|a)$为给定了 a 时 b 的条件概率，也称为后验概率，$p(b|a)$依赖于 b 的具体值；$p(a|b)$为给定了 b 时 a 的条件概率；$p(b)$和 $p(a)$称为 b 和 a 的边缘概率密度。

贝叶斯公式中待估计参数的分布一般需要事先知道，也称为先验分布。贝叶斯理论认为在人们没有得到任何参数信息时，该参数是按等概率在其范围内变化的，也即该参量的先验分布在它的值域范围内是均匀分布的，该理论也被称为贝叶斯假设[10]。实际中需要先对系统进行建模，即需要知道两个模型：状态空间模型和量测模型。状态空间模型描述了该系统状态如何随着时间的变化而变化，量测方程描述了系统状态和观测值的某种关联。在无线光 OFDM 信道估计中，状态方程描述大气信道的状态值如何随时间进行更新，观测方程描述接收到的信号值和当前时刻大气信道的响应值之间的关系。

用 x_t、z_t 来表示在 t 时刻系统的状态值及量测值，$X_t=\{x_0,x_1,\cdots,x_t\}$ 表示系统从开始时刻到 t 时刻所有的状态量，$Z_t=\{z_0,z_1,\cdots,z_t\}$ 表示从起始时刻到 t 时刻的所有测量值，则可以描述系统的状态方程和量测方程如下。

状态方程：

$$X_t = F_t(t, X_{t-1}, u_t, V_t) \tag{8.18}$$

量测方程：

$$Z_t = H_t(t, X_t, u_t, W_t) \tag{8.19}$$

式中，V_t、W_t 分别为系统噪声和测量噪声；u_t 为系统的外部输入变量。一般情况下，如果不考虑对外部输入的影响，可将状态方程和量测方程描述成

$$x_{t+1}=f(x_t,v_t) \tag{8.20}$$

$$z_t=g(x_t,w_t) \tag{8.21}$$

式中，t+1 时刻的状态值用 x_{t+1} 表示；z_t 代表 t 时刻的量测值；f 和 g 分别代表系统的状态方程函数和量测方程函数。分别用条件概率密度函数模型表示式 (8.20) 和式 (8.21) 为 $p(X_t|X_{t-1})$和 $p(Z_t|X_t)$。这样，一般状态估计的模型建立就形成了。

2. 递推贝叶斯估计及重要性采样

贝叶斯估计理论是利用 t 时刻之前的测量值 $Z_t=\{z_0,z_1,\cdots,z_{t-1}\}$ 来对当前的状态 x_t 进行估计的，也就是对后验概率密度函数 $p(x_t|Z_t)$进行计算。接下来就是考虑如何得到后验概率密度 $p(x_t|Z_t)$了，假如能够由前一刻的后验概率 $p(x_{t-1}|Z_{t-1})$递推得到当前时刻的先验概率密度 $p(x_t|Z_{t-1})$，再通过 $p(x_t|Z_{t-1})$来求解 $p(x_t|Z_t)$,就可以完成整个递推过程，一般只需预测和更新两步就可以构成贝叶斯算法的过程。

预测过程的步骤是：假设 $t-1$ 时刻的后验概率为 $p(x_{t-1}|Z_{t-1})$，初始化 $p(x_0|Z_0)=p(x_0)$，由 Chapman-Kolmogorov 公式，t 时刻状态先验概率密度为

$$p\left(x_t \mid Z_{t-1}\right)=\int p(x_t \mid x_{t-1})\, p(x_{t-1} \mid Z_{t-1})\mathrm{d}x_{t-1} \tag{8.22}$$

式中，$\int(\cdot)$ 为积分运算。式(8.22)即为不包括 $t-1$ 时刻测量值的先验概率 $p(x_t|Z_{t-1})$可以由一步转移概率 $p(x_t|x_{t-1})$以及 $t-1$ 时刻后验概率 $p(x_{t-1}|Z_{t-1})$通过积分获得。

更新过程的后验估计步骤为：先由 t 时刻的观测值 z_k 和先验概率 $p(x_t|Z_{t-1})$来推导得到 $p(x_t|Z_t)$。根据贝叶斯条件概率公式 $p(b \mid a)-\dfrac{p(a \mid b)p(b)}{p(a)}$ 有

$$p\left(x_t \mid Z_t\right)=\frac{p\left(Z_t \mid x_t\right)p\left(x_t\right)}{p\left(Z_t\right)} \tag{8.23}$$

$Z_t=\{Z_{t-1},z_t\}$ 表示 t 时刻以前的所有观测值，故有

$$p(Z_t|x_t)=p(Z_{t-1}, z_t|x_t) \tag{8.24}$$

将式 (8.24) 代入式 (8.23) 有

$$p\left(x_t \mid Z_t\right)=\frac{p\left(Z_{t-1}, z_t \mid x_t\right) p\left(x_t\right)}{p\left(Z_{t-1}, z_t\right)} \tag{8.25}$$

由概率论中的条件概率公式$p(a,b)=p(a|b)p(b)$以及联合分布概率公式$p(a,b|c)=p(a|b,c)p(b|c)$可得

$$p(Z_{t-1}, z_t)=p(z_t| Z_{t-1})p(Z_{t-1}) \tag{8.26}$$

$$p(Z_{t-1}, z_t|x_t)=p(z_t| Z_{t-1},x_t)\, p(Z_{t-1}|x_t) \tag{8.27}$$

式中，$p(Z_{t-1})$为 $t-1$ 时刻以前的所有观测值概率。由贝叶斯公式得

$$p(Z_{t-1} \mid x_t)=\frac{p(x_t \mid Z_{t-1}) p(Z_{t-1})}{p(x_t)} \tag{8.28}$$

将式 (8.28) 代入式 (8.27) 可得

$$p(Z_{t-1}, z_t \mid x_t)=\frac{p(z_t \mid Z_{t-1}, x_t) p(x_t \mid Z_{t-1}) p(Z_{t-1})}{p(x_t)} \tag{8.29}$$

将式 (8.29) 和式 (8.28) 代入式 (8.25) 可得

$$\begin{aligned} p(x_t \mid Z_t) &= \frac{p(z_t \mid Z_{t-1}, x_t) p(x_t \mid Z_{t-1}) p(Z_{t-1}) p(x_t)}{p(z_t \mid Z_{t-1}) p(Z_{t-1}) p(x_t)} \\ &= \frac{p(z_t \mid Z_{t-1}, x_t) p(x_t \mid Z_{t-1})}{p(z_t \mid Z_{t-1})} \end{aligned} \tag{8.30}$$

假设各个测测值是相互独立的，则

$$p(z_t| Z_{t-1}, x_t) = p(z_t|x_t) \tag{8.31}$$

将式(8.31)代入式(8.30)得

$$p(x_t \mid Z_t)=\frac{p(z_t \mid x_t) p(x_t \mid Z_{t-1})}{p(z_t \mid Z_{t-1})} \tag{8.32}$$

式中，$p(z_t|x_t)$为似然函数；$p(x_t|Z_{t-1})$为先验概率。式(8.32)的整个推导过程就构成了由 $t-1$ 时刻的后验概率 $p(x_{t-1}|Z_{t-1})$得到 t 时刻的后验概率 $p(x_t|Z_t)$。该递推过程又可以从 $p(x_t|Z_t)$得到 $t+1$ 时刻的后验概率密度函数，依此类推。

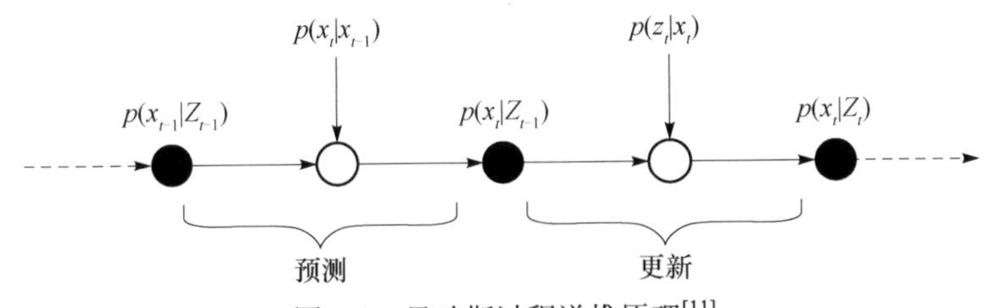

图 8-3　贝叶斯过程递推原理[11]

如图 8-3 所示，预测过程由 t 时刻先验概率 $p(x_{t-1}|Z_{t-1})$也就是 $t-1$ 时刻的后验概率密度及系统的状态转移模型即 $p(x_t|Z_{t-1})$来预测 t 时刻的先验概率 $p(x_t|Z_{t-1})$。在得到 t 时刻的观测值后对 $p(x_t|Z_{t-1})$进行修正，得到 t 时刻的后验概率密度 $p(x_t|Z_t)$，依此类推可得到 $t+1$ 时刻的后验概率，递推贝叶斯估计得以实现。$p(x_{t-1}|Z_{t-1})$通常是不可能直接得到的，贝叶斯重要性采样(Bayesian importance sampling, BIS)定理为贝叶斯算法的硬件实现提供了可能性[12]。

首先，贝叶斯重要性采样需要选取一个已知的容易采样的参考分布 $q(X_t|Z_t)$来替换 $p(X_t|Z_t)$，然后对参考分布 $q(X_t|Z_t)$进行采样加权来近似后验概率 $p(X_t|Z_t)$。假设用$\psi(X_t)$代表某一函数，其期望的表达式可写为

$$\begin{aligned} E\left[\psi(X_t)\right] &= \int \psi(X_t) p(X_t \mid Z_t) \mathrm{d}X_t \\ &= \int \frac{\psi(X_t) p(X_t \mid Z_t) q(X_t \mid Z_t)}{q(X_t \mid Z_t)} \mathrm{d}X_t \end{aligned} \tag{8.33}$$

式中，$E[\psi(X_t)]$为函数$\psi(X_t)$的数学期望，由贝叶斯公式：

$$p(X_t \mid Z_t) = \frac{p(Z_t \mid X_t) p(X_t)}{p(Z_t)} \tag{8.34}$$

将式(8.34)代入式(8.33)，并用 $w_t(X_t)$代替 $\dfrac{p(Z_t \mid X_t) p(X_t)}{q(X_t \mid Z_t)}$有

$$\begin{aligned} E\left[\psi(X_t)\right] &= \int \frac{\psi(X_t) p(Z_t \mid X_t) p(X_t) q(X_t \mid Z_t)}{p(Z_t) q(X_t \mid Z_t)} \mathrm{d}X_t \\ &= \int \frac{\psi(X_t) w_t(X_t) q(X_t \mid Z_t)}{p(Z_t)} \mathrm{d}X_t \\ &= \int \frac{\psi(X_t) w_t(X_t) q(X_t \mid Z_t) \mathrm{d}X_t}{p(Z_t)} \end{aligned} \tag{8.35}$$

式中，$p(Z_t)$可以写为

$$\begin{aligned} p(Z_t) &= \int p(Z_t, X_t) \mathrm{d}X_t \\ &= \int \frac{p(Z_t \mid X_t) p(X_t) q(X_t \mid Z_t)}{q(X_t \mid Z_t)} \mathrm{d}X_t \\ &= \int w_t(X_t) q(X_t \mid Z_t) \mathrm{d}X_t \end{aligned} \tag{8.36}$$

将式(8.36)代入式(8.35)中可得

$$E\left[\psi(X_t)\right] = \frac{\int \psi(X_t) w_t(X_t) q(X_t \mid Z_t) \mathrm{d}X_t}{\int w_t(X_t) q(X_t \mid Z_t) \mathrm{d}X_t} \tag{8.37}$$

从参考分布 $q(X_t|Z_t)$中进行独立的随机采样，利用蒙特卡罗方法计算积分可得$\psi(X_t)$的近似期望：

$$\bar{E}[\psi(X_t)]=\frac{\frac{1}{N_p}\sum_{i=1}^{N_p}\psi(X_t^i)w_t(X_t^i)}{\frac{1}{N_p}\sum_{i=1}^{N_p}w_t(X_t^i)}$$

$$=\sum_{i=1}^{N_p}\psi(X_t^i)\tilde{w}_t(X_t^i) \tag{8.38}$$

式中，$\tilde{w}_t(X_t^i)=\dfrac{w_t(X_t^i)}{\sum_{i=1}^{N_p}w_t(X_t^i)}$ 为第 i 个粒子归一化权系数；$\bar{E}[\psi(X_t)]$ 为 $\psi(X_t)$ 期望的近似值；X_t^i 是从 $q(X_t|Z_t)$ 提取出来的；$\sum$ 符号代表加权求和。

8.2.2 蒙特卡罗方法

蒙特卡罗方法(Monte Carlo method，MCM)[13]也称统计模拟方法，是 20 世纪 40 年代中期提出的一种以概率统计理论为指导的非常重要的数值计算方法。MCM 又可以称为随机抽样或统计试验的方法，其基本思想就是通过从一个较为复杂或者不可实现解析计算的函数真实概率分布中随机抽取一组独立同分布的样本，样本数被抽取得越多，越接近于真实分布。现将 MCM 的详细数学推导过程介绍如下。

假设要计算如下积分：

$$I=\int_R g(x)\mathrm{d}x \tag{8.39}$$

式中，$x\in R^n$，是均匀分布的随机变量；$g(x)$的均值定义为

$$\overline{g(x)}=\frac{1}{|R|}\int_R g(x)\mathrm{d}x=\frac{I}{|R|} \tag{8.40}$$

式中，$|R|=\int_R \mathrm{d}x$。设 $x_1,x_2,\cdots,x_N$ 与 x 同分布，当 N 很大时，$g(x)$的均值可近似为

$$I_N=\frac{|R|}{N}\sum_{i=1}^{N}g(x_i) \tag{8.41}$$

若 $g(x)$的方差有限且 I_N 收敛，并服从：

$$\lim_{N\to\infty}\sqrt{N}(I_N-I)\sim N(0,\mathrm{Var}(g(x))) \tag{8.42}$$

则 MCM 的核心公式为

$$p_n(x)=\frac{1}{N}\sum_{i=1}^{N}\delta(x-x_i) \tag{8.43}$$

当 $x=x_i$ 时，$\delta(x-x_i)=1$；当 $x\neq x_i$ 时，$\delta(x-x_i)=0$，$\{x_i, i=1,2,\cdots,n\}$ 是从 $p_n(x)$ 中抽取的

独立同分布的粒子，每个粒子的概率均设置为 $1/n$。对于式(8.39)，可以将其分解成 $g(x)=f(x)\pi(x)$的形式，则式(8.39)就可写为

$$I=\int_R f(x)\pi(x)\mathrm{d}x \tag{8.44}$$

式中，$\pi(x)\geqslant 0$，并且满足$\int_R \pi(x)\mathrm{d}x=1$。若能从分布$\pi(x)$中采样得到 N 个点$\{x_i\}$,则

$$I_N=\frac{1}{N}\sum_{i=1}^{N}f(x_i) \tag{8.45}$$

式(8.45)中并没有$\pi(x)$，其已经被采样点$\{x_i\}$代替了。事实上，$\pi(x)$就是前面描述的贝叶斯估计中的后验概率密度。一般对我们要求的积分是从后验概率函数中采样抽取一组加权粒子来近似的。后验概率可以描述为

$$p(X_t\mid Z_t)=\frac{1}{N_p}\sum_{i=1}^{N_p}\pi_t^i\delta(X_t-X_t^i) \tag{8.46}$$

式中，N_p 为随机采样点集;$\left\{X_t^i,\pi_t^i\right\}_{i=1}^{N_p}$ 且满足$\sum\limits_{i=1}^{N_p}\pi_t^i=1$的条件。系统状态向量可表述为 $X_t=\{x_0,x_1,\cdots,x_t\}$，测量值 $Z_t=\{z_0,z_1,\cdots, z_t\}$；$\delta(\cdot)$为 Dirac delta 函数，所以对于任一函数$\psi(X_t)$，根据 MCM，其期望值可写为

$$E\left[\psi(X_t)\right]=\int\psi(X_t)p(X_t\mid Z_t)\mathrm{d}X_t \tag{8.47}$$

离散化的 MCM 方法近似为

$$\bar{E}\left[\psi(X_t)\right]=\frac{1}{N_p}\sum_{i=1}^{N_p}\psi(X_t^i) \tag{8.48}$$

式中，用 $\bar{E}[\psi(X_t)]$ 代表 $E[\psi(X_t)]$ 的统计平均。式(8.48)中并没有 $p(X_t|Z_t)$，其分布在采样点$\left\{X_t^i\right\}$的分布里已经表现出来了。X_t^i 也就是就是采样粒子，而且满足独立同分布。可以想象，当 N_p 趋于无穷大时，可以得出如下结论：

$$\bar{E}\left[\psi(X_t)\right]\xrightarrow[N_p\to\infty]{\text{a.5}}E\left[\psi(X_t)\right] \tag{8.49}$$

式中，$\xrightarrow[N_p\to\infty]{\text{a.5}}$ 为当 N_p 趋于无穷大时总是成立。通过对连续函数和离散函数的期望求解可知，一个函数可以通过 MCM 得到它的积分近似值。重要性采样方法是蒙特卡罗采样的一种常用算法，也是使用粒子滤波算法的核心思想所在。

8.2.3　粒子滤波算法原理

粒子滤波(particle filter, PF)作为 20 世纪 90 年代发展起来的一种基于序列蒙特卡罗方法和递推贝叶斯估计的方法，现已成功用于解决工程中的一些非线性、非

高斯系统的滤波问题，并得到了人们越来越多的关注。其基本思想是通过非参数化的 MCM，利用一组在状态空间传播的粒子和对应权值来逼近待估计量的后验概率密度函数。当样本数目很大时，粒子滤波可以达到最优贝叶斯估计的效果。但是，如果直接从后验分布中去获得样本是不太现实的，因此采用序贯重要性采样(sequential importance sampling, SIS)来提取样本，即通过一组随机样本及其对应权值来表示所要估计参数的后验概率密度函数，状态的估计值通过加权平均来近似获得。

在前面的讨论中知道可以通过粒子和对应权值的形式来表示一个系统的后验概率密度函数，即

$$p(X_t \mid Z_t) \approx \sum_{i=1}^{N_p} \tilde{w}_t^i \delta(X_t - X_t^i) \tag{8.50}$$

式中，$\tilde{w}_t^i$ 为第 i 个粒子的权值。假设在 t−1 时刻系统的后验概率为 $p(X_{t-1}|Z_{t-1})$，可以用加权粒子 $\{X_{t-1}^i, w_{t-1}^i\}$ 和的形式来表示，其中，i=1,2,…,N, $\{X_{t-1}^i\}$ 是 $q(X_{t-1}|Z_{t-1})$的一组采样。要得到 $\{X_t^i, w_t^i\}$，需要在 $p(X_t|Z_t)$的重要性密度函数 $q(X_t|Z_t)$中进行采样。现对 $q(X_t|Z_t)$进行一些分解变换：

$$q(X_t|Z_t)=q(x_t,X_{t-1}|Z_t)=q(x_t|X_{t-1},Z_t)q(X_{t-1}|Z_{t-1}) \tag{8.51}$$

我们可以先对 $\{x_t^i\}$ 从 $q(x_t|X_{t-1},Z_t)$中进行采样，然后乘以与在 $q(X_{t-1}|Z_{t-1})$中的采样就可以得到 $q(X_t|Z_t)$的采样。根据式(8.50)及式(8.51)可以得到新的粒子集合，然后进一步推导权值更新的过程，将式(8.51)代入如下贝叶斯条件概率分布函数：

$$w_t(X_t) = \frac{p(Z_t \mid X_t)p(X_t)}{q(X_t \mid Z_t)} \tag{8.52}$$

将 $w_t(X_t)$简写为 w_t 则有

$$w_t = \frac{p(Z_t \mid X_t)p(X_t)}{q(x_t \mid X_{t-1}, Z_t)q(X_{t-1} \mid Z_{t-1})} \tag{8.53}$$

由式(8.52)可以推出：

$$w_{t-1} = \frac{p(Z_{t-1} \mid X_{t-1})p(X_{t-1})}{q(X_{t-1} \mid Z_{t-1})} \tag{8.54}$$

由式(8.53)和式(8.54)可得

$$\begin{aligned} w_t &= w_{t-1} \frac{p(Z_t \mid X_t)p(X_t)}{q(x_t \mid X_{t-1}, Z_t)} \frac{1}{p(Z_{t-1} \mid X_{t-1})p(X_{t-1})} \\ &= w_{t-1} \frac{p(z_t \mid x_t)p(x_t \mid x_{t-1})}{q(x_t \mid X_{t-1}, Z_t)} \end{aligned} \tag{8.55}$$

由于估计的是 $p(x_t|z_t)$，先假设要估计的状态满足 Markov 性，即

$$q(x_t|X_{t-1},Z_t)=q(x_t|X_{t-1},Z_t) \tag{8.56}$$

可以看出 x_{t-1} 和 Z_t 这两个参数影响权重的取值，所以可以将后验概率密度函数写成

$$p\left(x_t \mid Z_t\right) \approx \sum_{i=1}^{N_p} \tilde{w}_t^i \delta(x_t - x_t^i) \tag{8.57}$$

将式(8.56)代入式(8.55)计算每个粒子权值 w_k^i，即

$$w_t^i = w_{t-1}^i \frac{p(z_t \mid x_t^i) p(x_t^i \mid x_{t-1}^i)}{q(x_t|x_{t-1}^i, Z_t)} \tag{8.58}$$

如果 $q(x_t|x_{t-1}^i,Z_t)=q(x_t|x_{t-1}^i,z_t)$，那么重要性函数仅受 x_{t-1}^i 和 z_t 两个参数的影响，可将权重公式更新为

$$w_t^i = w_{t-1}^i \frac{p(z_t \mid x_t^i) p(x_t^i \mid x_{t-1}^i)}{q(x_t \mid x_{t-1}^i, z_t)} \tag{8.59}$$

可以看出：该递归过程中只需存储 x_{t-1}，这有利于该算法在硬件上实现。式(8.59)的推导过程就是重要性权重递归算法，每次递归时都需要从参考分布中抽样。从式(8.59)中可以看出，权值的更新也考虑了似然函数 $p(z_t \mid x_t^i)$ 和状态转移概率 $p(x_t^i \mid x_{t-1}^i)$。将上述思想用伪码表述成图 8-4。

初始化: 取t=0, 从$p(x_0)$中抽取N_p个采样点:

$\{x_t^i, w_t^i\}_{i=1}^{N_p}$=SIS($\{x_{t-1}^i, w_{t-1}^i\}_{i=1}^{N_p}$, z_t)

Input: $\{x_{t-1}^i, w_{t-1}^i\}_{i=1}^{N_p}$, z_t

For i=1: N_p

　　Draw　$x_t^i \sim q(x_t \mid x_{t-1}^i, z_k)$

　　利用 $w_t^i=w_{t-1}^i \dfrac{p(z_t \mid x_t^i)\ p(x_t \mid x_{t-1}^i)}{q(x_t \mid x_{t-1}^i, z_t)}$ 更新权重

End For

计算总权重加和TW=$\sum_{i=1}^{N_p} w_t^i$

For i=1: N_p

权值归一化: $w_t^i=\dfrac{w_t^i}{\mathrm{TW}}$

End For

Output: $\{x_t^i, w_t^i\}_{i=1}^{N_p}$, 即$t$时刻状态粒子及其权值

令t=t+1, 当得到下一个测量值时，重复以上流程

图 8-4　粒子滤波算法的伪代码

粒子滤波的基本思想就是每一次迭代过程中都使用加权和粒子来表示待估计参数的后验概率密度。在估计过程中，当得到观测值后，根据前一时刻每个粒子的权值对当前时刻粒子的权值重新分配，依此类推，这也构成了粒子滤波算法及其改进算法的基础。图 8-5 是粒子滤波和扩展卡尔曼滤波分别应用于一个非线性系统的状态估计。可以看出，粒子滤波方法具有很好的非线性系统估计性能和较小的均方误差。

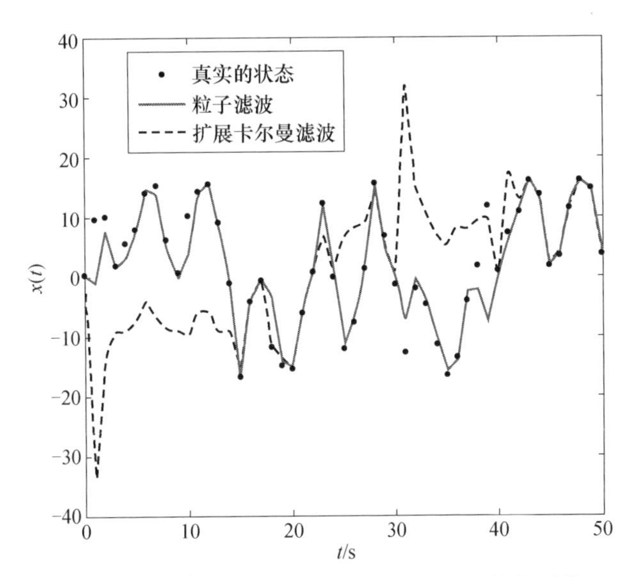

图 8-5　粒子滤波和扩展卡尔曼滤波的估计性能对比

虽然粒子滤波方法在解决非线性非高斯系统上有着比较大的优势，但是在序贯重要性采样过程中，算法经过多次迭代后，仅有少数粒子的权值是非零值，而大部分的粒子权值都趋于零，即出现退化现象，也称为粒子数匮乏。

8.2.4　粒子滤波算法存在的主要问题

1. 粒子退化

文献[14]中指出：序贯重要性采样方法会随着迭代次数的增加使权重的方差增大。也就是说，经过一定的迭代后，许多粒子的权值都趋于零，而只有少数几个比较大的权值粒子，这样会导致系统的大量计算时间浪费在对后验概率 $p(x_t|Z_t)$ 不起任何作用地趋于零权值的更新上，即出现粒子退化现象。文献[15]提出了一种有效采样尺度的思想，用 N_{eff} 来表示退化的程度，其定义为

$$N_{\mathrm{eff}}=\frac{N}{1+\mathrm{Var}(w_t^{*i})} \tag{8.60}$$

式中，w_t^{*i} 表示粒子的真实权值，$w_t^{*i}=p(x_t^i\mid Z_t)/q(x_t^i\mid x_{t-1}^i,z_t)$，但是式(8.60)在实际使用时一般会用式(8.61)代替，即

$$\overline{N_{\text{eff}}}=\frac{1}{\sum_{i=1}^{N}(w_t^i)^2} \tag{8.61}$$

式中，w_t^i 为式(8.59)表示的权值归一化形式。可以看到，$\overline{N_{\text{eff}}}$ 满足关系：$1\leqslant\overline{N_{\text{eff}}}\leqslant N$，当 $w_t^i=1/N$ 时，$N_{\text{eff}}=N$，当 $\exists j\in\{1,2,\cdots,N\}$，且满足 $w_k^j=1$，其余权值 $w_k^i=0$ 时，$\forall i\neq j$，$N_{\text{eff}}=1$。可以看出，N_{eff} 越小说明退化现象越严重。当然可以通过采用足够多的粒子数来消除粒子退化现象，但是当采样点数增大时，就会出现新的问题即计算量会随之增大。一般来说，粒子数目的选取主要由系统的状态方程维数、先验概率和重要性密度函数的相似度以及迭代次数等诸多因素共同决定[12]。目前消除粒子退化的方法主要从两方面着手：①设计好的重要性密度函数；②实施重采样策略。

2. 重要性密度函数的选取

选择最优重要性函数为[16]

$$\begin{aligned} q(x_t\mid x_{t-1}^i,z_t)_{\text{opt}}&=p(x_t\mid x_{t-1}^i,z_t)\\ &=\frac{p(z_t\mid x_t,x_{t-1})p(x_t\mid x_{t-1}^i)}{p(z_t\mid x_{t-1}^i)} \end{aligned} \tag{8.62}$$

这时，将式(8.62)代入式(8.60)有

$$w_t^i\propto w_{t-1}^i p(z_t\mid x_{t-1}^i)=w_{t-1}^i\int p(z_t\mid x_t)p(x_t\mid x_{t-1}^i)\mathrm{d}x_t \tag{8.63}$$

式(8.63)的最大不足之处是需要计算积分，而且一般无法求解。在实际应用中，人们的通常做法是将重要密度函数用先验概率密度函数代替，即

$$q(x_t\mid x_{t-1}^i,z_t)=p(x_t\mid x_{t-1}^i) \tag{8.64}$$

进而推导出新的权重更新方程：

$$w_t^i\propto w_{t-1}^i p(z_t\mid x_t^i) \tag{8.65}$$

这种方法的最大优点是简单易实现，但是未将观测值考虑进去，而这样的重要性函数却是最常用的。在实际使用过程中，可以根据需要和具体情况选择合适的重要性函数。

3. 重采样策略

重采样策略的目的在于减少对后验概率不起任何作用的小权值粒子，因为这

些几乎为零的权值粒子是引起粒子退化的主要原因。有必要对这些小权值粒子进行某种更新处理，这就是解决粒子退化问题的粒子重采样方法。重采样的主要策略就是在粒子更新过程中，保持总的粒子数目不变，对权值大的粒子进行多次采样，然后重新分配粒子权值。重采样的过程原理如图 8-6 所示。

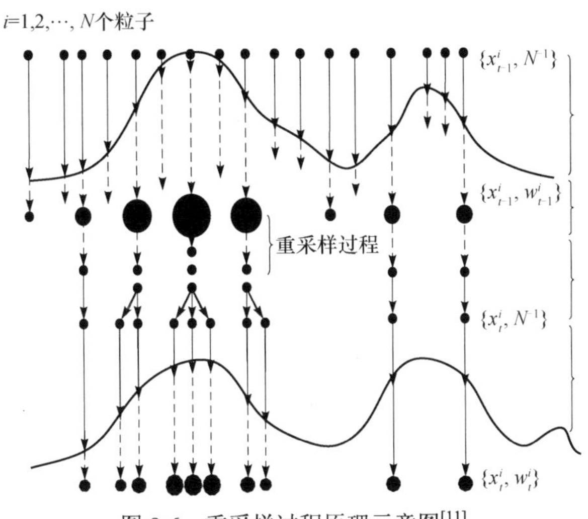

图 8-6　重采样过程原理示意图[11]

假设 t−1 时刻后验概率可以表示为

$$p(x_{t-1} \mid z_{t-1}) \approx \sum_{i=1}^{N_p} w_{t-1}^i \delta(x_{t-1} - x_{t-1}^i) \tag{8.66}$$

经过 N_p 次采样后，得到新的 N_p 个粒子，假设得到的 N_p 个粒子中 $x_k^{j^*}$ 是从 x_k^i 中采样而来的，则有 $p(x_k^{j^*} = x_k^i) = w_k^i$，重采样后设置每个粒子的权值为 $1/N_p$。经过系统观测后对粒子进行重分配，即在峰值处分配大的权值粒子，在较平坦的位置分配小的权值。如图 8-7 所示，经过重采样后，让权值大的粒子产生多个新的粒子，对于本身权值较小的粒子，可以删除或产生较少数目的新等权值粒子。

重采样的过程其实是一个构造累积分布函数的过程。也就是通过从均匀分布 $U(0,1)$中抽取满足随机变量 u_i 条件的整数 m 的一个判断：

$$\sum_{j=1}^{m-1} w_t^j \leqslant u_i \leqslant \sum_{j=1}^{m} w_k^j \tag{8.67}$$

然后将 x_k^m 记录并保存下来作为重采样后的粒子。图 8-8 给出了较详细的伪代码描述。

上述过程相当于将[0,1]区间按 $\lambda_i = \sum_{j=1}^{i} w_t^j$ 分解成 N 个子区间，当 u_i 落在第 m

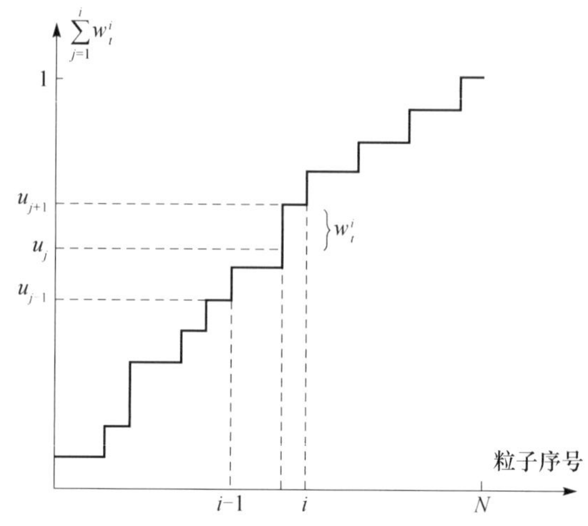

图 8-7　累积分布函数算法示意图

$\{x_t^{j*}, w_t^j\}_{j=1}^{N_p}$=RESAMPLE$\{x_{t-1}^i, w_{t-1}^i\}_{i=1}^{N_p}$

Input: $\{x_{t-1}^i, w_{t-1}^i\}_{i=1}^{N_p}$

Initialize the CDF: $c_1=0$

For i=2: N_p

　　构造累积分布函数CDF: $c_i=c_{i-1}+w_k^i$

End For

Set i=1

For j=1:N_p

　　产生服从均匀分布$U(0,1)$的随机数u_j

　　While　$u_j>c_i$

　　　　$i=i+1$

　　End While

　　令　$x_t^{j*}=x_t^i$

　　令　$x_t^{j*}=1/N_t$

End For

Output: $\{x_t^i, w_t^i\}_{i=1}^{N_p}$

图 8-8　重采样过程的伪代码

个区间时，对 x_t^m 进行粒子复制。

实际中是否需要重采样过程一般是采用自适应方法进行判断的。也就是通过式(8.61)来进行判断，并根据要求设定一个门限值 $N_{\rm eff}$，一旦 $\overline{N_{\rm eff}}<N_{\rm eff}$，就需要执行粒子重采样算法。

虽然粒子重采样算法在一定程度上改善了粒子退化现象，但随之又出现了粒子耗尽问题，即经过若干次重采样后，许多粒子已没有了像开始时的多样性，逐渐不能反映系统真实状态的变化趋势。一般的做法是通过重新初始化一组粒子集来预测系统的变化趋势，将原先失效的粒子集舍弃。

为了验证粒子滤波算法的性能，这里仿真采用的模型为非线性模型。系统状态方程和量测方程分别为

$$\begin{cases} x_k = 0.6x_{k-1} + 25\dfrac{x_{k-1}}{1+x_{k-1}} + 10\cos(1.2k) + v_k \\ y_k = \dfrac{x_k^2}{10} + u_k \end{cases} \tag{8.68}$$

式中，$v_k \sim N(0,2)$；$u_k \sim N(0,1)$；$x_k \sim N(0.2,3)$。MATLAB 仿真中，分别选取 50 和 100 个粒子进行仿真，重采样环节选用随机重采样的方法，仿真结果如图 8-9 和图 8-10 所示。

图 8-9 和图 8-10 中的横坐标是仿真时间步长，纵坐标是系统的状态变化幅度大小。从仿真结果可以看出：当粒子数较多时，粒子滤波的预测性能还是比较优良的，只有在少数几个时刻粒子滤波算法的估计效果有所发散，其余大部分时间基本上都能反映系统的变化趋势。

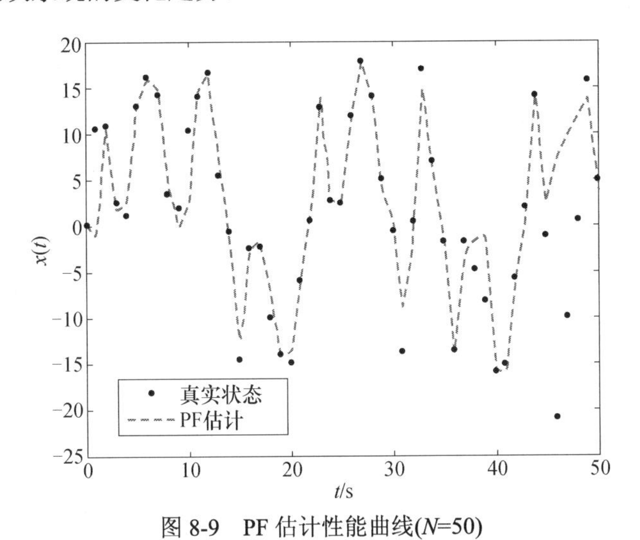

图 8-9　PF 估计性能曲线(N=50)

8.2.5　基于粒子滤波的大气激光 OFDM 系统信道估计

将粒子滤波算法应用于大气激光 OFDM 通信系统的信道估计中，由粒子滤波方法根据状态方程和量测方程递归地推导出该时刻的信道冲激响应函数，最后在 MATLAB 平台上对基于粒子滤波方法的信道估计进行仿真验证。

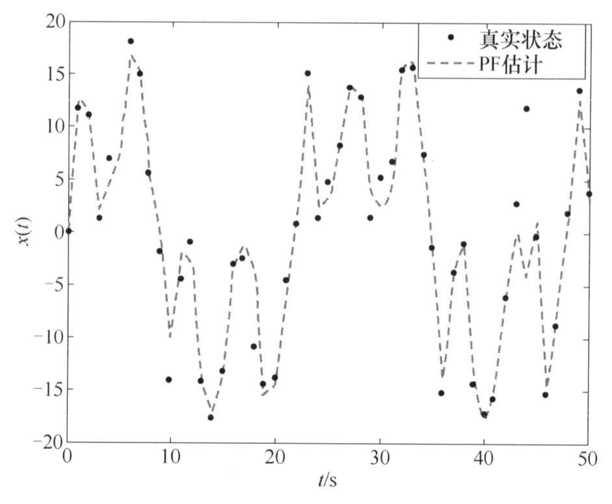

图 8-10　PF 估计性能曲线(N=100)

1. 系统模型建立

用归一化均方误差来验证信道估计的准确度。图 8-11 给出了当归一化均方误差(normalized mean square error, NMSE)分别为 0.1、0.01、0.001 时, SNR 和 SIR 之间的对应关系。

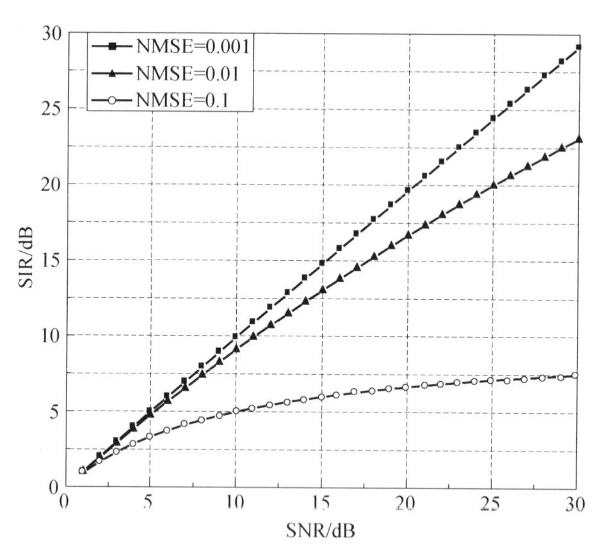

图 8-11　信道估计误差对系统的影响

图 8-11 中, 横坐标代表信噪比, 纵坐标代表信干比。从图中可以看出：当信道估计均方误差较大时, 整个系统的 SNR 下降非常迅速, 而且在大的 NMSE 下, 信干比基本上不会随着 SNR 的增大而增大。反之, 信干比会随着 SNR 的增大而增大,

系统性能明显有好的表现。

根据大气信道的特点以及使用粒子滤波时要具备的条件，将系统模型描述如下[14,16]：

$$X_n=f(X_{n-1})+V_{n-1} \tag{8.69}$$

$$Z_n=h(X_{n-1}, S_n)+W_n \tag{8.70}$$

式中，X_n 为 n 时刻的系统信道状态值；Z_n 为系统的观测值；V_{n-1} 和 W_n 为独立同分布的过程和观测噪声；$f(\cdot)$和 $h(\cdot)$可以为非线性或线性函数，$f:\Re^{n_x}\times\Re^{n_v}\to\Re^{n_x}$ 和 $h:\Re^{n_x}\times\Re^{n_s}\to\Re^{n_z}$ 分别为系统的状态转移函数和测量函数。可以将时变信道建模为一阶 AR 模型，建模在一个 OFDM 帧间隔上，于是有如下结论[16]：

系统的状态方程为

$$H_n=\alpha H_{n-1}+(1-\alpha)V_{n-1} \tag{8.71}$$

量测方程为

$$Y_n=S_nH_n+W_n \tag{8.72}$$

式中，$\alpha=J_0(2\pi f_d T)$反映了时变信道变化的快慢，$J_0(\cdot)$为零阶贝塞尔函数，f_d 为最大 Doppler 频移，T 表示一个 OFDM 符号时长；S_n 为 $N\times N$ 维的对角矩阵，对角元素为第 n 个 OFDM 的 N 个子载波发送符号；H_n 为一个 $N\times 1$ 的向量；V_n 为一个均值为 0、方差为 σ_v^2 的 AR 模型噪声；W_n 也是一个 $N\times 1$ 的向量，并服从均值为 0、方差为 σ^2 的分布。

2. 基于粒子滤波的无线光 OFDM 信道估计

采用训练序列辅助的半盲估计法，分两个阶段来进行：训练阶段和时变信道估计阶段。首先，系统发射端在一个无线光 OFDM 符号时间内发送一个接收端已知的训练序列，接收端利用训练序列完成信道初始化估计。在训练阶段的检测方法是最大似然估计方法；在下一时刻，系统接收端根据初始信道估计值(即上一时刻的信道估计值)，用粒子滤波的方法对当前时刻的大气信道状态进行盲估计(无须任何导频或训练序列)，得到当前时刻的大气信道状态。粒子滤波用于 OFDM 信道估计的主要思路就是在初始化粒子阶段，用一些手段获得初始大气信道概率分布的一组粒子和对应权值，然后在时变信道估计阶段，在一个 OFDM 符号块内，接收端根据上一时刻的大气信道估计值和当前的观测信息以及发送信号为有限字符等特性，利用最大似然估计求出新的大气信道响应粒子的权值，然后估计出当前的大气信道状态信息。粒子滤波算法的大气信道估计流程如图 8-12 所示。

3. 仿真结果与性能分析

将粒子滤波算法应用于无线光 OFDM 时变信道估计中，并对该算法进行仿真。大气激光 OFDM 时变信道模型使用前面建立的一阶 AR 模型，仿真参数如下：

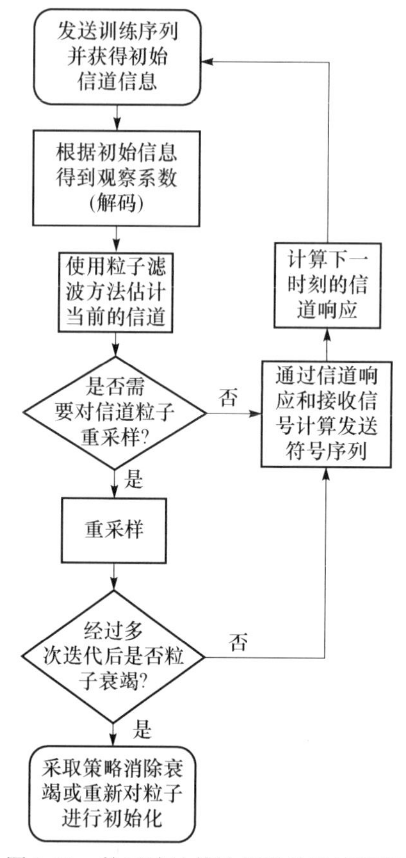

图 8-12　粒子滤波算法信道估计流程图

采用 QPSK 调制，仿真 100 个 OFDM 符号，4 条散射多径对信号的延迟分别为 1、3、4、6 个子载波时间长度，粒子数分别选取 N=50、N=100、N=200，重采样采用随机重采样算法。图 8-13 给出对 512 个子载波通过粒子滤波后的估计效果。在使用 LS 和 MMSE 算法时，使用梳状导频结构，在有用符号处使用内插算法来完成信道估计，第 i 个 OFDM 符号第 k 个子载波上的信道估计为

$$\hat{H}(i,k)=\hat{H}_i(p)+\left[\frac{\hat{H}_i(p+1)-\hat{H}_i(p)}{D_f}\right](k-k_p),\quad p<k<p+1 \tag{8.73}$$

式中，p 和 p+1 分别为相邻的子载波。仿真过程如下：先产生一组二进制比特流，通过串/并转换、星座映射等过程，采用 QPSK 调制，每两个二进制比特为一组，对应 4 个复数中的一个，经过相关变换后插入循环前缀进行传输，信号经过大气信道模型作用后，使用不同的算法对信道进行估计，进而恢复出原来的发送符号。在不同的信噪比下仿真计算了粒子滤波方法与目前常用的信道估计算法(LS 和 MMSE)分别对

信号进行恢复后与原始发送二进制序列进行比较，得到仿真结果如图 8-14 所示。

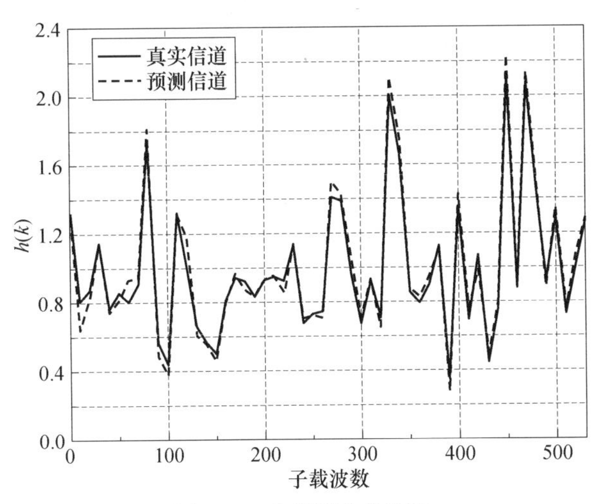

图 8-13　信道跟踪曲线图

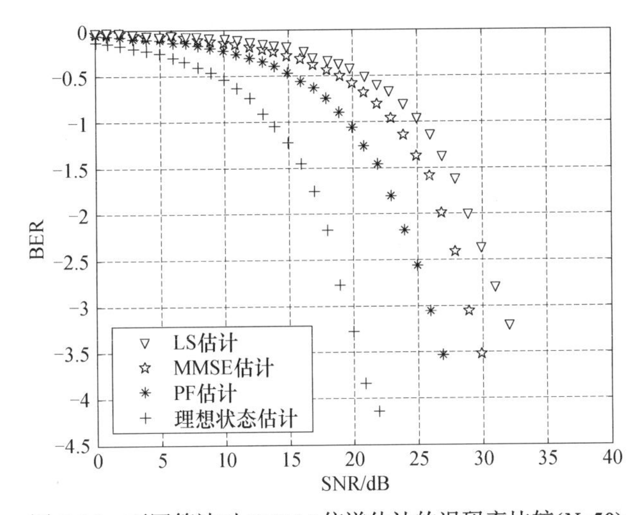

图 8-14　不同算法对 OFDM 信道估计的误码率比较(N=50)

在同样的初始参数设置下，使用随机重采样算法，粒子数分别选 N=100 和 N=200，仿真结果如图 8-15 和图 8-16 所示。

在同样的初始参数设置下，分别使用随机重采样和分层重采样算法，粒子数统一选为 N=200，仿真结果如图 8-17 和图 8-18 所示。

从图 8-14 可以看出粒子滤波算法具有良好的估计性能。图 8-15 是对 512 个子载波进行估计的效果图。MMSE 和 LS 算法在信噪比较小时的性能与粒子滤波

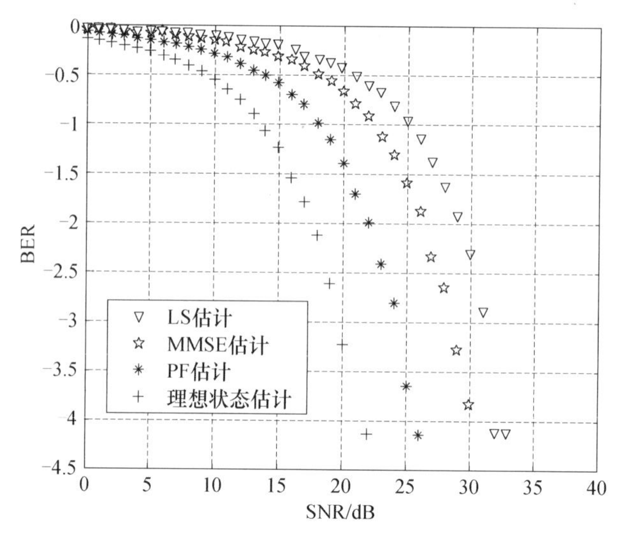

图 8-15　不同算法对 OFDM 信道估计的误码率比较(N=100)

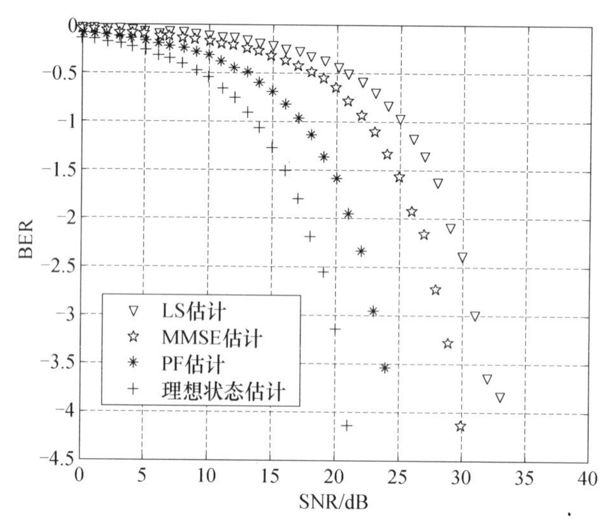

图 8-16　不同算法对 OFDM 信道估计的误码率比较(N=200)

相差不大，随着 SNR 增大，通过仿真的方法分析出粒子滤波算法的误码率逐渐下降，在同样的误码率下要比其他两种算法提高将近 1dB 的增益。虽然距离理想信道的误码率还有很大的差距，但这并不影响粒子滤波算法的优良估计性能。相信通过对大气信道预测的初始值准确估计以及对重要性密度函数和重采样策略的研究和改进，粒子滤波在信道估计上会有很大的性能提升。比较图 8-14～图 8-16 可以看出，不同粒子数对信道估计性能是有影响的。比较图 8-17 和图 8-18 可以看出，分层重采样和随机重采样两种重采样方法的性能接近。

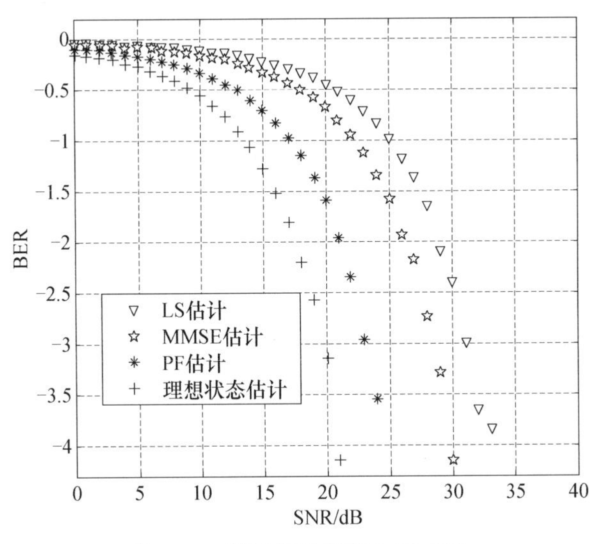

图 8-17　随机重采样算法(N=200)

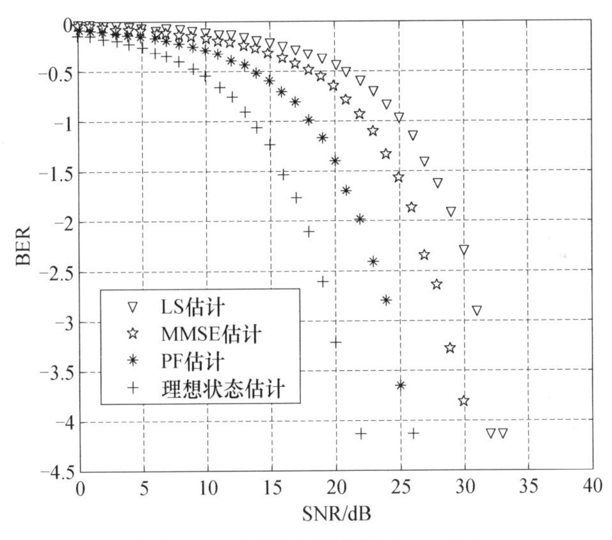

图 8-18　分层重采样算法(N=200)

8.3　基于导频辅助信道估计算法

FSO-OFDM 系统会受到灰尘、雨滴、雾等粒子的散射影响，因此提高发射功率也不能有效地降低散射对系统的影响[1]。虽然在 OFDM 中引入了循环保护间隔，在接收端可以采用简单的频域均衡消除多径干扰，但在频域均衡前必须知道每个子载波上准确的信道频率响应。

8.3.1　衰落信道对 OFDM 信号的影响

对于第 i 个 OFDM 符号，接收到的时域信号是发送信号 $x(i,k)$和信道冲激响应 $h(i,k)$的卷积：

$$y(i,k)=\sum_{k'=0}^{\tau_{\max}-1}h(i,k')x(i,k-k')+\eta(i,k),\quad 0\leqslant k<N+N_{\mathrm{G}} \tag{8.74}$$

式中，$\tau_{\max}$ 为信道的最大时延扩展；N 和 N_{G} 分别为 OFDM 子载波的个数和保护间隔的个数；$\eta(i,k)$为高斯白噪声；$h(i,k')$ 为第 i 个符号，第 k 个子载波受到的冲激响应。

假定在一个 OFDM 符号(包含保护间隔)周期内，信道冲激响应不变，则系统时域传输方程可以表示为

$$\tilde{y}(i)=\begin{bmatrix}y(i,N_{\mathrm{G}})\\ \vdots\\ y(i,-1)\\ y(i,0)\\ y(i,1)\\ \vdots\\ y(i,N-1)\end{bmatrix}=\tilde{h}_M(i)\tilde{x}(i)+\tilde{h}_{\mathrm{ISI}}(i-1)\tilde{x}(i-1)+\tilde{\eta} \tag{8.75}$$

式中，$\tilde{h}_M(i)=\begin{bmatrix}h(i,0) & 0 & 0 & \cdots & \cdots & 0 & 0\\ h(i,1) & h(i,0) & 0 & 0 & \cdots & 0 & 0\\ \vdots & \vdots & \vdots & \vdots & & \vdots & \vdots\\ 0 & 0 & 0 & h(i,\tau_{\max}-1) & \cdots & h(i,1) & h(i,0)\end{bmatrix}$

$$\tilde{h}_{\mathrm{ISI}}(i-1)=\begin{bmatrix}0 & \cdots & 0 & h(i-1,\tau_{\max}-1) & \cdots & h(i-1,2) & h(i-1,1)\\ \vdots & 0 & \vdots & 0 & h(i-1,\tau_{\max}-1) & \cdots & h(i-1,2)\\ \vdots & \vdots & \vdots & \vdots & 0 & \vdots & \vdots\\ \vdots & \vdots & \vdots & \vdots & \vdots & \vdots & h(i-1,\tau_{\max}-1)\\ \vdots & \vdots & \vdots & \vdots & \vdots & \vdots & 0\\ \vdots & \vdots & \vdots & \vdots & \vdots & \vdots & \vdots\\ 0 & 0 & 0 & 0 & 0 & 0 & 0\end{bmatrix}$$

$$\tilde{x}(i)=\begin{bmatrix}x(i,N-N_{\mathrm{G}})\\ \vdots\\ y(i,N-1)\\ y(i,0)\\ y(i,1)\\ \vdots\\ y(i,N-1)\end{bmatrix},\quad \tilde{x}(i-1)=\begin{bmatrix}0\\ \vdots\\ 0\\ x(i-1,N-\tau_{\max})\\ \vdots\\ x(i-1,N-2)\\ x(i-1,N-1)\end{bmatrix}.$$

假设$\tau_{\max} < N_G$，去除保护间隔后，式(8.75)可简化为

$$y(i)=\begin{bmatrix} y(i,0) \\ y(i,1) \\ \vdots \\ y(i,N-1) \end{bmatrix}=$$

$$\begin{bmatrix} h(i,0) & 0 & \cdots & 0 & h(i,\tau_{\max}-1) & h(i,\tau_{\max}-2) & \cdots & h(i,1) \\ h(i,1) & h(i,0) & 0 & \cdots & 0 & h(i,\tau_{\max}-1) & \cdots & h(i,2) \\ \vdots & \vdots & \vdots & \vdots & \vdots & \vdots & \vdots & \vdots \\ h(i,\tau_{\max}-1) & h(i,\tau_{\max}-2) & \cdots & h(i,1) & h(i,0) & 0 & \cdots & 0 \\ \vdots & \vdots & \ddots & \vdots & \vdots & \vdots & \vdots & \vdots \\ 0 & \cdots & 0 & h(i,\tau_{\max}-1) & \cdots & h(i,1) & h(i,0) & 0 \\ 0 & \cdots & 0 & 0 & h(i,\tau_{\max}-1) & \cdots & h(i,1) & h(i,0) \end{bmatrix}$$

$$\begin{bmatrix} x(i,0) \\ x(i,1) \\ \vdots \\ x(i,N-1) \end{bmatrix}+\eta=h_M(i)x(i)+\eta \tag{8.76}$$

接收到的频域信号可以表示为

$$\begin{aligned} Y(i)&=\text{FFT}\left(y(i)\right)=\text{FFT}\left(h_M(i)x(i)\right)+\text{FFT}(\eta) \\ &=H_M(i)X(i)+\text{FFT}(\eta) \\ &=\begin{bmatrix} H(i,0) & 0 & 0 & 0 \\ 0 & H(i,1) & 0 & 0 \\ 0 & 0 & \ddots & 0 \\ 0 & 0 & 0 & H(i,N-1) \end{bmatrix}\begin{bmatrix} X(i,0) \\ X(i,1) \\ \vdots \\ X(i,N-1) \end{bmatrix}+\text{FFT}(\eta) \end{aligned} \tag{8.77}$$

由式(8.77)可以看出，接收到的频域 OFDM 信号可以表示成发射信号和信道频域响应的乘积，那么，在接收端就只需要对各个子载波做单抽头均衡就可消除信道衰落，即

$$Z(i)=Y(i)/H(i)=\begin{bmatrix} Y(i,0)/\hat{H}(i,0)+\text{FFT}[\eta(i,0)]/\hat{H}(i,0) \\ Y(i,1)/\hat{H}(i,1)+\text{FFT}[\eta(i,1)]/\hat{H}(i,1) \\ \vdots \\ Y(i,N-1)/\hat{H}(i,N-1)+\text{FFT}[\eta(i,N-1)]/\hat{H}(i,N-1) \end{bmatrix}$$

$$
=\begin{bmatrix} \dfrac{H(i,0)}{\hat{H}(i,0)}X(i,0) \\ \dfrac{H(i,1)}{H(i,1)}X(i,1) \\ \vdots \\ \dfrac{H\left(i,N-1\right)}{\hat{H}\left(i,N-1\right)}X\left(i,N-1\right) \end{bmatrix}+\mathrm{FFT}(\eta) \tag{8.78}
$$

式中，$\hat{H}\left(i,k\right)$ 为信道增益估计值。可见，相对于单载波系统中的均衡技术，在多载波中首先需要对信道响应进行估计，然后利用估计出来的信道响应对接收信号进行均衡，因此，信道估计的精确程度将直接影响整个系统的性能。

8.3.2　基于频域导频的信道估计算法

根据 OFDM 符号的结构，可以方便地划分频域信号和时域信号。当训练数据被加载在频域上时，这种训练序列通常称为导频。基于导频的信道估计算法一般需要分三步来获得对一个信道的可靠估计[2, 7-19]：①如何合理地设计导频结构；②如何准确地获得导频位置处的信道响应；③如何根据导频位置处的信道响应恢复出所有位置的信道响应。

1. 导频结构

一般来说，导频结构可以分成块状导频、梳状导频和离散导频[19-21]，如图 8-19 所示。

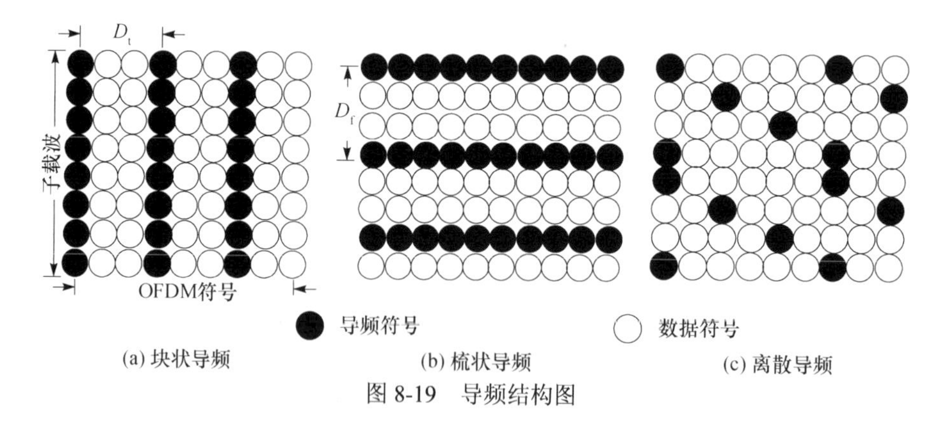

(a) 块状导频　　(b) 梳状导频　　(c) 离散导频

图 8-19　导频结构图

由于信道的频率响应可以看作一个二维随机信号，插入导频实际可以看成在进行二维采样。为了能够利用插入的导频得到所有时频空间上所有载波的信道估计值，插入导频的间隔必须满足奈奎斯特抽样定理。

OFDM 的频域信号可以表示成时域-频域二维平面图，因此在 OFDM 信号中插入导频，应同时考虑所插入导频符号在频率方向上的最小间隔 D_f(以子载波间隔为单位归一化)和在时间方向上的最小间隔 D_t(以 OFDM 符号间隔为单位归一化)。为了确定 D_f 和 D_t，需要分别知道信道在时域和频域的变化，即信道衰落的最大多普勒频移 f_{Dmax} 和最大时延扩展 τ_{max}。

根据频域抽样定理，对信号在频域的抽样对应于在时域的周期扩展。为了不失真地还原频域信号，对应的时域扩展信号应不发生混叠失真，即时域的扩展周期 $1/(D_f\Delta f)$ 应不小于最大时延扩展 τ_{max}：

$$\frac{1}{D_f\Delta f} \geqslant \tau_{max} \Rightarrow D_f \leqslant \frac{1}{\tau_{max}\Delta f} \tag{8.79}$$

根据时域抽样定理，为了不失真地还原时域信号，要求抽样频率应不小于信号带宽的 2 倍，即

$$\frac{1}{D_t T} \geqslant 2f_{Dmax} \Rightarrow D_t \leqslant \frac{1}{2f_{Dmax}T} \tag{8.80}$$

式中，T 为 OFDM 符号周期，$\Delta f=1/T$ 为子载波间隔。

由于实际系统中的 D_f 和 D_t 只能取整数，即 $D_f \leqslant \frac{1}{\tau_{max}\Delta f}$，$D_t \leqslant \frac{1}{2f_{Dmax}T}$，因此，一帧中包含的导频总数为

$$N_{grid} = \frac{N_c}{D_f} \cdot \frac{N_s}{D_t} \tag{8.81}$$

式中，N_c 为一个 OFDM 所包含的载波数；N_s 为一帧中所包含的 OFDM 符号数。

由于在频域和时域都满足抽样定理，因此如果能够知道信道在导频位置的频率响应值，就可以得到整个信道的所有频率响应值。

同时，由于在插入导频符号的位置不传输有效信息，因此插入导频符号会带来传输资源的浪费。由插入导频所带来的开销为

$$\Lambda = \frac{N_{grid}}{N_c N_s} \tag{8.82}$$

信噪比损失为

$$V_{pilot} = 10\lg\left(\frac{1}{1-\Lambda}\right) \tag{8.83}$$

如果系统的子载波间隔已经确定，那么信道的多普勒频移越大，最大多径时延扩展越大，需要的导频符号开销也就越大。通常，在实际系统中安排导频符号

时，应尽量使一帧中的第一个和最后一个 OFDM 符号以及 OFDM 符号的第一个和最后一个子载波都包含导频符号，这样就能保证每帧边缘的估计值较为准确。

假设在一个 OFDM 符号中插入 N_p 个功率相同的导频序列 $X_i=(X_i(0), X_i(1),\cdots, X_i(N_p-1))^{\mathrm{T}}$ 每个导频信号的功率为 σ_s^2，导频信号位置值为 $\{k_1,K_2,\cdots,k_{N_p}\}$。接收端经过 FFT 后导频位置处接收的信号可表示为

$$Y_i=\mathrm{diag}(X_i)H_i+N_i \tag{8.84}$$

式中，N_i 为均值为 0 方差为 σ_n^2 的噪声分量。将式(8.84)两边点除 X_i，可得

$$\hat{H}_i = W_i h + \tilde{N}_i \tag{8.85}$$

式中，W_i 为 $N_p \times L$ 的 FFT 矩阵，L 为散射造成的多径个数，则表征噪声的第二项的方差为 σ_n^2 / σ_s^2。当 $N_p \geqslant L$ 时，h 的估值可表示为

$$\hat{h} = h + W_i^+ \tilde{N}_i \tag{8.86}$$

式中，$(\cdot)^+$表示矩阵的伪逆。信道冲激响应估计的均方误差可表示为

$$\begin{aligned} E\left[\left\|\hat{h}-h\right\|^2\right] &= \mathrm{tr}\left\{W_i^+ E\left[\tilde{N}_i \tilde{N}_i^{\mathrm{H}}\right]\left(W_i^+\right)^{\mathrm{H}}\right\} \\ &= \frac{\sigma_n^2}{\sigma_s^2}\mathrm{tr}\left\{W_i^+\left(W_i^+\right)^{\mathrm{H}}\right\} \\ &= \frac{\sigma_n^2}{\sigma_s^2}\mathrm{tr}\left\{\left(W_i^{\mathrm{H}} W_i\right)^{-1}\right\} \end{aligned} \tag{8.87}$$

式中，$\mathrm{tr}\{\cdot\}$为矩阵的迹；$\|\cdot\|^2$ 为求矩阵的 2 范数。由于 W_i 中各个元素的选取依赖导频信号位置的集合$\{k_1,k_2,\cdots,k_{N_p}\}$，因此可通过选择最优的集合$\{k_1,k_2,\cdots, k_{N_p}\}$来使信道估计均方误差达到最小值。

由 FFT 矩阵的特殊性，有 $\mathrm{tr}\left\{W_i^{\mathrm{H}} W\right\} = N_p L$，假设 $(W_i^{\mathrm{H}} W)^{-1}$ 的 L 个特征值为$\{\lambda_1,\lambda_2,\cdots, \lambda_L\}$，$W_i^{\mathrm{H}} W$ 的 L 个特征值为$\{1/\lambda_1,1/\lambda_2,\cdots,1/\lambda_L\}$，则信道估计均方误差最小化问题可转化为下述带有约束条件的最小化问题：

$$\min\left[\sum_{i=1}^{L}\lambda_i\right]，\text{约束条件为}\sum_{i=1}^{L}\frac{1}{\lambda_i} = N_p L \tag{8.88}$$

又由于矩阵 $(W_i^{\mathrm{H}} W)^{-1}$ 是非负定的，因此当且仅当其所有特征值都相等时，$\sum_{i=1}^{L}\lambda_i$ 才能取得最小值。当矩阵 W_i 满足列正交时，$W_i^{\mathrm{H}} W$ 有 L 个相等的特征值。为了保证矩阵 W_i 的列正交性，导频信号位置集合必须满足：

$$\left\{i, i+\frac{N}{N_p}, \cdots, i+\frac{(N_p-1)N}{N_p}\right\}, \quad i=0,1,\cdots,\frac{N}{N_p}-1 \tag{8.89}$$

即等间隔地选取 N_p 个子载波作为导频信号时，可以使信道估计均方误差最小化:

$$E\left[\left\|\hat{h}-h\right\|^2\right]=\frac{\sigma_n^2 L}{\sigma_s^2 N_p} \tag{8.90}$$

2. 导频位置信道响应的估计

在导频的结构确定了之后，下一步是如何获得导频位置的信道响应 $\hat{H}(n_p,k_p)$，其中坐标(n_p,k_p)就代表了导频的位置。一方面，需要保证 $\hat{H}(n_p,k_p)$ 的准确性，另一方面，又要考虑到估计方法的有效性。通常使用的估计准则有 LS 准则和 MMSE 准则。

1) 基于 LS 准则的估计算法

根据 LS 准则，定义代价函数为[22-24]

$$J_{\mathrm{LS}}=(Y_p-\hat{H}_p X_p)^*(Y_p-\hat{H}_p X_p) \tag{8.91}$$

式中，Y_p、$\hat{H}_p$ 和 X_p 分别为导频位置上的接收信号、信道响应的估计值和发送的导频值; $1 \leqslant p \leqslant M$, M 为导频的个数。令 $J_{\mathrm{LS}}=0$ 可得

$$\hat{H}_p=\frac{Y_p}{X_p}=\frac{H_p X_p}{X_p}+\frac{W_p}{X_p}=H_p+\frac{W_p}{X_p} \tag{8.92}$$

式中，W_p 为在导频位置上的噪声干扰。这种信道估计方法中所有的操作都在频域进行。由于具有最简单的结构，因此得到了广泛的应用。但是，由于 LS 准则没有考虑到噪声消除，信道估计的结果将受到噪声的严重影响。

LS 算法是基于训练的估计算法，将其应用于 FSO-OFDM 系统中通常也需要三步才能得到信道估计值：①设计导频结构；②通过 LS 算法获得导频位置处的信道响应；③根据导频位置处的信道响应利用线性插值恢复出所有位置的信道响应。

对于快速时变信道的 OFDM 系统，梳状导频可以更好地跟踪信道变化，因此本节选用梳状导频结构。设每个 OFDM 符号的子载波数为 N，对每个 OFDM 符号在频域上等间隔的插入 N_p 个导频信号，有

$$X(k)=X\left(m\frac{N}{N_p}+j\right)=\begin{cases}\text{Pilot}, & j=0\\ \text{Data}, & j=1,2,\cdots,N/N_p-1\end{cases}; 0 \leqslant m \leqslant N_p-1 \tag{8.93}$$

为了降低计算的复杂度，假设每个 OFDM 符号中的导频信号都相同。假设在

第 i 个 OFDM 符号中，导频序列用矢量 $X_i=(X_i(0), X_i(1), \cdots, X_i(N_p-1))^{\mathrm{T}}$ 表示，导频子信道上的接收信号用矢量 $Y_i=(Y_i(0), Y_i(1), \cdots, Y_i(N_p-1))^{\mathrm{T}}$ 表示：

$$Y_i=\mathrm{diag}(X_i)H_i+N_i \tag{8.94}$$

式中，N_i 为在导频子信道上的高斯白噪声矢量。导频子信道的频域特性用矢量 H_i 表示为

$$\begin{aligned}H_i &= (H_i(0) \quad H_i(1) \quad \cdots \quad H_i(N_p-1))^{\mathrm{T}} \\ &\approx \left(\frac{Y_i}{X_i}(0), \frac{Y_i}{X_i}(1), \cdots, \frac{Y_i}{X_i}(N_p-1)\right)^{\mathrm{T}} = \hat{H}_i\end{aligned} \tag{8.95}$$

式中，$\hat{H}_i$ 为利用 LS 算法估计出的第 i 个 OFDM 符号上导频位置处的信道响应。

2) 基于 MMSE 准则的 Wiener 滤波的信道估计

均方误差是一种有效的随机变量估计的性能测度，它易于计算和处理，可以主观地反映误差。MMSE 算法是基于贝叶斯算法所进行的统计意义上的估计。

如果信号 $x(n)$、$X(n)$及观测信号 $y(n)$、$Y(n)$是广义平稳的，并且其自相关函数或功率谱密度已知或可求，采用线性 MMSE 准则对 $x(n)$或 $X(n)$进行估计的过程称为 Wiener 滤波。Wiener 滤波的基本思想是寻找使输出波形与输入波形之间的均方误差最小的线性滤波器的最佳冲激函数或传递函数。

根据 MMSE 准则，定义代价函数为

$$J_{\mathrm{MMSE}} = E\left[(H_p - \hat{H}_p)^*(H_p - \hat{H}_p)\right] \tag{8.96}$$

根据 Wiener 滤波器理论[25]，假设

$$\hat{H} = \sum_{p=1}^{M} w_p Y_p = W_p^{\mathrm{T}} Y_p \tag{8.97}$$

式中，$Y_p=(Y_1,Y_2,\cdots,Y_M)^{\mathrm{T}}$ 为导频位置上的接收信号；$W_p=(w_1,w_2,\cdots,w_M)^{\mathrm{T}}$ 为滤波器的抽头系数；M 为导频的个数。

定义 $e_p = H_p - \hat{H}_p = H_p - W_p^{\mathrm{T}} Y_p$，$w_k=a_k+\mathrm{j}b_k$，对式(8.96)求偏导可得

$$\begin{aligned}\frac{\partial J_{\mathrm{MMSE}}}{\partial w_k} &= \frac{\partial\left\{E\left[(H_p - \hat{H}_p)^*(H_p - \hat{H}_p)\right]\right\}}{\partial w_k} = \frac{\partial\left\{E\left[e_p{}^* e_p\right]\right\}}{\partial w_k} \\ &= \frac{\partial\left\{E\left[e_p{}^* e_p\right]\right\}}{\partial a_k} + \mathrm{j}\frac{\partial\left\{E\left[e_p{}^* e_p{}^*\right]\right\}}{\partial b_k} \\ &= E\left[-e_p{}^*\frac{\partial e_p}{\partial a_k} - e_p\frac{\partial e_p{}^*}{\partial a_k} + \mathrm{j}\left(e_p{}^*\frac{\partial e_p}{\partial b_k} + e_p\frac{\partial e_p{}^*}{\partial b_k}\right)\right]\end{aligned}$$

$$
\begin{aligned}
&= E\left\{-e_p{}^*Y_k - e_pY_k^* + \mathrm{j}\left[e_p{}^*(-\mathrm{j}Y_k) + e_p(-\mathrm{j}Y_k^*)\right]\right\} \\
&= -2E\left[e_pY_k^*\right]
\end{aligned} \tag{8.98}
$$

为了使 J_{MMSE} 达到最小值，需满足 $\dfrac{\partial J_{\mathrm{MMSE}}}{\partial w_k}=0$，则有

$$
\begin{aligned}
E[e_pY_K{}^*] &= E[(H_p - W^{\mathrm{T}}Y_p)Y_k{}^*] \\
&= E[H_pY_k{}^*] - W^{\mathrm{T}}E[Y_pY_k{}^*] \\
&= 0
\end{aligned} \tag{8.99}
$$

将式(8.99)表示成矩阵形式为

$$
WR_{YY} = R_{HY} \Rightarrow W = R_{HY}R_{YY}^{-1} \tag{8.100}
$$

式中，R_{YY} 为导频位置接收到的信号之间的自相关矩阵；R_{HY} 为导频位置接收到的信号与信道响应之间的互相关矩阵，式(8.99)可以写为

$$
\hat{H}_p = W^{\mathrm{T}}Y_p = R_{HY} = R_{HY}R_{YY}^{-1}Y_p \tag{8.101}
$$

式中[26]

$$
R_{HY} = E[H_pY_p^{\mathrm{H}}] = E[H_p(X_pH_p + N)^{\mathrm{H}}] = R_{HH}X_p^{\mathrm{H}} \tag{8.102}
$$

$$
\begin{aligned}
R_{YY} &= E\left[Y_pY_p^{\mathrm{H}}\right] = E\left[(X_pH_p + N)(X_pH_p + N)^{\mathrm{H}}\right] \\
&= X_pR_{HH}X_p^{\mathrm{H}} + \sigma^2 I
\end{aligned} \tag{8.103}
$$

式中，$X_p=\mathrm{diag}(X_1,X_2,\cdots,X_M)^{\mathrm{T}}$ 是由 M 个导频构成的对角矩阵；I 为单位阵；σ^2 为噪声方差。则基于 MMSE 准则的 Wiener 滤波信道估计算法可表示为

$$
\begin{aligned}
\hat{H}_p &= R_{HY}R_{YY}^{-1}Y_p = R_{HH}X_p^{\mathrm{H}}\left(X_pR_{HH}X_p^{\mathrm{H}} + \sigma^2 I\right)^{-1}Y_p \\
&= R_{HH}\left[X_p^{-1}\left(X_pR_{HH}X_p^{\mathrm{H}} + \sigma^2 I\right)\left(X_p^{\mathrm{H}}\right)^{-1}\right]^{-1}X_p^{-1}Y_p \\
&= R_{HH}\left[R_{HH} + \sigma^2\left(X_p^{\mathrm{H}}X_p\right)^{-1}\right]X_p{}^{-1}Y_p \\
&= R_{HH}\left[R_{HH} + \sigma^2\left(X_p^{\mathrm{H}}X_p\right)^{-1}\right]\hat{H}_{\mathrm{LS}}
\end{aligned} \tag{8.104}
$$

式中，R_{HH} 为信道冲激响应的自相关矩阵。当导频信号 X_p 变化时，计算$(X^{\mathrm{H}}X)^{-1}$比较复杂，为了进一步降低复杂度，可以将 $(X_p^{\mathrm{H}}X_p)^{-1}$ 用它的期望值 $E[(X_p^{\mathrm{H}}X_p)^{-1}]$ 代替。

在信号等概率传输的情况下，有

$$
E\left[(X_p^{\mathrm{H}}X_p)^{-1}\right] = E\left[\left|\frac{1}{x_k}\right|^2 I\right] \tag{8.105}
$$

平均信噪比满足 $\mathrm{SNR} = E\left[\left|x_p\right|^2\right] / \sigma^2$，进一步化简式(8.104)，可得

$$\hat{H}_p = R_{HH}\left(R_{HH} + \frac{\beta}{\mathrm{SNR}} I\right)^{-1} \hat{H}_{\mathrm{LS}} \tag{8.106}$$

式中，$\beta = E\left[\left|X_p\right|^2\right] E\left[\left|1 / X_p\right|^2\right]$ 为依赖调制方式的常量。如果自相关矩阵 R_{HH} 和 SNR 是先验已知的，则 $R_{HH}\left(R_{HH} + \frac{\beta}{\mathrm{SNR}} I\right)^{-1}$ 只需要计算一次。定义 $Q = R_{HH}\left(R_{HH} + \frac{\beta}{\mathrm{SNR}} I\right)^{-1}$，即基于 MMSE 准则的 Wiener 滤波信道估计算法可以看作在 LS 估计的基础上再利用相关矩阵 Q 进行滤波处理。

3) 基于 MMSE 准则的奇异值分解估计算法

虽然线性最小均方误差估计器仅需要使用频域的相关特性，且其复杂度比同时使用时域和频域相关性的估计器低，但仍需要大量复杂的计算过程，并且在求逆的过程中，如果信道矩阵是奇异的，就会导致无法求逆或求出错误的值。而奇异值分解(singular value decomposition, SVD)算法无论信道矩阵是否奇异，均可以求逆，从而降低了实现的复杂度[27]。

在式(8.106)的基础上，可以先对 Q 进行奇异值分解，得

$$Q = U \Lambda U^{\mathrm{H}} = U \begin{bmatrix} \delta_1 & 0 & 0 & 0 \\ 0 & \delta_2 & 0 & 0 \\ \vdots & \vdots & & \vdots \\ 0 & 0 & \cdots & \delta_M \end{bmatrix} U^{\mathrm{H}} \tag{8.107}$$

式中，U 为由 Q 的特征向量组成的特征矩阵；Λ 为一个对角矩阵；δ_k 为 M 个特征值。将式(8.107)代入式(8.106)，可得到基于奇异值分解的信道估计公式为

$$\hat{H}_{\mathrm{SVD}} = U \Lambda U^{\mathrm{H}} \hat{H}_{\mathrm{LS}} \tag{8.108}$$

如果只保留 Λ 矩阵中较大的 L 个特征值，则式(8.108)可表示为

$$\begin{aligned} \hat{H}_{\mathrm{SVD}} &= U \Lambda U^{\mathrm{H}} \hat{H}_{\mathrm{LS}} \\ &\approx U \begin{bmatrix} \Delta_L & 0 \\ 0 & 0 \end{bmatrix} U^{\mathrm{H}} \hat{H}_{\mathrm{LS}} \\ &= \left(\sum_{k-1}^{L} \delta_k u_k u_k{}^{\mathrm{H}} \right) \hat{H}_{\mathrm{LS}} \\ &= \sum_{k=1}^{L} \left(u_k^{\mathrm{H}} \hat{H}_{\mathrm{LS}} \right) \delta_k u_k \end{aligned} \tag{8.109}$$

式中，u_k 为对应的特征向量；Δ_L 为 Λ 的左上角处 $L \times L$ 的矩阵，改变 L 的大小可以在复杂度与性能之间得到某种折中。

3. FSO-OFDM 信道估计中的内插算法

图 8-19 是导频的二维分布。从处理的空间分类，可以分为一维处理方法和二维处理方法。对于一维处理方法，又可以分成频域上的信道恢复(一个 OFDM 符号内各个子载波之间)和时域方向上的信道恢复(同一个子载波上不同的 OFDM 符号之间)。

频域信道估计主要依靠内插滤波的方法。不同的内插算法对信道估计的性能有较大的影响。时域方向上的信道估计恢复主要有三种类型：基于内插的算法、基于判决反馈的跟踪估计算法和基于判决反馈和 LMS 算法的跟踪方法[2]。

通常，插值方法有两种：线性插值和 DFT 插值。

1) 线性插值

线性插值方法是一种最简单的插值方法，这种方法根据相邻两个导频子载波上的频域响应，依据数据子载波与导频子载波的位置关系插值出位于这两个导频子载波之间的数据子载波的频域响应[20]。用 $\hat{H}_i(p)$ 表示第 i 个 OFDM 符号第 p 个导频位置上的 LS 估计值。首先在频域方向上进行内插，第 i 个 OFDM 符号第 k 个子载波上的信道估计为

$$\hat{H}(i,k)=\hat{H}_i(p)+\left[\frac{\hat{H}_i(p+1)-\hat{H}_i(p)}{D_{\rm f}}\right](k-k_p),\quad p<k<p+1 \tag{8.110}$$

完成频域方向的插值后，可以在时域方向进行同样的插值：

$$\hat{H}(i,k)=\hat{H}_i(p)+\left[\frac{\hat{H}_i(p+1)-\hat{H}_i(p)}{D_{\rm t}}\right](i-i_p),\quad p<i<p+1 \tag{8.111}$$

这样就得到了所有时频点上的信道估计值。线性插值的优点是复杂度低，容易实现，其缺点是当信道表现出很强的频选性时，需要的导频个数比较多。

2) DFT 插值

假设第 i 个 OFDM 符号所有导频子载波上频域响应的 LS 估计为 $\hat{H}_i=(\hat{H}_i(0),\hat{H}_i(1),\ \cdots,\ \hat{H}_i(N_p-1))^{\rm T}$，$N_p$ 为导频个数，此向量代表信道频域响应的一个采样样本。通过一个 N_p 点的 IDFT 可以得到一个等效时域冲激响应的估计：

$$\hat{h}_i={\rm IDFT}(\hat{H}_i) \tag{8.112}$$

在时域通过对 $\hat{h}_i$ 补零得到一个 $N_pD_{\rm f}\times 1$ 的列向量 $\tilde{h}_i$：

$$\tilde{h}_i=\begin{bmatrix}\hat{h}_i^{\rm T} & 0\end{bmatrix}^{\rm T} \tag{8.113}$$

式中, 0 为 $1\times(N_pD_{\rm f}-N_p)$的零向量。然后通过一个 $N_pD_{\rm f}$ 点的 DFT 将 $\tilde{h}_i$ 转换到频域，实现频域的插值：

$$\hat{H}_i = \mathrm{DFT}(\tilde{h}_i) \tag{8.114}$$

完成频域方向的插值后，可以在时域进行线性插值得到所有时频点上的信道估计。由于存在 DFT 和 IDFT 的快速算法, DFT 插值具有复杂度比较低的优点。

4. 性能验证

由于在 LS、MMSE 信道估计中采用的是梳状导频，因此只需在频域方向上进行内插就可恢复出所有时频点上的信道估计值。第 i 个 OFDM 符号第 k 个子载波上的信道估计为

$$\hat{H}(i,k) = \hat{H}_i(p) + \left[\frac{\hat{H}_i(p+1) - \hat{H}_i(p)}{D_{\mathrm{f}}}\right](k - k_p), \quad p<k<p+1 \tag{8.115}$$

在假设系统完全同步的基础上，仿真参数设为：QPSK 调制，512 点 IFFT，有用子载波数为 270，循环前缀为 8，导频间隔为 7，对 100 个 OFDM 符号进行仿真。仿真信道为散射信道。当散射路径数 L=4、6 时，各路径相对于发射信号的归一化强度分别为[0.223 0.303 0.334 0.245]、[0.223 0.303 0.334 0.245 0.347 0.458]，各路径相对于发射信号的延时分别为[2 3 5 7]、[2 3 5 7 9 13]。当 L=4 时系统在信噪比为 30dB 时误码率仅能达到 10^{-3}，当导频间隔满足 $L<N_p$ 时，系统性能得到了明显的改善。图 8-20～图 8-22 分别为加载 LS、Wiener-MMSE、SVD-MMSE 信道估计模块前后系统性能的比较。

当导频间隔满足 L=8$>N_p$ 时，各径延时为[2 3 5 7 8 9 10 10]，各径强度为[0.223 0.303 0.334 0.245 0.347 0.458 0.258 0.426]。图 8-23 为加载 LS 信道估计模块前后系统的性能比较，由于 $L>N_p$，因此系统的误码特性改善比较差。

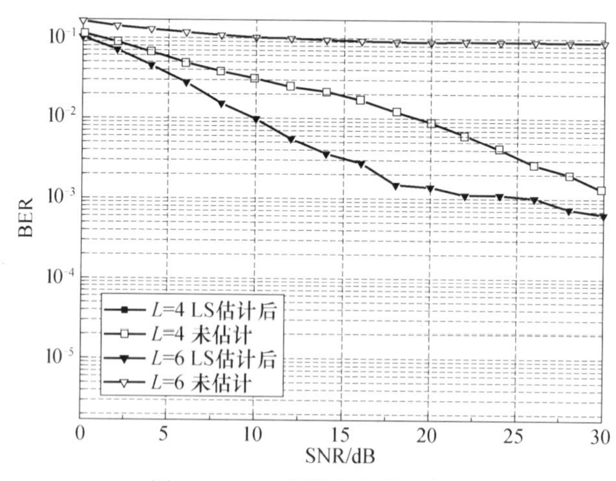

图 8-20　LS 信道估计误码率图

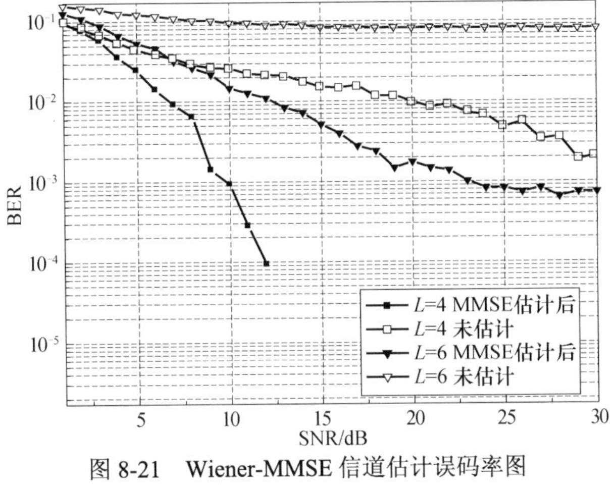

图 8-21　Wiener-MMSE 信道估计误码率图

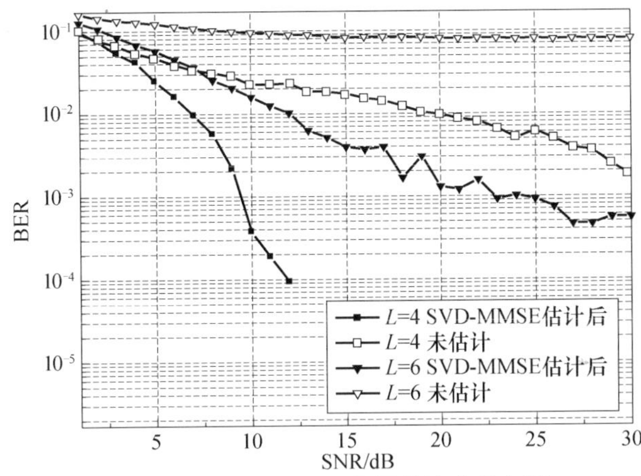

图 8-22　SVD-MMSE 信道估计误码率图

8.3.3　基于时域训练序列的信道估计算法

基于时域训练序列信道估计的OFDM系统一般称为TDS-OFDM (time domain synchronization OFDM)系统。图 8-24 为 TDS-OFDM 的帧结构，时域训练序列放在循环保护间隔前，用于接收机同步和信道估计。

1. 基于 DFT 的信道估计算法

假设系统完全同步，接收端接收到的时域训练信号是时域训练序列 $t_1=(t_1(0), t_1(1),\cdots,t_1(N_p-1))^{\mathrm{T}}$ 和信道冲激响应的线性卷积：

$$y(k)=\sum_{k'=0}^{L}h(k')t_1(k-k')+\eta(k),\quad k=0,1,\cdots,N_p-1 \tag{8.116}$$

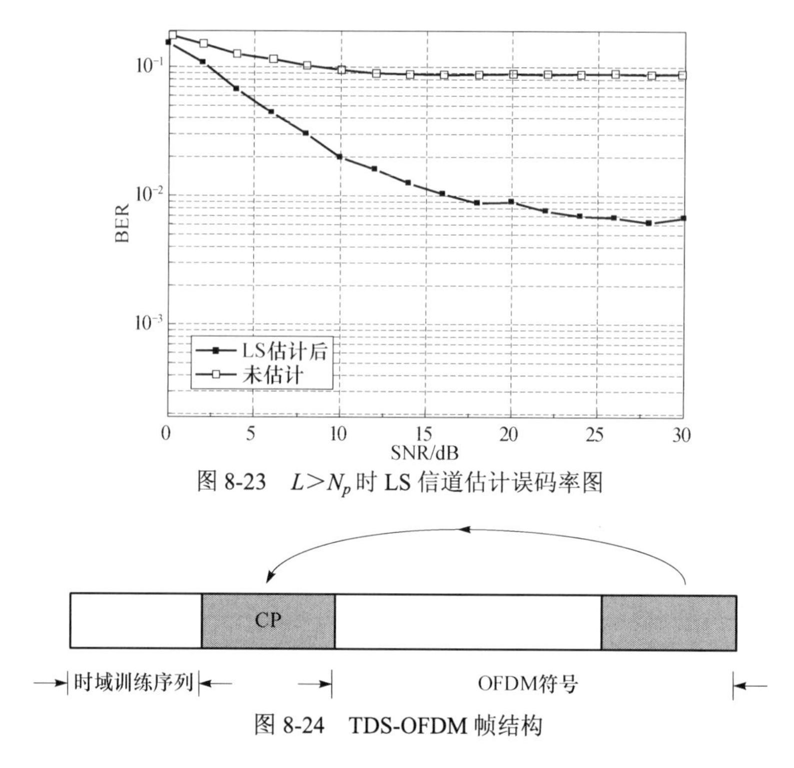

图 8-23　$L > N_p$ 时 LS 信道估计误码率图

图 8-24　TDS-OFDM 帧结构

如果将时域训练序列定义为循环重复的形式，即 $t_1=(t,t)^{\mathrm{T}}$，则

$$t_1(i) = t_1\left(i + \frac{N_p}{2}\right), \quad i = 0,1,\cdots,\frac{N_p}{2}-1 \tag{8.117}$$

如果信道冲激响应的长度满足 $L < N_p/2$，则式(8.116)可以表示成循环卷积的形式：

$$\begin{aligned} y(k) &= \sum_{k'=0}^{L-1} h(k')t_1(k-k') + \eta(k) \\ &= \sum_{k'=0}^{L-1} h(k')t_1\left[(k-k')_{\frac{N_p}{2}}\right] + \eta(k), \quad k' = \frac{N_p}{2},\cdots,N_p-1 \end{aligned} \tag{8.118}$$

转换到频域，可以表示为

$$Y(k) = H(K)T(k) + \mathrm{FFT}[\eta(k)], \quad k = 0,1,\cdots,\frac{N_p}{2}-1 \tag{8.119}$$

式中，$T(k)$ 为 $t(k)$的傅里叶变换，为已知序列。因此时域训练序列处的信道响应为

$$\hat{H}_t(k) = \frac{Y(k)}{T(k)}, \quad k = 0,1,\cdots,\frac{N_p}{2}-1 \tag{8.120}$$

得到训练序列处的信道响应 $\hat{H}_t(k)$ 后，通过前面介绍的插值算法可以进一步恢复出全部的信道响应。

采用这种估计算法的前提如下：首先，时域训练序列必须满足式(8.117)中定义的循环重复形式；其次，训练序列的长度必须满足 $N_p>2L$。与基于导频的信道估计比较($N_p>L$)，该算法需要 2 倍于信道冲激响应长度的训练数据量，因此频谱利用率很低。

2. 基于自适应滤波器的预测算法

自适应滤波器当输入过程的统计特性未知或变化时，能够调整自己的参数，以满足某种最佳准则的要求。当输入过程的统计特性未知时，自适应滤波器调整自己参数的过程称为学习过程。当输入过程的统计特性发生变化时，自适应滤波器调整自己参数的过程称为跟踪过程。

自适应滤波器的原理如图 8-25 所示。其中，n 为迭代次数，$x(n)$为输入信号，$y(n)$为自适应滤波器的输出信号，$d(n)$为期望信号(参考信号)。误差信号$e(n)$由 $d(n)-y(n)$计算得出。利用误差信号构造一个自适应算法所需的目标函数，确定滤波器系数适当的更新方式。目标函数的最小化意味着自适应滤波器的输出信号与期望信号实现了匹配。

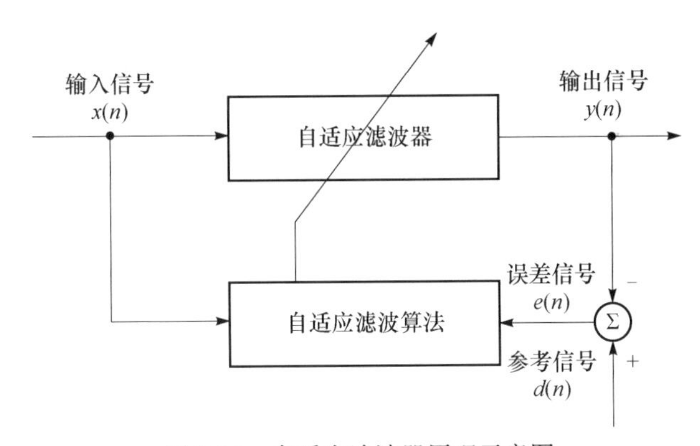

图 8-25　自适应滤波器原理示意图

自适应滤波器的应用大致可以分为以下四类：辨识、均衡、预测、干扰消除。基于自适应滤波的信道估计就是利用了其预测的功能。图 8-26 为自适应滤波器预测原理图。

3. 基于 LMS 的半盲信道估计算法

Widrow 和 Hoff 于 1960 年提出了最小均方(least mean square, LMS)算法。大气信道为频域选择性衰落信道，每个子载波的信道冲激响应在相干时间内的值保

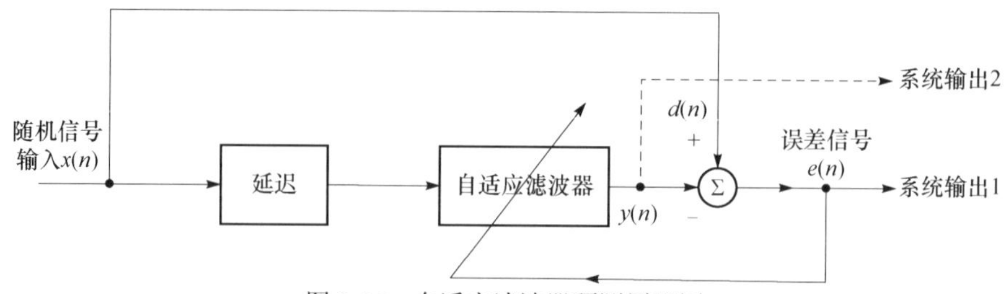

图 8-26　自适应滤波器预测原理图

持相关性，因此可利用同一子载波中距离小于相干时间的若干个连续 OFDM 符号信道特性之间的相关性，采用 LMS 算法对未来符号位置迭代的初始值进行预测。这样就可以直接计算出信道的冲激响应，然后通过频域均衡对信道进行补偿[28]。基于判决反馈的信道估计和跟踪算法由于只在学习阶段需要导频数据，而在跟踪阶段是利用反馈的判决信息进行信道估计的，因此不需要额外的导频数据信息，可以提高系统效率[29, 30]。

图 8-27 为 FSO-OFDM 系统基于时域 LMS 信道估计算法的原理图。

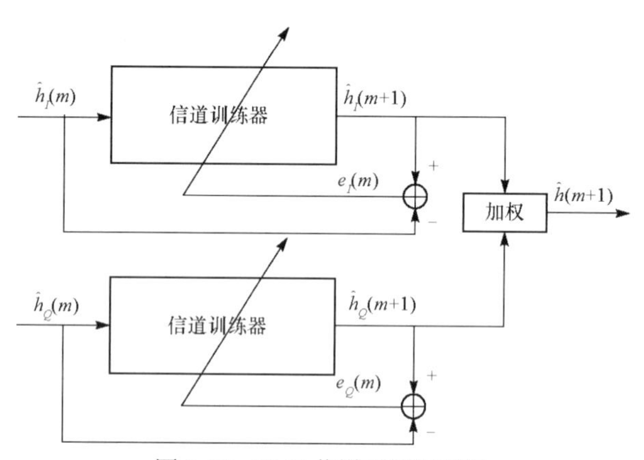

图 8-27　LMS 信道预测原理图

$\hat{h}_I(m)$、$\hat{h}_Q(m)$ 分别为水平和垂直偏振光时域训练序列处信道冲激响应预测出的未来符号迭代的初始值，$\hat{h}_I(m+1)$、$\hat{h}_Q(m+1)$ 为同一子载波中下一个周期水平和垂直偏振方向信道冲激响应的估计值。$e_I(m)$、$e_Q(m)$为误差信号。迭代估计过程为

$$\begin{cases} \hat{h}_I(m+1) = \hat{w}_I^{\mathrm{H}}(m)\hat{h}_I(m) \\ e_I(m) = \hat{h}_I(m+1) - \hat{h}_I(m) \end{cases} \tag{8.121}$$

$$\begin{cases} \hat{h}_Q(m+1) = \hat{w}_Q^{\mathrm{H}}(m)\hat{h}_Q(m) \\ e_Q(m) = \hat{h}_Q(m+1) - \hat{h}_Q(m) \end{cases} \tag{8.122}$$

加权系数的自适应更新过程为

$$\hat{w}_I(m+1)=\hat{w}_I(m)+\mu\hat{h}_I(m)e_I(m) \tag{8.123}$$

$$\hat{w}_Q(m+1)=\hat{w}_Q(m)+\mu\hat{h}_Q(m)e_Q(m) \tag{8.124}$$

μ为自适应步长。最后通过对这两个线偏振方向上的信道预测值进行加权，得到更加精确的信道估计值:

$$\hat{h}(m+1)=\frac{\hat{h}_I(m+1)+\hat{h}_Q(m+1)}{2} \tag{8.125}$$

得到所有时刻的信道时域响应 $\hat{h}(i,k)$ 后，对其进行 FFT 就可以得到频域信道传输函数的估计向量 $\hat{H}(i,k)$ (第 i 个 OFDM 符号第 k 个子载波上的信道估计值)。

4. 仿真实验

为了具体分析基于 LMS 的半盲信道估计算法对系统性能的改善率，采用 MCM 对其进行验证。在假设系统完全同步的基础上，仿真参数设为：QPSK 调制, 512 点 IFFT，有用子载波数为 270，循环前缀为 18，对 100 个 OFDM 符号进行验证。信道为散射信道，散射路径数为 4，各路径相对于发射信号的延时为[2 3 5 7]，各路径相对于发射信号的归一化强度为[0.123 0.103 0.064 0.05]，多普勒频移为 100Hz，光电效率为 0.85。最后给出了一个 OFDM 符号上所有子载波的信道估计值对真实信道值的跟踪曲线，如图 8-28 所示。对系统误码率也进行了分析，给出了未采用信道估计系统和采用 LMS 信道估计系统的误码率曲线，如图 8-29 所示。经过 LMS 信道估计后系统误码率可得到大约 2dB 的改善。

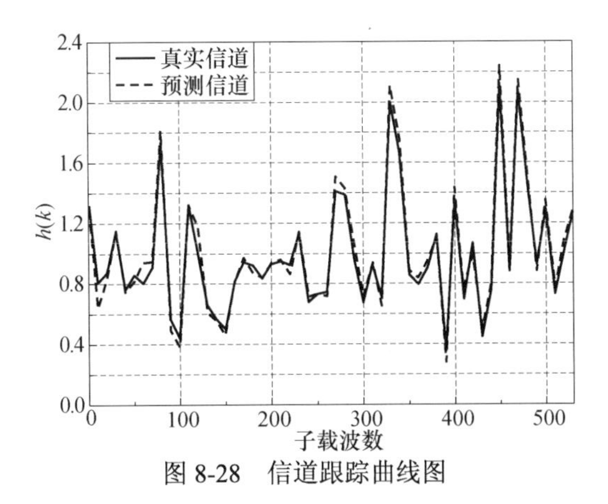

图 8-28　信道跟踪曲线图

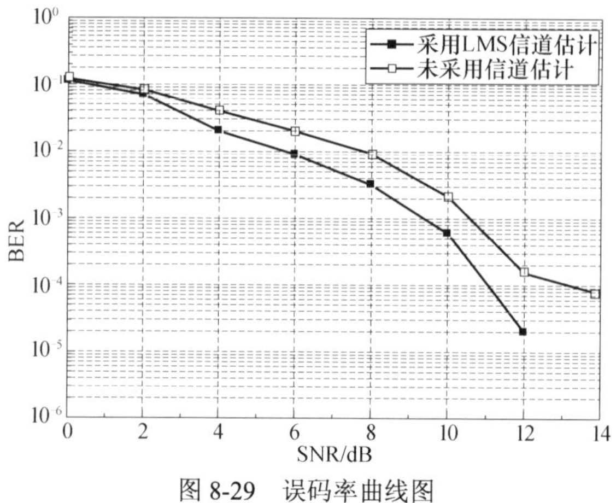

图 8-29　误码率曲线图

5. 非理想信道估计对系统的影响

信道估计的准确程度会直接影响接收机的接收性能[31-34]。这里以归一化均方误差作为衡量信道估计质量的标准，分析信道估计误差对多载波系统性能的影响。

定义 $\hat{H}(i,k)$、$H(i,k)$、$X(i,k)$、$Y(i,k)$、$N(i,k)$分别代表第 i 个 OFDM 符号第 k 个子载波上的信道响应估计值、信道响应真值、传输的频域信号、接收的频域信号和加性高斯白噪声分量，则对 $X(i,k)$的迫零检测可表示为

$$\begin{aligned}\hat{X}(i,k)&=\frac{Y(i,k)}{\hat{H}(i,k)}=\frac{H(i,k)X(i,k)}{\hat{H}(i,k)}+\frac{N(i,k)}{\hat{H}(i,k)}\\&=X(i,k)\left[1+\frac{H(i,k)-\hat{H}(i,k)}{\hat{H}(i,k)}\right]+\frac{N(i,k)}{\hat{H}(i,k)}\\&=X(i,k)+\frac{H(i,k)-\hat{H}(i,k)}{\hat{H}(i,k)}X(i,k)+\frac{N(i,k)}{\hat{H}(i,k)}\\&\approx X(i,k)+\frac{H(i,k)-\hat{H}(i,k)}{H(i,k)}X(i,k)+N'(i,k)\end{aligned}\tag{8.126}$$

式(8.126)中等号右边第二项为由于信道估计误差而引入的额外噪声分量。假设 $N'(i,k)$的功率为 σ_n^2，信道估计误差与 $N'(i,k)$相互独立，信号 $X(i,k)$的功率为 σ_s^2，则总的噪声方差为

$$\begin{aligned}\sigma_N^2&=E\left[\left|\frac{H(i,k)-\hat{H}(i,k)}{H(i,k)}X(i,k)+N'(i,k)\right|^2\right]\\&=E\left[\left|\frac{H(i,k)-\hat{H}(i,k)}{H(i,k)}X(i,k)\right|^2+\left|N'(i,k)\right|^2+2\left|\frac{H(i,k)-\hat{H}(i,k)}{H(i,k)}X(i,k)N'(i,k)\right|\right]\end{aligned}$$

$$=E\left[\left|\frac{H(i,k)-\hat{H}(i,k)}{H(i,k)}\right|^2\right]\sigma_s^2+\sigma_n^2 \tag{8.127}$$

定义信道估计归一化均方误差为

$$\gamma=E\left[\left|\frac{H(i,k)-\hat{H}(i,k)}{H(i,k)}\right|^2\right] \tag{8.128}$$

则等效信干比可表示为

$$\begin{aligned}\bar{\beta}&=\frac{\sigma_s^2}{\sigma_N^2}=\frac{\sigma_s^2}{\gamma\sigma_s^2+\sigma_n^2}\\&=\frac{1}{\gamma+\sigma_n^2/\sigma_s^2}\\&=\frac{\beta}{\gamma\beta+1}\end{aligned} \tag{8.129}$$

式中，$\beta=\frac{\sigma_s^2}{\sigma_n^2}$ 为系统的真实信噪比。

图 8-30 给出了当归一化均方误差 NMSE 为 0.1、0.01、0.001 时，系统信噪比和等效信干比之间的对应关系。从图中可以看出，当 NMSE 为 0.1 时，由于信道估计不准确造成的系统信噪比损失非常严重，尤其是高信噪比时，系统 SIR 几乎不随 SNR 的提高而提高。

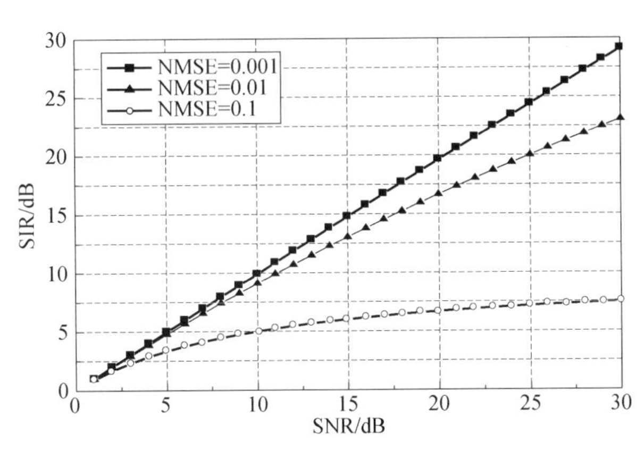

图 8-30 信道估计误差对系统的影响

8.4 单用户 FSO-OFDM 信道分配

OFDM 系统把实际信道划分为若干个子信道，可以根据各个子信道的实际传输情况灵活地分配发送功率和信息比特。对于所有子信道都使用固定调制方案的

OFDM 系统来说，其错误概率主要是由经历衰落最严重的子信道决定的。因此在频率选择性衰落信道中，随着平均信噪比的增加，OFDM 系统错误概率的下降是十分缓慢的。如果对 OFDM 系统中不同的子信道采用不同的调制方案，且使用的调制方案必须要适应每个子信道的 SNR，这样就可以对单个子信道上的功率分配实现最优化。

8.4.1 注水算法

在 OFDM 系统中，通过把可用的信道带宽 B 划分为 N 个较窄的子信道，使每个子信道的传输特性接近理想状态。假设信道的传输函数为 $H(f)$，信道内存在功率谱密度为 $N(f)$的加性高斯白噪声，每个子信道的带宽为$\Delta f=B/N$，而且$\left|H(f)\right|^2/N(f)$在子信道频带内基本不变。信号的总发射功率为

$$P_T=\int_B S_x(f)\mathrm{d}f \tag{8.130}$$

式中，$S_x(f)$为发送信号的功率谱密度。

由香农定理可知，信道容量为

$$C=\int_B \log_2\left[1+\frac{\left|H(f)\right|^2 S_x(f)}{N(f)}\right]\mathrm{d}f \tag{8.131}$$

若在式(8.130)的约束条件下实现信道容量的最大化，可以利用变分法将其变换为

$$\max\int_B\left\{\log_2\left[1+\frac{\left|H(f)\right|^2 S_x(f)}{N(f)}\right]+\lambda S_x(f)\right\}\mathrm{d}f \tag{8.132}$$

式中，λ 为拉格朗日乘子。经过变分法求解得

$$S_x(f)=\begin{cases}K-\dfrac{N(f)}{\left|H(f)^2\right|}, & f\in B\\ 0, & f\notin B\end{cases} \tag{8.133}$$

式中

$$K=\frac{1}{B}\left[P_T+\int_B\frac{N(f)}{\left|H(f)^2\right|}\mathrm{d}f\right] \tag{8.134}$$

式(8.133)的物理意义是：当信噪比$|H(f)|^2/N(f)$较大时，对应子信道的分配功率较大，反之，子信道的分配功率较小或者不分配功率。图 8-31 可以形象地说明该分配算法。实现这种信道容量最大化的方法类似于把水倒入实曲线表示的碗

中，从而得到 $S_x(f)$就可以显现信道容量的最大化，这就是注水分配算法[35]。

注水分配算法能够在带限信道上实现信道容量的理论最大值，但其算法的计算复杂度非常大，而且需要假设星座规模量化精度无限小，这在实际应用当中是无法实现的。

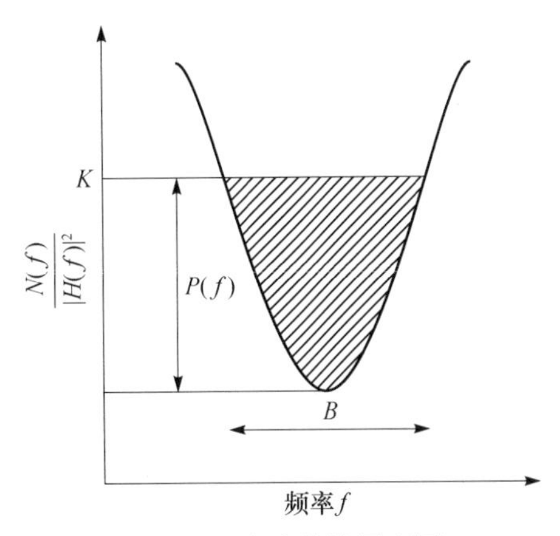

图 8-31　注水算法原理图

8.4.2　自适应比特功率分配算法

FSO 信道是一个时变环境，信道容量和信噪比是随机变化的。由于频率选择性衰落的影响，OFDM 的不同子信道之间的信道状况存在很大差异。在不同 OFDM 子载上分配不同的功率、发送不同数量的比特，就可以提高系统的性能或者容量。自适应技术的思想就是在发射端获取某种形式的信道信息的情况下，通过合理调整、利用各种参数和资源，使传输方案尽可能与信道状态相适应。

1. Hughes-Hartogs 算法

Hughes-Hartogs 算法[36]是一种典型的基于迭代的连续比特和功率分配算法。该算法的基本原理是：首先将各个子信道的比特数目均置零，然后将所有的待分配比特依次分配给相应的子信道。每次分配时，首先找到增加 1bit 所需增加的功率最小的子信道，然后将该子信道的比特数目增加 1 个。如此循环，直到所有的比特分配完，最后计算各个子信道所需的功率。Hughes-Hartogs 算法能达到最优的比特和功率分配结果。图 8-32 为算法流程图。

算法描述如下：

(1) 将所有子信道的初始比特置零，即

$$b_i=0,\quad i=1,2,\cdots,N \tag{8.135}$$

(2) 计算各子信道增加 1bit 所需的功率，即功率增量：

$$\Delta P_i=\frac{f(b_i+1)-f(b_i)}{|H_i|^2},\quad i=1,2,\cdots,N \tag{8.136}$$

式中，$f(b_i)$为分配 b_i 比特需要的功率。

(3) 求得$\{\Delta P_i\}$中的最小值及其对应的子信道，即

$$\begin{cases} P_{\min} = \min\limits_{i=1,2,\cdots,N}(\Delta P_i) \\ i_{\min} = \arg\min\limits_{i=1,2,\cdots,N}(\Delta P_i) \end{cases} \tag{8.137}$$

(4) 给子信道 $i_{\min}$ 分配 1bit 的信息，即

$$b_{i_{\min}} = b_{i_{\min}} + 1 \tag{8.138}$$

计算当前已分配的比特总数 $R = \sum(\{b_i\})$,若 $R < R_T$，判断 $b_{i_{\min}}$ 是否与 M 相等，

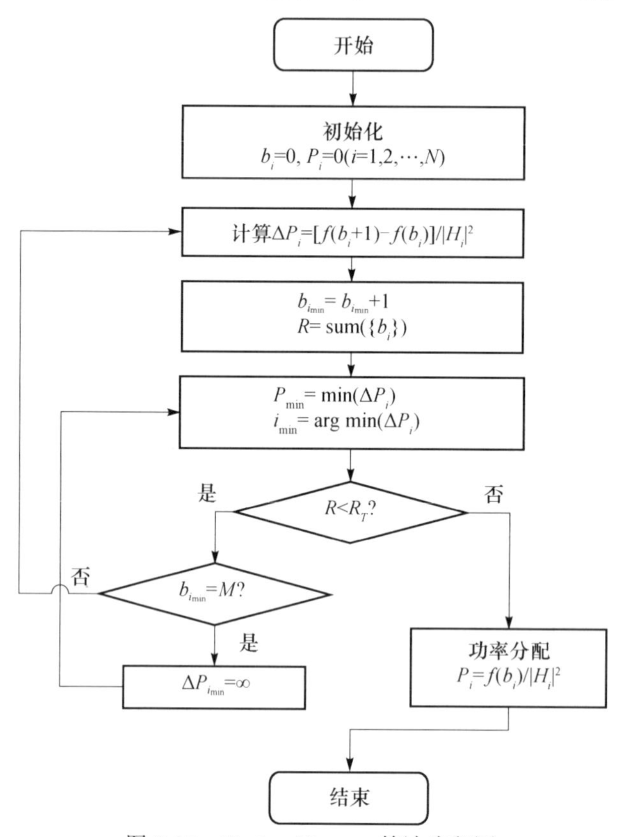

图 8-32　Hughes-Hartogs 算法流程图

若 $b_{i_{\min}} = M$，转到第(5)步；若 $b_{i_{\min}} \neq M$，转到第(2)步。若 R=R_T，比特分配完毕，转到第(6)步进行功率分配。

(5) 使 $\Delta P_{i_{\min}} = \infty$，转到第(3)步。

(6) 功率分配：

$$P_i = \frac{f(b_i)}{|H_i|^2}, \quad i = 1,2,\cdots,N \tag{8.139}$$

至此，比特和功率分配全部完成。

Hughes-Hartogs 算法需要进行大量的排序和搜索运算，运算复杂度较高，对于实时性要求较高的数据传输不是很适用。

2. Chow 算法

Chow 算法[37]是根据各个子信道的信道容量来分配比特的，省去了大量的排序运算。该算法是在保证目标误比特率的前提下，使系统的频谱效率达到最优。由 3 个步骤完成比特分配：首先确定使系统性能达到最优的门限 γ_{margin}，然后确定各个子信道的调制方式，最后调整各个子信道的比特和功率。图 8-33 为 Chow 算法流程图。

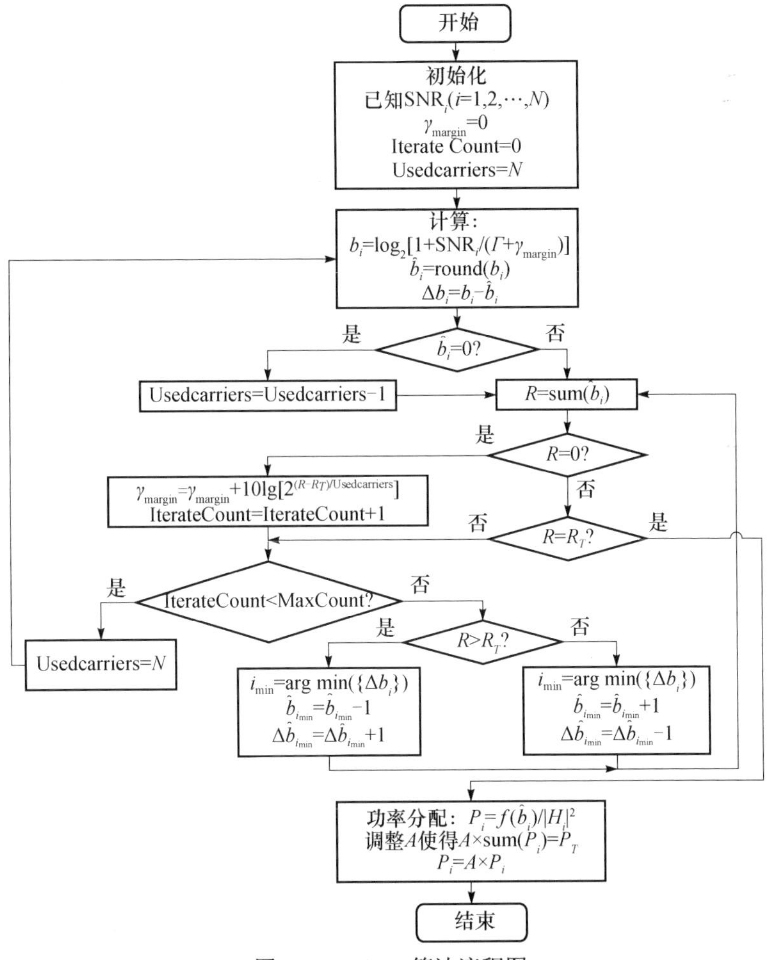

图 8-33　Chow 算法流程图

算法描述如下：

(1) 计算各个子信道的信噪比 $\text{SNR}_i(i=1,2,\cdots,N)$，假设所有子信道上的信号能量都是归一化的，即$\varepsilon_i=1(i=1,2,\cdots,N)$。

(2) 令 $\gamma_{\text{margin}}=0(\text{dB})$，迭代次数 IterateCount=0，已使用的子信道数 Usedcarriers=N，其中 N 为可用的子信道的最大数目。

(3) 从 $i=1$ 到 N 依次计算 b_i、$\hat{b}_i$、Δb_i、Usedcarriers:

$$\begin{cases} b_i = \log_2\left(1+\dfrac{\text{SNR}_i}{\Gamma+\gamma_{\text{margin}}}\right) \\ \hat{b}_i = \text{round}\left(b_i\right) \\ \Delta b_i = b_i - \hat{b}_i \\ \text{Usedcarriers} = \text{Usedcarriers} - 1, \quad \hat{b}_i = 0 \end{cases} \tag{8.140}$$

式中，$\text{round}(b_i)$函数是取不大于 b_i 的最大整数。

(4) 计算 $R=\sum b_i$，若 $R=0$，则信道状况太差，无法使用，转到第(5)步，否则转到第(7)步；

(5) 计算新的γ_{margin}:

$$\gamma_{\text{margin}} = \gamma_{\text{margin}} + 10\lg\left(2^{\frac{R-R_T}{\text{Usedcarriers}}}\right) \tag{8.141}$$

(6) IterateCount=ItercateCount+1。

(7) 若 $R\neq R_T$ 且 IterateCount＜MaxCount，令 Usedcarriers=N，并转到第(3)步，否则转到第(8)步；

(8) 若 $R>R_T$，则要找到最小的Δb_i，相应的 $b_i=b_i-1$，$\Delta b_i=\Delta b_i+1$，重复此步骤直到 $R=R_T$。

若 $R<R_T$，则要找到最大的Δb_i，相应的 $b_i=b_i+1$，$\Delta b_i=\Delta b_i-1$，重复此步骤直到 $R=R_T$。

(9) 调整各子信道上的发射功率，使得对应于 b_i，

$$P_{e,i} = P_{e,\text{target}}, \quad \forall i \tag{8.142}$$

(10) 调整发射总功率。对所有已经使用的子信道乘以相同的比例因子，使总的信号功率 $P=P_T$。

Chow 算法摒弃了大量的搜索和排序，算法复杂度减小了。Chow 算法是以信道容量为速率分配的准则，这使其存在两点不足：信号功率和传输速率是直接相关的，优化的余地有限；实际系统中并不是要力图达到传输系统的容量，而是要在一定的功率和速率下使误码率尽可能低。

3. Fischer 算法

Fischer 算法[37]是目前效率比较高的算法之一。该算法无论实际应用还是理论分析，都具有指导性的作用。它在确定系统总速率和发射功率的约束条件下，使系统的误比特率 BER 性能最优。Fischer 算法首先把各子信道上的噪声功率值 $\log_2 N_i$ 存储起来，然后就只需进行一些加法和除数为整数的除法运算，因此其复杂度较 Chow 算法有了进一步的减小。图 8-34 为 Fischer 算法流程图。

算法描述如下：

(1) 必须已知各个子信道上的噪声方差 $N_i(i=1,2,\cdots,N)$，N 为总子载波数，R_T 为总比特数，N_{used} 为已使用的子信道数，其初始值 $N_{\text{used}}=N$，I 为子信道集合，其初始值 $I=\{1,2,\cdots,N\}$。再计算各子信道的 $\text{LDN}_i=\log_2 N_i$ $(i=1,2,\cdots,N)$，把这些值存储起来以便下次使用。

(2) 计算 I 中各子信道可分配的比特数：

$$b_i=\frac{R_T+\sum_{j\in I}\text{LDN}_j}{N_{\text{used}}}-\text{LDN}_i \tag{8.143}$$

若 $b_i\leqslant 0$ 且 $i\in I$，那么 $N_{\text{used}}=N_{\text{used}}-1$，把第 i 个子信道从 I 中剔除，然后重新计算 b_i，直到 $b_i>0$ 且 $i\in I$。

(3) 由于计算得到的 b_i 一般情况下并非都是整数，因此必须进行量化，$\hat{b}_i=\text{round}(b_i)$，量化误差 $\Delta b_i=b_i-\hat{b}_i$，计算 $R=\text{sum}(\hat{b}_i)$。

(4) 若 $R=R_T$，则转到第(6)步进行功率分配，否则，转到第(5)步。

(5) 若 $R>R_T$，则找到最小的Δb_i，相应的$\hat{b}_i=\hat{b}_i-1$，$R=R-1$，$\Delta b_i=\Delta b_i+1$，重复此步骤直到 $R=R_T$，转到第(6)步；若 $R<R_T$，则找到最大的Δb_i，相应的$\hat{b}_i=\hat{b}_i+1$，$R=R+1$，$\Delta b_i=\Delta b_i-1$，重复此步骤直到 $R=R_T$，转到第(6)步。

(6) 功率分配。将 I 中每个子信道上分配的发射功率按式(8.144)进行分配：

$$p_i=\frac{P_T N_i 2^{\hat{b}_i}}{\sum_{i\in I}N_i 2^{\hat{b}_i}} \tag{8.144}$$

Fischer 算法给出了比特和功率分配的闭式解，所以复杂度较小，适合高速无线数据传输，而且误比特率性能也不比 Chow 算法差，在某些情况下性能还更优。

8.4.3 改进的自适应比特功率分配算法

目前的比特分配算法大部分采用 MQAM 调制，但是采用 MQAM 调制存在着非常严重的缺点：一是采用 MQAM 调制方式，子信道上所传输的比特数为{0,1,

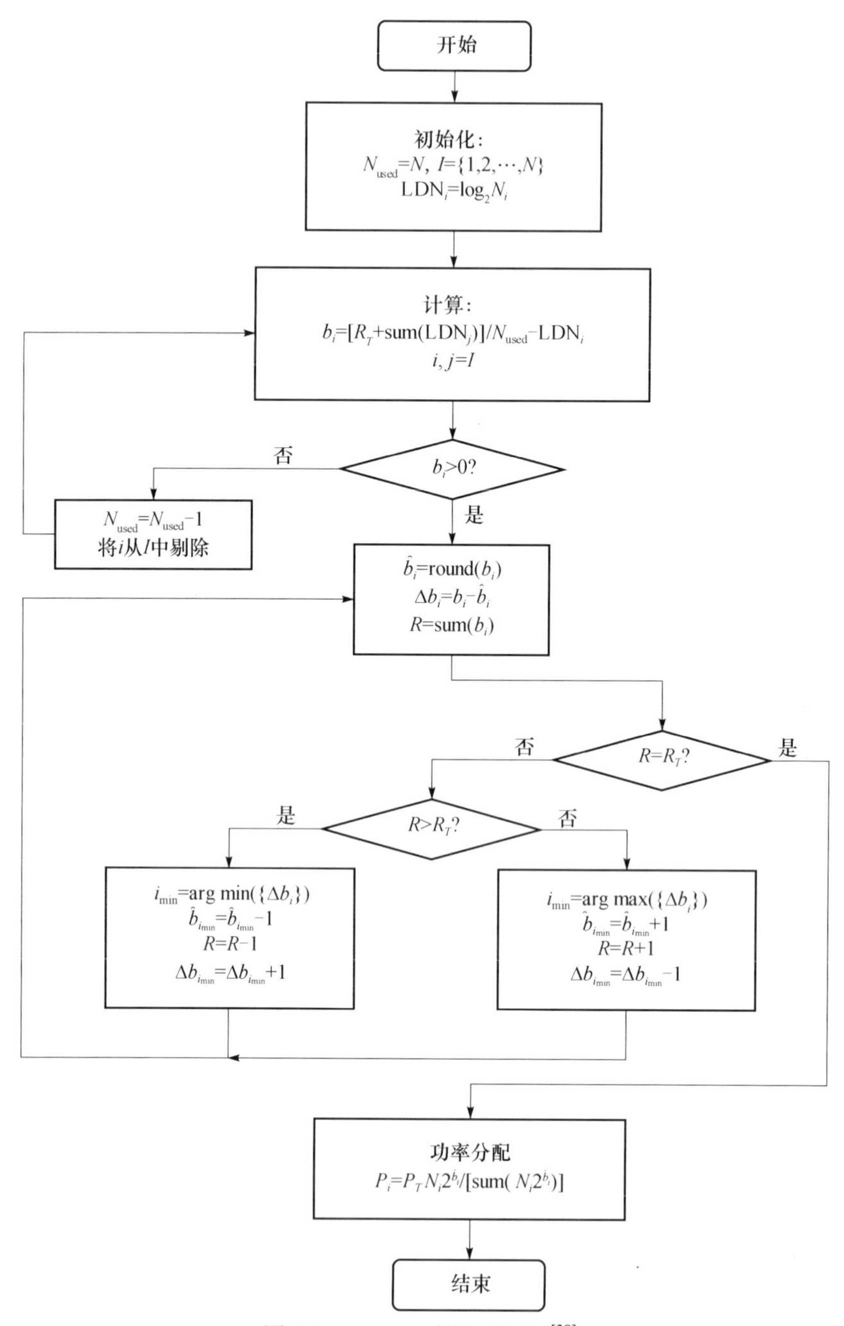

图 8-34　Fischer 算法流程图[38]

$2,4,6,\cdots,2m\}$,除了 0 增加到 1 和 1 增加到 2 需要 1bit 以外，其他要增加 2bit; 二是 MQAM 调制方式的星座点的能量不等，会为 OFDM 系统带来较大的 PAPR 问题。而采用 MPSK 调制方式可以避免上述两个缺点，这是因为采用 MPSK 调制方式可以传输任意比特数量，且 MPSK 调制是等能量调制。本小节在固定比特传输速率 R_T 和误比特率 BER 一定的条件下，改进了基于 MPSK 调制的 FSO-OFDM 系统自适应信道分配算法，使系统的发射总功率 P_T 达到最小。

MPSK 调制的误码率为[39]

$$\text{BER} \approx 2Q\left[\sqrt{2\gamma}\sin\left(\frac{\pi}{2^R}\right)\right] \tag{8.145}$$

式中, Q 函数定义为 $Q(\alpha)=\int_{\alpha}^{\infty}\frac{1}{\sqrt{2\pi}}\exp\left(\frac{x^2}{2}\right)\mathrm{d}x$ 。在式(8.145)中，信噪比 γ 和比特速率 R 是非线性的。对式(8.145)进行化简可得

$$M=2^R=\frac{\pi}{\arcsin\left[\frac{Q^{-1}(\text{BER}/2)}{\sqrt{2\gamma}}\right]} \tag{8.146}$$

则

$$R=\log_2 M=\log_2\left\{\frac{\pi}{\arcsin\left[\frac{Q^{-1}(\text{BER}/2)}{\sqrt{2\gamma}}\right]}\right\} \tag{8.147}$$

当 x 很小时, $\arcsin x \approx x$, 因此式(8.147)可简化为

$$R=\log_2\left[\frac{\sqrt{2\gamma}\pi}{Q^{-1}(\text{BER}/2)}\right]=\frac{1}{2}\log_2\frac{\gamma}{\left[\frac{Q^{-1}(\text{BER}/2)}{\sqrt{2\pi}}\right]}=\frac{1}{2}\log_2\left(\frac{\gamma}{\Gamma^*}\right) \tag{8.148}$$

式中，$\Gamma^*=\left[\frac{Q^{-1}(\text{BER}/2)}{\sqrt{2\pi}}\right]^2$，继续简化式(8.148)可得

$$R=\frac{1}{2}\log_2\left(\frac{\gamma}{\Gamma^*}\right)=\log_2\left[1+\left(\sqrt{\frac{\gamma}{\Gamma^*}}-1\right)\right]=\log_2\left(\frac{1+\gamma}{\frac{\gamma\sqrt{\Gamma^*}}{\sqrt{\gamma}-\sqrt{\Gamma^*}}}\right)=\log_2\left(1+\frac{\gamma}{\Gamma}\right) \tag{8.149}$$

式中, $\Gamma=\frac{\gamma\sqrt{\Gamma^*}}{\sqrt{\gamma}-\sqrt{\Gamma^*}}$ 。

在得出上述结论的基础上，对自适应信道分配算法进行改进，其主要思想是采用MPSK调制，根据各子信道的信噪比及信道增益对各子信道进行初始化分配，然后调节各子信道的比特分配，使其满足限制条件，即 $\sum b_i = B$ 。图 8-35 为改进算法流程图。

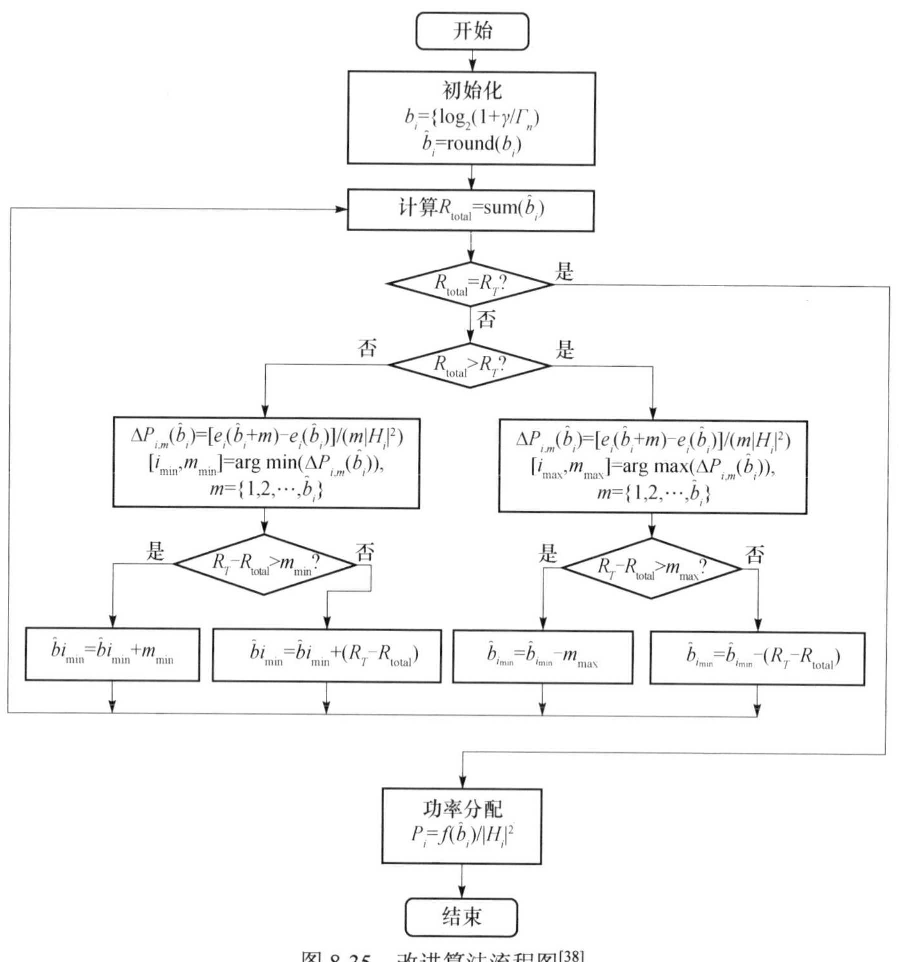

图 8-35　改进算法流程图[38]

具体分配过程如下：

(1) 初始化分配。对于 i=1,2,⋯,N，根据式(8.150)计算第 i 个子信道上的比特数：

$$b_i = \log_2\left(1 + \frac{\gamma}{\Gamma}\right) \tag{8.150}$$

对 b_i 取整，$\hat{b}_i = \text{round}(b_i)$，round($b_i$)函数是取不大于 b_i 的最大整数。

(2) 计算当前已经分配的比特总数：$R_{\text{total}}=\sum_{i=1}^{N}\hat{b}_i$。若 $R_{\text{total}}<R_T$，则转到第(3)步继续对子信道分配比特；若 $R_{\text{total}}>R_T$，则转到第(4)步对子信道上已经分配的比特数进行调制；若 $R_{\text{total}}=R_T$，则比特分配结束，转到第(5)步进行功率分配。

(3) 对于 $i=1,2,\cdots,N$，计算第 i 个子信道分配的比特数，从 $\hat{b}_i$ 增加 $1,2,\cdots,M-\hat{b}_i$ 时平均每比特的功率增量为

$$\Delta P_{i,m}\left(\hat{b}_i\right)=\frac{e_i\left(\hat{b}_i+m\right)-e_i\left(\hat{b}_i\right)}{m\left|H_i\right|^2},\quad m=1,2,\cdots,M-\hat{b}_i \tag{8.151}$$

找出 $\Delta P_{i,m}(\hat{b}_i)$ 中的最小值对应的下标：

$$\left[i_{\min},m_{\min}\right]=\arg\min\left[\Delta P_{i,m}\left(\hat{b}_i\right)\right] \tag{8.152}$$

式中，$i_{\min}$ 为最小值对应的子信道；$m_{\min}$ 为最小值对应的增加比特的数目。

若 $R_T-R_{\text{total}}\geqslant m_{\min}$，则对子信道 $i_{\min}$ 进行比特分配 $m_{\min}$ 个比特后，转到第(2)步；若 $R_T-R_{\text{total}}<m_{\min}$，则查找可一次性增加不大于 R_T-R_{total} 比特所增加功率增加最小的子信道，得到新的$[i_{\min},m_{\min}]$，进行分配后，转到第(2)步。

(4) 对于 $i=1,2,\cdots,N$，计算第 i 个子信道分配的比特数从 $\hat{b}_i$ 减小 $1,2,\cdots,\hat{b}_i$ 时平均每比特的功率减少量为

$$\Delta P_{i,m}\left(\hat{b}_i\right)=\frac{e_i\left(\hat{b}_i+m\right)-e_i\left(\hat{b}_i\right)}{m\left|H_i\right|^2},\quad m=1,2,\cdots,\hat{b}_i \tag{8.153}$$

找出 $\Delta P_{i,m}(\hat{b}_i)$ 中的最大值对应的下标：

$$\left[i_{\max},m_{\max}\right]=\arg\max\left[\Delta P_{i,m}\left(\hat{b}_i\right)\right] \tag{8.154}$$

式中，$i_{\max}$ 为最大值对应的子信道；$m_{\max}$ 为最大值对应的减小比特的数目。

若 $R_{\text{total}}-R_T\geqslant m_{\max}$，则对子信道 $i_{\max}$ 减少 $m_{\max}$ 比特后，转到第(2)步；若 $R_{\text{total}}-R_T<m_{\max}$，则查找可一次性减少不大于 R_T-R_{total} 比特所减少功率最大的子信道，得到新的$[i_{\max},m_{\max}]$，进行分配后，转到第(2)步。

(5) 功率分配。为各个子信道分配最小发送功率，即

$$P_i=\frac{f\left(\hat{b}_i\right)}{\left|H_i\right|^2} \tag{8.155}$$

8.4.4　仿真结果分析

对改进算法进行了 MATLAB 仿真。仿真参数为：子信道数 N=64，采用 MPSK

调制方式，平均每个子信道上承载的比特数为 4，允许承载的最大比特数为 8。将改进算法与 Hughes-Hartogs 算法、固定比特分配(fixed bit allocation, FBA)算法进行了比较，仿真结果如图 8-36 所示。

图 8-36 所示，改进算法明显优于 FBA 算法，当 SNR 较大时，改进算法的误码率越来越接近 Hughes-Hartogs 算法，但算法复杂度降低了，这是由于改进算法在比特分配时采取了部分比特初始化分配的方法，降低了比特分配过程中的循环次数；在剩余比特分配的过程中，摒弃了传统的逐一比特分配方法，采用一次分配多个比特的方法。仿真结果表明：改进算法的误码率随着信噪比的增加越来越接近 Hughes-Hartogs 算法的误码率，但是改进算法的运算量大大减小了。

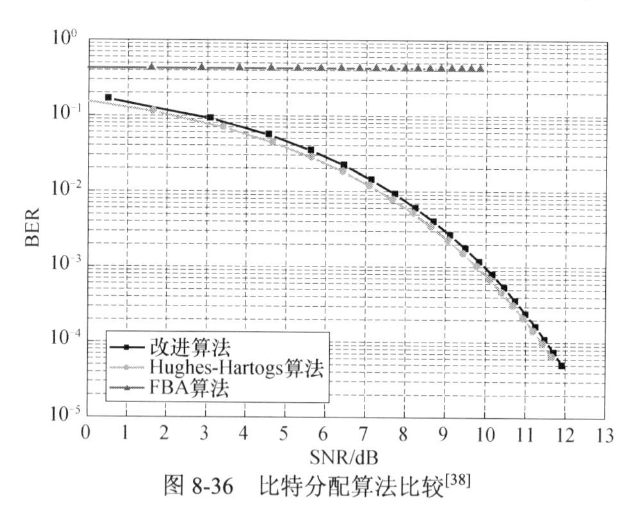

图 8-36　比特分配算法比较[38]

8.5　多用户 FSO-OFDM 自适应信道分配

在多用户 FSO-OFDM 系统中，系统中所有的用户共同使用所有的子信道。因此，多用户系统中的自适应分配技术包括两方面：系统中子信道的分配、用户对其分配到的子信道进行比特和功率分配。

8.5.1　多用户自适应 FSO-OFDM 系统原理

设计一个多用户子信道、比特和功率分配方案，其中在任意时隙每个用户都可以发射自己的信号。该方案是根据有用信道的衰落信息来确定每个用户分配的子信道、每个子载波分配的比特数以及发射功率。多用户 FSO-OFDM 系统框图如图 8-37 所示。

发送端通过多用户信道估计器获得所有子信道的状态信息，自适应子信道、比特、功率分配器根据信道状态信息，为 K 个用户分配子信道，并为各个子信道

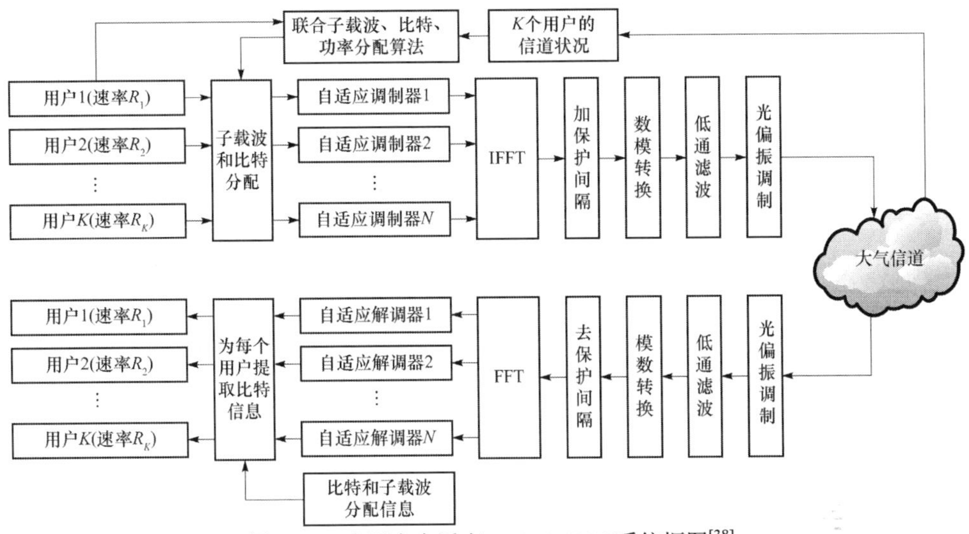

图 8-37　多用户自适应 FSO-OFDM 系统框图[38]

分配比特和发射功率。系统用一个专用信道实时地将分配信息传送给接收端。串/并变换器根据自适应分配信息为各个子信道分配相应数目的特定用户的比特信息。自适应调制器根据分配信息完成各个子信道的基带调制，经过自适应调制后的各路信号被并行送到 IFFT 单元，经过并/串变换、加保护间隔、数模转换，通过光偏振调制后发射出去。接收端的各个用户进行与发射端相逆的操作，首先对接收到的信号经过光偏振解调、低通滤波、模数转换、去保护间隔后进行 FFT，然后自适应解调器根据自适应分配信息，选择属于自己的子信道进行基带解调，再经过并/串变换器得到自己的数据信息。

多用户信道估计器和自适应子信道、比特、功率分配器是系统中两个关键的部分。其中多用户估计器的工作状况直接决定了自适应子信道、比特、功率分配器的性能。

8.5.2　几种多用户自适应算法

一个有 K 个用户 N 个子信道的 FSO-OFDM 系统。对于用户 k，每个 OFDM 符号需要传送 R_k 比特信息。通过信道估计，发射端知道每个用户在每个子信道上的实时信道增益，发射端就可以根据这些信道状态信息(channel state information, CSI)，对每个用户进行子信道、比特和功率分配。

若 $R_{k,n}$ 和 $P_{k,n}$ 分别代表用户 k 在第 n 个子信道上的传输比特数和发送功率。$R_{k,n}$ 和 $P_{k,n}$ 的关系可以表示为

$$P_{k,n} = \frac{f_k(R_{k,n})}{\left|H_{k,n}\right|^2} \tag{8.156}$$

式中，$f_k(R_{k,n})$为当信道增益为 1 时每个子载波在满足一定误比特率时接收 $R_{k,n}$ 比特所需的接收功率。需要注意的是，$f_k(R_{k,n})$和 k 密切相关，因为不同的用户可能有不同的 BER 需求和调制方式。

OFDM 系统总的发送功率 P_T 是所有用户在所有子信道上发送功率之和，即

$$P_T = \sum_{k=1}^{K} P_k = \sum_{k=1}^{K}\sum_{n=1}^{N} \rho_{k,n} P_{k,n} \tag{8.157}$$

式中，P_k 为用户 k 在所有子信道上发送功率之和，即

$$P_k = \sum_{n=1}^{N} \rho_{k,n} P_{k,n} \tag{8.158}$$

式中，$\rho_{k,n}$ 为第 k 个用户占用第 n 个子载波的概率。

1. 基于 MA 的最优多用户分配算法

Wong 等[40]通过对边值自适应(margin adaptive,MA)准则下的最优化问题的求解，得到一个最优的子信道和比特联合分配算法。算法流程图如图 8-38 所示。算法具体描述如下：

首先，令 $R_{k,n}=\rho_{k,n}b_{k,n}$，则 $R_{k,n}\in[0,M\rho_{k,n}]$，$M$ 为最大调制阶数，最优化问题为

$$P_T = \min \sum_{k=1}^{K}\sum_{n=1}^{N} \frac{\rho_{k,n}}{a_{k,n}} f_k\left(\frac{R_{k,n}}{\rho_{k,n}}\right) \tag{8.159}$$

式中，$R_{k,n}$ 和$\rho_{k,n}$ 仍然满足：

$$P_k = \sum_{n=1}^{N} R_{k,n}, \quad k = 1,2,\cdots,K \tag{8.160}$$

$$\sum_{k=1}^{K} \rho_{k,n} = 1 \tag{8.161}$$

使用 Lagrange 公式：

$$L = \sum_{n=1}^{N}\sum_{k=1}^{K} \frac{\rho_{k,n}}{a_k^2,n} f_k\left(\frac{R_{k,n}}{\rho_{k,n}}\right) - \sum_{k=1}^{K}\lambda_k\left(\sum_{n=1}^{N} R_{k,n} - R_k\right) - \sum_{n=1}^{N}\beta_n\left(\sum_{k=1}^{K}\rho_{k,n} - 1\right) \tag{8.162}$$

式(8.162)分别对 $R_{k,n}$ 和$\rho_{k,n}$ 求偏导后令其为零，可得

$$\frac{\partial L}{\partial R_{k,n}} = \frac{1}{a_{k,n}^2} f_k'\left(\frac{R_{k,n}}{\rho_{k,n}}\right) - \lambda_k = 0 \tag{8.163}$$

$$\frac{\partial L}{\partial \rho_{k,n}}=\frac{1}{a_{k,n}^{2}}\left[f_k\left(\frac{R_{k,n}}{\rho_{k,n}}\right)-\frac{R_{k,n}}{\rho_{k,n}}f_k'\left(\frac{R_{k,n}}{\rho_{k,n}}\right)\right]-\beta_n=0 \tag{8.164}$$

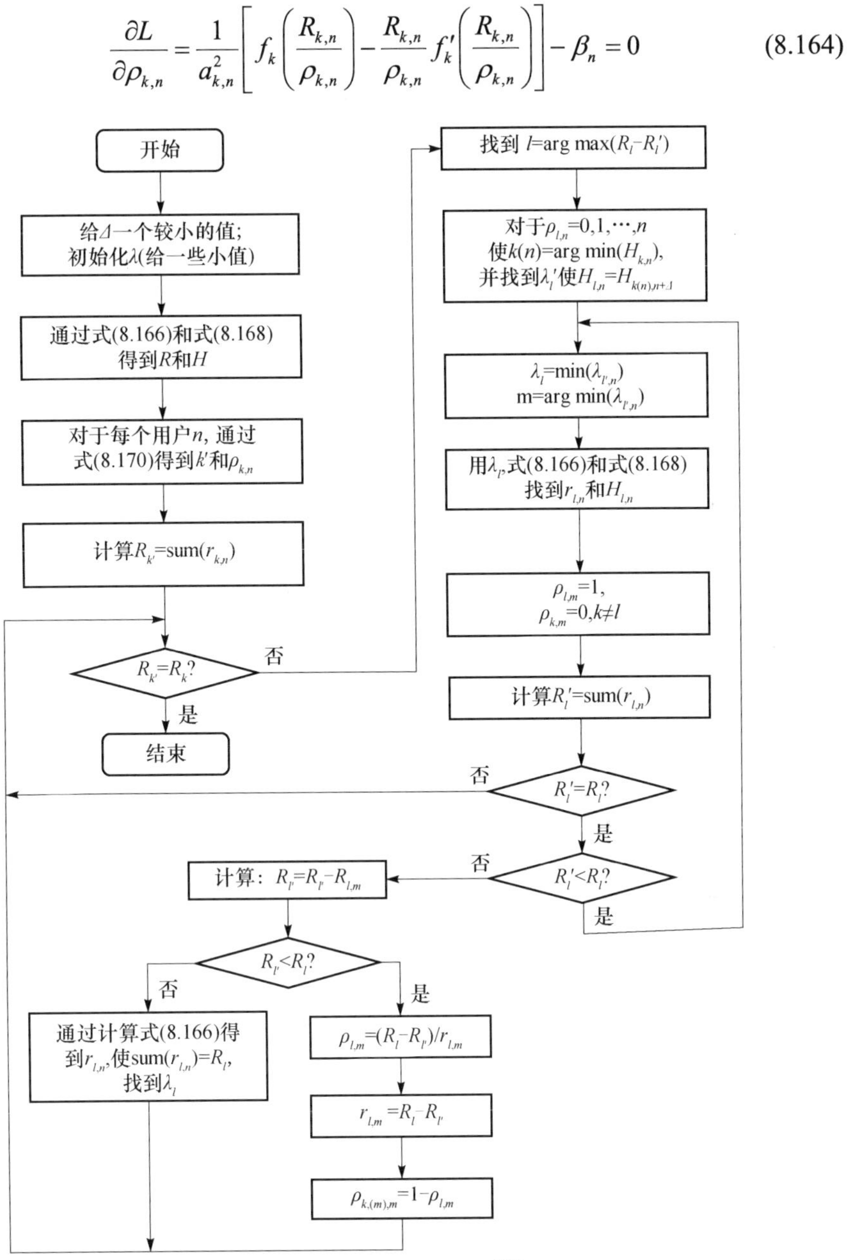

图 8-38　最优算法流程图[38]

根据式(8.164)计算得

$$R_{k,n}=\rho_{k,n}f_k'^{-1}\left(\lambda_k a_{k,n}^{2}\right) \tag{8.165}$$

式中

$$\lambda_k' = \begin{cases} \dfrac{f_k'(0)}{a_{k,n}^2}, & f_k'^{-1}\left(\lambda_k a_{k,n}^2\right) < 0 \\ \lambda_k, & 0 \leqslant f_k'^{-1}\left(\lambda_k a_{k,n}^2\right) \leqslant M \\ \dfrac{f_k'(m)}{a_{k,n}^2}, & f_k'^{-1}\left(\lambda_k a_{k,n}^2\right) > M \end{cases} \tag{8.166}$$

根据式(8.165)计算得

$$\rho_{k,n} = \begin{cases} 1, & \beta > H_{k,n}\left(\lambda_k'\right) \\ 0, & \beta \leqslant H_{k,n}\left(\lambda_k'\right) \end{cases} \tag{8.167}$$

式中

$$H_{k,n}(\lambda_k') = \frac{1}{a_{k,n}^2}\left\{f_n\left[f_k'^{-1}\left(\lambda_k a_{k,n}^2\right)\right] - \lambda_k a_{k,n}^2 f_k'^{-1}\left(\lambda_k a_{k,n}^2\right)\right\} \tag{8.168}$$

当已知一组$\lambda_k(k=1,2,\cdots,K)$后，可根据式(8.165)和式(8.168)计算求得代价函数的最优化点。计算步骤如下。

根据式(8.168)计算$H_{k,n}(\lambda)$，然后确定$\rho_{k,n}$，对于第n个子信道，选$H_{k,n}(\lambda)$最小的用户使用该子信道，即

$$\rho_{k,n} = \begin{cases} 1, & k = \arg\min\left(H_{k,n}(\lambda)\right) \\ 0, & \text{其他} \end{cases} \tag{8.169}$$

由此可以得到$\rho_{k,n}$，但这样式(8.169)不一定成立，因此还必须通过迭代搜索来找到对于每个用户来说最适当的λ_k。首先，λ_k $(k=1,2,\cdots,K)$都取较小的值，在迭代过程中，每次对一个用户k递增λ_k，直到满足该用户传输速率的要求，然后重复该过程直到所有用户的传输速率都满足要求。对于用户k来说，随着用户λ_k的增加，由式(8.168)计算的$H_{k,n}(\lambda)$会相应减小，从而会有更多的$\rho_{k,n}$变为1，从而使$R_{k,n}$增加，最终满足该用户的传输速率要求。

该方案存在两个问题：一是计算得到的$b_{k,n}$不一定属于$D=\{0,1,\cdots,M\}$；二是对于一个子信道n，可能会有多个用户的$H_{k,n}(\lambda)$相等，从而可能存在多用户共享一个子信道的现象，即$\rho_{k,n}$的值可能会介于(0,1)。简单对$b_{k,n}$和$\rho_{k,n}$进行量化并不能满足约束条件，因此还要进一步处理。对于一个子信道n，如果存在多用户共享的情况，则令

$$\rho_{k,n} = \begin{cases} 1, & k' = \arg\max(\rho_{k,n}) \\ 0, & \forall k \neq k^* \end{cases} \tag{8.170}$$

完成上述子信道分配后，再对每个用户进行比特分配。该算法在理论上可以达到最优的分配，但是由于存在共享处理的问题，会造成较大的性能损失，而且该方案的运算复杂度相当大，因此很难应用于实际的高速数据传输系统中。

2. 次优多用户分配算法

Wong 等在提出最优多用户子信道分配算法后又提出了一种次优算法[40]。该算法假定每个用户需要的子信道数是已知的，使子信道分配和比特分配分开进行。首先进行子信道的分配，然后进行比特分配。Wong 次优算法具体描述如下：

(1) 初始分配。首先对 K 个用户 N 个子信道的信道增益 $H_{k,n}(k=1,2,\cdots,K;n=1,2,\cdots,N)$进行降序排列，尽量将增益大的子信道分配给用户。

对 K 个用户逐个进行子信道分配。首先处理相对于用户 k 信道增益较大的子信道。假定对用户 k 进行子信道分配，选择其信道增益最大的子信道，若该子信道尚未分配给别的用户，则将该子信道分配给用户 k。然后处理下一个用户中信道增益最大的子信道；否则就不进行处理，直接考虑下一个用户；重复以上操作，直到所有用户分配到的子信道达到其要求子信道数或者所有的子信道分配完，子信道的初始分配就结束了。

(2) 子信道迭代优化，按照减小系统总发送功率的原则进一步在各个用户之间进行子信道的分配。

定义功率减小因子为 $P_{i,j}$，其表示如果将暂时分配给用户 i 的某子信道分配给用户 j 所带来的功率减小量的最大值。因此对用户组(i,j)进行一对子信道交换时节省的最大总功率$\Delta P_{i,j}=P_{i,j}+P_{j,i}$，这一组子信道记为 $n_{i,j}$ 和 $n_{j,i}$。对所有的用户组(i,j) $(i,j=1,2,\cdots,K$ 且 $i\neq j)$计算$\Delta P_{i,j}$，并对$\Delta P_{i,j}$ 进行降序排列。找出$\{\Delta P_{i,j}\}$中的最大值$\Delta P_{i',j'}$，以及其相应的用户组(i',j')和子信道 $n_{i',j'}$和 $n_{j',i'}$。若$\Delta P_{i',j'}>0$，则将子信道 $n_{i',j'}$和$n_{j',i'}$在用户(i',j')之间交换，即原来分配给用户 i'的子信道$n_{i',j'}$分配给用户 j'，而原来分配给用户 j'的子信道 $n_{j',i'}$分配给用户 i'。然后更新分配矩阵ρ，使

$$\begin{cases}\rho_{i',n_{j'},i'}=0, & \rho_{i,n_{i'},j'}=1\\ \rho_{j',n_{i'},j'}=0, & \rho_{j,n_{j'},i'}=1\end{cases}\tag{8.171}$$

并重新计算$\Delta P_{i,j}$。

重复上述操作，直到所有的功率减小因子$\Delta P_{i',j'}\leqslant 0$，则说明系统的总功率不能再减小，子信道的分配结束。

最后对每个用户进行类似单用户的比特分配。

下面举例说明 Wong 等的次优算法的具体过程。为了形象且简单地说明问题，假设 FSO-OFDM 系统的用户数 $K=3$，子信道数 $N=8$，用户 1、用户 2、用户 3 需要的子信道数分别为 3、3、2，随机产生的各个用户对应的各个子信道的信道增益为

$$CA_{K\times N}=\begin{bmatrix}1.22 & 1.15 & 1.02 & 0.95 & 0.56 & 0.68 & 0.70 & 1.10\\0.32 & 0.45 & 0.98 & 1.02 & 1.10 & 0.46 & 0.67 & 0.88\\0.99 & 0.95 & 0.85 & 0.50 & 0.55 & 0.67 & 1.11 & 1.32\end{bmatrix}\tag{8.172}$$

由式(8.174)可以得到排序矩阵 $A_{K\times N}$ 为

$$A_{K\times N}=\begin{bmatrix}1 & 2 & 4 & 5 & 8 & 7 & 6 & 3\\8 & 7 & 3 & 2 & 1 & 6 & 5 & 4\\3 & 4 & 5 & 8 & 7 & 6 & 2 & 1\end{bmatrix}\tag{8.173}$$

式中, 1 代表最大信道增益; 8 代表最小信道增益。

按照上述方法, 得到初始分配矩阵为

$$\rho_{K\times N}=\begin{bmatrix}1 & 1 & 0 & 0 & 0 & 1 & 0 & 1\\0 & 0 & 1 & 1 & 1 & 0 & 0 & 0\\0 & 0 & 0 & 0 & 0 & 0 & 1 & 1\end{bmatrix}\tag{8.174}$$

式中, 1 代表信道已分配; 0 代表没有分配。

上述系统经迭代逼近后, 得到的最终分配矩阵为

$$\rho_{K\times N}=\begin{bmatrix}1 & 1 & 0 & 0 & 0 & 1 & 0 & 0\\0 & 0 & 1 & 1 & 1 & 0 & 0 & 0\\0 & 0 & 0 & 0 & 0 & 0 & 1 & 1\end{bmatrix}\tag{8.175}$$

该算法的前提条件是需要预先知道各个用户的子信道需求, 因此必须把用户的比特需求转换为子信道需求, 而这种转换是在分配得到子信道之前进行的, 因此难以达到理想的匹配, 最后得到的子信道也未必满足用户的比特需求, 从而导致算法性能的下降。但是该算法将子信道分配和比特分配分开进行, 有效地降低了运算复杂度。

3. 实时子信道分配算法

Zhang 提出一种实时子信道分配算法[41], 其主要思想是: 先利用单用户注水算法分配每个用户想得到的子信道, 然后处理子信道冲突问题。对于存在冲突的子信道, 如果把该子信道分配给其中的一个用户, 那么其他用户在该子信道上的比特就应该分配到其他子信道上, 由此会带来总的发射功率增加。选择带来发送功率增加最小的用户, 把该子信道分配给该用户。对所有存在冲突的子信道进行上述操作, 最后得到的结果就是最终的分配方案。算法描述如下:

(1) 对每个用户使用单用户比特分配算法, 得到各个用户在各个子信道上的比特功率分配。

(2) 对于存在冲突的子信道 i, 假设有 $L(k_1,k_2,\cdots,k_L)$个用户需要使用它。子信道 i 上总的发射功率为 $P_i=\sum_{j=1}^{L}p_{i,k_j}$, 将所有存在冲突的子信道按 P_i 降序排列。

(3) 顺序处理这些存在冲突的子信道。对于子信道 i, 将该子信道分配给用户

k_j，那么对于每个用户 $k_h(h \neq j)$，需要将分配在子信道 i 上的比特信息重新分配给其他子信道。设用户 $k_h(h \neq j)$占有子信道 i 时，其发射功率为 P_{i,k_h}，重新分配后的发送功率变为 P_{re,k_h}，重新分配带来的功率增量为 $\Delta P_{k_h} = P_{re,k_h} - P_{i,k_h}$，那么将子信道 i 分配给用户 k_j 所带来的功率增加量为：$\Delta P_{k_j} = \sum_{h=1}^{L} \Delta P_{k_h}$。

(4) 把子信道 i 分配给带来功率 ΔP_{k_j} 最小的用户。

(5) 重复第(3)、(4)步，直到所有存在冲突的子信道都得到处理。

4. 算法的性能比较

为了比较上述几种算法的性能，分别对上述算法进行 MATLAB 仿真。仿真参数为：用户数 K=3，子信道数 N=32，调制方式为 MQAM，每个子信道上允许承载的最大比特数为 8。仿真结果如图 8-39 所示。

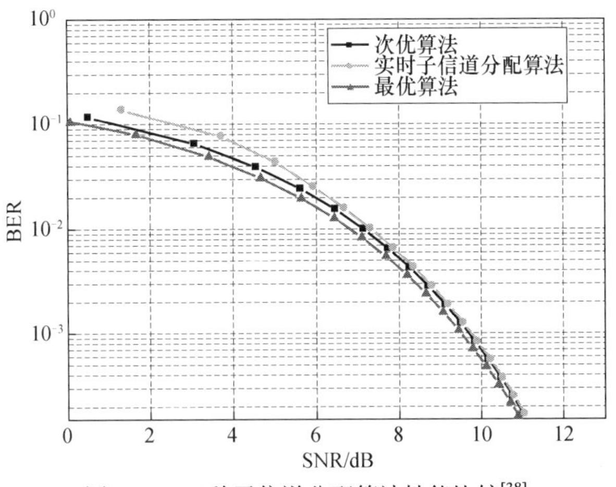

图 8-39 三种子信道分配算法性能比较[38]

由图 8-39 可以看出，最优算法的误码率最小，实时子信道分配算法的误码率最大。从理论上讲，最优算法的性能应该最好，但是由于该算法需要对用户共享子信道的问题进行处理，这在一定程度影响了系统性能。

8.5.3 改进算法

在多用户子信道分配策略中，往往只考虑整个系统性能的优化，而忽略各个用户是否公平地选择子信道。也就是说，某个用户在某个子信道上的性能最好，就将该子信道分配给该用户。当各个用户所经历的信道状况是独立同分布的理想状况时，从统计学的角度看，这种以性能最优得到的准则也同样可以保证各个用户获得的子信道数量的公平性，即在一个较长的时间内，每个用户最终分配到的子信道数量基本相等。然而，在实际系统中，情况往往不是这么简单。由于路径损耗等原因，通常离基站近的用户平均接收信噪比要高于离基站远的用户。如果单纯地从性能最优来进行分配，很可能会造成靠近基站的用户占用了大部分的资源，而基站边缘的用户总是分配不到子信道，信道分配的公平性就无从保证了。为了避免这种情况的发生，可以采用相对利用度和相对比特数两个函数进行分配。下面给出相对利用度和相对比特数。

1. 相对利用度和相对比特数的子信道分配算法

相对利用度和相对比特数的子信道分配算法是一种频谱利用率高、满足实时性要求的子载波分配算法。其基本原理为：根据信道响应矩阵和用户的服务质量(quality of service, QoS)要求定义用户的相对比特数和相对利用度两个函数[42]，利用这两个函数进行子载波分配。结合自适应调制，该算法在频率上几乎与性能上界有一样的效果(性能上界是指每个用户都选择信道响应最好的子载波来满足自己的比特率要求，而不管该子载波是否被其他用户占用)。

假设系统有 K 个用户，N 个子载波，各个用户的 QoS 要求是已知的，用户 k 的比特要求为 b_k，误码率要求为 BER_k，信道响应矩阵为 $H=\{h_{k,n}\}_{K\times N}$，$h_{k,n}$ 为用户 k 在子信道 n 上的信道响应。假设大气信道为慢衰落信道，即在一次分配和传输过程中信道响应保持不变。

根据用户的误码率要求可以计算出用户 k 在子信道 n 上的最高调制阶数：

$$c_{k,n}=\{m|m=\max\{f_m(\mathrm{SNR}_{k,n})\}\leqslant \mathrm{BER}_{k,n}, m\in M\} \tag{8.176}$$

式中，f_m 为 m 阶调制方式误码率函数；M 为所选用调制方式的集合，$M=\{0,1,2,3,4,5,6,7,8,9,10,11,12\}$，分别对应无调制、BPSK、QPSK、8QAM、16QAM、32QAM、64QAM、128QAM、256QAM、512QAM、1024QAM、2048QAM、4096QAM。接收信噪比 $\mathrm{SNR}_{k,n}$ 由系统的载噪比 CNR 和信道响应 $H_{k,n}$ 决定：

$$\mathrm{SNR}_{k,n}=\mathrm{CNR}+20\lg|H_{k,n}| \tag{8.177}$$

该算法采用基于传统的波束成形技术，即大部分的能量和比特都要分配到具有最大特征值的子信道上。于是式(8.177)中的 $H_{k,n}$ 只要通过 SVD 变换即可计算出最大的特征值。

用户 k 的相对比特数定义为

$$S_k=\frac{b_k}{\Delta f\sum_{n=1}^{N}C_{k,n}},\quad k\in\{1,2,\cdots,K\} \tag{8.178}$$

式中，Δf 为子载波的带宽；分母为将所有子载波全部分配给一个用户所能提供的总比特速率；S_k 为系统对用户 k 的满意程度，S_k 越大表示用户 k 越难满足。

用户 k 对子载波 n 的相对利用度定义为

$$U_{k,n}=\frac{c_{k,n}}{\sum_{k-1}^{K}c_{k,n}},\quad n\in\{1,2,\cdots,N\} \tag{8.179}$$

式中, $U_{k,n}$ 为用户 k 对子载波 n 的利用程度, $U_{k,n}$ 越大表示子载波 n 越应该分配给用户 k。

该算法是基于相对比特数要求和相对利用度两个函数, 提高了系统的频谱利用率, 满足各用户的要求以及在各用户之间尽可能公平地进行信道分配。该算法优先考虑把子载波分配给相对比特数要求多的用户。在分析具体将哪个子载波分配给用户时, 应优先考虑相对利用度高的子载波。但是该算法在计算每个子载波上的最高调制阶数的过程中相对复杂, 于是对其改进了改进, 改进算法如下。

2. 改进算法实现步骤

基于相对比特数和相对利用度的子载波分配算法根据用户需要来自适应地分配子载波, 但是在用户要求已经满足的情况下, 它不再分配子载波, 从而造成一部分不公平, 改进算法也是基于这两个函数, 但是在算法的实现上进行了改进, 主要是在计算子载波上的最高调制阶数时利用了相对简单的 Chow 算法, 这样不仅再次提高了实现速率, 更主要的是避免了一部分子载波的资源浪费。算法更加合理、有效。图 8-40 为改进算法的流程。算法步骤如下:

(1) 初始化子载波分配矩阵 $A=(a_{i,j})=0_{K\times N}$ 和用户 k 的比特需要 b_k。

(2) 基于 Chow 算法, 计算出 $c_{k,n}=\log_2(1+\mathrm{SNR}_{k,n})$。

(3) 计算所有用户的相对比特数函数 $S=\{S_k\}_K$。

(4) 选出将要分配子载波的用户 k_{user}。判断 S 是否为空, 若为空转到第(8)步; 否则, 要选出分配子载波的用户 k_{user}, $k_{\mathrm{user}}=\arg\max(S)$, 选择最大的 $S_{k_{\mathrm{user}}}=\max(S)$ 。

(5) 选出将要分配给用户 k_{user} 的子载波 n_{subca}。对所有的子载波 $n\in\{1,2,\cdots,N\}$, 计算用户 k_{user} 的相对利用度函数 $U_{k_{\mathrm{user}}}=\left\{U_{k_{\mathrm{user}},n}\right\}_k$, $n_{\mathrm{subca}}=\arg\max(U_{k_{\mathrm{user}}})$, 选择 $U_{k_{\mathrm{user}},n_{\mathrm{subca}}}=\max(U_{k_{\mathrm{user}}})$ 。

(6) 判断 $U_{k_{\mathrm{user}},n_{\mathrm{subca}}}$ 是否为 0。若 $U_{k_{\mathrm{user}},n_{\mathrm{subca}}}$ 为 0, 将 $S_{k_{\mathrm{user}}}$ 从 S 中删除后转到第(3)步; 否则, 根据计算出来的 k_{user} 和 n_{subca}, 使子载波的分配矩阵 $a_{k_{\mathrm{user}},n_{\mathrm{subca}}}=1$, 用户 k_{user} 的比特数 $b_{k_{\mathrm{user}}}=b_{k_{\mathrm{user}}}-c_{k_{\mathrm{user}},n_{\mathrm{dubca}}}$, 信道增益矩阵 $h_{k,n_{\mathrm{subca}}}=0$ ($k=1,2,\cdots,K$)。

(7) 更新 S 后转到第(3)步。

(8) 结束(所有的子载波都分配给了最适合的用户)。

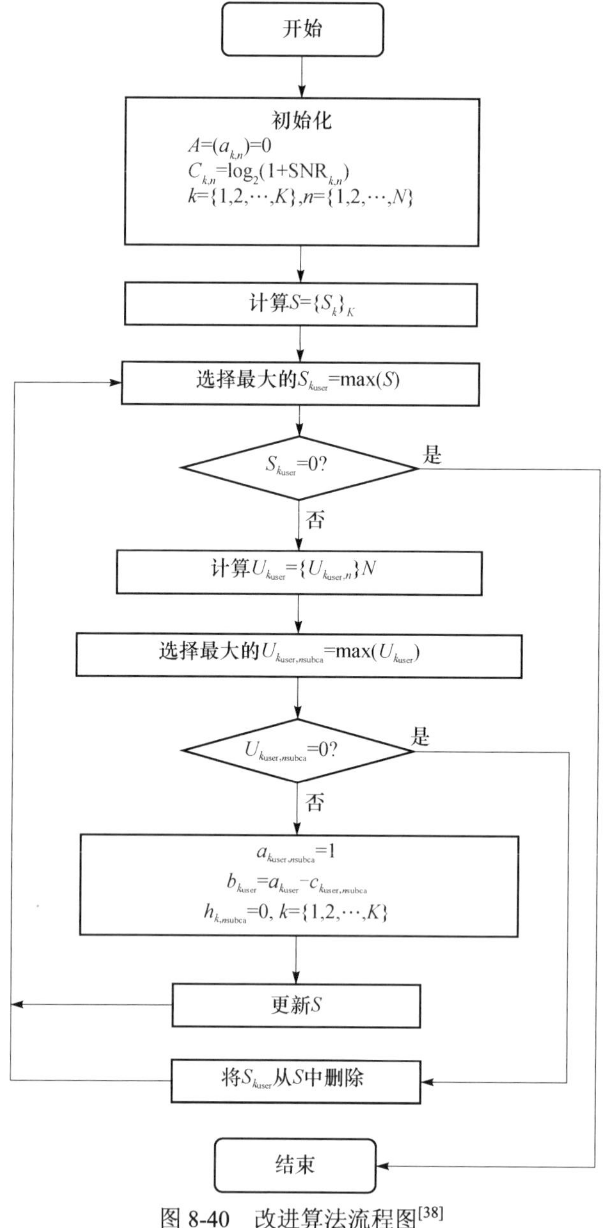

图 8-40　改进算法流程图[38]

3. 性能仿真

仿真的信道为瑞利信道，用户数 N 为 10，最大信道时延为 4μs，系统的带宽为 5MHz，子载波数 K=1024, 128 个 CP，每个子载波上的调制方式由信噪比决定。如果使用最低的 BPSK 调制，那么每个子载波所提供的数据速率为 4.88kbit/s，这个速率是系统的基本速率，记为 R_b。用户的比特率要求假设为 R_b 的整数倍，误比特率要求为 10^{-4}。

1) 频谱效率

为了分析改进算法在频谱效率上的性能，在仿真中将其与文献[42]中的子载波分配算法(余氏算法)进行了比较。图 8-41 给出了平均每个子载波比特数 B 和载噪比 CNR 的关系，从图中可以看出改进算法与余氏算法相比有约 5dB 的增益。因此，改进算法是一种频谱效率比较高的子载波分配算法。

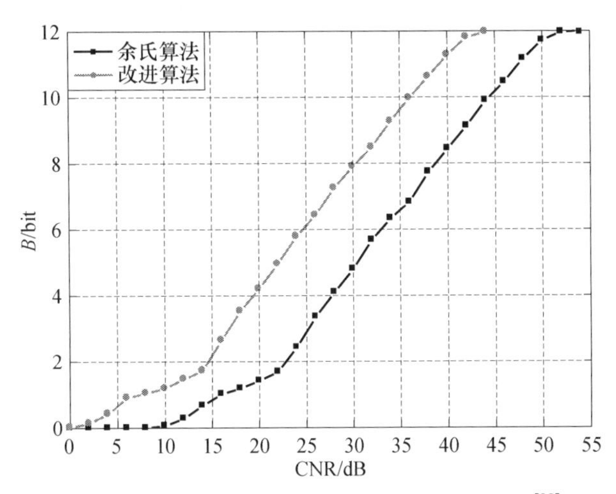

图 8-41　余氏算法和改进算法的频谱效率比较[38]

2) 公平性

定义子载波分配算法的公平性为

$$F = E\left[\min_k\left(\sum_{n=1}^{N} a_{kn}c_{kn}\right)\right] \tag{8.180}$$

式(8.180)表示在一个子载波分配算法中用户所能得到的最少比特数，也可以表示算法在各个用户之间的公平性。F 值越大，算法的效率越高，与用户平均得到的比特数越靠近，公平性也越好。为了得到公平性曲线关系，将各个用户的比特率设置成一样的，则要求总的比特率稍微高于系统的容量。

图 8-42 给出了两种算法的公平性曲线图，可以看出改进算法比余氏算法的公平性好。

利用相对比特数和相对利用度的子信道分配算法，根据用户需要来自适应地分配子信道，但是当用户要求已经满足时，不再分配子信道，从而造成一部分不公平。改进算法在其实现上进行了改进，利用计算复杂度较低的 Chow 算法来计算子信道的最大调制阶数。这样再次提高了实现速率，降低了实现的复杂度。更主要的是避免了一部分子载波的资源浪费，算法更加合理、有效。改进算法在同等性能条件下，计算复杂度比原始算法小很多，是一种可用于实时性要求较高的自适应 FSO-OFDM 系统的子载波分配算法。

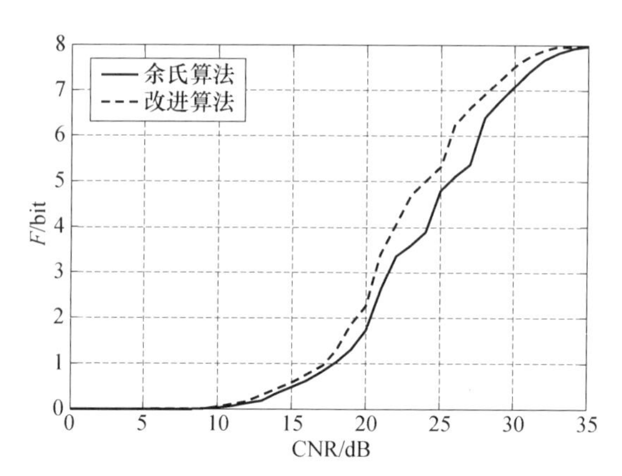

图 8-42　余氏算法和改进算法的公平性比较[38]

8.6　小　　结

(1) 本章从递推贝叶斯理论和 MCM 开始，引入并推导了粒子滤波算法及重采样算法，将粒子滤波算法应用到该模型中，推导出基于粒子滤波算法的信道估计递推过程。

(2) 将粒子滤波算法与 LS、MMSE 算法分别应用于无线光 OFDM 信道估计中。结果显示，粒子滤波算法与传统的信道估计方法相比提高了频带利用率，同时在相同的信噪比下改善了系统的误码率性能。

(3) 对于单用户 FSO-OFDM 系统，研究了注水算法、Hughes-Hartogs 算法、Chow 算法、Fischer 算法，改进了基于多进制数字相位调制的自适应信道分配算法。对于多用户 FSO-OFDM 系统，研究了基于边值自适应的最优多用户信道分配算法、次优多用户信道分配算法、实时信道分配算法，提出了公平性较好的基于相对比特数和相对利用度的多用户自适应信道分配改进算法，提高了实现速率，降低了实现的复杂度。

参 考 文 献

[1] 赵黎，柯熙政，刘健. 频带大气激光 OFDM 系统建模与 LS 信道估计研究. 激光杂志, 2009, 30(3): 38,39.

[2] 张海滨. 正交频分复用基本原理与关键技术. 北京:国防工业出版社,2006.

[3] Rohit N, John C. Pilot tone selection for channel estimation in a mobile OFDM system. IEEE Transactions on Consumer Electronics, 1998, 44(3):1122－1128.

[4] Sinem C, Mustafa E, Anuj P, et al. A study of channel estimation in OFDM systems. IEEE Vehicular Technology Conference, Vancouver, 2002.

[5] Sinem C, Mustafa E, Anuj P,et al. Channel estimation techniques based on pilot arrangement in OFDM systems. IEEE Transactions on Broadcast, 2002, 48(3):223－229.

[6] 宋伯炜. OFDM 无线宽带移动通信系统中信道估计与均衡技术研究[博士学位论文]. 上海:上海交通大学, 2005.

[7] 周洪宇. 无线互联网关键技术的研究——OFDM 系统信道估计技术的研究[硕士学位论文]. 南京:东南大学,2002.

[8] Julier S, Uhlmann J, Durrant-Whyte H F.A new method for the nonlinear transformation of means and covariance in filters and estimations.IEEE Transactions on Automatic Control,2000, 45(3):477－482.

[9] Kay S M. 统计信号处理基础——估计与检测理论.罗鹏飞,张文明,刘忠,等,译.北京:电子工业出版社, 2003.

[10] 杨元喜. 自适应动态导航定位. 北京:测绘出版社, 2006.

[11] 张华. 基于粒子滤波的目标跟踪及其实验研究[硕士学位论文].西安:西安理工大学, 2008.

[12] Li H Y, Wang Y, Jiang M Y,et al. Doubly fading channel tracking based on particle filter in MIMO-OFDM system. International Symposium on Microwave, Hangzhou, 2007.

[13] Doucet A, Freitas J F G D, Gordon N J, et al.Sequential Monte Carlo Methods in Practice. New York: Springer-Verlag, 2001.

[14] Doucet A, Godsill S, Andrieu C. On sequential Monte Carlo sampling methods for Bayesian filtering .Statistics Computer, 2000, 10: 197－208.

[15] Liu J S, Chen R.Sequential Monte Carlo methods for dynamical systems.Journal of the Naerican Statistical Association, 1998, 93:1032－1044.

[16] Wang H,Chang P.On verifying the first order Markovian assumption for a Rayleigh fading channel .IEEE Transactions on Communication, 1996, 45(2):353－357.

[17] Negi R, Cioffi J. Pilot tone selection for channel estimation in a mobile OFDM system.IEEE Transactions on Consumer Electronics, 1998,44(3):1122-1128.

[18] Coleri S, Ergen M, Puri A,et al. A study of channel estimation in OFDM systems. Proceedings Vehicular Technology Conference, Vancouver, 2002.

[19] Coleri S, Ergen M, Puri A, et al. Channel estimation techniques based on pilot arrangement in OFDM systems.IEEE Transactions on Broadcast, 2002,48(3):223－229.

[20] Hsieh M H, Wei C H. Channel estimation for OFDM systems based on comb-type pilot

arrangement in frequency selective fading channels.IEEE Transactions on Consumer Electronics, 1998, 44(1):217－225.

[21] Li Y. Pilot-symbol-aided channel estimation for OFDM in wireless system.IEEE Transactions on Vehicular Technology, 2000, 2(4):1131－1135.

[22] Hsieh M H, Wei C H. Channel estimation for OFDM systems based on comb-type pilot arrangement in frequency selective fading channels.IEEE Transactions on Consumer Electronics, 1998, 44(1): 217－225.

[23] Lim C H, Han D S. Robust LS channel estimation with phase rotation for single frequency network in OFDM.IEEE Transactions on Consumer Electronics, 2006,52(4):1173－1178.

[24] Lin J C. LS channel estimation for mobile OFDM communications on time-varying frequency-selective fading channels. IEEE Communications Society Subject Matter Experts For Publication in the ICC 2007 Proceedings, Glasgow, 2007.

[25] Haykin S. Adaptive Filter Theory.3rd ed. Englewood Cliffs: Prentice Hall, 1996.

[26] van de Beek J J, Edfors O, Sandell M, et al. On channel estimation in OFDM systems.VTC95 Fall,1995,2:815－819.

[27] Edfors O, Sandell M, van de Beek J J. OFDM channel estimation by singular value decomposition. IEEE Transactions on Communications, 1998,46(7):931－939.

[28] 赵黎, 柯熙政. 偏振 FSO-OFDM 系统中的 LMS 信道估计算法. 光电工程, 2009, 36(8): 80－84.

[29] 白宾锋, 蔡跃明, 徐友云. OFDM 系统中一种维纳 LMS 信道跟踪算法. 电子与信息学报,2005, 27(11):1699－1703.

[30] Bai B F, Wang M Y. Wiener LMS channel estimation and tracking algorithm for OFDM systems with transmitter diversity. 2006 International Conference on Communications, Circuits and Systems Proceedings, Guilin, 2006.

[31] Speth M, Fechtel S A, Fock G, et al. Optimum receiver design for wireless broad-band systems using OFDM-part Ⅰ. IEEE Transactions on Communication, 1999,47(11):1668－1677.

[32] Tang X, Alouini M, Goldsmith A J. Effect of channel estimation error on MQAM BER performance in Rayleigh fading. IEEE Transactions on Communication, 1999,47(12):1856－1864.

[33] Leke A, Cioffi J M. Impact of imperfect channel knowledge on the performance of multicarrier systems. Global Telecommunication Conference, Sydney, 1998.

[34] 佟学俭,罗涛. OFDM 移动通信技术原理与应用. 北京: 人民邮电出版社, 2003.

[35] Hughes-Hartogs D.Ensemble modem structure for imperfect transmission media: 4833706, 1991.

[36] Chow P S, Cioffi J M, Binham J A C.A practical discrete multitone transceiver loading algorithm for data transmission over spectrally shaped channels.IEEE Transactions on Communications,1995,43(2):773－775.

[37] Prokis J G.数字通信(英文版).北京:电子工业出版社,2001.

[38] Wong C Y, Cheng R S, Letaief K B,et al.Multiuser OFDM with adaptive subcarrier,bit,and power allocation.IEEE Journal on Selected Areas in Communications,1999,17(10):1747－1758.

[39] 段中雄. FSO-OFDM 系统信道分配技术研究[硕士学位论文].西安:西安理工大学, 2007.

[40] Wong C Y, Tsui C Y, Cheng R S,et al. A real-time sub-carrier allocation scheme for multiple access downlink OFDM transmission.IEEE VTS 50th, Hong Kong, 1999.

[41] Zhang G D.Subcarrier and bit allocation for real-time services in multiuser OFDM systems. IEEE International Conference on Communications, Paris, 2004.

[42] 余官定，张朝阳，仇佩亮.一种自适应正交品分复用系统的子载波分配算法.浙江大学学报, 2004, 38(9):1112－1116.